U0366196

室内设计工程制图方法及实例

赵晓飞　编著

中国建筑工业出版社

图书在版编目（CIP）数据

室内设计工程制图方法及实例/赵晓飞编著．—北京：中国建筑工业出版社，2007 （2023.8重印）

ISBN 978-7-112-08952-9

Ⅰ. 室… Ⅱ. 赵… Ⅲ. 室内设计-建筑制图 Ⅳ. TU238

中国版本图书馆 CIP 数据核字（2006）第 159942 号

室内设计工程制图方法及实例

赵晓飞 编著

*

中国建筑工业出版社出版、发行（北京西郊百万庄）

各地新华书店、建筑书店经销

北京金海中达技术开发公司排版

天津翔远印刷有限公司印刷

*

开本：880×1230 毫米 1/16 印张：15¾ 字数：484 千字

2007 年 3 月第一版 2023 年8月第十七次印刷

定价：**56.00** 元（含光盘）

ISBN 978-7-112-08952-9

（15616）

本社网址：http：//www.cabp.com.cn

网上书店：http：//www.china-building.com.cn

本书系针对国内许多室内设计施工单位的施工图表示绘制方式不一，参考国内建筑设计制图规范及境外专业设计机构的绘图方式，在作者所在公司设计部的制图标准基础上总结规范扩充而成。

内容包括：图签的常用尺度及其需表达的内容；符号的设置和材质图例的设置；尺寸与文字的标注；线型与笔宽的设置；比例的设置；图面构图的设置和施工图编制的顺序；常用的图表等，书中并对平、立、剖面图及节点大样图的编制及相关标准，以及施工图在各阶段应注意的事项、竣工图的绘制、图纸的归档与分类，结合实际工程做了介绍。本书还结合布局空间与模型空间在实际绘图中的应用，阐述了电脑绘制施工图的一种工作方法。书中所附施工图工程实例是作者所在的设计部门近年来绘制的一些图纸，书后附有光盘提供了标准图层、图例等均可直接调用。

本书对室内设计装饰企业的施工图绘制极具实用价值，对施工图表达方式的统一和规范有很大作用。除供设计单位使用外，还可供相关专业大专院校师生作为教学参考。

* * *

责任编辑：郭洪兰
责任设计：郑秋菊
责任校对：刘钰　王爽

序

室内装饰设计是一门综合性的艺术设计门类，这个专业有其自身的工作程序和业务流程，施工图的绘制便是这个流程中的十分重要的环节。我们知道，室内设计从方案构思到图纸绘制再到工程的实际实施的过程中，施工图作为一种专业的标准化语言是贯穿始终的，它既是尺度比例、形式材料的推敲过程，又是装饰企业或专业设计公司的设计管理基础。基础的、标准化的技术手段往往是最为重要的。

目前中国尚无国家室内设计制图规范标准，而施工图是室内设计实施过程中一个十分重要的环节，是衡量一个专业设计公司设计管理水平的重要标准。

本书在目前建筑工程制图标准基础上结合室内设计专业的特点，以及境外一些专业设计公司的制图方法，总结了一套能够准确便捷地表达设计意图的绘图方法。尤其是模型空间与图纸空间转换的绘图方式可充分提高图纸的一致性和施工图绘制的工作效率。

赵晓飞和他所在的国光装饰设计部在这方面做了许多的工作并积累了多年丰富的经验，这本书便是他们近年的工作成果之一。一方面书中图纸内容均为国光公司近年来的实际工程项目，因此书中内容实用性较强，另一方面出版此书希望能起到抛砖引玉的作用，希望同道们品评、指点并从中得到启发、进行交流，这样可使大家对于设计基础内容更为关注，必将有益于室内装饰这个行业的发展。

本书内容已制成光盘附本书后，布局空间的内容可作为制图的标准模板，读者在实际工作中可直接使用。

中国建筑装饰协会

副会长　魏光

二〇〇六年十月

编写说明

在室内设计工作过程中，施工图的绘制是表达设计者设计意图的重要手段之一，是设计者与各相关专业之间交流的标准化语言，是控制施工现场能否充分正确理解、消化并实施设计理念的一个重要环节，是衡量一个设计团队的设计管理水平是否专业的一个重要标准。专业化、标准化的施工图操作流程规范不但可以帮助设计者深化设计内容，完善构思想法，同时面对大量的工程项目及设计任务，行之有效的施工图规范与管理亦可帮助设计团队在保持设计品质及提高工作效率方面起到积极有效的作用。

本书是以国光建筑装饰工程有限公司设计部的制图标准为基础，结合具体工程实例编写而成。书中内容更贴近于实际工程，对于图样画法的基础与理论读者可参见相关专业书籍。书中除涉及施工图构成的一些基本元素外，还对施工图的前期规划、绘制过程中的深化设计以及施工图纸如何与施工现场衔接和后期竣工图文件归档均作了一定的描述。此外，书中还针对计算机绘图方式与制图标准的结合作了具体的描述，特别是模型空间与布局空间相互转换的绘图方法不但方便平面图的修改，提高工作效率，还可以在保证图纸的一致性以及图层管理、比例输出等方面起到重要作用。书中所附光盘内图纸均含标准图层，符号在布局空间内按1∶1比例绘制，所制成的标准图按图幅规格在布局空间内可直接调用。图例也分别在模型空间与布局空间内按比例绘制，也可直接调用。

编写此书的目的一方面是对以往学习工作过程中积累的关于室内设计施工图方面的知识经验作一次系统的梳理，另一方面希望把自己一些浅薄的认知以书面的形式与同行作一个交流，并以期引起专家同道对室内设计专业制图更多的关注。

本书在写作过程中得到国光建筑装饰工程有限公司设计部王立东、纪纯、王萌、孟庆瑞、黄雷、赵洪亮、于会利、张宝军、姜巍、赵晓鸣、冯雪冬、姜利平、雷蕊、张乙明、李琦等同事的大力协助，在此表示感谢。此外还要感谢中国建筑工业出版社郭洪兰女士在此书出版过程中的支持与帮助。由于自身水平与时间有限的缘故，书中内容难免会有疏漏与不当之处，请专家同道多提宝贵意见，在此一并表示感谢。

作者于2006年10月

目　录

第一章　图纸幅面规格

一、图纸幅面

1. 图纸幅面是指图纸本身的规格尺寸，也就是我们常说的图签，为了合理使用并便于图纸管理装订，室内设计制图的图纸幅面规格尺寸沿用建筑制图的国家标准。详见表 1-1 的规定及图 1-1 的格式。

图纸幅面及图框尺寸（mm）　　**表 1-1**

尺寸代号	幅面代号				
	A_0	A_1	A_2	A_3	A_4
b×L	841×1189	594×841	420×594	297×420	210×297
c	10			5	
a	25				

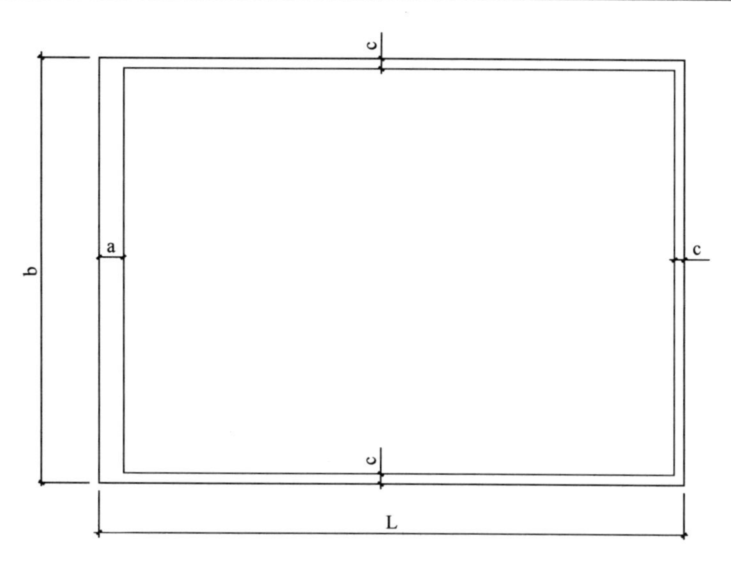

图 1-1　图纸幅面规格

2. 图纸短边不得加长，长边可加长，加长尺寸应符合表 1-2 的规定。

图纸长边加长尺寸（mm）　　**表 1-2**

幅面尺寸	长边尺寸	长边加长后尺寸
A_0	1189	1486、1635、1783、1932、2080、2230、2378
A_1	841	1051、1261、1471、1682、1892、2102
A_2	594	743、891、1041、1189、1338、1486、1635、1783、1932、2080
A_3	420	630、841、1051、1261、1471、1682、1892

二、标题栏与会签栏

1. 标题栏的主要内容包括设计单位名称、工程名称、图纸名称、图纸编号以及项目负责人、设计人、绘图人、审核人等项目内容。如有备注说明或图例简表也可视其内容需要设置其中。标题栏的长宽与具体内容可根据具体工程项目进行调整。

以下以 A_2 图幅为例，常见的标题栏布局形式参见图 1－2。

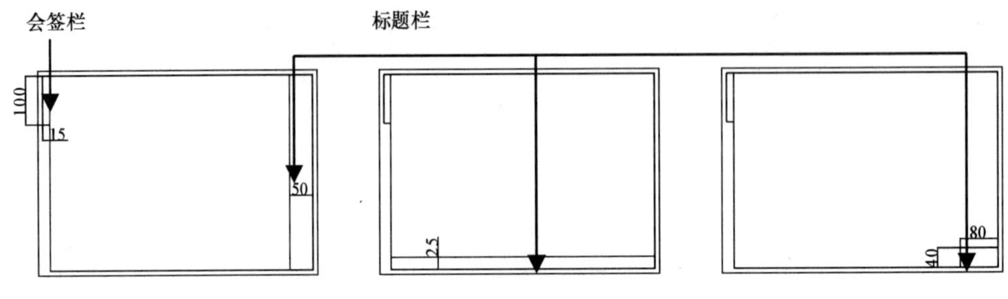

图 1－2　标题栏布局形式

2. 室内设计中的设计图纸一般需要审定、水、电、消防等相关专业负责人会签，这时可在图纸装订一侧设置会签栏，不需要会签的图纸可不设会签栏。其形式可参见图 1－2。

三、图签与布局空间画法

图签在布局空间内可按 1∶1 比例绘制。打印时亦按 1∶1 比例打印无需放大或缩小。图签可制成母图，与若干张图纸内容形成关联的关系，图签内标题栏的内容如工程名称、项目名称等如有变化可只修改一张母图，其余若干张图纸可与其一起发生变更。作为母图的图签应与其他关联图纸在同一文件夹内。布局空间关联的画法可参见本书第十五章关于布局空间与模型空间在实际绘图中的应用有关内容。

第二章　符号的设置

符号是构成室内设计施工图的基本元素之一，本书所绘制的符号均在布局空间内按 1∶1 比例绘制，形成标准模板。在标注时可直接调用，以保证图面的统一规范及清晰、美观。

一、详图索引符号

1. 名称：详图索引符号。
2. 用途：可用于在总平面上将分区平面详图进行索引，也可用于节点大样的索引。
3. 尺度：A_0、A_1、A_2 图幅索引符号的圆直径为 12mm，A_3、A_4 图幅索引符号的圆直径为 10mm。
4. 备注：

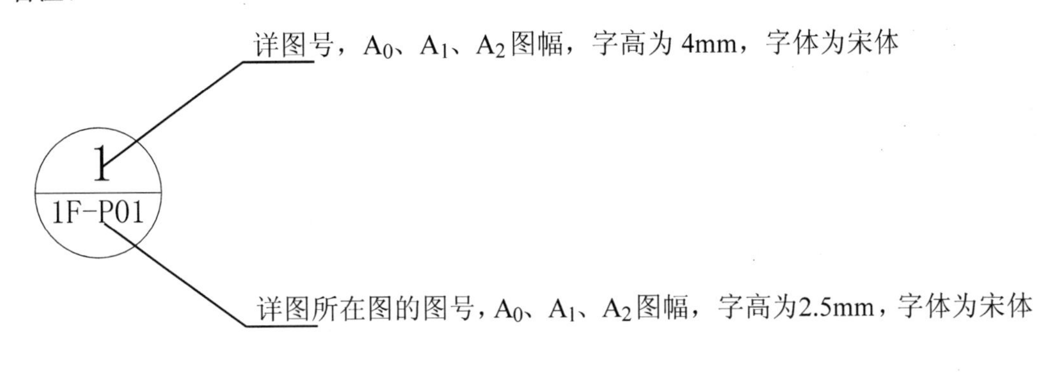

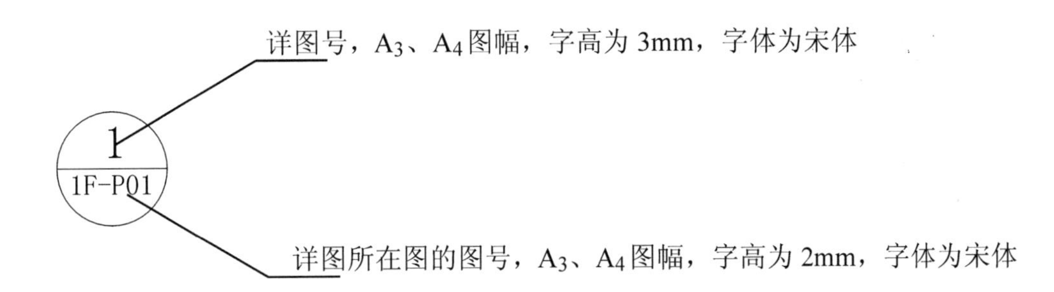

如索引的详图占满一张图幅而无其他内容索引时也可采用如下图的形式。
详图占满图幅，A_0、A_1、A_2 图幅，横线宽为 5mm，A_3、A_4 图幅，横线宽为 3mm。

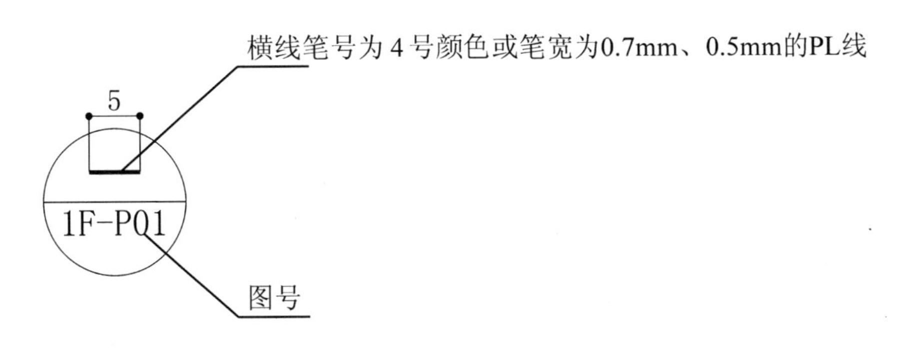

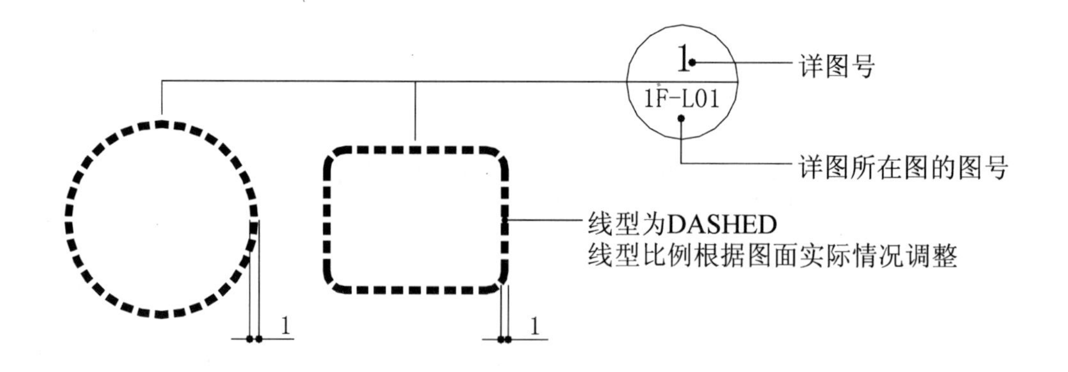

上图索引方式主要用于节点大样的比例再次放大，使构造表示更为详尽。

二、节点剖切索引符号

1. 名称：节点剖切索引符号。
2. 用途：可用于平、立面造型的剖切，可贯穿剖切也可断续剖切节点。
3. 尺度：A_0、A_1、A_2 图幅剖切索引符号的圆直径为 12mm；
   A_3、A_4 图幅剖切索引符号的圆直径为 10mm。

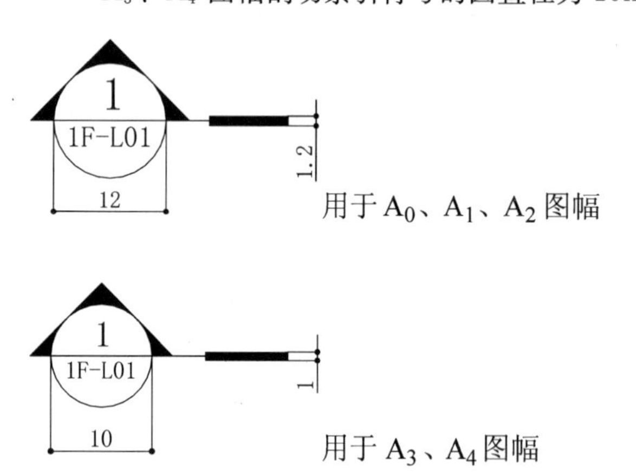

4. 备注：

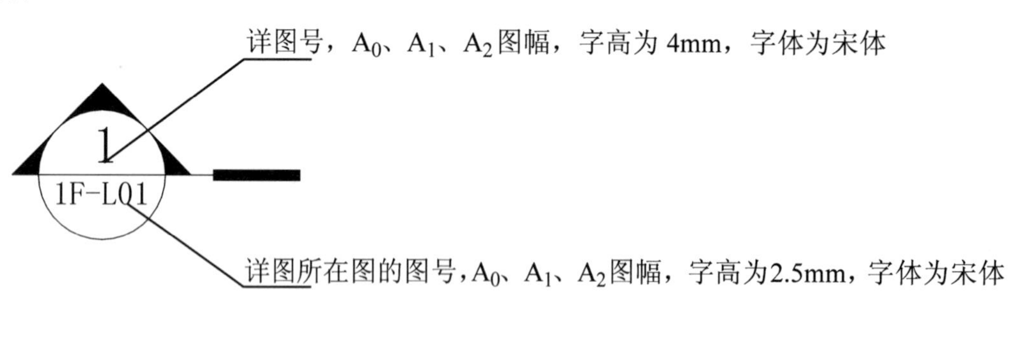

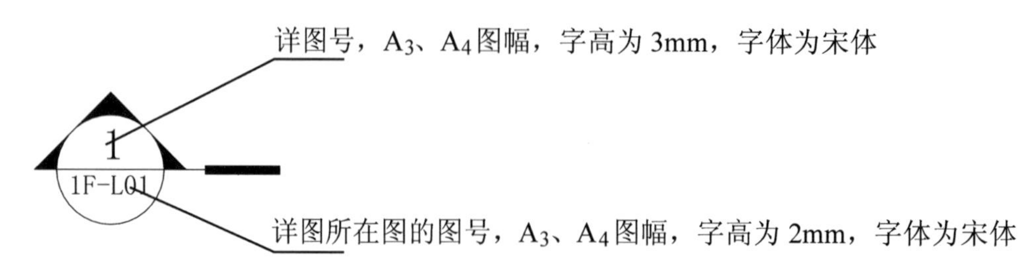

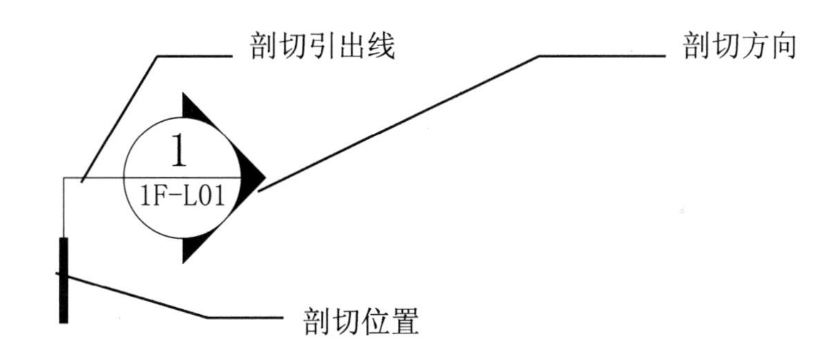

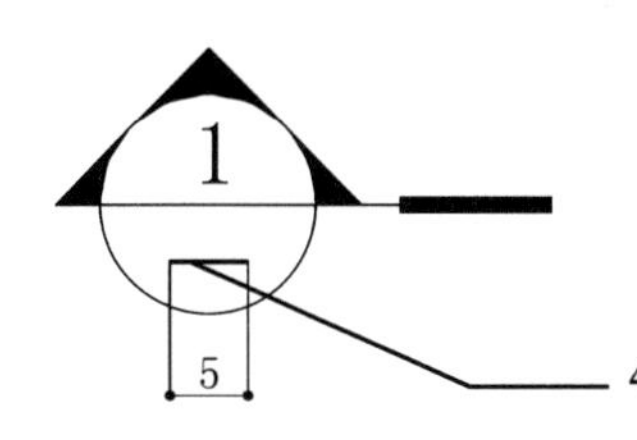

4号色。详图在本图图幅内，A_0、A_1、A_2图幅横线宽为5mm，A_3、A_4图幅横线宽为3mm。

注：无论剖切视点角度朝向何方，索引圆内的字体应与图幅保持水平，详图号位置与图号位置不能颠倒。

三、引出线

1. 名称：引出线。
2. 用途：可用于详图符号或材料、标高等符号的索引。
3. 尺度：箭头圆点直径为1mm，圆点尺寸和引线宽度可根据图幅及图样比例调节。

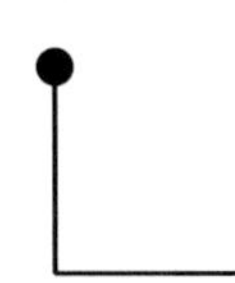

4. 备注：引出线在标注时应保证清晰规律，在满足标注准确、齐全功能的前提下，尽量保证图面美观。

常见的几种引出线标注方式，参见图2－1、2－2、2－3、2－4（图中单位均为mm）。

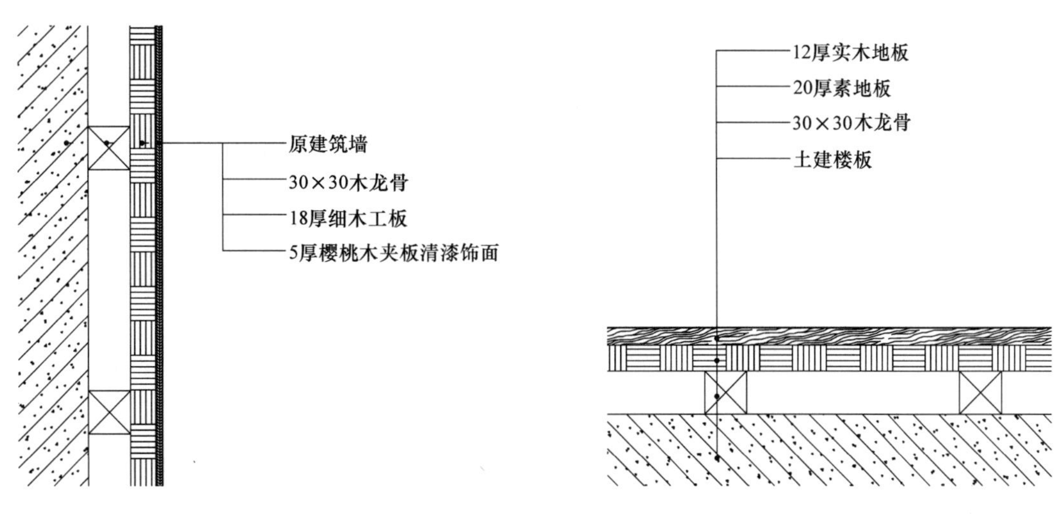

图2－1　　图2－2

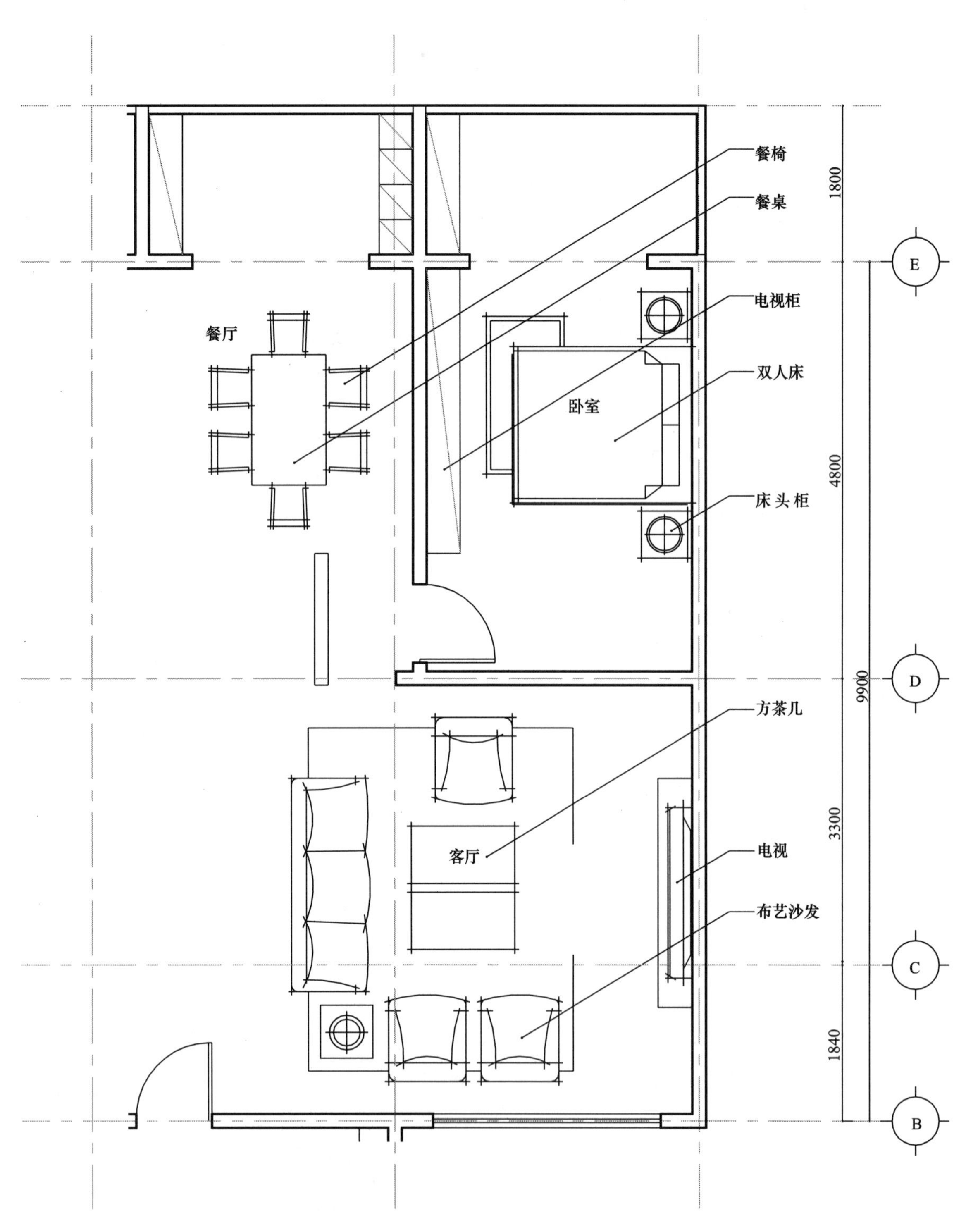
餐椅
餐桌
电视柜
双人床
床头柜
方茶几
电视
布艺沙发
餐厅
卧室
客厅
1800
4800
9900
3300
1840
E
D
C
B

图 2-3

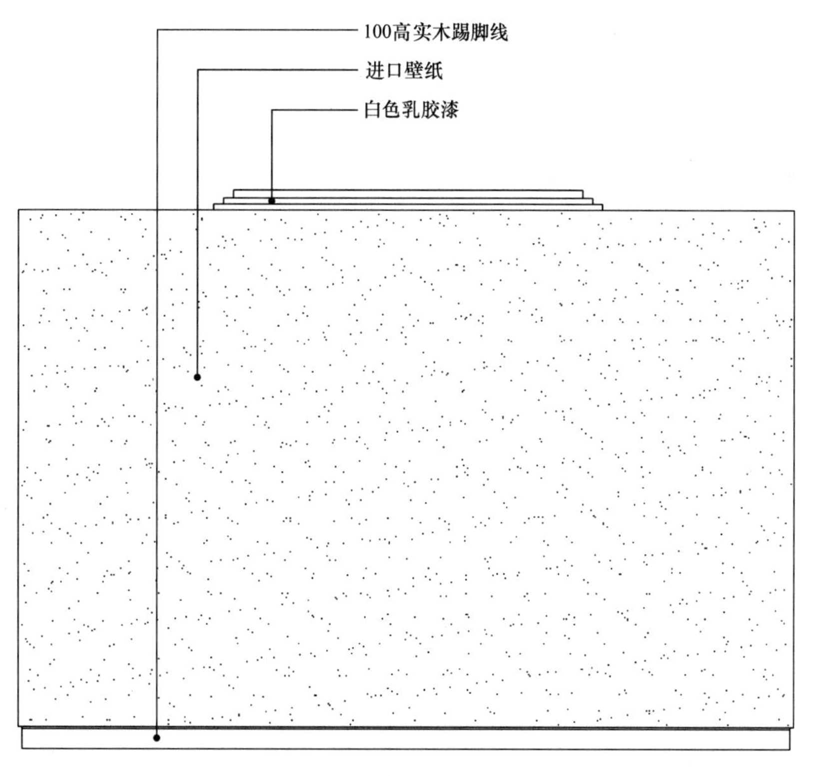

图 2－4

四、立面索引指向符号

1. 名称：立面索引指向符号。
2. 用途：在平面图内指示立面索引或剖切立面索引的符号。
3. 尺度：A_0、A_1、A_2 图幅剖切索引符号的圆直径为 12mm；
   A_3、A_4 图幅剖切索引符号的圆直径为 10mm。

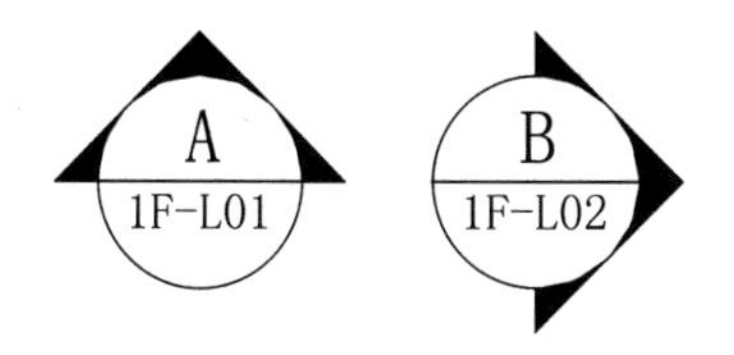

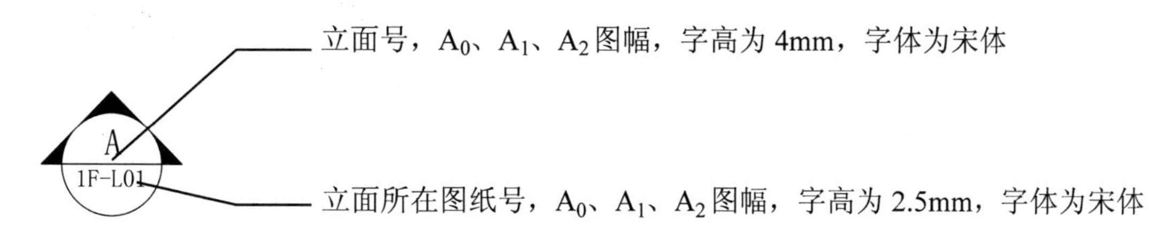

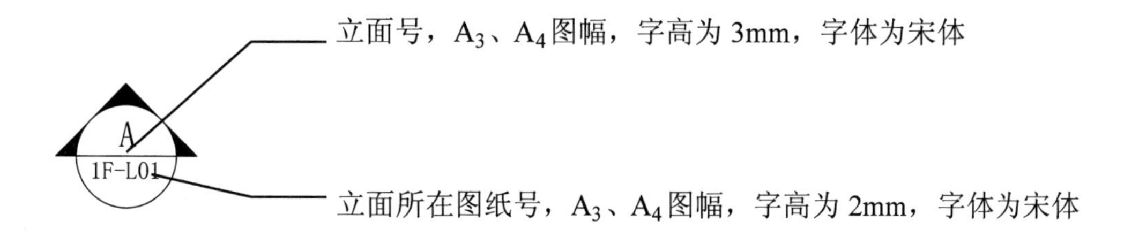

4. 备注：

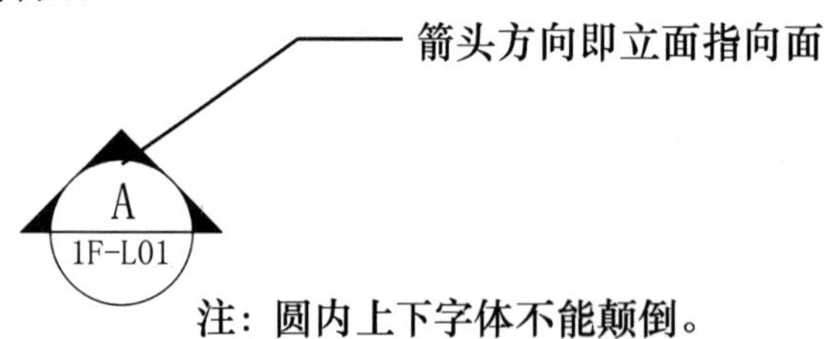

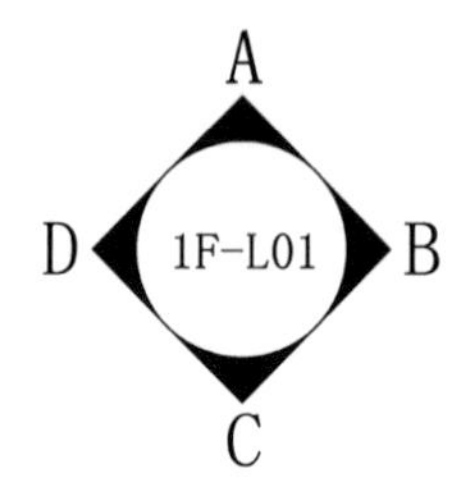

注：圆内上下字体不能颠倒。

如一幅图内含多个立面时可采用下示形式：

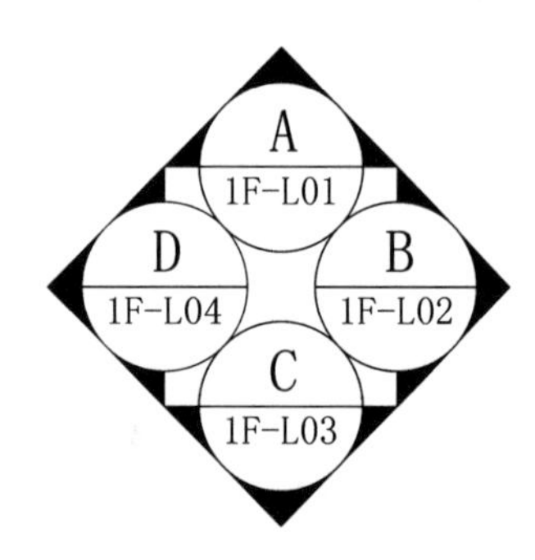

如所引立面在不同的图幅内可采用下示形式：

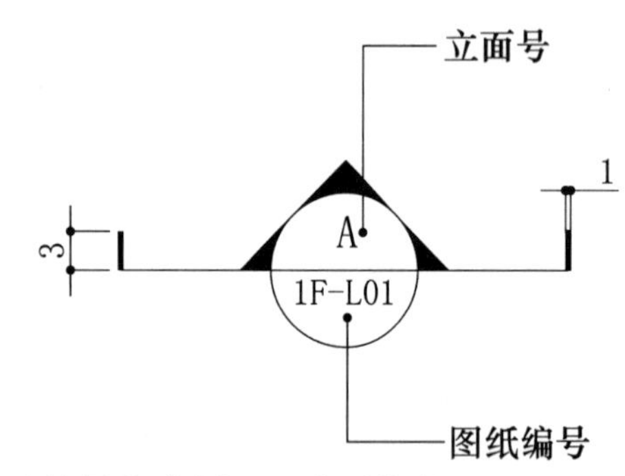

下图符号作为所指示立面的起止点之用。

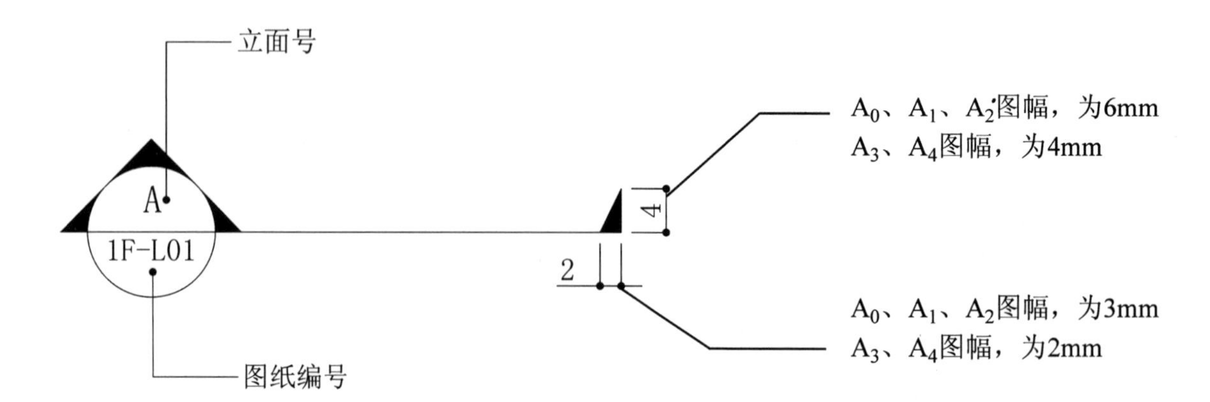

索引指向符号用法参见图 2－5。

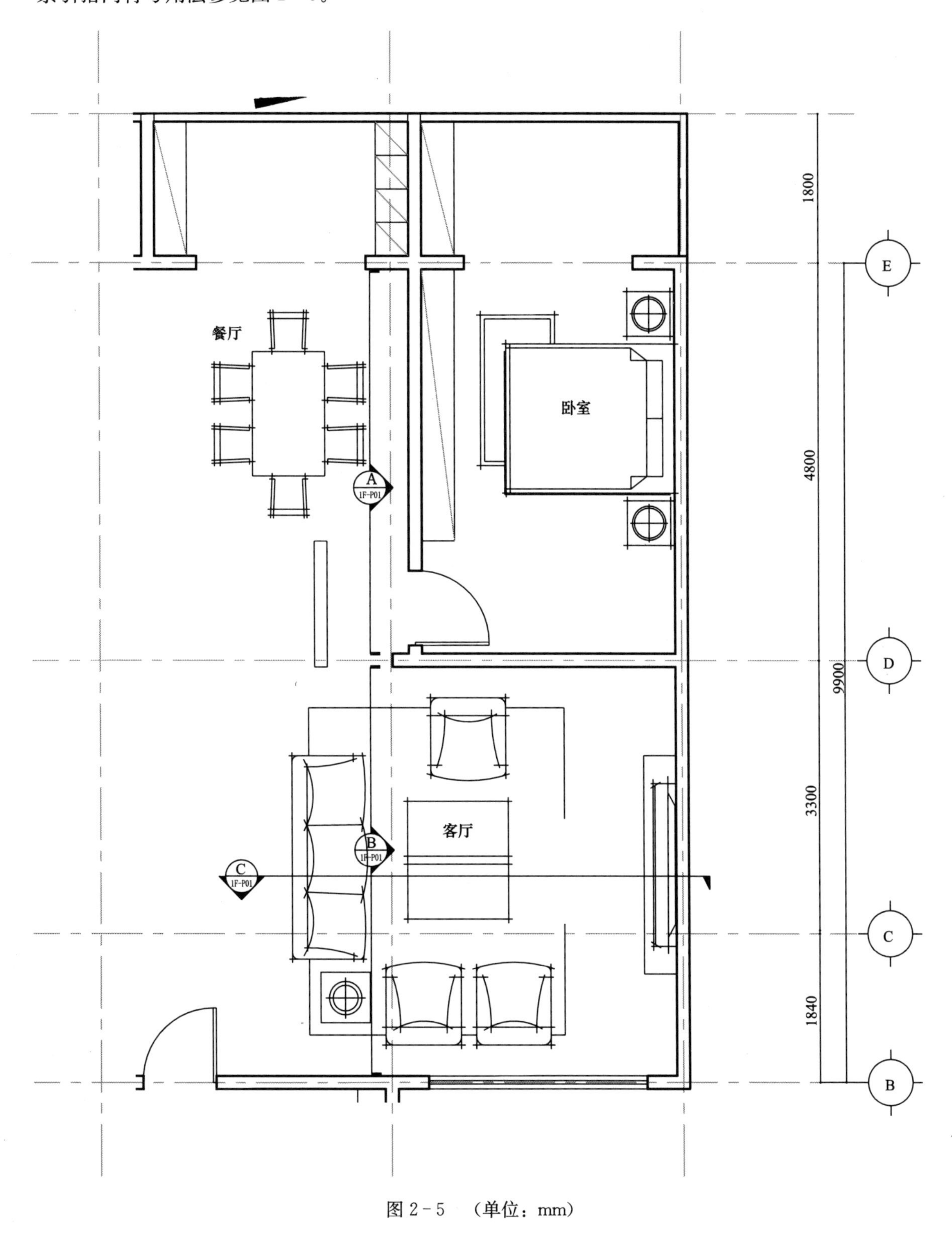

图 2－5　（单位：mm）

五、修订云符号

1. 名称：修订云符号。

2. 用途：外向弧修订云可表示图纸内的修改内容调整范围，内向弧修订云可表示图纸内容为正确有效的范围。

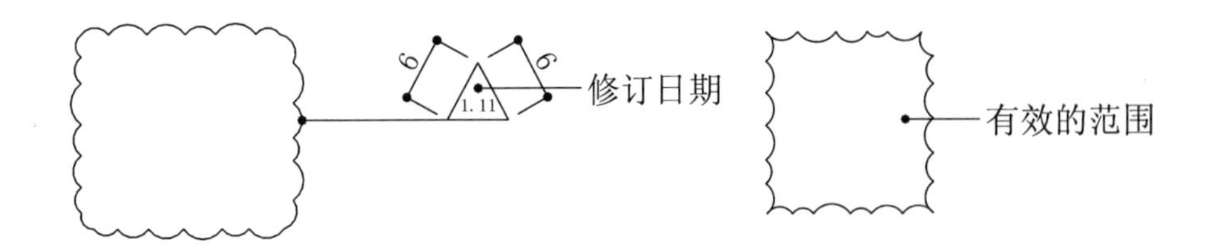

3. 尺度：

绘制方式可参见 AUTOCAD ⟶ revcloud 命令。

4. 备注：修订云内向弧与外向弧的尺度可根据绘制的具体内容确定其形式无严格限制，但修订日期却可对图纸的修改深化起到明确的记录作用。

六、材料索引符号

1. 名称：材料索引符号。

2. 用途：可对平、立面及节点图的饰面材料进行索引，在设计过程中如饰面材料发生变更可只修改材料总表中的材料中文名称，若干张图纸内的材料编号可不必调整。设计内容较简单时可直接以中文文字标注材料。

3. 尺度：

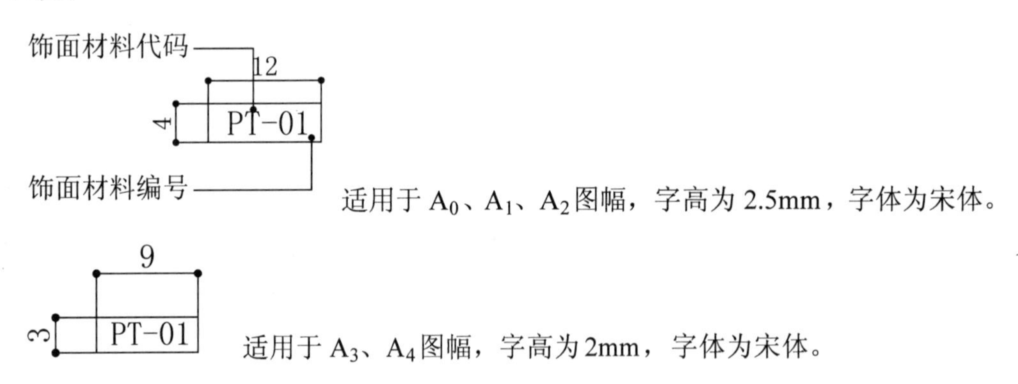

适用于 A_0、A_1、A_2 图幅，字高为 2.5mm，字体为宋体。

适用于 A_3、A_4 图幅，字高为 2mm，字体为宋体。

4. 备注：饰面材料代码编号在设计团队内部应有明确规定，如时间允许个别项目也可以在材料编号后补添加中文。材料编号不单是为了设计修改方便，亦可在使用中，使施工单位在编号与总表的不断对照中加深对材料及设计的理解，而在设计团队内部除对饰面材料进行编号外也可以对常用的材料进行归类编号。其形式可参见本书节第十章图表一章内的装饰材料表相关内容。

七、标高标注符号

1. 名称：标高标注。

2. 用途：用于顶棚造型及地面的装修完成面高度的表示。

3. 尺度：

符号笔号为 4 号色，适用于 A_0、A_1、A_2 图幅，字高为 2.5mm，字体为宋体。

4 △ CH=2.400
2 顶棚标高

▽ FFL=0.000
地面标高

符号笔号为 4 号色，适用于 A_3、A_4 图幅，字高为 2mm，字体为宋体。

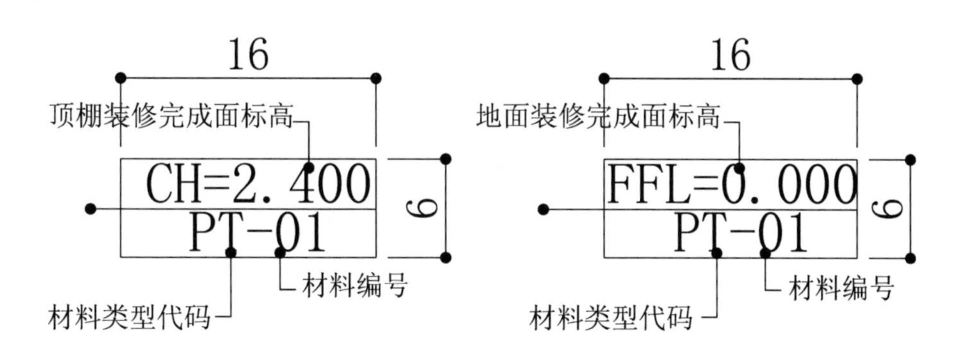

由引出线、矩形、标高、材料名称组成，适用于 A_0、A_1、A_2 图幅，字高为 2.5mm，字体为宋体。

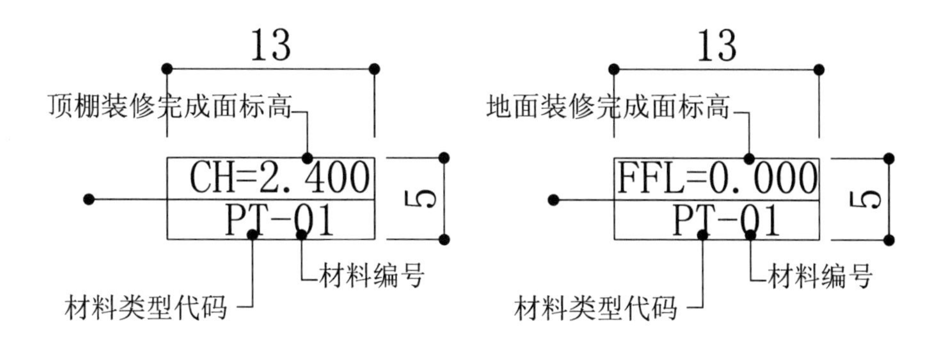

由引出线、矩形、标高、材料名称组成，适用于 A_3、A_4 图幅，字高为 2mm，字体为宋体。

4. 备注：

△ ▽符号多用于大样图，参见图 2－6、2－7。

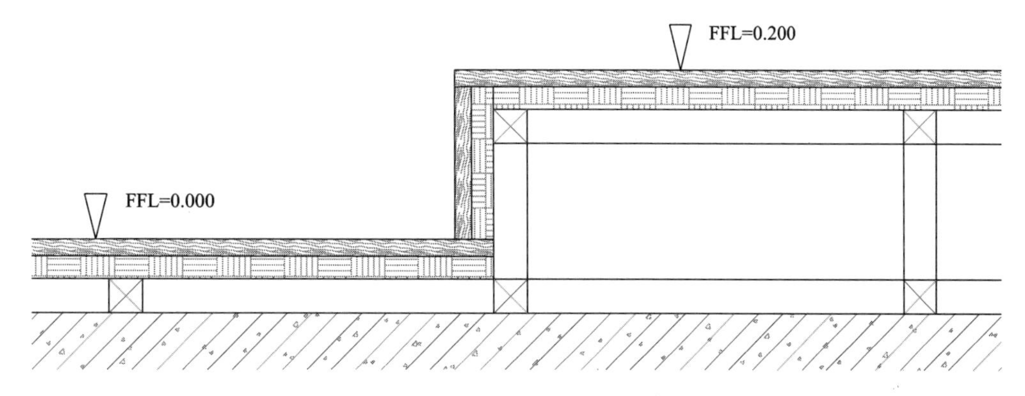

图 2－6　地面台阶大样

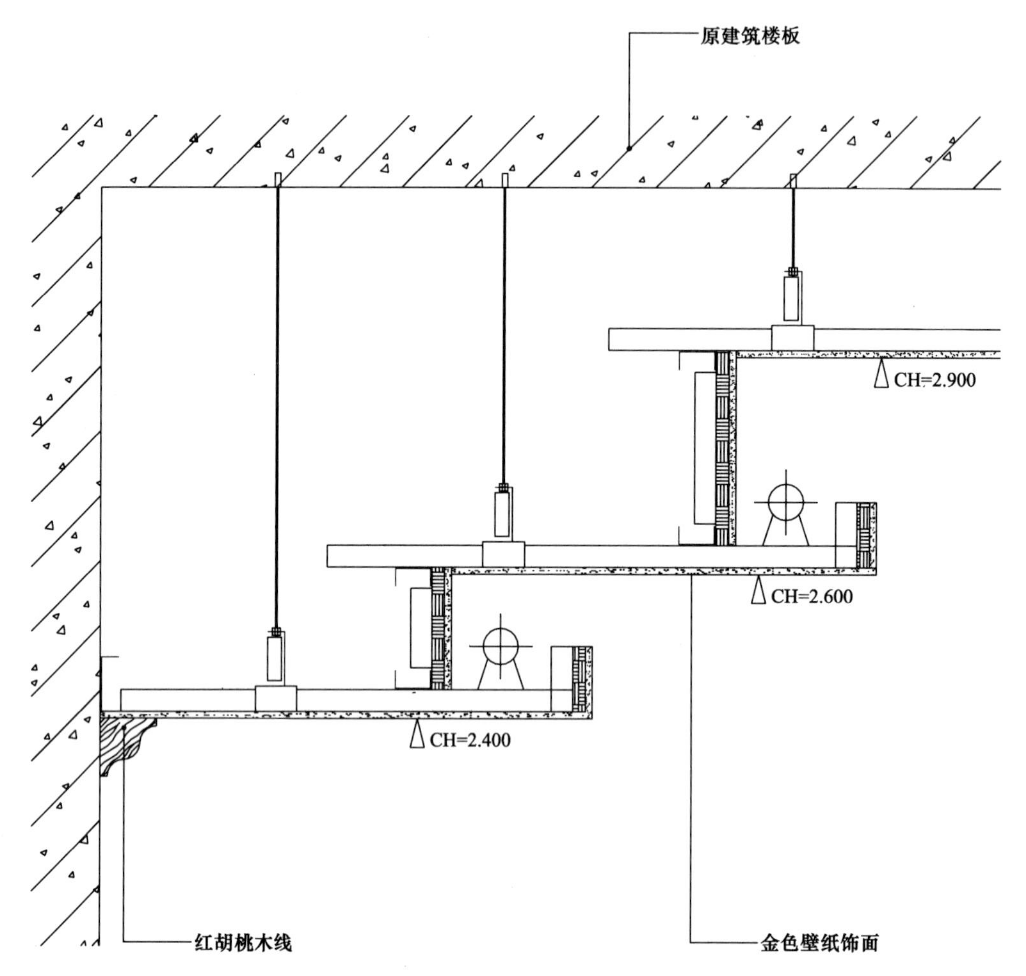

图 2-7 吊顶大样

CH=2.400
PT-01

FFL=0.000
PT-01

可用于吊顶平面及地面铺装，用法参见图 2-8。

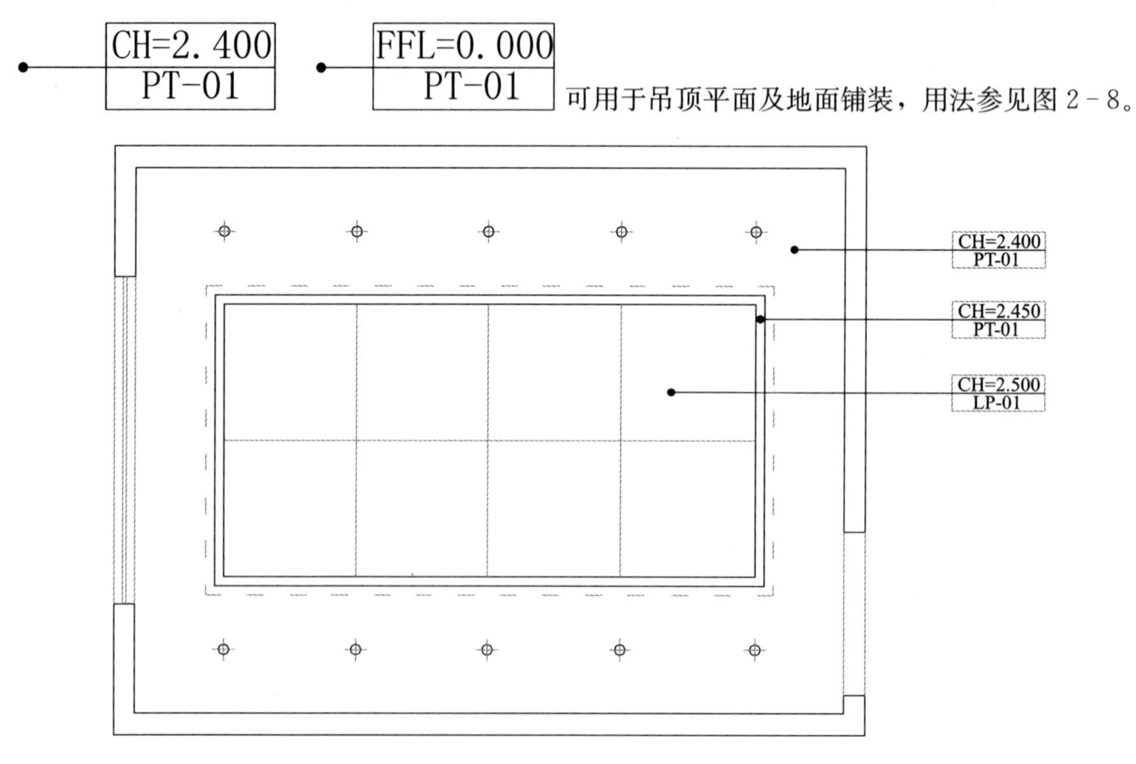

图 2-8 吊顶平面

八、剖断省略线符号

1. 名称：剖断省略线。
2. 用途：用于图纸内容的省略或截选。
3. 尺度：

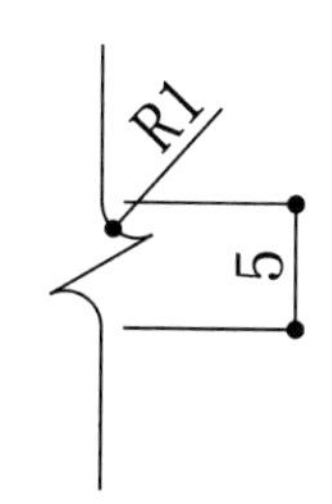

4. 备注：cad 中的使用命令为 BREAKLINE。

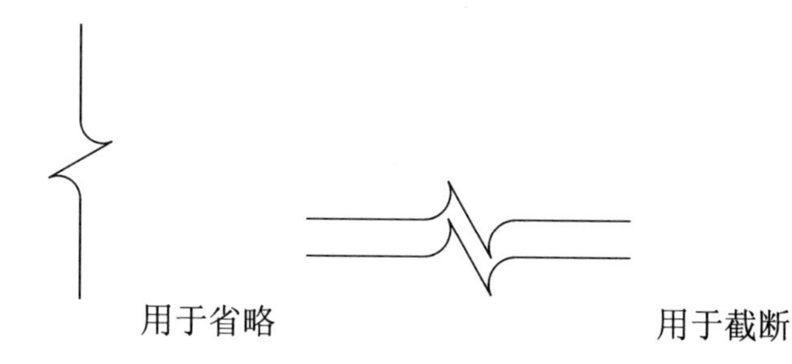

九、放线定位点符号

1. 名称：放线定位点。
2. 用途：用于地面石材、地砖等材料铺装的开线点。
3. 尺度：

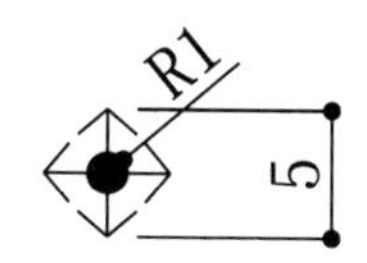

4. 备注：定位点可与建筑轴线相关联标注，以便其定位更为准确。

十、中心线

1. 名称：中心线（Center Line）。
2. 用途：用于图形的中心定位。
3. 尺度：

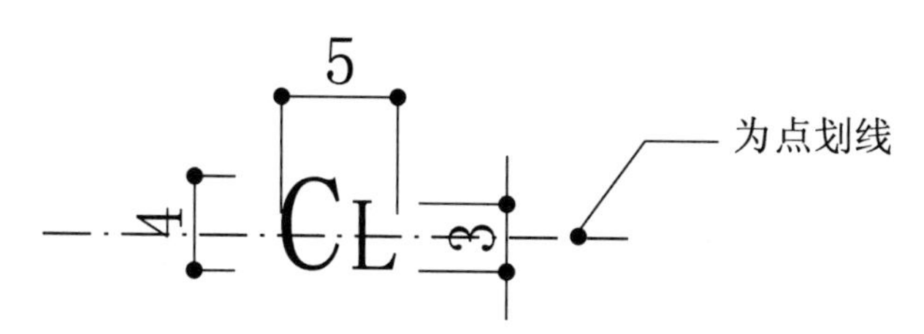

4. 备注：应用方式参见图 2－9。

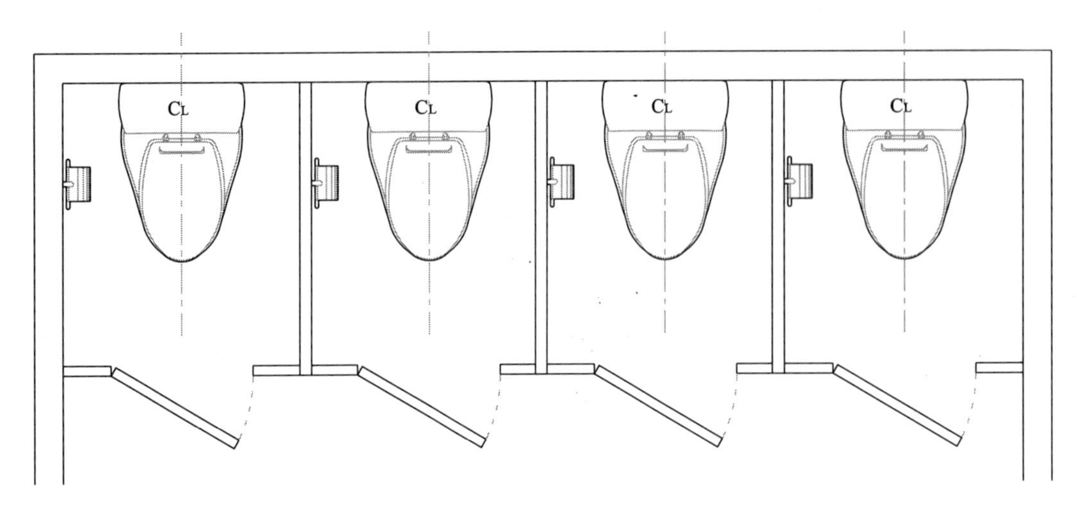

图 2－9　卫生间平面

十一、绝对对称符号

1. 名称：绝对对称符号。
2. 用途：用于说明图形的绝对对称，也可作图形的省略画法。
3. 尺度：

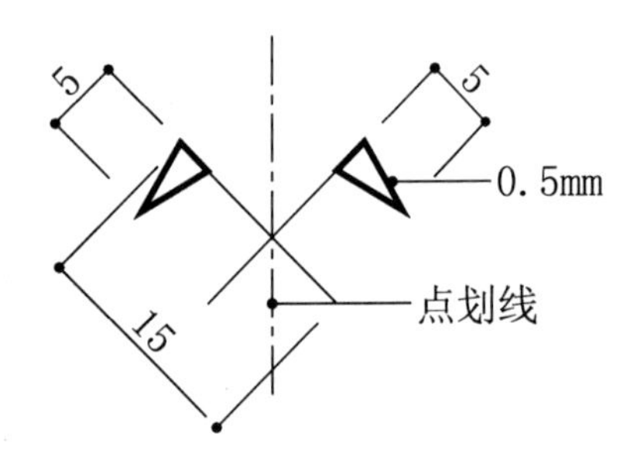

使用方法参见图 2－10。

图 2－10　装饰大样

十二、轴线号符号

1. 名称：轴线号符号。
2. 用途：用来表示轴线定位的名称符号。
3. 尺度：

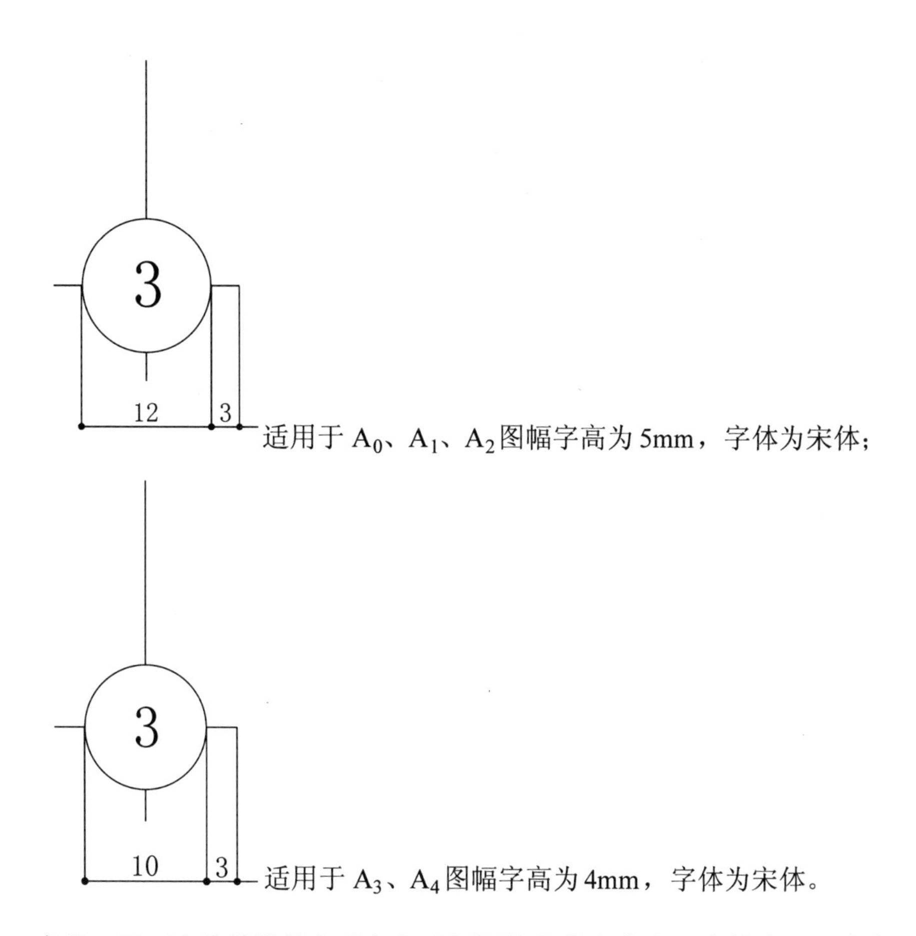

4．备注：平面定位轴线号水平方向采用阿拉伯数字由左至右排序，垂直方向为大写英文字母，由下至上排序（其中I、O、Z三个字母不可使用），使用示例见图2－11。

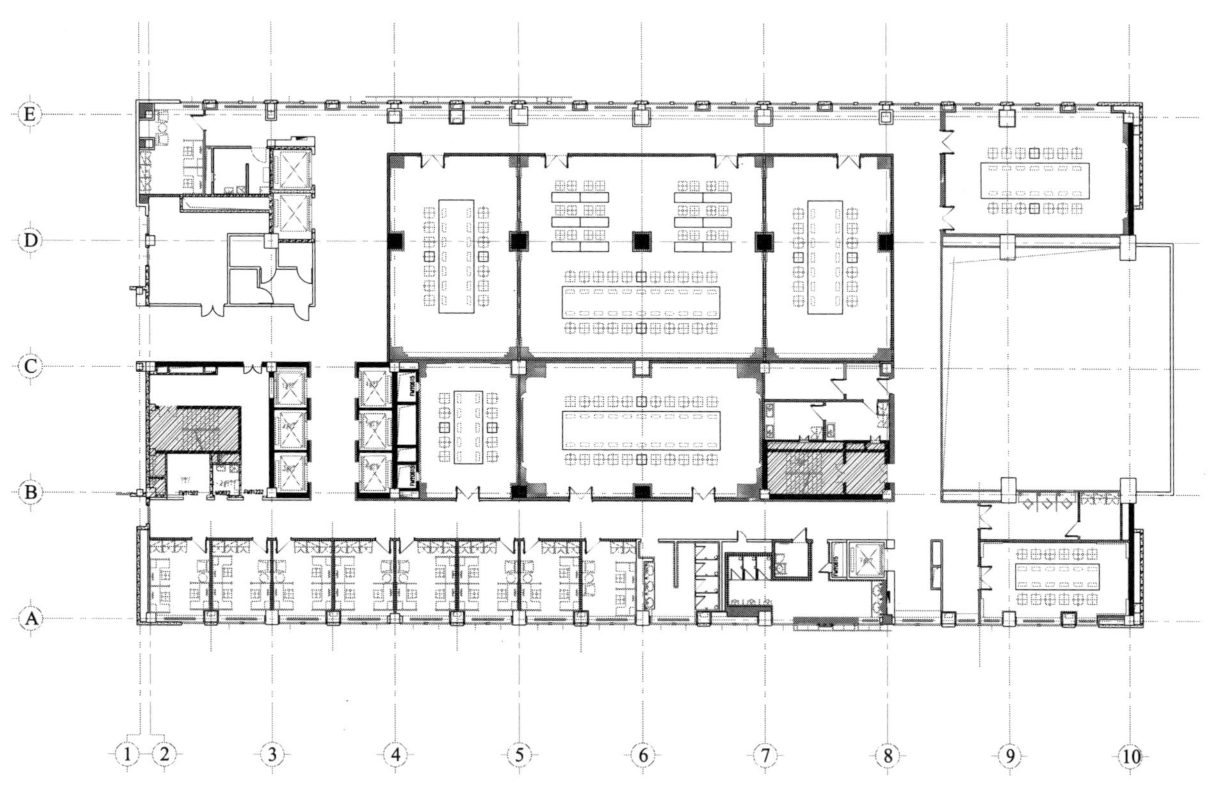

图2－11　某办公楼平面

十三、灯具索引

1. 名称：灯具索引符号，由椭圆形、引出线、灯具符号组成。
2. 用途：用于表示灯饰的形式、类别的编号，CL 大写英文字母表示灯饰。
3. 尺度：

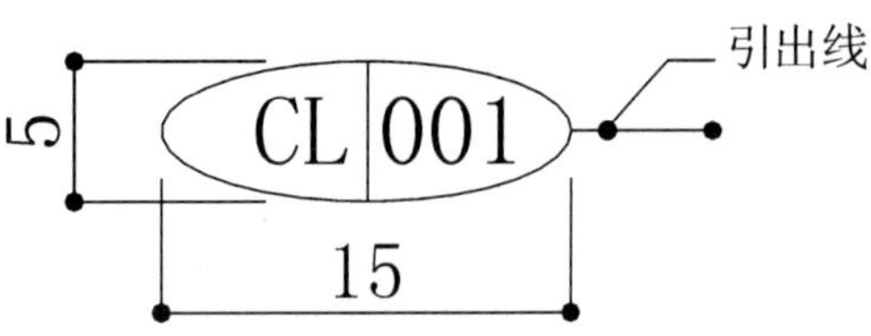

A_0、A_1、A_2图幅，字高为2.5mm，字体为宋体；

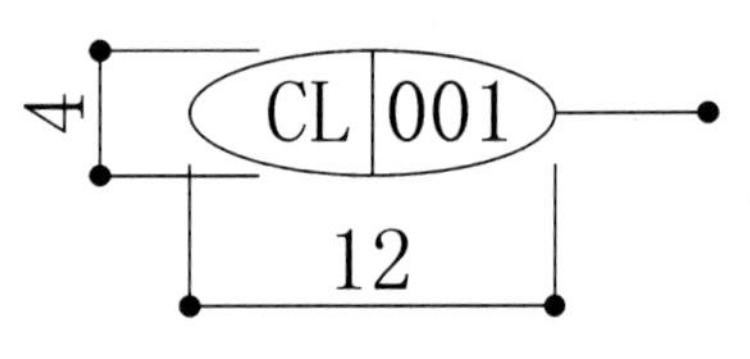

A_3、A_4图幅，字高为 2mm，字体为宋体。

4. 备注：灯具索引符号应与详细的列表相结合，以便更为细致的进行描述，使用方法可参见本书第十章图表相关内容。

十四、家具索引

1. 名称：家具索引符号。
2. 用途：用于表示各种家具的符号。
3. 尺度：

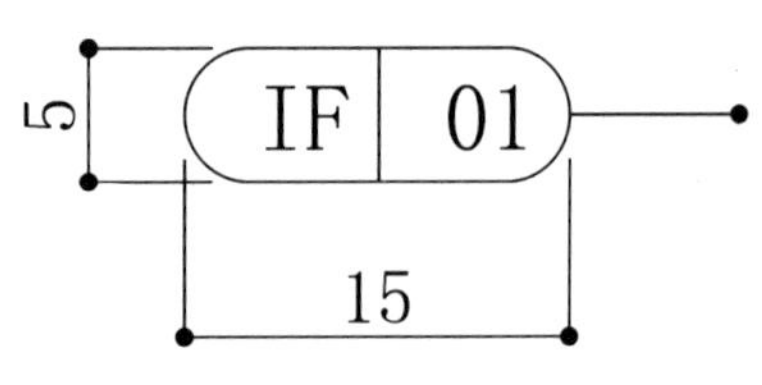

A_0、A_1、A_2图幅，字高为 2.5mm，字体为宋体；

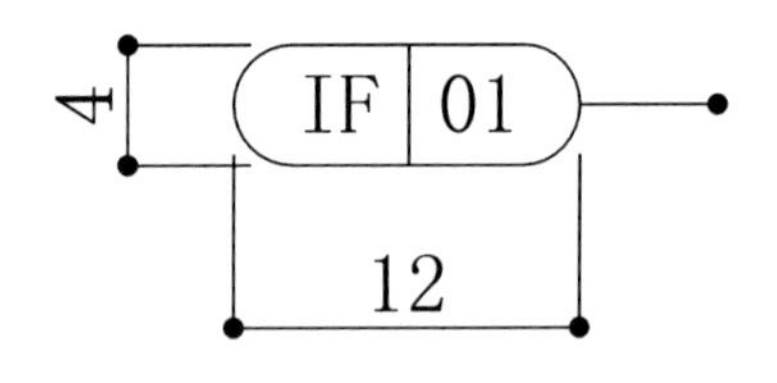

A_3、A_4图幅，字高为 2mm，字体为宋体。

4. 备注：多指活动家具，列表中应对应图片，使用方法可参见本书第十章图表相关内容。

十五、艺术品陈设索引

1. 名称：艺术品陈设索引符号。
2. 用途：用于表示图中陈设物品（含绘画、陈设物品、绿化等）。
3. 尺度：

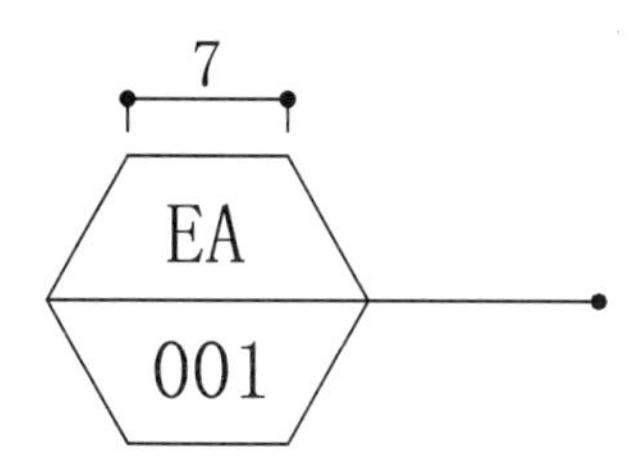

A_0、A_1、A_2图幅，字高为2.5mm，字体为宋体；

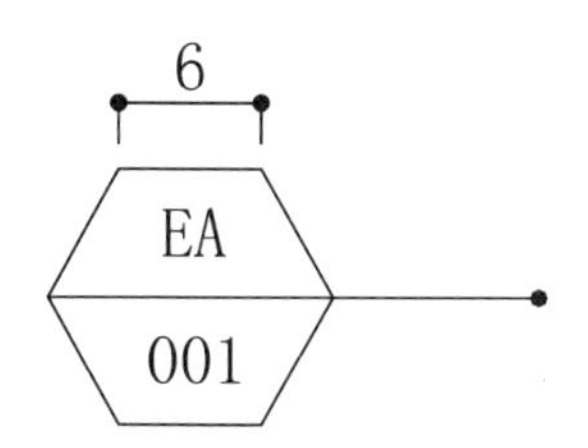

A_3、A_4图幅，字高为2mm，字体为宋体。

4. 备注：列表中应对应图片，使用方法参见本书第十章图表相关内容。

十六、图纸名称

1. 名称：图纸名称及详图索引符号。
2. 用途：用于表示图纸名称及其所在的图号，由圆形、引出线、图纸名称、图纸号、比例、说明、控制布局线组成。
3. 尺度：

A_0、A_1、A_2图幅，字母与数字字高为2.5mm，图纸名称字高为4mm，字体为宋体；

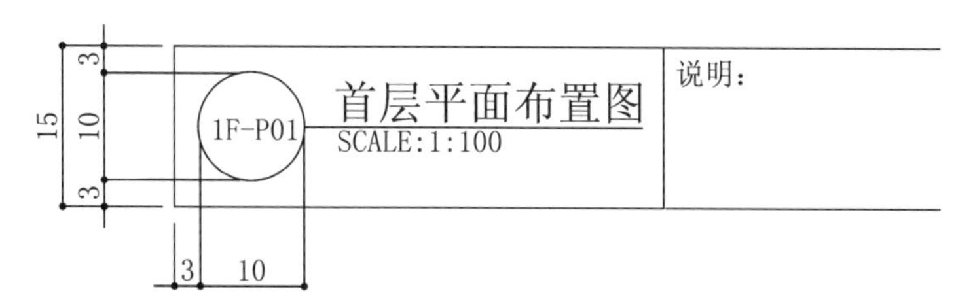

A_3、A_4图幅，字母与数字字高为2mm，图纸名称字高为3mm，字体为宋体。

十七、指北针

1. 名称：指北针，由圆及指北线段和汉字组成。
2. 用途：用于表示平面图朝北方向。
3. 尺度：

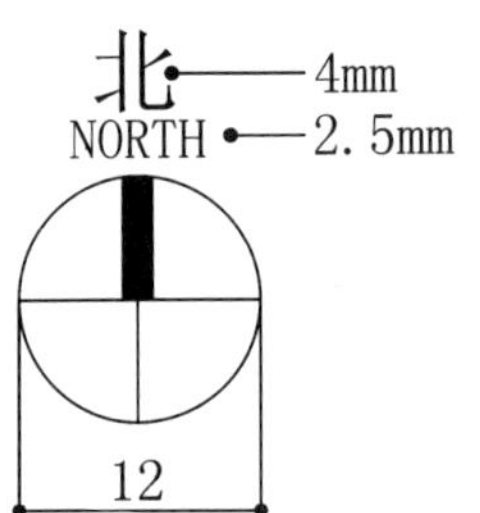

A_0、A_1、A_2图幅字母字高为2.5mm，汉字字高为4mm宋体；

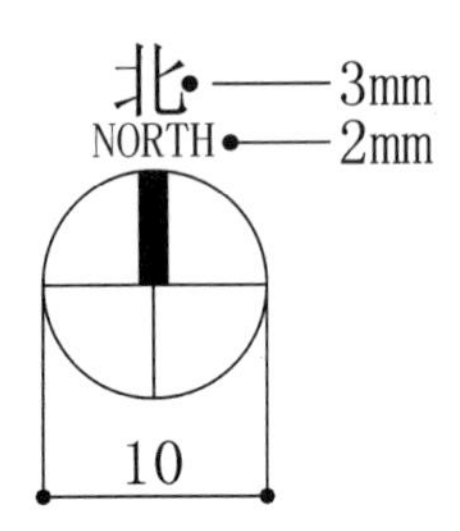

A_3、A_4图幅字母字高为2mm，汉字字高为3mm宋体。

第三章　材质图例的设置

材质图例是应用在图形剖面或表面的填充内容，表 3 - 1 是一些较常见的材质填充内容，可直接调用。用 AUTOCAD 的 hatch 命令可对填充内容、填充比例依图面内容进行调整。

常用材质图例　　　　　　**表 3 - 1**

材质填充图例	材质类型	材质填充图例	材质类型
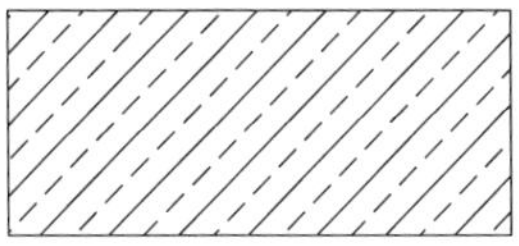	石材、瓷砖	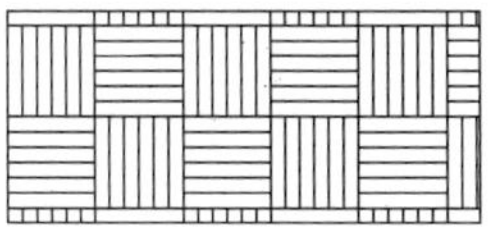	细木工板
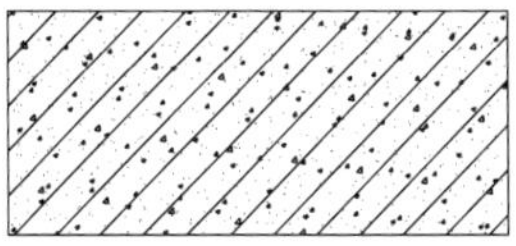	钢筋混凝土		木材
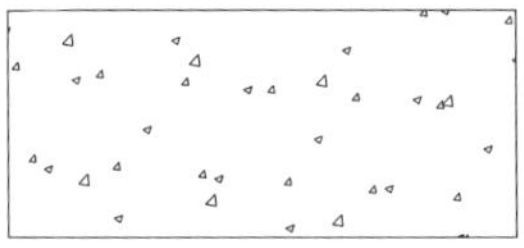	混凝土	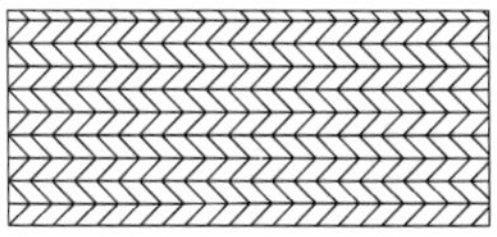	夹板
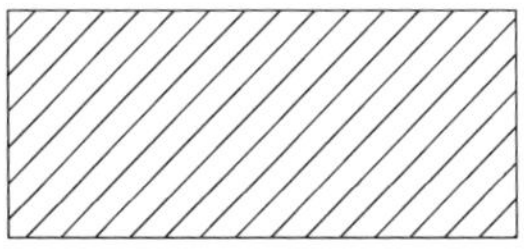	黏土砖		镜面/玻璃
		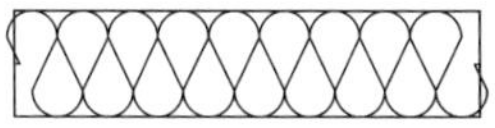	软质吸声层
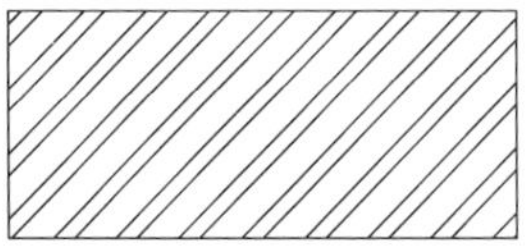	钢/金属	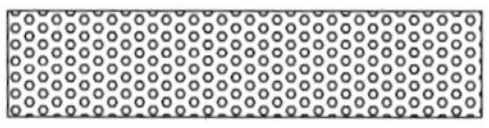	硬质吸声层
		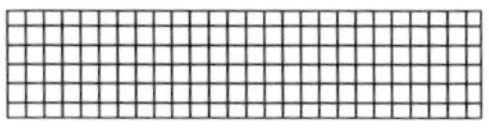	硬隔层
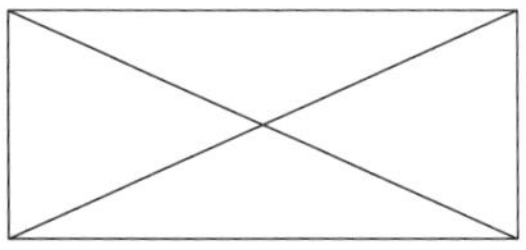	基层龙骨	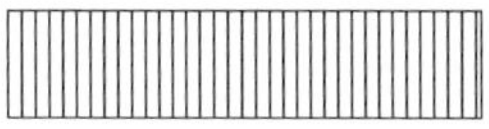	陶质类
		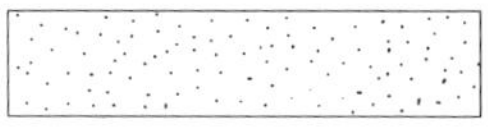	涂料粉刷层
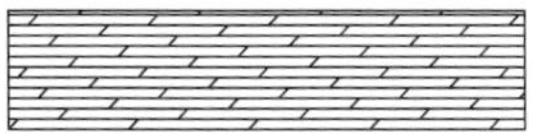	层积塑料	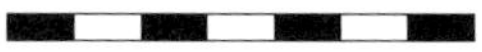	防潮层
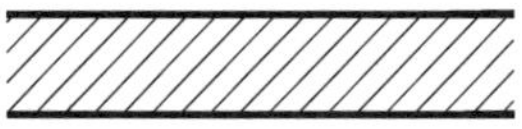	建筑原墙体/非承重墙	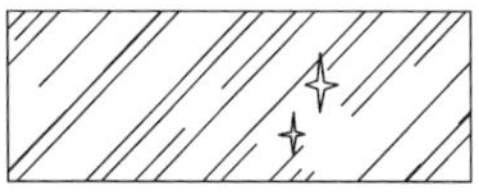	镜面

续表

材质填充图例	材质类型	材质填充图例	材质类型
	建筑承重墙		清玻璃
	装饰加建隔墙		磨砂玻璃
	地毯		自然土壤
	钢丝网板		素土夯实
+ + + + + + + + + + + +	石膏板		纤维板 密度板

注：以上填充内容均为 8 号色。

第四章　尺寸标注与文字标注的设置

一、尺寸标注的设置

a. Autocad→标注设置→修改

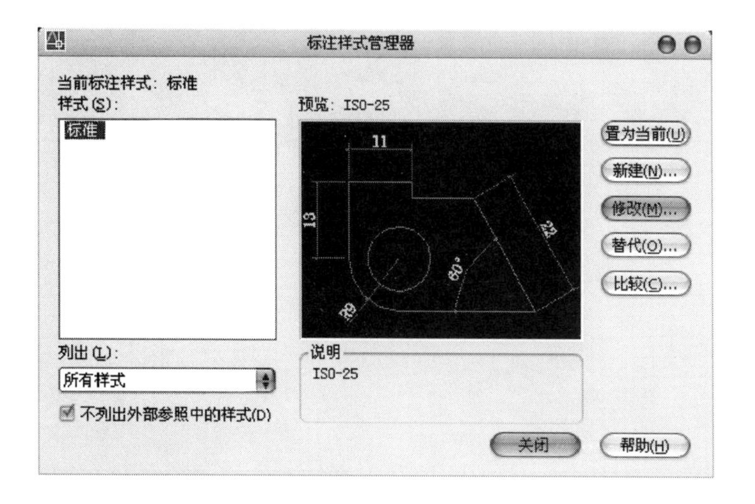

b. 设置尺寸线，尺寸界线

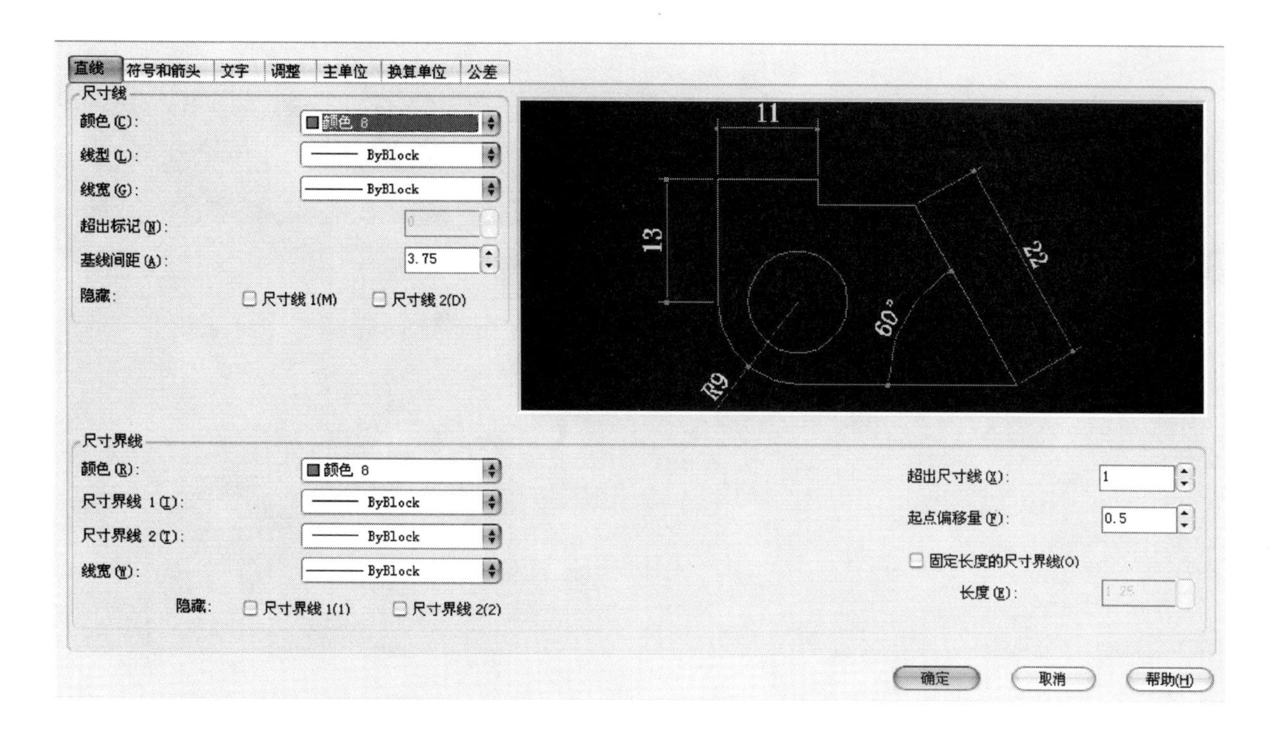

c. 设置符号和箭头

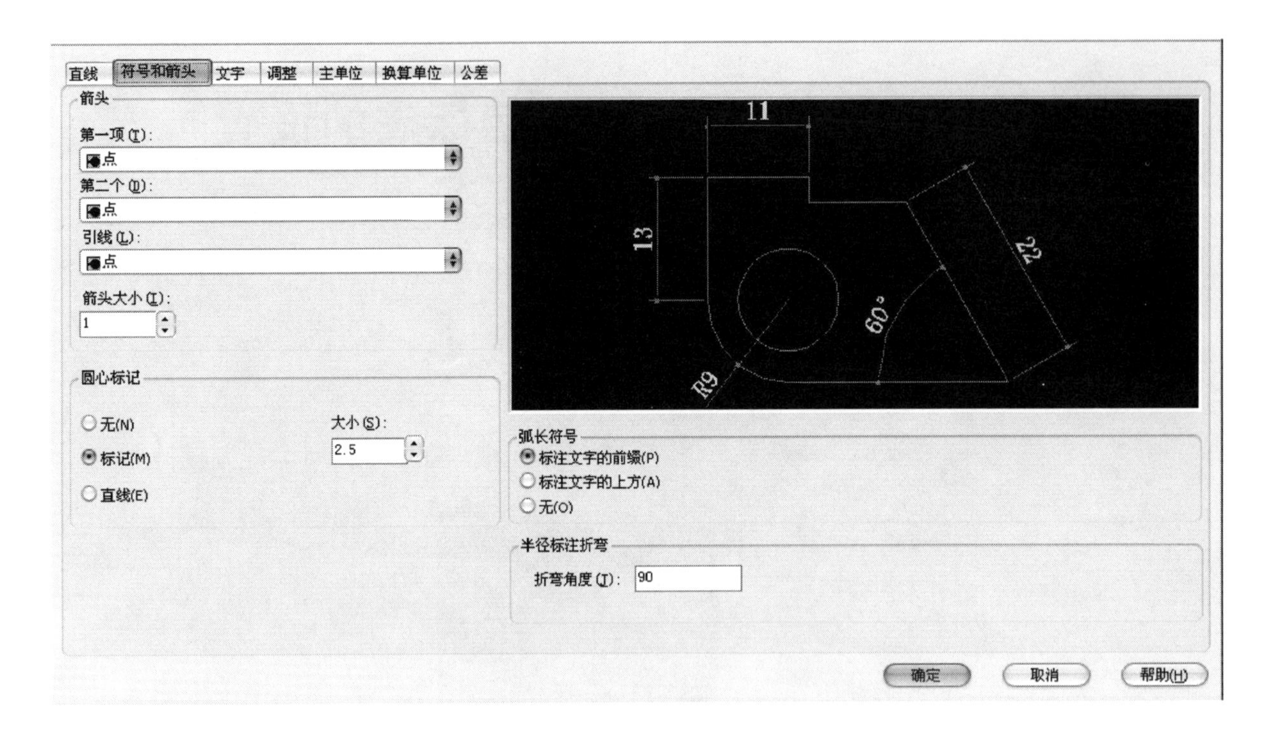

d. 设置文字

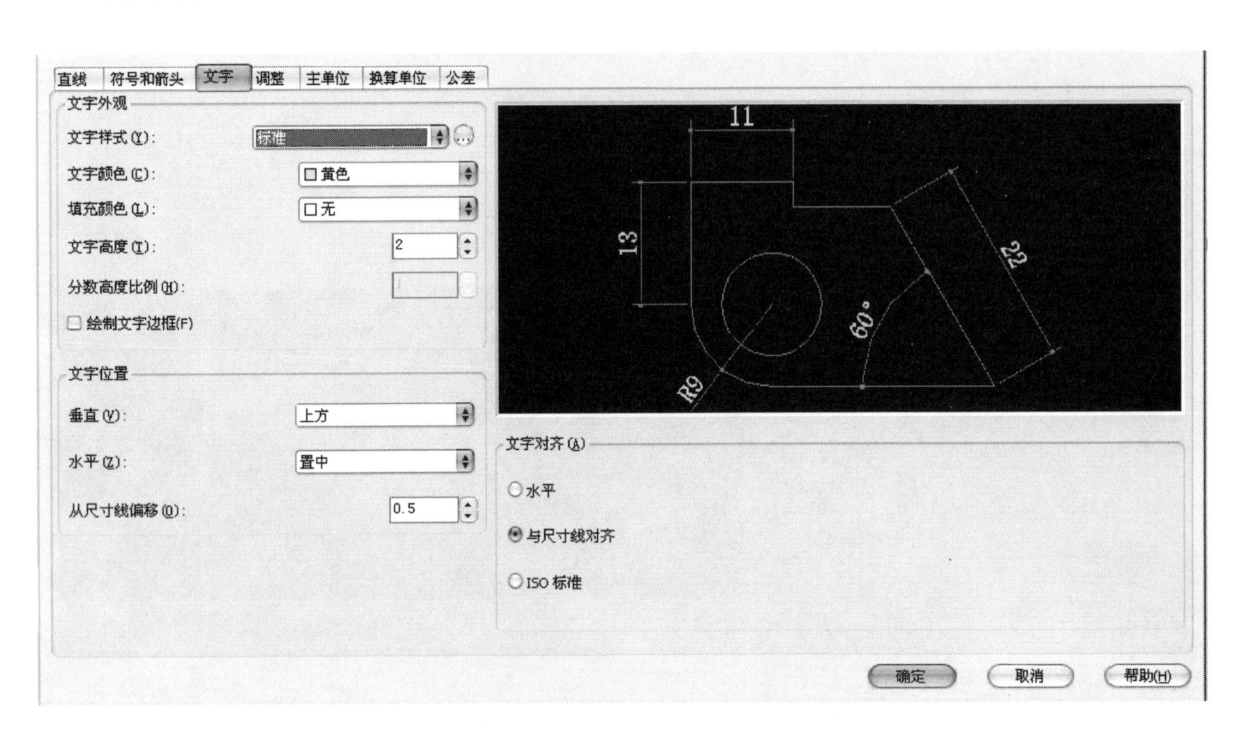

e. 设置调整选项

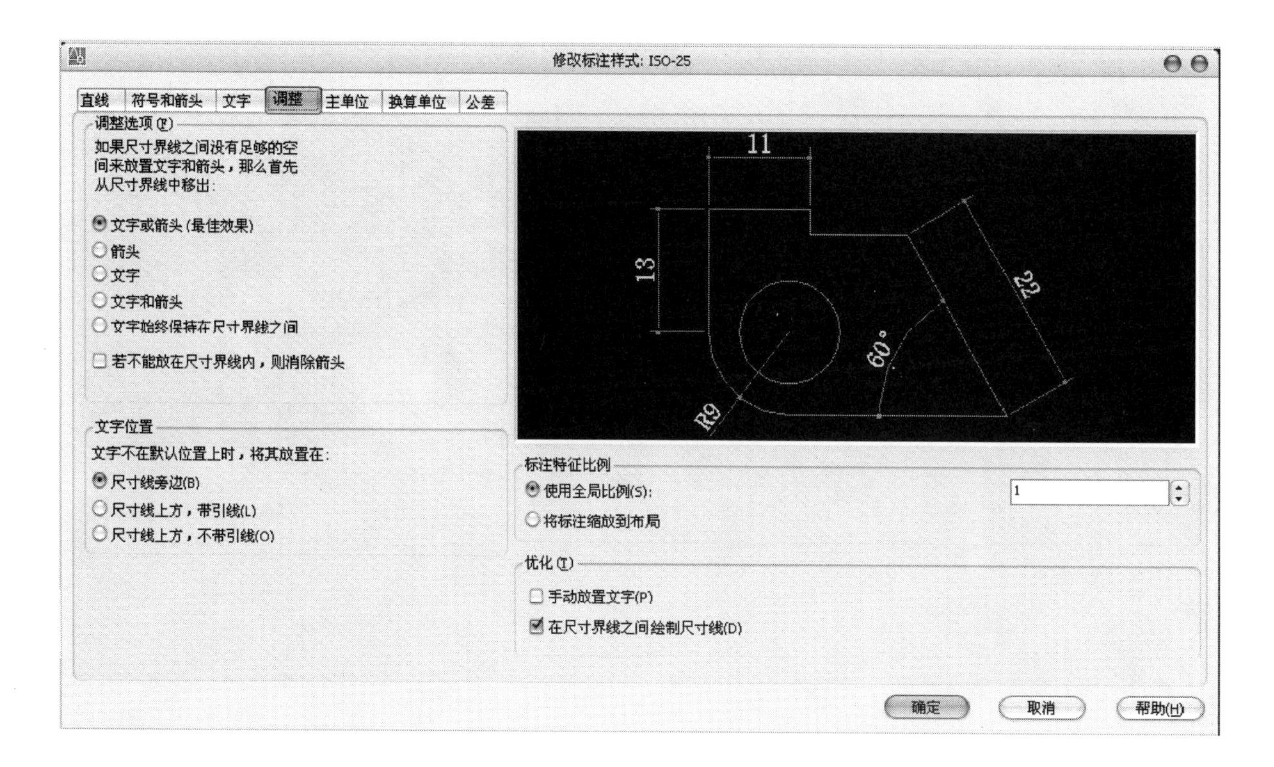

f. 设置主单位

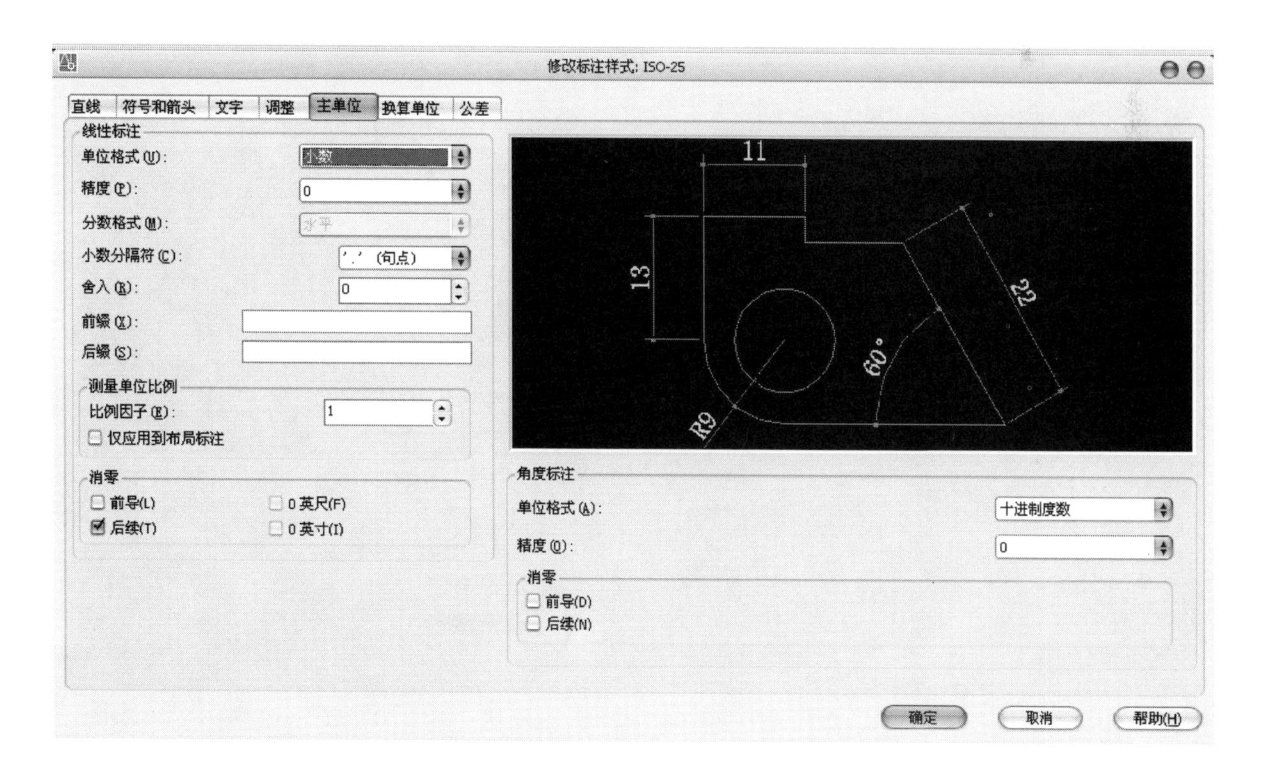

g. 设置换算单位

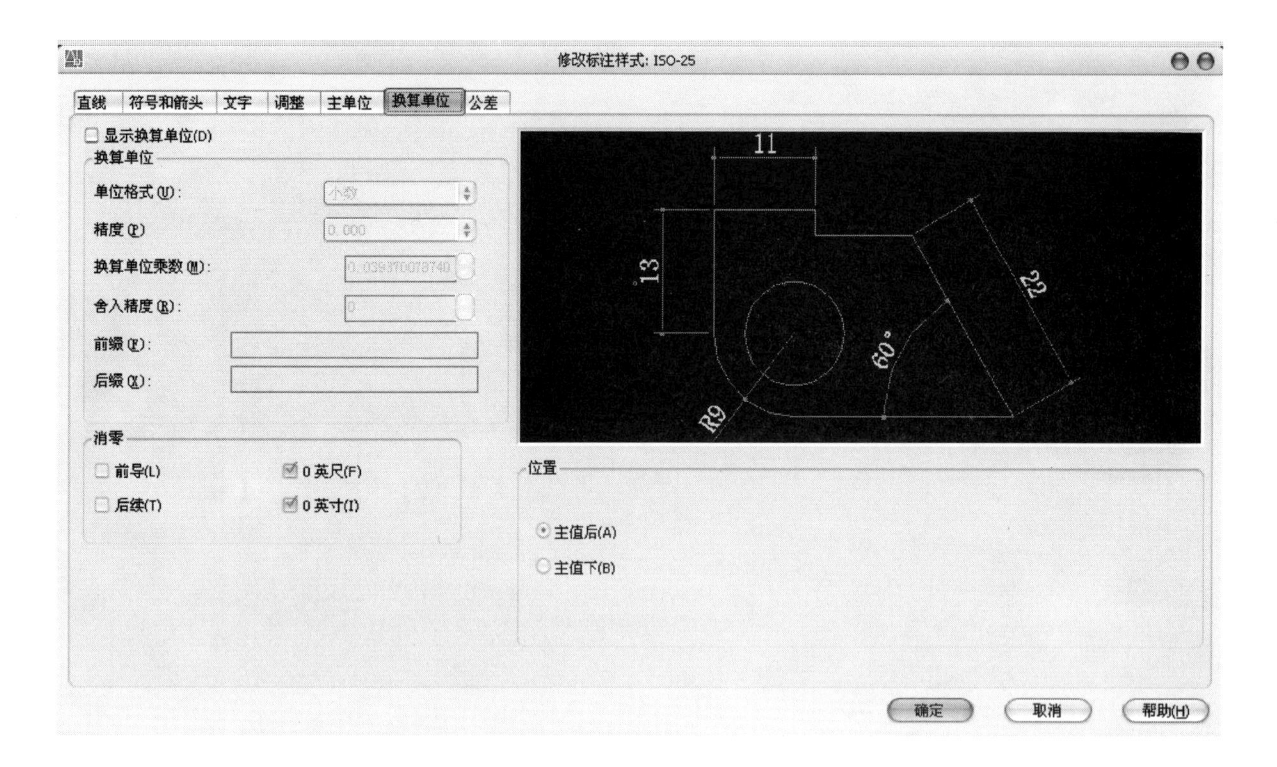

h. 设置公差

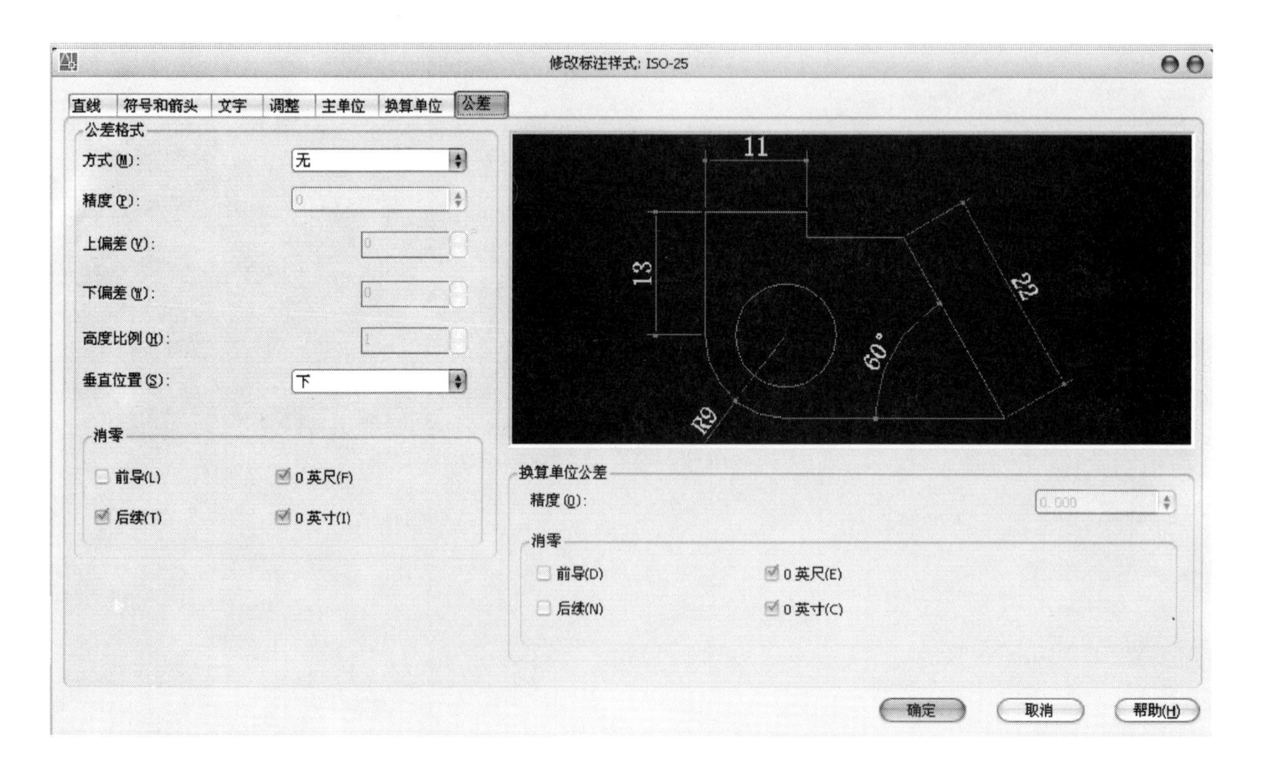

二、尺寸标注的原则

1. 水平垂直和对齐，对位指示准确的原则。参见图 4－1。

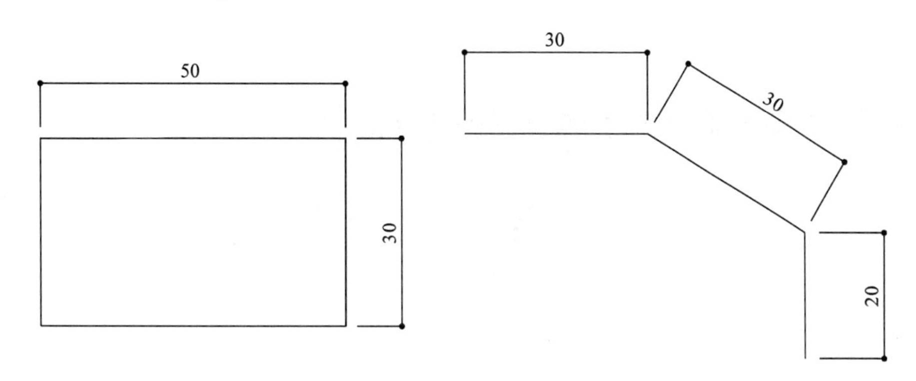

图 4－1　尺寸标注的示例

2. 标注的层次及标注的内容与图面关系。

图样的标注根据其内容应尽量先标明总尺寸，然后注明分段尺寸及细部尺寸。不论是平、立面图还是节点详图，其尺寸标注应尽量详尽、明了。定位尺寸应与建筑轴线相连，如图内无轴线，也应确定明确的定位点，所有尺寸标注应做到规则有序，不要影响图样绘制的内容，或与其他文字、材料符号等内容重叠，影响图面美观。

3. 标注的深度，随着设计深度及比例的调整。

随着各阶段设计内容的不同，标注的深度也有所不同，如初步设计阶段与细部节点深化阶段所需注明的尺寸深度与比例就相差很多，随着设计内容的不断深化，图样的比例也随之增大，尺寸标注也更为精细。

4. 标注的其他形式：角度、网格，参见图 4－2。

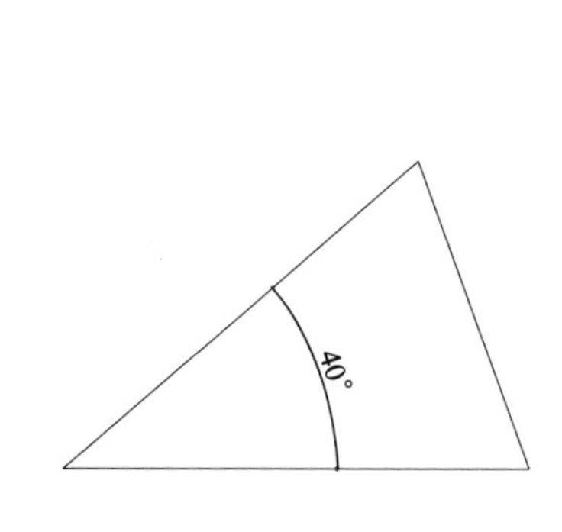

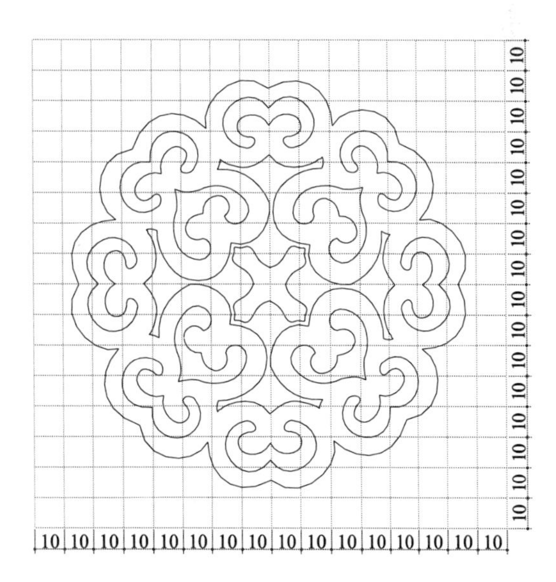

图 4－2　角度与网格尺寸标注示例

5. 布局空间内标注的特点。布局空间内标注均为 1∶1 字高，不可移动模型空间的内容，否则布局空间的内容将与模型空间内容错位。

三、文字标注

文字高度形式参见本书第二章关于符号的设置中的相关内容。

文字标注时应注意在尺寸界线内尽量不要与尺寸界线交叉，标注内容应尽量详尽。

图样中的汉字应采用简化汉字，字体为 windows 系统自带的宋体字，常用字高度为 1.8mm、2.0mm、2.5mm、3.5mm、4mm、5mm、7mm、10mm、14mm、20mm 等。

第五章　线型笔宽的设置

线型与笔宽的设置在工程制图中是很重要的一个环节，它不仅确定了图形的轮廓、形式、内容同时还可表示一定的含义。

一、笔宽的设置

图线的宽度有粗线、中粗线和细线之分。粗、中粗和细线的线宽大致为 4∶2∶1。

每个图纸内容应根据复杂程度与比例大小，先确定基本线宽，然后按比例确定其他笔宽，同一张或一套图纸内相同比例或不同比例的各种图样应选用相同的线型笔宽。常用线宽参见表 5－1 线宽组。

表 5－1

线宽比	线宽组					
b	2.0	1.4	1.0	0.7	0.5	0.35
0.5b	1.0	0.7	0.5	0.35	0.25	0.18
0.25b	0.5	0.35	0.25	0.18	0.18	0.01
	A_0、A_1		A_1	A_1、A_2	A_2	A_3、A_4

在电脑绘图过程中，线型比例的设置与笔宽的设置多随图层属性设定，详细内容参见本书第六章电脑图层的设置。

二、线型

常用线型参见表 5－2。

线型选用表　　**表 5－2**

名称		线型	电脑线型名称	笔宽	用途
实线	粗		Continuous	b	主要可见轮廓线，装修完成面剖面线
	中		Continuous	0.5b	空间内主要转折面及物体线角等外轮廓线
	细		Continuous	0.25b	地面分割线、填充线、索引线等
虚线	粗		Dash	b	详图索引、外轮廓线
	中		Dash	0.5b	不可见轮廓线
	细		Dash	0.25b	灯槽、暗藏灯带等
单点划线	粗		Center	b	图样索引的外轮廓线
	中		Center	0.5b	图样填充线
	细		Center	0.25b	定位轴线、中心线、对称线
双点划线	粗		2SASEN8	b	假想轮廓线、成型前原始轮廓线
	中		2SASEN8	0.5b	
	细		2SASEN8	0.25b	
折断线			无	0.25b	图样的省略截断画法
波浪线			无	0.25b	断开界线

注：表中 b 指基本笔宽。

三、常用笔宽一览

0.09

0.1

0.13

0.15

0.18

0.2

0.25

0.3

0.35

0.4

0.45

0.5

0.6

0.7

1.0

1.5

注：上列笔宽为实际尺寸。

第六章　电脑图层的设置

电脑图层的设定可提高制图效率，方便图纸文件的相互交流，甚至对于深化图纸设计也有很大的帮助。此外，前面提到的线型与笔宽的设定也可随图层的属性一同调整，在布局空间或模型空间内开关图层可便于图纸内容的修改核对。

在电脑绘图的过程中经常会插入其他设计公司的图纸、图块，为了避免其他图层、图块与本公司的图层搀杂在一起不方便查找，本公司的图层可均以阿拉伯数字“0”开头，排在电脑图层的最前面，同时可保障公司内部的图层名称连在一起，方便查找编辑。

按构成室内制图的基本要素，可将图层按以下内容命名：

1. 0-000 图签；
2. 0-001 轴线；
3. 0-110 墙；
4. 0-120 门；
5. 0-130 窗；
6. 0-140 标注；
7. 0-150 吊顶；
8. 0-160 地面；
9. 0-170 家具；
10. 0-180 立面；
11. 0-190 机电；
12. 0-DEFPOINTS 系统默认非打印层。

以上图层为构成一套图纸的基本内容，可根据不同情况有所增减。此外图层亦可附带图线的线型、笔号的特性，具体内容参见表 6-1。

图层的设置　　**表 6-1**

图层名称		线形	色号	备注
图签	0-000 图签	Continuous	色号可调	可制成母图便于修改
轴线	0-100 轴线	Center	8 号	注意线型比例的调整
墙	0-110 承重墙、柱	Continuous	4 号	多为原建筑结构
	0-111 非承重墙	Continuous	色号可调	
	0-112 加建隔墙	Continuous	色号可调	在填充图例内注明隔墙的材料属性
	0-113 装修完成面	Continuous	色号可调	所有饰面材料的最终外轮廓线
门	0-120 门	Continuous	色号可调	注意对应门表
	0-121 门墙	Continuous	色号可调	注意在平面和顶棚图层之间的开关
窗	0-130 窗	Continuous	色号可调	注意对应窗表
标注	0-140 标注	Continuous	色号可调	可据图面要求分层设置，如在布局空间内标注也可，不必分过多的层

续表

图层名称		线形	色号	备注
吊顶	0-150 吊顶	Continuous	色号可调	注意原建筑标高的核对
	0-151 顶棚灯饰	Continuous dashed	8号	也可据灯具形式不同而设置多层
	0-152 灯槽	dashed	8号	注意线型比例的调整
地面	0-160 地面铺装	Continuous	8号	
	0-161 室外附建部分	Continuous	色号可调	
	0-162 楼梯	Continuous	色号可调	
家具	0-170 活动家具	Continuous dashed	8号	
	0-171 固定家具	Continuous dashed	色号可调	
	0-172 到顶家具	Continuous dashed	色号可调	
	0-173 绿化、陈设	Continuous	色号可调	
	0-174 洁具	Continuous	色号可调	
立面	0-180 立面	Continuousdashed	色号可调	
机电	0-190 机电	Continuous	色号可调	包含烟感、喷淋等专业图层
默认层	DEFPOINTS	Continuous	色号可调	此图层打印时不显示

注：1. 这里用0-000索引的目的是在作图过程中，如有其它图层插入时可以使预设好的图层排列在前端。

2. 图层共分以上几部分，当每部分需要细化时，可在此基础上进行设定新图层。

3. 图纸完成后应核对各图层的开关情况，核对图纸的比例与标注是否对应。

第七章　图面比例的设置

图样的比例为图形实际物体尺寸与相对应的线性尺寸之比，比例的大小是指其比值大小。比例的符号为“：”，比例应以阿拉伯数字表示，如：1：1、1：2、1：10 等。

绘图所用的比例应根据图样的用途及图样的繁简程度来确定，其选择应以为施工单位提供清晰易辨的图面资料为准。

室内设计绘图常用的比例见表 7－1。

室内设计绘图常用比例　　表 7－1

常用比例	1：1、1：2、1：5、1：10、1：20、1：50、1：100、1：150、1：200、1：500、1：1000
可用比例	1：3、1：4、1：6、1：15、1：25、1：30、1：40、1：60、1：80、1：250、1：300、1：400、1：600

不同比例应用图样范围如下：

建筑总图，1：1000、1：500；

总平面图，1：100、1：50、1：200、1：300；

分区平面图，1：50、1：100；

分区立面图，1：25、1：30、1：50；

详图大样，1：1、1：2、1：5、1：10。

注：在布局空间内设置比例，图幅在 1：1 的情况下，可包含不同比例。具体操作方法见本书第十五章，关于布局空间与模型空间在实际绘图中的应用中相关内容。

第八章　图面构图的设置

常见的图面构图如图 8－1 中所示几种布局形式。

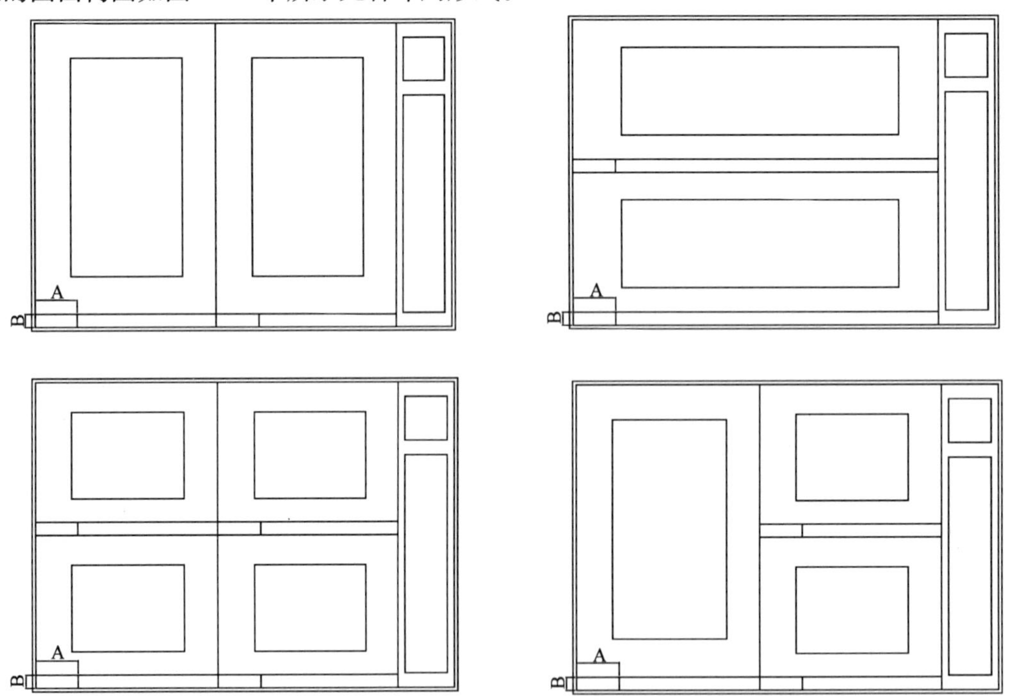

注：B 值可根据图名文字的多少调整。当图幅为 A_0、A_1、A_2 时 B 值为 18mm，当图幅为 A_3、A_4 时 B 值为 15mm。

图 8－1　几种图面构图示意

图面绘制的图样不论其包含内容是否相同（如同一图面内可包含平面图、立面图或剖立面图、大样图等）或其比例有所不同（同一图面中可包含不同比例），其构图形式都应遵循整齐、均布、和谐、美观的原则。

图面内的数字标注、文字标注、符号索引、图样名称、文字说明都应按以下规定执行：

1. 数字标注与文字索引、符号索引尽量不要交叉。

2. 图面的分割形式可因不同内容、数量及比例调整，但构图中图样名称分割线的高度却可依图幅大小而保持一致。

第九章　施工图的编制顺序

室内设计项目的规模大小、繁简程度各有不同，但其成图的编制顺序则应遵守统一的规定。一般来说，成套的施工图包含以下内容：

封面、目录、文字说明、图表、平面图、立面图、节点大样详图、配套专业图纸。

其中各项包含的详细内容为：

1. 封面：项目名称、业主名称、设计单位、成图依据等。

2. 目录：项目名称、序号、图号、图名、图幅、图号说明、图纸内部修订日期、备注等，可以列表形式表示。

3. 文字说明：项目名称、项目概况、设计规范、设计依据、常规做法说明、关于防火、环保等方面的专篇说明。

4. 图表：材料表、门窗表（含五金件）、洁具表、家具表、灯具表等。

5. 平面图：其中总平面包括建筑隔墙总平面、家具布局总平面、地面铺装总平面、顶棚造型总平面、机电总平面等内容；分区平面包括分区建筑隔墙平面、分区家具布局平面、分区地面铺装平面、分区顶棚造型平面、分区灯具、分区机电插座、分区下水点位、分区开关连线平面、分区艺术陈设平面等内容。以上可根据不同项目内容有所增减。

6. 立面图：装修立面图、家具立面图、机电立面图等。

7. 节点大样详图：构造详图、图样大样等。

8. 配套专业图纸：风、水、电等相关配套专业图纸。

以上内容可详见本书第十章图表相关内容。

第十章　图　　表

一、图纸目录表

1. 图纸目录表 A。参见下示某会所施工图纸目录（表 10－1）。

某会所施工图纸目录　　**表 10－1**

图纸编号指引	
分　类	编　号
平面图（总图）	101
立面图（总图）	201
分区图（含平，立面图）	301
大样图（通详）	401
材料表	501

内部图纸修正	
日　期	次　数

序　号	图 纸 名 称	图　号	图　幅	备　注
1	封面		A2	
2	图纸目录		A2	
3	会所首层总平面图	101	A2	
4	会所首层总顶棚平面图	102	A2	
5	会所首层大堂分区建筑平面图	301	A2	
6	会所首层大堂分区顶棚平面图	302	A2	
7	会所首层大堂分区立面图 A	303A	A2	
8	会所首层大堂分区立面图 B	303B	A2	
9	会所首层大堂分区立面图 C	303C	A2	
10	会所首层大堂分区立面图 D	303D	A2	
11	会所首层会议室分区立面图 A	304A	A2	
12	会所首层会议室分区立面图 B	304B	A2	
13	会所首层会议室分区立面图 C	304C	A2	
14	会所首层会议室分区立面图 D	304D	A2	
15	会所首层大餐厅分区立面图 A	305A	A2	
16	会所首层大餐厅分区立面图 B	305B	A2	
17	会所首层大餐厅分区立面图 C	305C	A2	
18	会所首层大餐厅分区立面图 D	305D	A2	
19	大样节点	401	A2	

此种目录可应用于家庭装修或小型室内空间设计。图号由阿拉伯数字排序构成，在电脑内其目录排序较规则，易于查找，电子目录内图纸应单张保存，图纸名称与图号相对应。

2. 图纸目录表B。参见下示天骄宾馆施工图纸目录（表10－2）。

天骄宾馆施工图纸目录 表10－2

图纸编号指引	
分　类	编　号
平面图（总图）	P01
立面图（总图）	L01
节点图	J01
门表	M01

内部图纸修正	
日　期	次　数

序　号	图　纸　名　称	图　号	图　幅	备　注
1	封面	DSI-01	A2	
2	图纸目录	DSI-02	A2	
3	设计说明	DSI-03	A2	
4	材料表	DSI-04	A2	
5	首层地面铺装总平面图	1F-P01	A2	
6	首层家具布置总平面图	1F-P02	A2	
7	首层天花总平面图	1F-P03	A2	
8	四季厅区域平面图	1F-A-P01	A2	
9	四季厅区域顶棚图	1F-A-P02	A2	
10	四季厅区域立面图（一）	1F-A-L01	A2	
11	四季厅区域立面图（二）	1F-A-L02	A2	
12	四季厅区域立面图（三）	1F-A-L03	A2	
13	四季厅区域立面图（四）	1F-A-L04	A2	
14	四季厅区域大样图（一）	1F-A-J01	A2	
15	四季厅区域大样图（二）	1F-A-J02	A2	
16	网球馆分区平面图	1F-B-P01	A2	
17	网球馆分区顶棚图	1F-B-P02	A2	
18	网球馆立面图（一）	1F-B-L01	A2	
19	网球馆立面图（二）	1F-B-L02	A2	
20	网球馆大样图	1F-B-J01	A2	
21	门表（一）	M1	A2	
22	门表（二）	M2	A2	

此种目录形式适用于大型公共项目室内设计。通过图号可识别设计内容的楼层是否为分区空间，以及图纸应属于平面、立面或节点性质等。

3. 图纸目录表C。参见下示哈尔滨工程大学大学生活动中心施工图纸目录（表10-3）。

哈尔滨工程大学大学生活动中心施工图纸目录 **表10-3**

内部图纸修正			
日　期	次　数	内　容	备　注

序　号	图　纸　名　称	图　号	图　幅	备　注
1	封面	DSI-01	A2	
2	编制说明	DSI-02	A2	
3	图纸目录表	图表1-01	A2	
4	材料表	图表2-01	A2	
5	门表	图表3-01	A2	
6	一层总平面图	室施总-01	A2	
7	一层总顶棚图	室施总-02	A2	
8	共享中庭平面图	室施A-01	A2	
9	共享中庭顶棚图	室施A-02	A2	
10	共享中庭立面图1	室施A-03	A2	
11	共享中庭立面图2	室施A-04	A2	
12	共享中庭节点详图	室施A-05	A2	
13	一层南门厅平面图	室施B-01	A2	
14	一层南门厅顶棚图	室施B-02	A2	
15	一层南门厅立面图1	室施B-03	A2	
16	一层南门厅立面图2	室施B-04	A2	
17	一层南门厅节点图	室施B-05	A2	

此种目录排序适合大、中型工程室内设计项目。图号中“室施”指室内专业施工图，总代表总平面或立面图，A、B等代表分区空间。

以上三种目录排序方式各有长短，可依据项目性质规模不同适时选用、确定。

二、材料表

1. 材料表A。参见下示哈尔滨工程大学大学生活动中心施工图材料表（表10-4）。

表 10-4

分类	编号
地毯	CA
布料	FB
玻璃	GS
金属	MT
涂料	PT
防火板	PL
石材	ST
瓷砖	CT
木材	TV
墙纸	WP
地胶	DJ
型材板	XC
塑料	LP

应用材料	颜色	编号
乳胶漆	黑蓝色	PT-01
乳胶漆	白色	PT-02
乳胶漆	米白色	PT-03
金属漆	深灰色	PT-04
实木地板	仿旧	DJ-01
地坪漆	灰色	DJ-02
柔性顶棚	白色	FB-01
透光片	白色	FB-02
橡木挂板	深橡木	TV-01
木作饰面	深橡木	TV-02
人造板	欧松板	TV-03
人造板	木丝板	TV-04
木作挂片	橡木	TV-05
金属构件	灰色	MT-01
不锈钢管	Φ60	MT-02
金属隔栅	黑色	MT-03
背漆玻璃	白色	GS-01
钢化玻璃	透明	GS-02
热融玻璃		GS-03
清玻璃	透明	GS-04
人造石材	黑蓝色	ST-01
烧毛板	灰色	ST-02
机刨石	灰色	ST-03
文化石		ST-04
玻化砖	灰色 800×800	CT-01
玻化砖	黑色 800×800	CT-02
玻化砖	白色 800×800	CT-03
发光灯片	白色	LP-01

空间名称 / 应用部位	中庭	公共空间	水吧	咖啡厅
天花	PT-01	PT-01	MT-03	PT-01
	MT-03	PT-02		PT-02
	TV-05	MT-03		
墙面	ST-02	PT-03	TV-03	TV-01
	ST-04	PT-04	TV-04	GS-01
	LP-01		GS-01	GS-02
	GS-03			MT-01
				MT-02
地面	ST-03	CT-01	CT-01	DJ-01
	CT-03	CT-02		
其他（续）				

此种材料表形式易于调整修改，主要用于精装修范。

2. 材料表B。该表主要用于非精装修范围。参见下示东方广场后勤材料区施工图材料表（表 10-5）。施工单位可直接对照英文字母所代替的材料做法进行施工

表 10-5

地面应用材料。
a. 现浇混凝土抹平。 b. 光面现浇混凝土。 c. 光面现浇混凝土带非金属硬化剂。 c_1. 光面现浇 50mm 水泥砂浆带非金属硬化剂抹光。 c_2. 光面现浇 50mm 水泥砂浆带非金属硬化剂抹光再于表面刷环氧聚胺酯地台油。 d. 25mm 水泥砂浆找平层（无饰面）抹光。 e. 25mm 水泥砂浆找平层带非金属硬化剂抹光。 f. 防水水泥砂浆找坡层最少 25mm 厚。 g. 防水水泥砂浆带非金属硬化剂找坡层最少 25mm 厚。 h. 200×200 防滑地台砖。 h_1. 200×200 防滑地台瓷砖。 i. 釉面瓷砖。 j. 总饰面厚度 50mm，35mm 厚水泥砂浆找平抹光再加饰面（见室内设计图纸）。 k. 总饰面厚度 65mm，50mm 厚水泥砂浆找平抹光再加饰面（见室内设计图纸）。 l. 150mm×75mm 非釉面突沿砖。 m. 300mm 厚轻质混凝土回填带聚氨脂防水涂料连防滑地台砖 n. 50mm×50mm 非釉面陶瓷锦砖。 o. 地毯连胶垫连 35mm 水泥砂浆抹平。 p. 轻质混凝土回填连聚氨脂防水涂料。 q. 现浇混凝土抹平，按室设计指定石材铺于水泥砂浆找平层。 r. 25mm 厚花岗岩石板连 35mm 厚干法水泥铺砌。 s. 25mm 防水水泥砂浆找平层。 t. 环氧聚氨脂地台涂料。 u. 乙烯基树脂楼面板连水泥砂浆抹平。 v. 聚氨酯防水涂料。 w. 300mm 厚轻质混凝土回填带。 x. 20mm 厚花岗岩石板铺于水泥砂浆找平层。
踢脚线应用材料：
a. 20mm 水泥砂浆 150mm 高。 b. 20mm 防水水泥砂浆 150mm 高。 c. 50×50mm 非釉面陶瓷锦砖 20mm 厚水泥砂浆。 d. 20mm 水磨石。 e. 防滑瓷砖连 20mm 厚防水水泥砂浆。 f. 乙烯基树脂脚线。 g. 大白浆。 h. 乳胶涂料。 i. 100mm×10mm 瓷砖脚线。 j. 25mm 防水水泥砂浆高 500mm。 k. 150 高聚氨脂防水涂料。 l. 15mm 防水水泥砂浆 150mm 高。
墙面应用材料：
a. 现浇混凝土。 b. 清水/光面混凝土。

表 10-5 续表

c. 10mm 纸筋灰抹面。
d. 20mm 水泥砂浆抹平。
e. 20mm 防水水泥砂浆抹平。
f. 20mm 砂浆石灰抹平。
g. 20mm 石膏抹平。
h. 200mm×200mm 釉面瓷砖。
i. 100mm×100mm 釉面瓷砖。
j. 墙纸。
k. 30mm 厚花岗石。
l. 大白浆。
m. 水泥涂料。
n. 石灰水。
o. 乳胶涂料。
p. 纯丙烯酸水溶性涂料。
q. 200mm×200mm 光面均质瓷砖。
r. 离地 650，高 200mm 防撞板带连原色保护涂料。
s. 聚氨脂防水涂料刷 2100mm 高。
t. 聚氨基甲酸涂料。
u. 保温板墙由厨房分包提供。

顶棚/吊顶应用材料：

a. 现浇混凝土。
b. 清水/光面混凝土。
c. 6mm 纸筋灰抹面。
d. 金属吊顶。
e. 600mm×1200mm×19mm 矿棉吸声板块料吊顶。
f. 丙烯酸水溶性涂料。
g. 水泥涂料。
h. 大白浆。
i. 乳胶涂料。
j. 100mm×100mm×6mm 釉面瓷砖连水泥砂浆找平 13mm 厚。
k. 15mm 厚石膏板吊顶连原场成品吊架，乳胶涂料饰面。
l. 300mm 宽长型铝条吊顶。
m. 铝板金属吊顶。
n. 耐火极限 3h 及不少于 15mm 厚防火石膏板吊顶，乳胶涂料饰面。
o. 保温板层由厨房分包方提供。

材 料 表 B

表 10-5 续表

空间名称	地面材料代号	踢脚材料代号	墙面材料代号	天花材料代号
厨房	h	c	q	m
消防控制室	c	b	e	h
电气机房	c	b	e	h
后勤职工宿舍	h	i	o	i
储藏室	h	i	o	i
停车场	a	g	l	a

3. 装饰材料详表参见表10－6。

装饰材料详表　　表10－6

<table>
<tr><td colspan="2">国光建筑装饰工程有限公司
GUOGUANG ARCHITECTURAL DECORATION ENGINEERING CO.,LTD.</td><td colspan="2">工程项目：某别墅户型室内设计</td></tr>
<tr><td>区域</td><td>说明</td><td colspan="2">饰面代码 CT-01</td></tr>
<tr><td>首层洗手间</td><td>马赛克</td><td colspan="2">厂商
填写厂家联系方式</td></tr>
<tr><td colspan="4">样品</td></tr>
<tr><td colspan="4">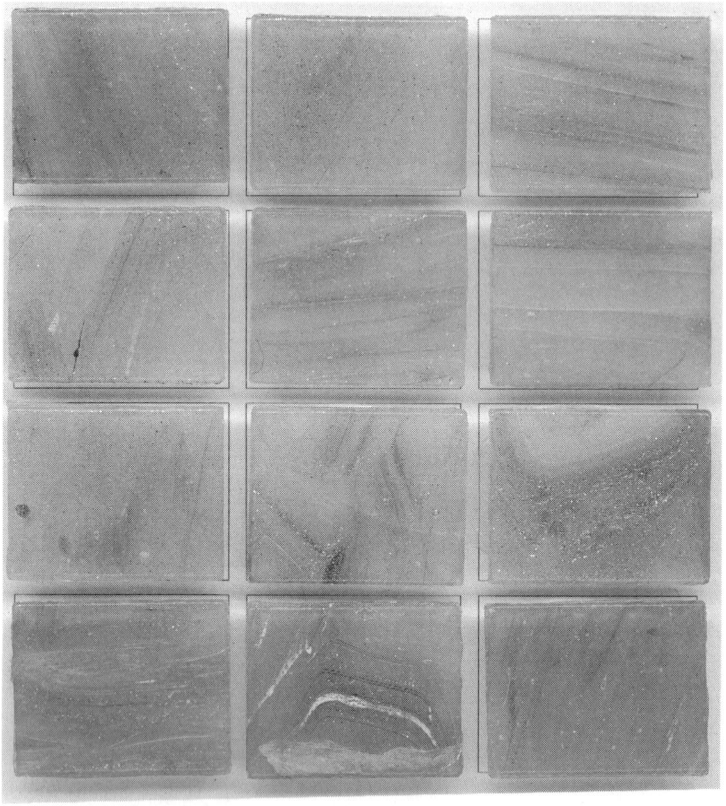</td></tr>
<tr><td>制表人</td><td>日期</td><td colspan="2">修改</td></tr>
</table>

三、窗表

参见表 10－7。

窗　　表　　**表 10－7**

<table>
<tr><td colspan="2">国光建筑装饰工程有限公司
GUOGUANG ARCHITECTURAL DECORATION ENGINEERING CO.,LTD.</td><td>工程项目：　某别墅户型室内设计</td></tr>
<tr><td>区域</td><td>说明</td><td>饰面代码 C-01</td></tr>
<tr><td>客厅</td><td>塑钢窗</td><td>厂商
填写厂家联系方式</td></tr>
<tr><td colspan="3">样品</td></tr>
<tr><td colspan="3"></td></tr>
<tr><td>制表人</td><td>日期</td><td>修改</td></tr>
</table>

四、门表

参见表 10－8。

门　　表　　　　表 10－8

<table>
<tr><td colspan="2">国光建筑装饰工程有限公司
GUOGUANG ARCHITECTURAL DECORATION ENGINEERING CO.,LTD.</td><td>工程项目：　某别墅户型室内设计</td></tr>
<tr><td>区域</td><td>说明</td><td>饰面代码 M-01</td></tr>
<tr><td>走廊</td><td>木门</td><td>厂商
填写厂家联系方式</td></tr>
<tr><td colspan="3">样品</td></tr>
<tr><td colspan="3"></td></tr>
<tr><td>制表人</td><td>日期</td><td>修改</td></tr>
</table>

五、洁具表

参见表 10－9。

洁 具 表 **表 10－9**

国光建筑装饰工程有限公司 *GUOGUANG ARCHITECTURAL DECORATION ENGINEERING CO.,LTD.*		工程项目： 某别墅户型室内设计
区域	*说明*	*饰面代码* SA-01
首层洗手间	台上盆	*厂商* 填写厂家联系方式
样品		

制表人	*日期*	*修改*

六、家具表

参见表 10－10。

家　具　表　　　　**表 10－10**

<table>
<tr><td colspan="2">国光建筑装饰工程有限公司
GUOGUANG ARCHITECTURAL DECORATION ENGINEERING CO.,LTD.</td><td>工程项目:　某别墅户型室内设计</td></tr>
<tr><td>区域</td><td>说明</td><td>饰面代码 FU-01</td></tr>
<tr><td>卧室</td><td>沙发</td><td>厂商
填写厂家联系方式</td></tr>
<tr><td colspan="3">样品</td></tr>
<tr><td colspan="3"> </td></tr>
<tr><td>制表人</td><td>日期</td><td>修改</td></tr>
</table>

七、灯具表

参见表 10 - 11。

灯　具　表　　　　　　　　　　　　　　　　**表 10 - 11**

<table>
<tr><td colspan="2">国光建筑装饰工程有限公司
GUOGUANG ARCHITECTURAL DECORATION ENGINEERING CO.,LTD.</td><td>工程项目:　某别墅户型室内设计</td></tr>
<tr><td>区域</td><td>说明</td><td>饰面代码 LA-01</td></tr>
<tr><td>餐厅</td><td>吸顶灯</td><td>厂商
填写厂家联系方式</td></tr>
<tr><td colspan="3">样品</td></tr>
<tr><td colspan="3"> </td></tr>
<tr><td>制表人</td><td>日期</td><td>修改</td></tr>
</table>

八、艺术品陈设表

参见表 10－12。

艺术品陈设表　　　　表 10－12

国光建筑装饰工程有限公司 GUOGUANG ARCHITECTURAL DECORATION ENGINEERING CO.,LTD.		工程项目：　某别墅户型室内设计
区域	*说明*	*饰面代码* AR-01
客厅	陈设品	*厂商* 填写厂家联系方式
样品		

制表人	*日期*	*修改*

九、机电图例表

参见表 10 - 13。

机电设备图例 **表 10 - 13**

图例	名称	图例	名称	图例	名称
	墙面单座插座		双联开关		600mm×600mm 格栅灯
	地面单座插座		三联开关		600mm×1200mm 格栅灯
WS	壁灯	MR	剃须插座		300mm×1200mm 格栅灯
	台灯	HR	吹风机插座		排风扇
	喷淋（下喷）	HD	烘手器插座		照明配电箱
	喷淋（上喷）	TL	台灯插座	A/C	下送风口
	喷淋（侧喷）	RF	冰箱插座	A/C	侧送风口
S	烟感探头	SL	落地灯插座	A/R	下回风口
	顶棚扬声器	SF	保险箱插座	A/R	侧回风口
D	数据端口	LP	激光打印机插座	A/C	下送风口
T	电话端口	FW	服务呼叫开关	A/C	侧送风口
TV	电视端口	JJ	紧急呼叫开关	A/R	下回风口
F	传真端口	YY	背景音乐开关	A/R	侧回风口
	风扇		筒灯/按选型确定尺寸		干粉灭火器
LCP	灯光控制板		草坪灯	XHS	消防栓
T	温控开关		直照射灯		下水点位
CC	插卡取电开关		可调角度射灯		
F	火警铃		洗墙灯		开关（立面）
DB	门铃		防雾筒灯		插座（立面）
DND	请勿打扰指示牌开关		吊灯/选型		电视端口（立面）
SAT	卫星信号接收器插座		低压射灯		数据端口（立面）
MS	微型开关		地灯		
SD	调光器开关		灯槽		
	单联开关		吸顶灯		

第十一章　平、立、剖面图及节点大样图的绘制及相关标准

一、平面图

1. 平面图的概念及功用。

平面图就是假想用一水平剖切平面沿门窗洞的位置将房屋剖开成剖切面，从上向下作投射在水平投影面上所得到的图样即为平面图。剖切面从下向上作投射在水平投影面上所得到的图样即为顶棚平面图，通常为了方便起见，都将顶棚平面图在水平方向的投影与平面图的方向与外轮廓保持一致。

室内平面图主要表示空间的平面形状、内部分隔尺度、地面铺装、家具布置、天花灯位等。

2. 室内平面图的命名。

平面图做为室内设计的基础条件就其功能而言可分为以下几种。

· 总平面图：说明建筑总体平面布局关系，同时也可作为分区平面索引之用。

· 分区平面图：分区平面图就其体现的具体内容可以分为以下几种（根据具体设计项目繁简及功用不同可有增减）。

分区平面图包括：

原始建筑平面图、建筑平面图、地面铺装材料平面图、家具布置平面图、陈设绿化布置平面图、立面索引平面图、顶棚造型平面图、顶棚灯具位置平面图、地面机电插座布置平面图、顶棚综合设备图、给排水、暖气等设备位置平面图、机电开关连线平面图等。

原始建筑平面图：即甲方提供的原土建平面图（图 11－1）；

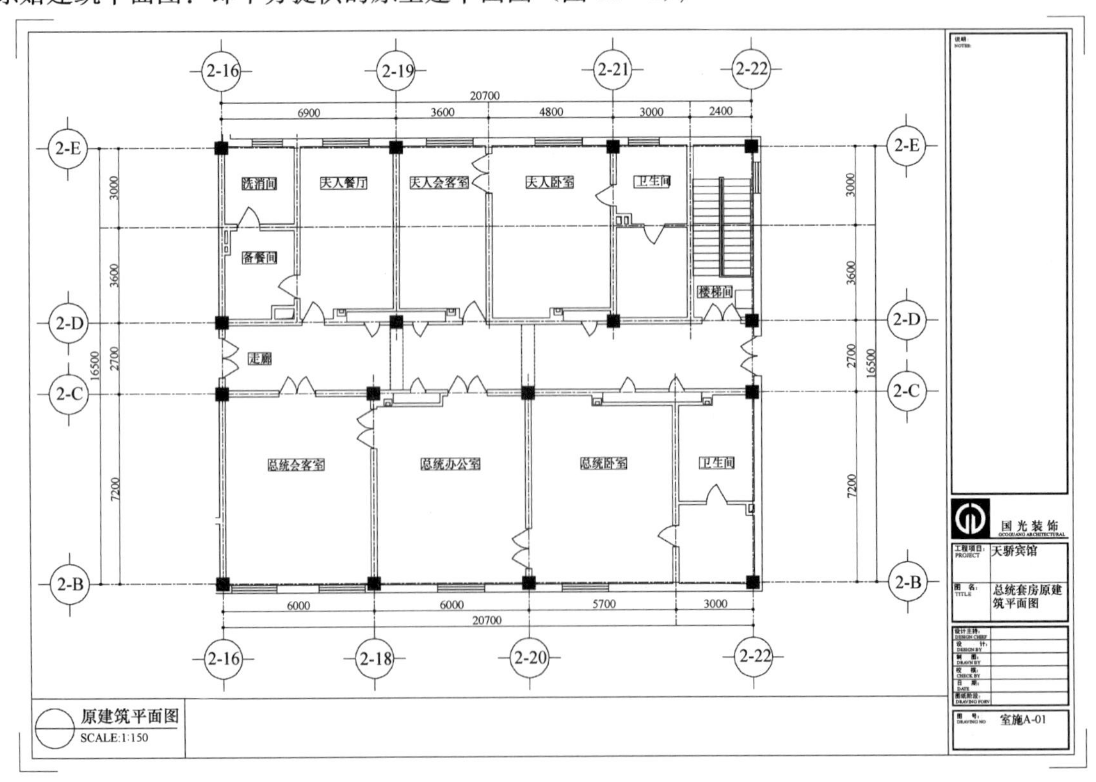

图 11－1　土建平面图

建筑平面图：现有建筑平面（承重墙、非承重墙），新增建筑隔墙，现有建筑顶部横梁与设备状况（图 11-2）；

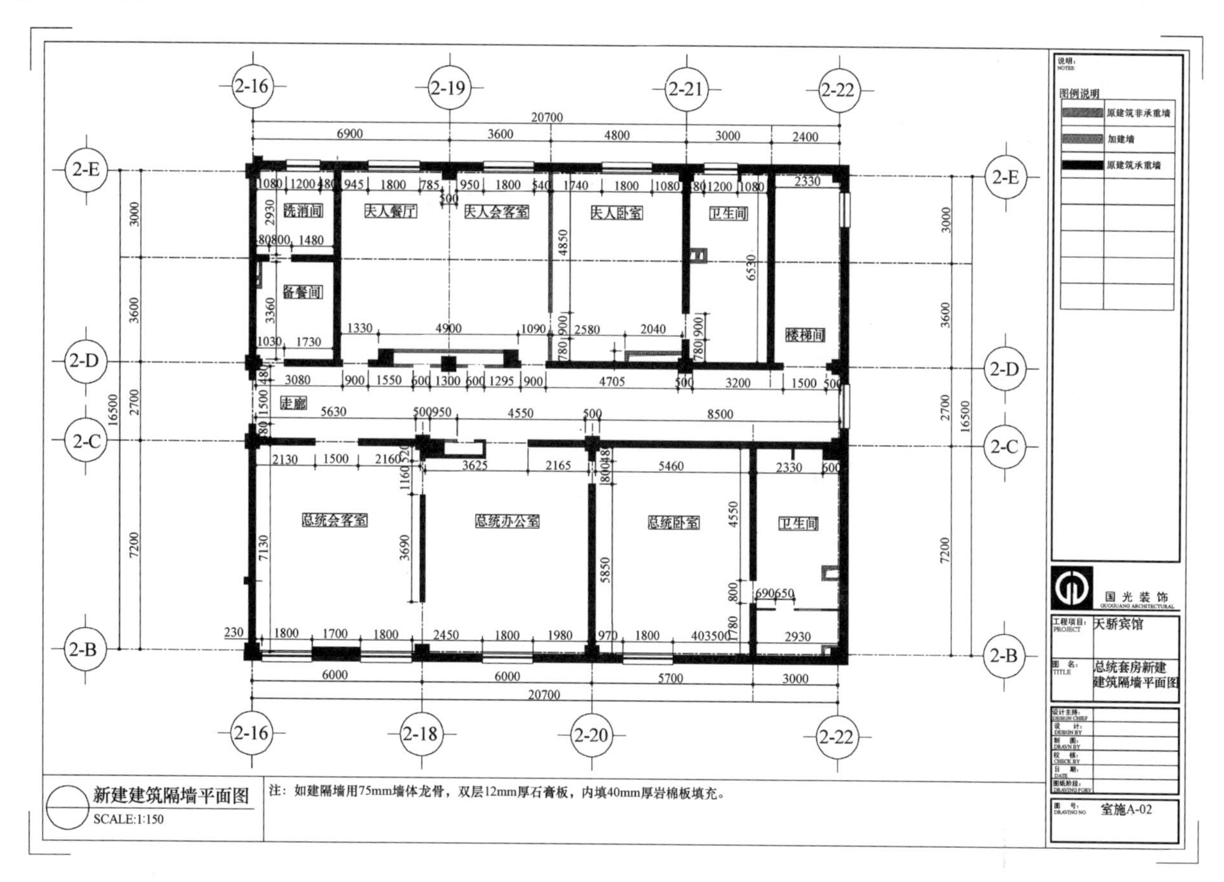

图 11-2　建筑平面图

地面铺装材料平面图：确定地面不同装饰材料的铺装形式与界限，确定铺装材料的开线点，即铺装材质起始点，异形铺装材料的平面定位及编号，还可表示地面材质的高差（图 11-3）；

家具布置平面图：家具在平面上的布置大致可分为以下几种：固定家具、活动家具、到顶家具，具体家具形式可参见家具列表（图 11-4）；

陈设绿化布置图：在室内设计中在平面布置中的艺术品陈设及绿化等应有相应的列表（图 11-5）；

立面索引平面图：用于表示立面及剖立面的指引方向（图 11-6）；

顶棚造型平面图：用于表示顶棚造型起伏高差、材质及其定位尺度（图 11-7）；

顶棚灯具位置平面图：用于灯具定位（图 11-8）；

地面机电插座布置平面图：地面插座及立面插座开关等位置平面（图 11-9）；

顶棚综合设备平面图：各相关专业加烟感喷淋空调风口等设备位置的定位（图 11-10）；

给排水、暖气等设备位置平面图：给排水点位、暖气等设备位置的定位（图 11-11）；

机电开关连线平面图：开关控制各空间灯具的连线平面图（图 11-12）。

3. 平面图绘制过程中应注意的问题。

1）比例：平面图常用比例为 1∶50、1∶100、1∶200 等，比例在布局空间内设定。

2）图例符号：图例及符号可参见本书第二、三章相关内容。

3）定位轴线：参见本书第二章关于轴线及其编号的相关内容。

4）图线：室内平面图上表示的内容较多，因此对图线的线宽、线型设置应予注意。相关内容可参见本书第六章电脑图层的设置。

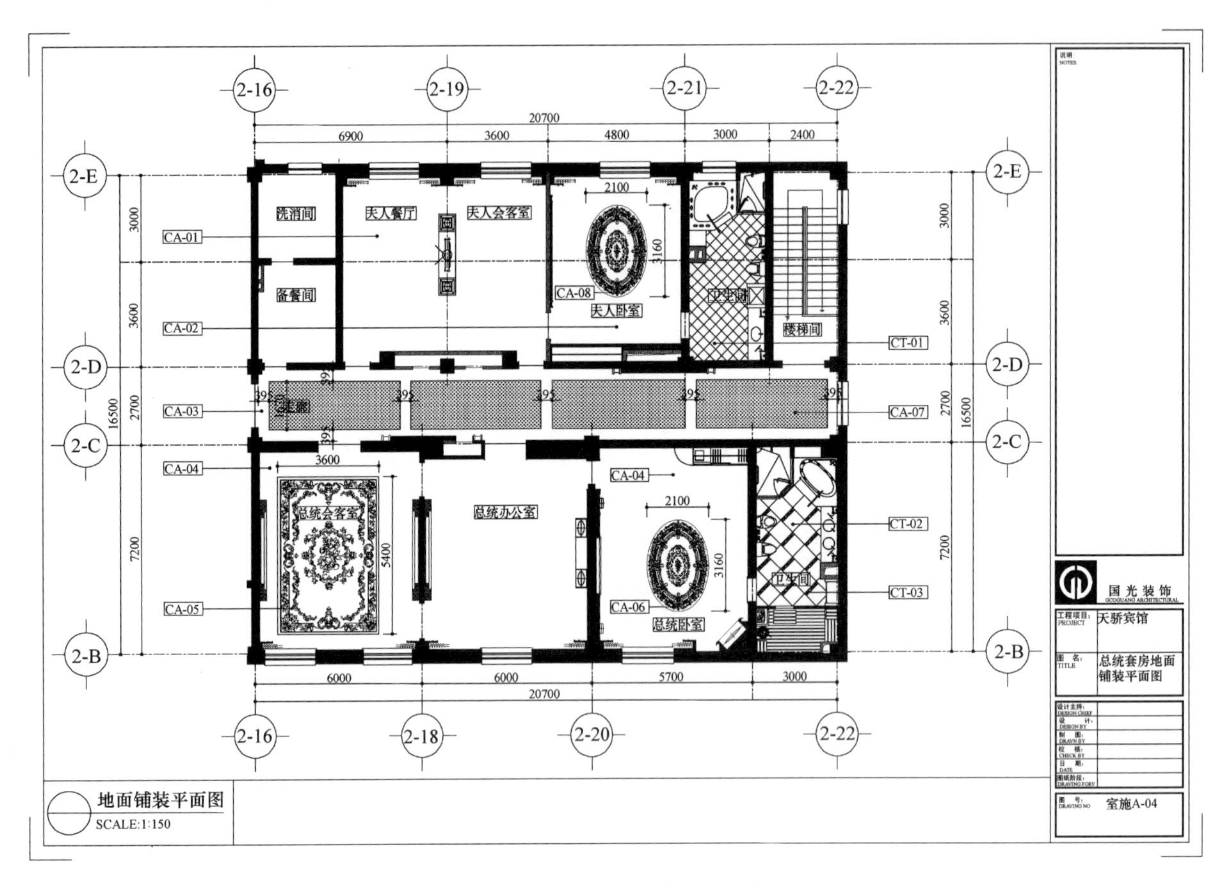

图 11－3　地面铺装材料平面图

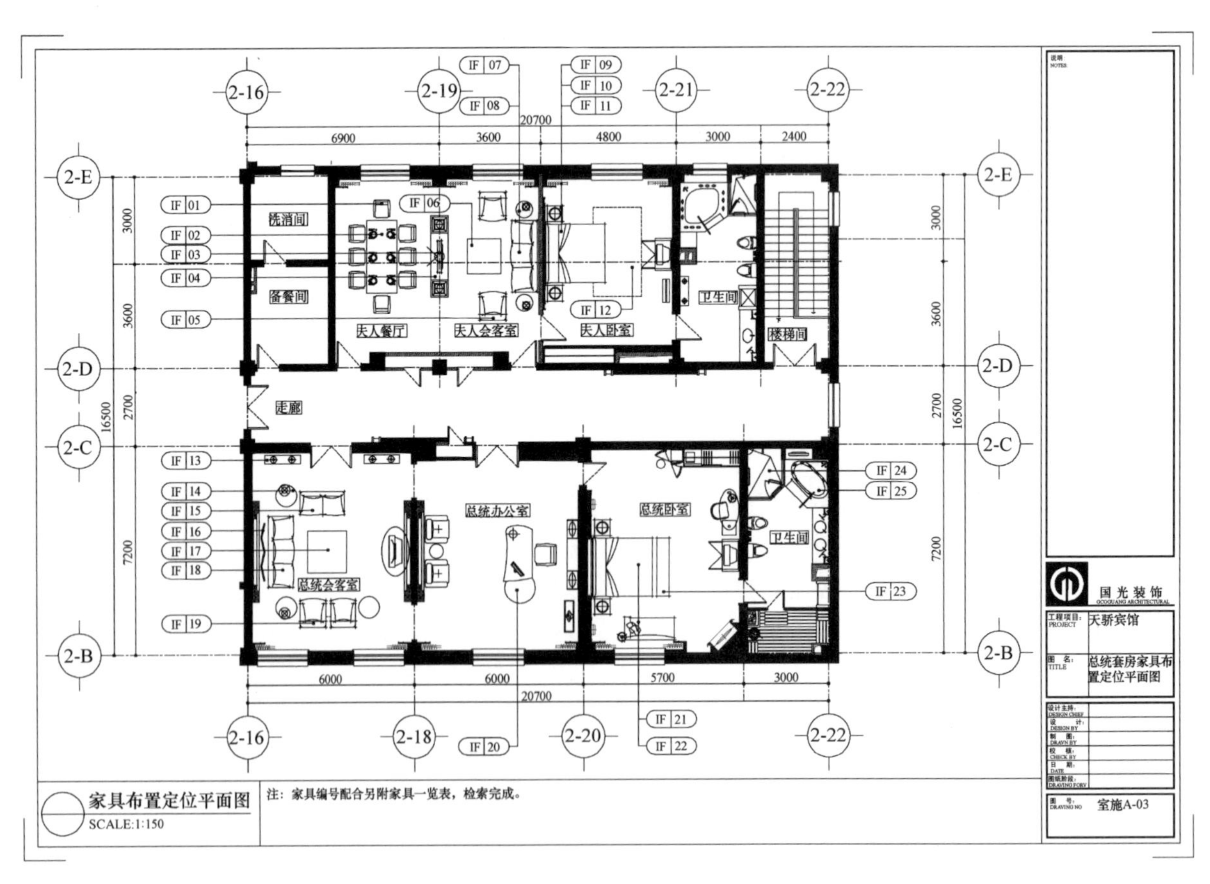

图 11－4　家具布置平面图

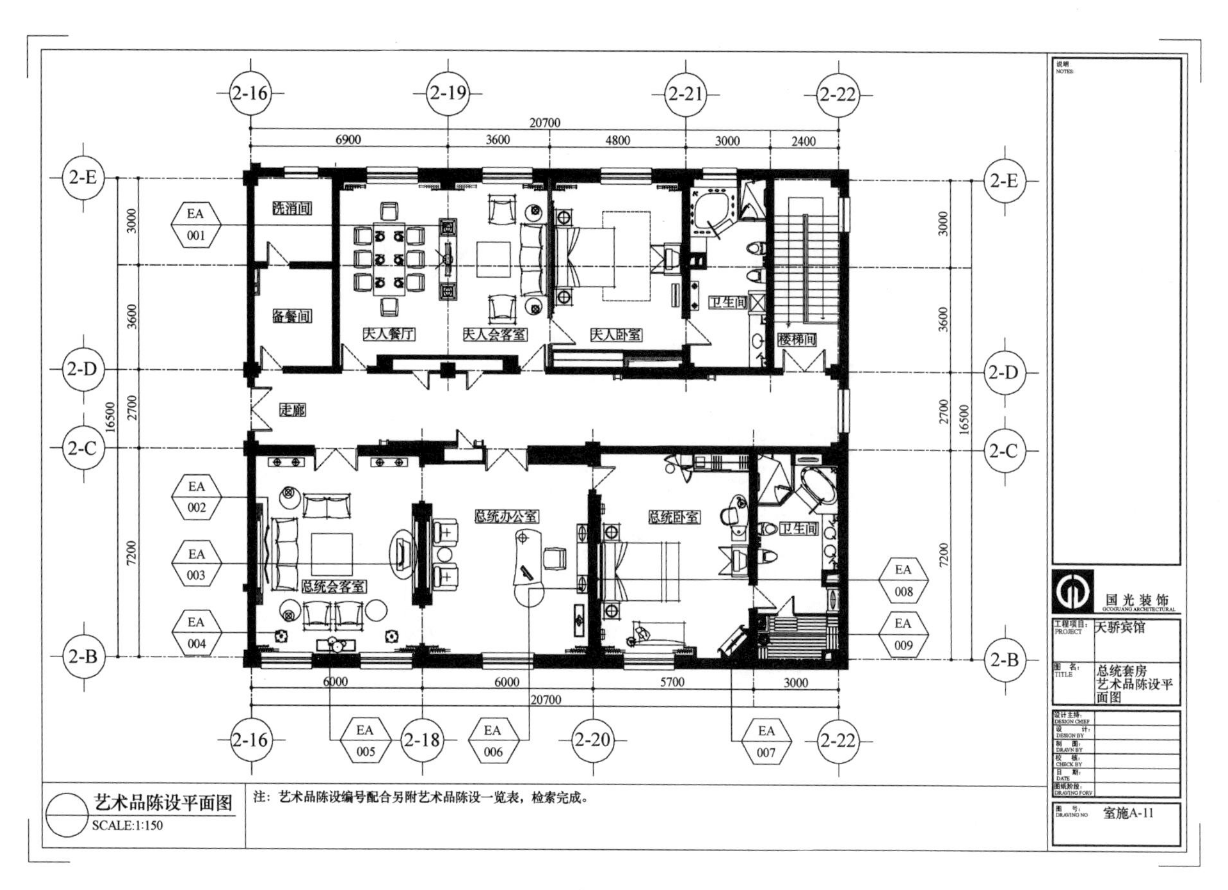

图 11－5　陈设绿化布置平面图

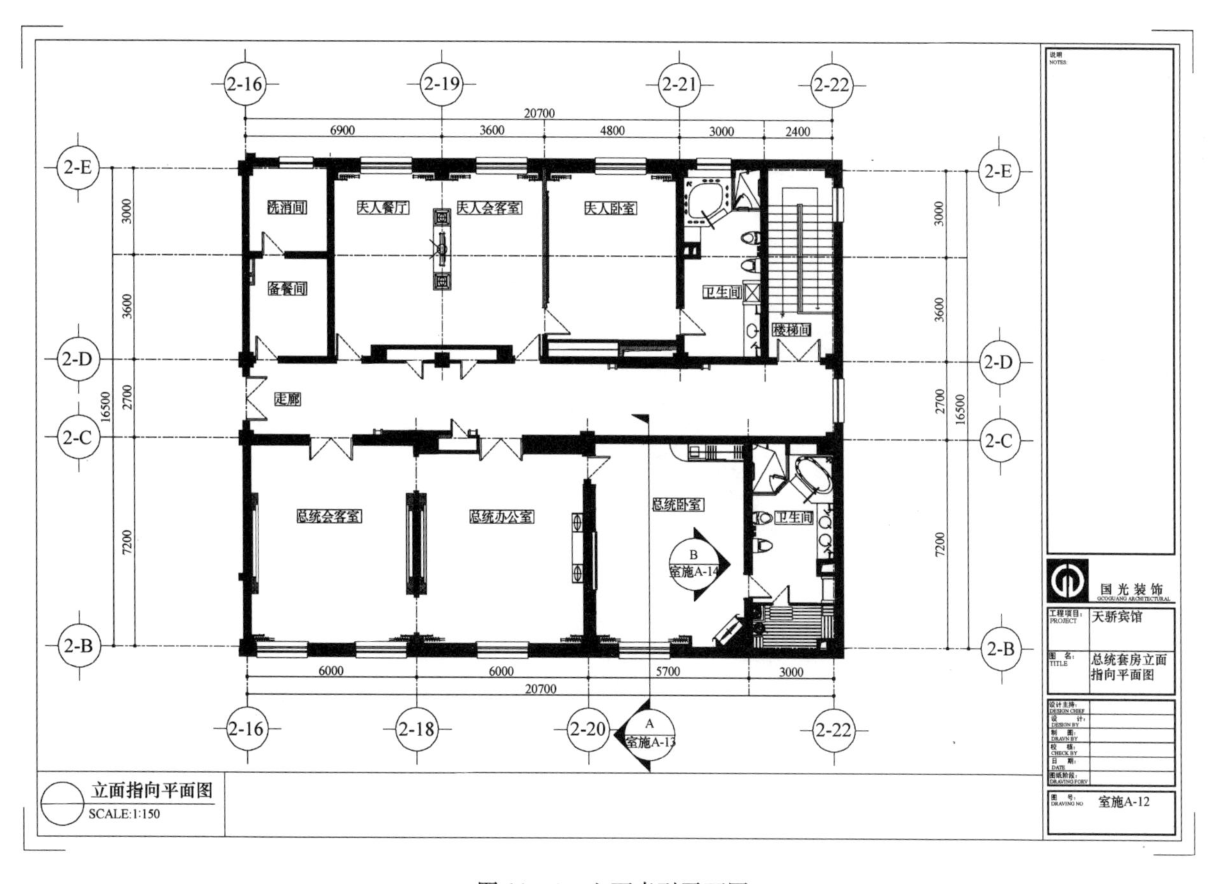

图 11－6　立面索引平面图

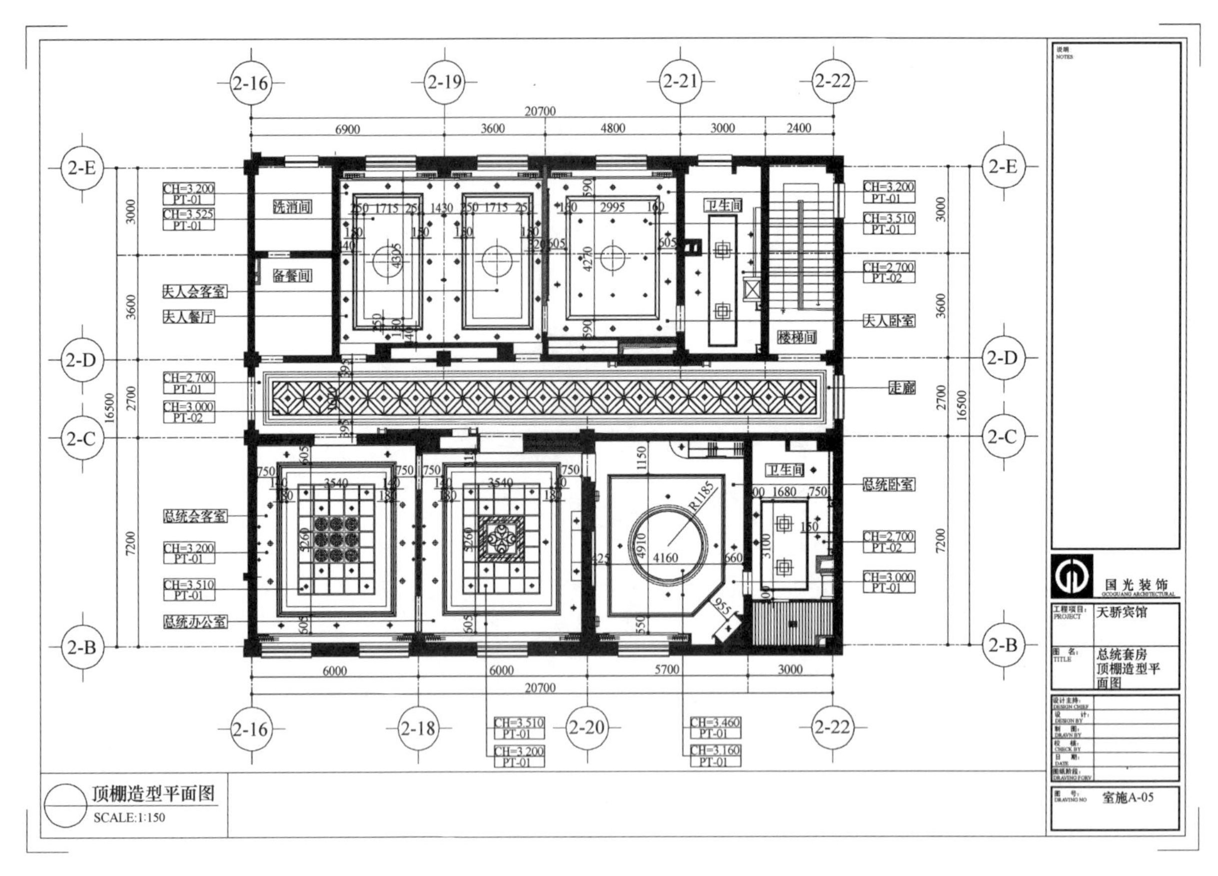

图 11-7　顶棚造型平面图

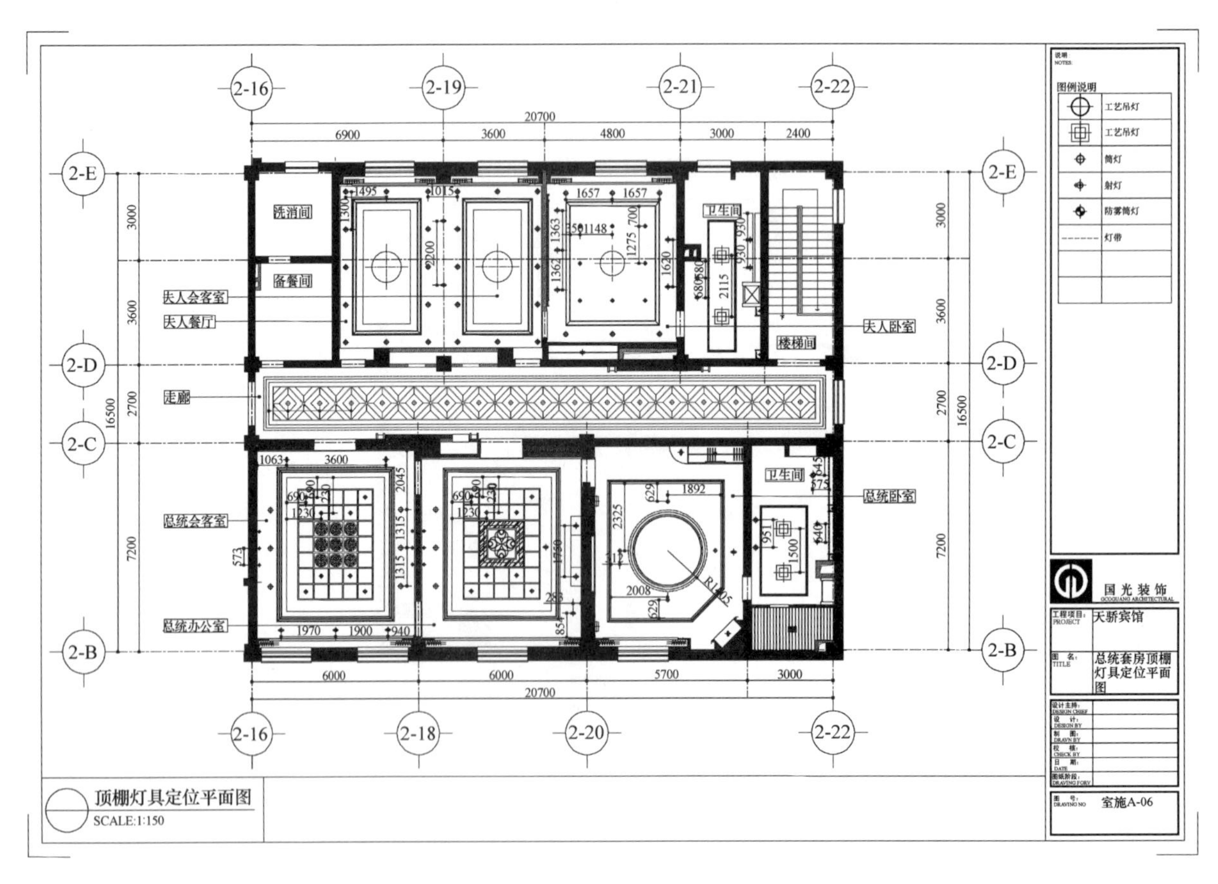

图 11-8　顶棚灯具位置平面图

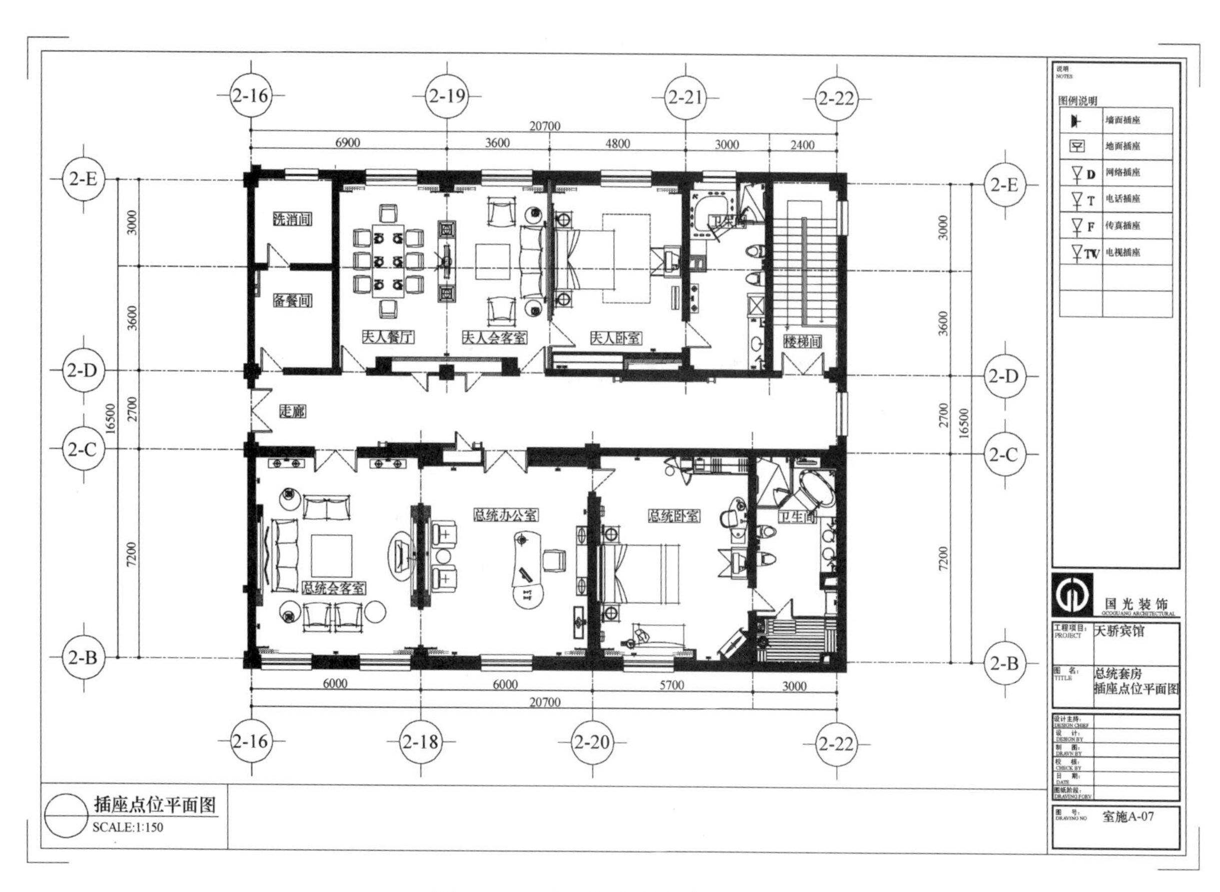

图 11-9　地面机电插座布置平面图

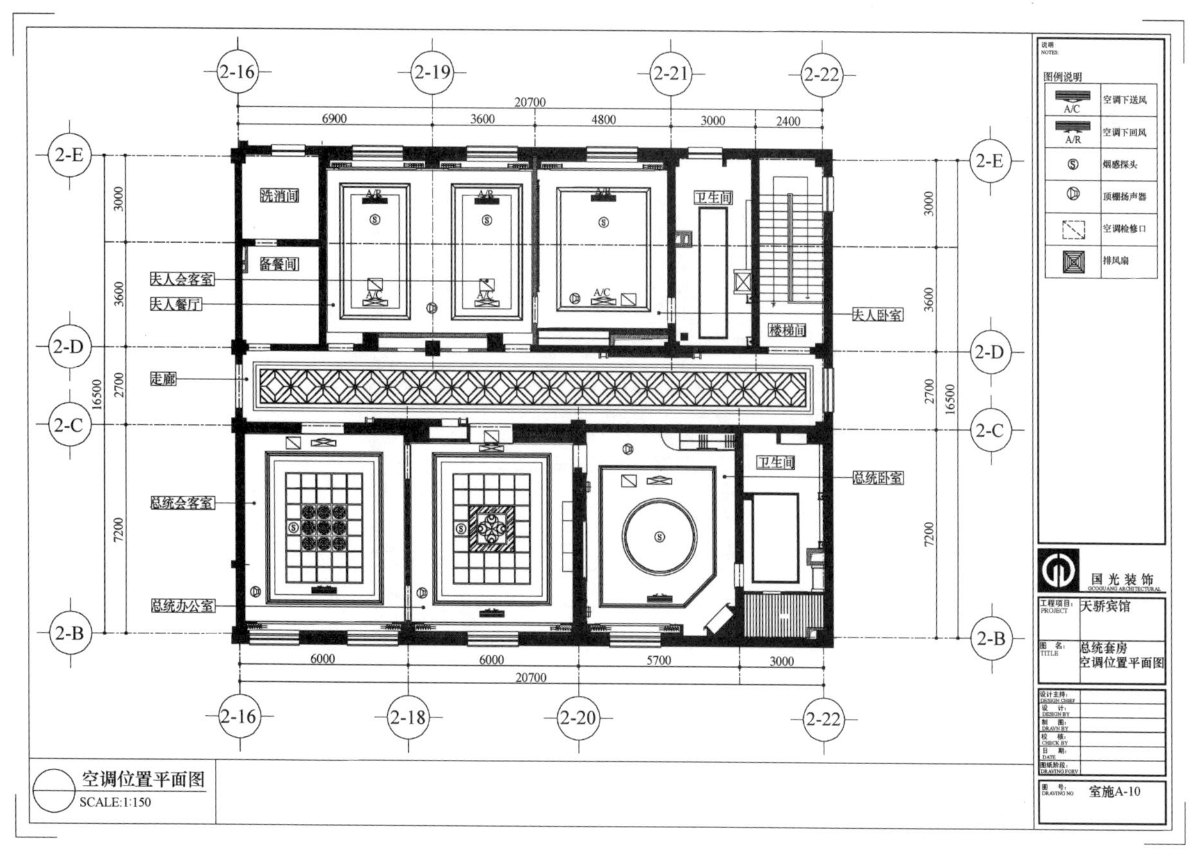

图 11-10　顶棚综合设备平面图

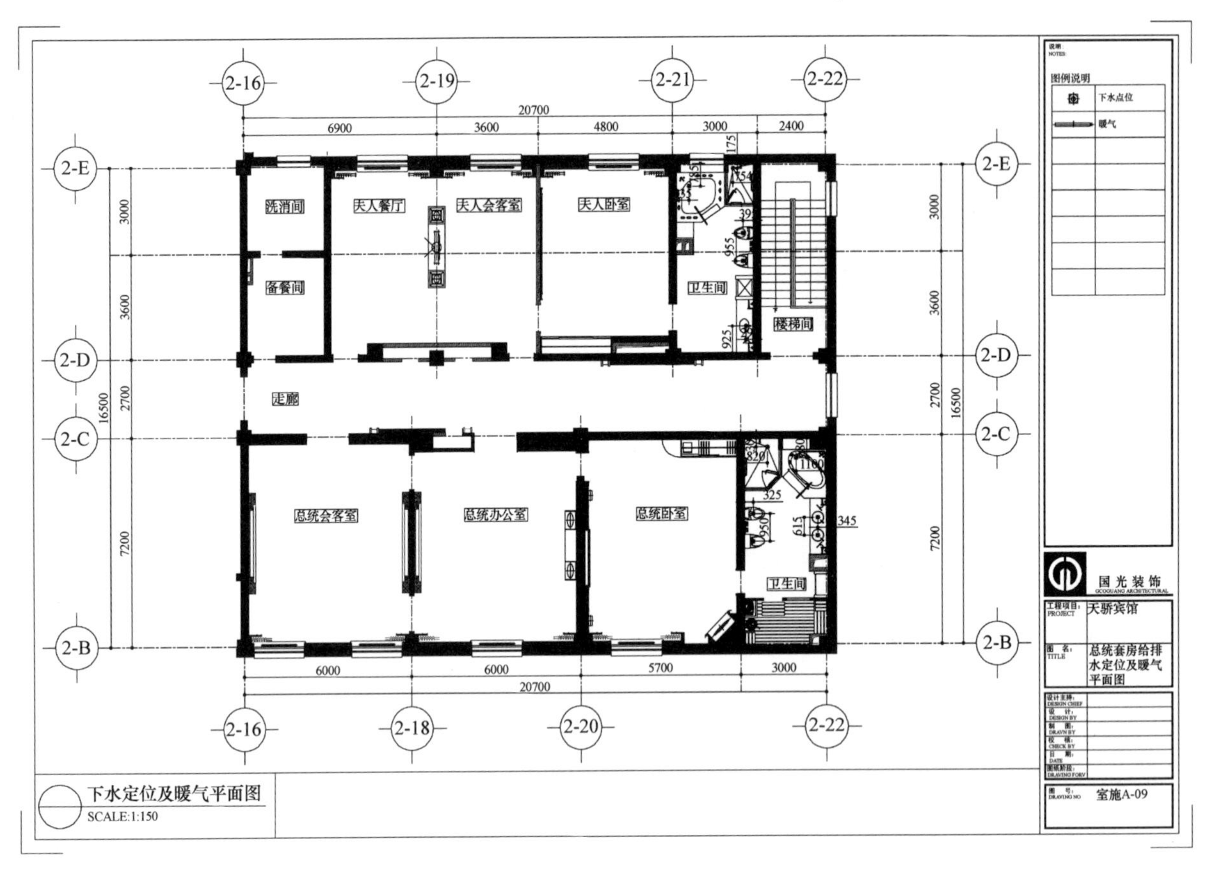

图 11－11　给排水、暖气等设备位置平面图

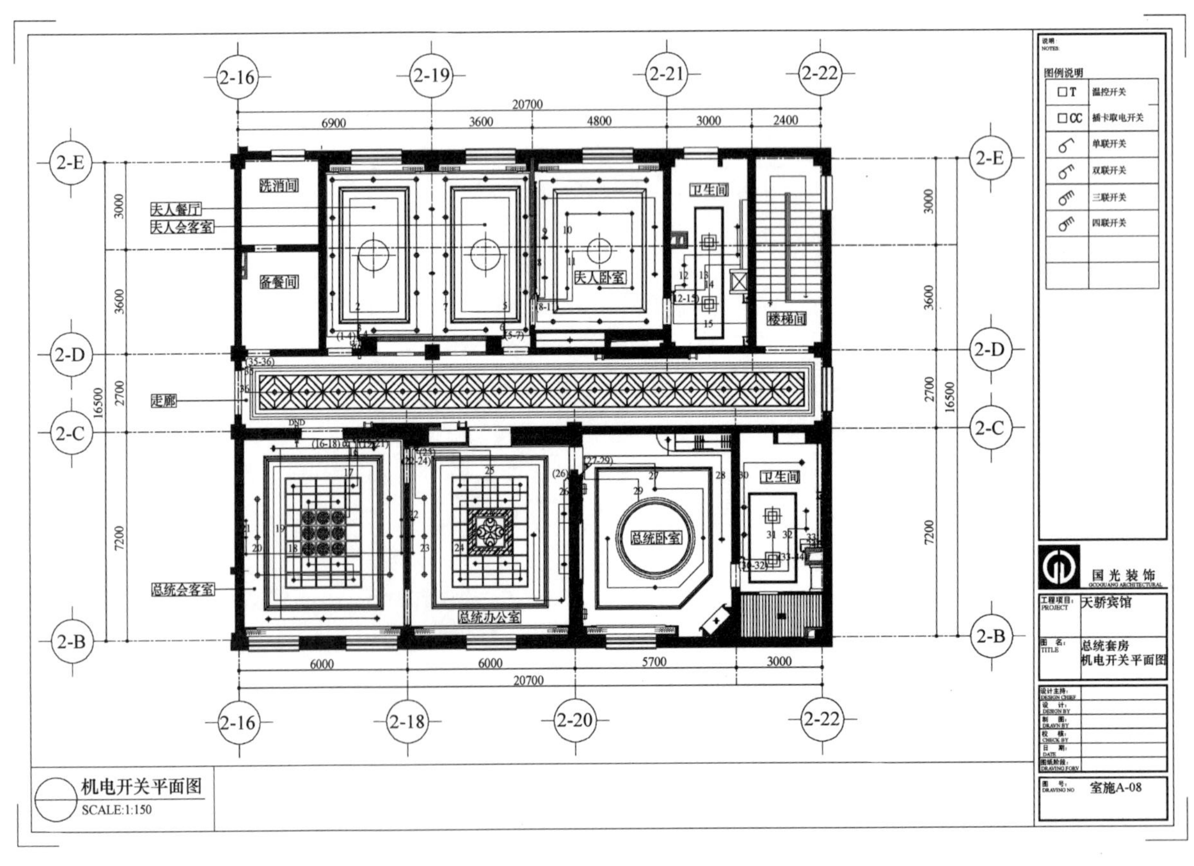

图 11－12　机电开关连线平面图

5）门窗编号：建筑设计图纸上门窗一般都有编号，室内设计可依据设计需要对其另行编号，以便使其表达的内容更为详尽，具体做法可参见本书第十章中的门窗表相关内容。

6）尺寸标注：平面图应根据其表达内容来进行标注，需定位时应尽量与建筑轴线关联。

7）文字标注：材料或材料编号、标高及各种索引符号的设置可参见本书第二章符号的设置中相关内容。

二、立面图

1. 立面图的命名。

室内空间内立面图应据其空间名称，所处楼层等确定其名称。

2. 立面图的概念及作用。

将室内空间立面向与之平行的投影面上投影，所得到的正投影图即为室内立面图。该图主要表达室内空间的内部形状、空间的高度、门窗的形状与高度、墙面的装修做法及所用材料等。

3. 立面图在绘制过程中应注意的问题。

1）比例：室内立面图可根据其空间尺度及所表达内容的深度来确定其比例。常用比例为 1∶25、1∶30、1∶40、1∶50、1∶100 等。

2）图例符号：应按本书第十章图例绘制机电开关，并可据具体情况增减。索引符号参见本书第十章。

3）定位轴线：在室内立面图中轴线号与平面图相对应。

4）图线：立面外轮廓线为装修完成面，即饰面装修材料的外轮廓线，用粗实线；门窗洞、立面墙体的转折等可用中实线；装饰线脚、细部分割线、引出线、填充等内容可用细实线。立面活动家具及活动艺术品陈设应以虚线表示。

5）尺寸标注：立面图中应在布局空间中注明纵向总高及各造型完成面的高度，水平尺寸应与定位轴线相关联。

6）文字标注：立面图绘制完成后，应在布局空间内注明图名、比例及材料名称等相关内容（参见图 11－13）。

三、剖立面图

1. 剖立面图的概念及作用。

设想用一个垂直的剖切平面将室内空间垂直切开，移去一半将剩余部分向投影面投影，所得的剖切视图即为剖立面图。

剖立面图可将室内吊顶、立面、地面装修材料完成面的外轮廓线明确表示出来，为下一步节点详图的绘制提供基础条件。

2. 剖立面图在绘制过程中应注意的问题。

1）比例：剖立面图比例可与立面图相同。

2）图例符号：剖立面图一般比例较小，门窗、机电位置可用图例表示，符号索引参见本书。

3）定位轴线：在剖立面中，凡被剖切到的承重墙柱都应画出定位轴线，并注写与平面图相对应的编号。立面图中一些重要的构造造型，也可与定位轴线关联标注以保证其他定位的准确性。

4）图线：在剖立面图中，其顶、地、墙外轮廓线为粗实线，立面转折线、门窗洞口可用中实线，填充分割线等可用细实线，活动家具及陈设可用虚线表示。

5）尺寸标注：a. 高度尺寸：应注明空间总高度、门、窗高度及各种造型；材质转折面高度；注明机电开关，插座高度；b. 水平尺寸：注明承重墙、柱定位轴线的距离尺寸；注明门、窗洞口间距，注明造型、材质转折面间距。

6）文字标注：材料或材料编号内容应尽量在尺寸标注界线内应对照平面索引注明立面图编号、图名以及图纸所应用的比例（参见图 11－14）。

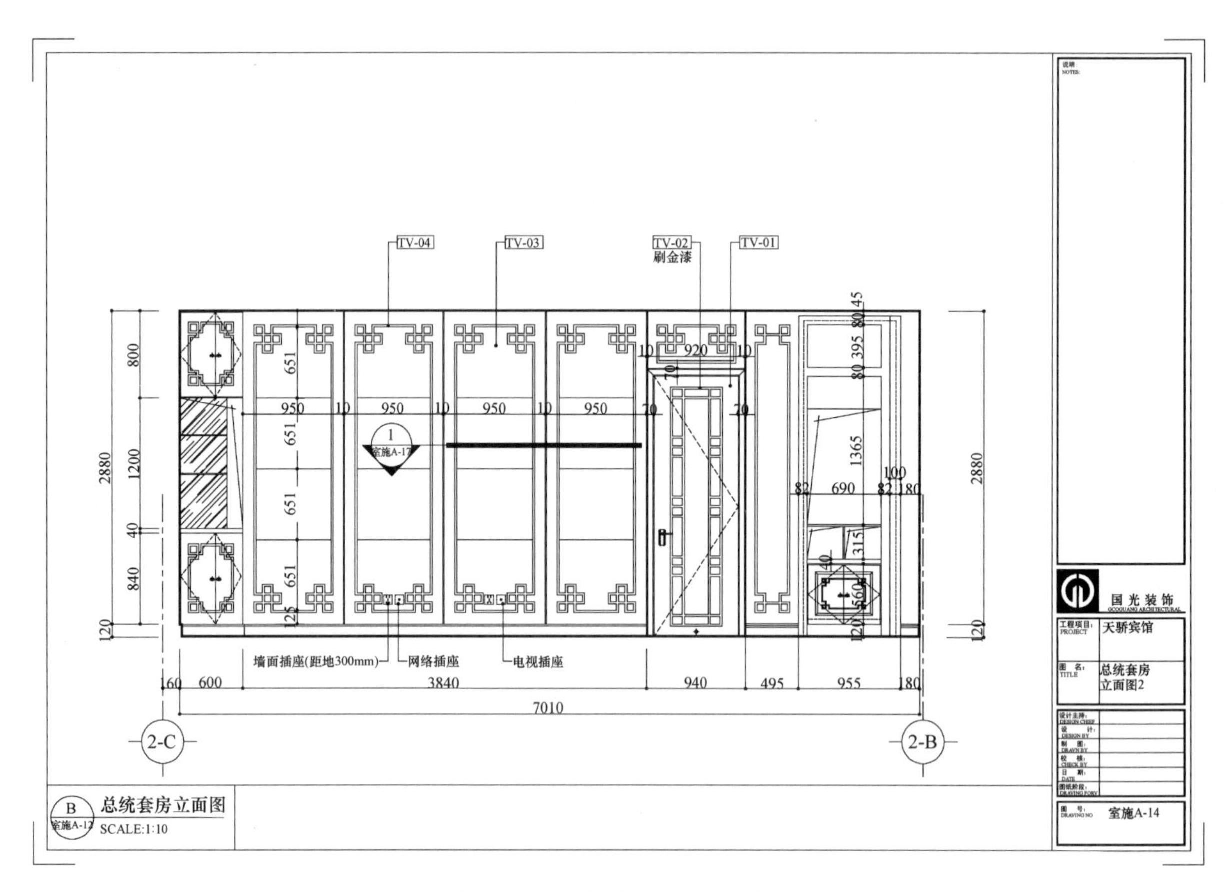

图 11－13　立面图（完成成品）

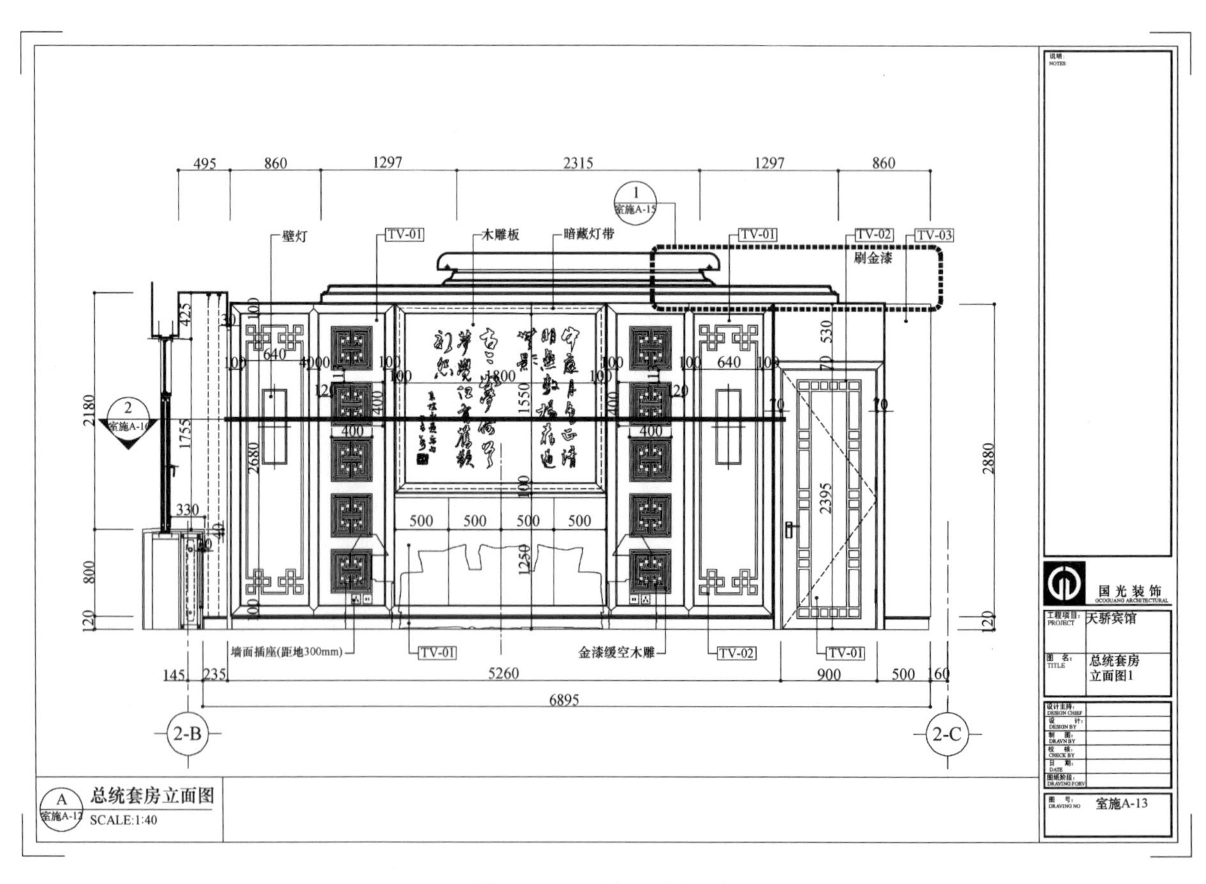

图 11－14　剖立面图示意

四、节点大样详图

1. 相对于平、立、剖面图的绘制，节点大样详图则具有比例大、图示清楚、尺寸标注详尽、文字说明全面的特点。

2. 节点大样详图在绘制过程中应注意的问题。

1）比例：大样详图所用的比例视图形自身的繁简程度而定，一般采用 1∶1、1∶2、1∶5、1∶10、1∶20、1∶25、1∶30、1∶50 等。

2）材质图例与符号：材质图例参见本书第三章，详图索引符号下方的图号应为索引出处的图纸图号。例如从某张立面图索引出的节点详图，其详图下方图号应为此张立面图的图号，这样从立面到详图或从详图索引自的立面相互查找都比较方便。

3）图线：大样详图的装修完成面的轮廓线应为粗实线，材料或内部形体的外轮廓线为中实线，材质填充为细实线。

4）尺寸标注与文字标注：节点大样详图的文字与尺寸标注应尽量详尽（见图 11－15、图 11－16、图 11－17）。

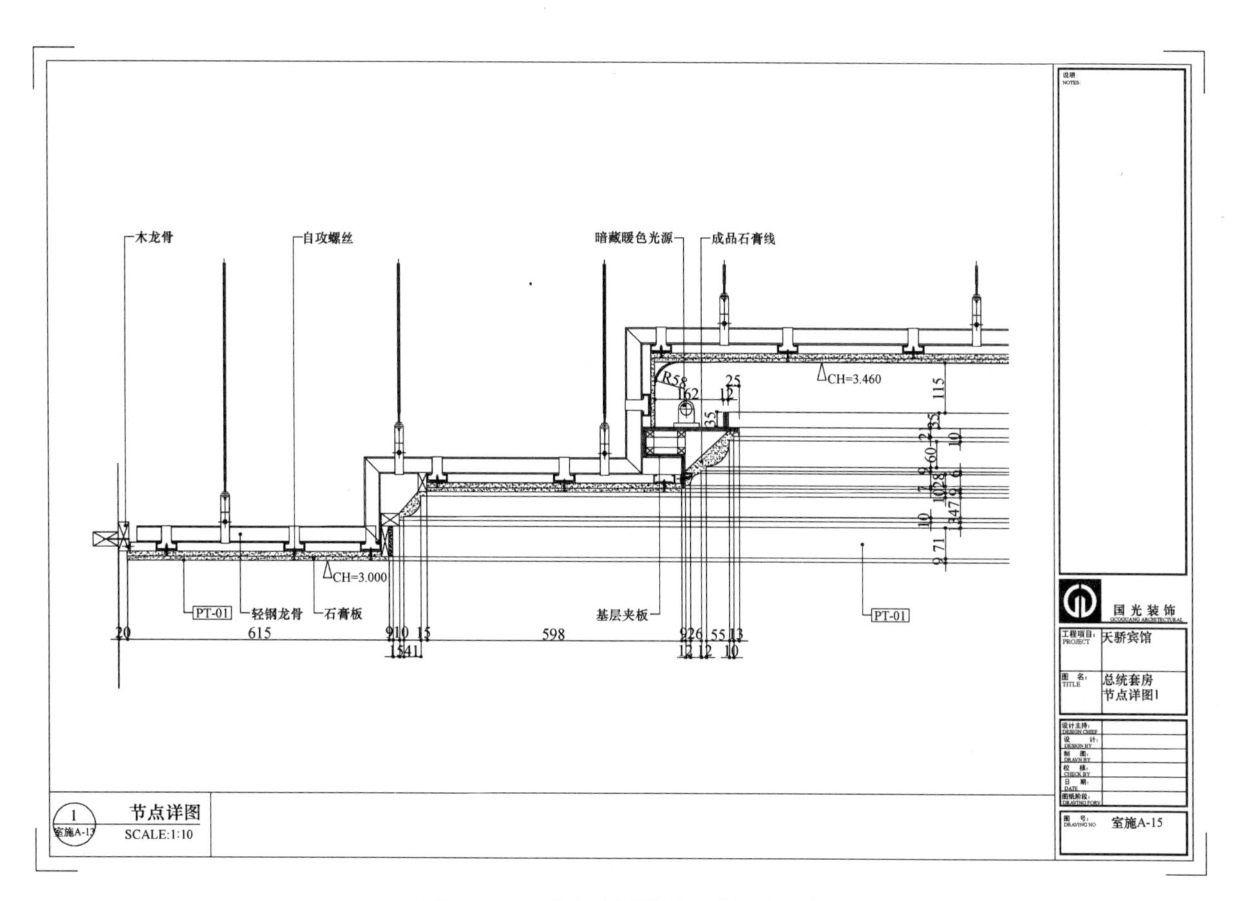

图 11－15　节点大样详图尺寸标注示意

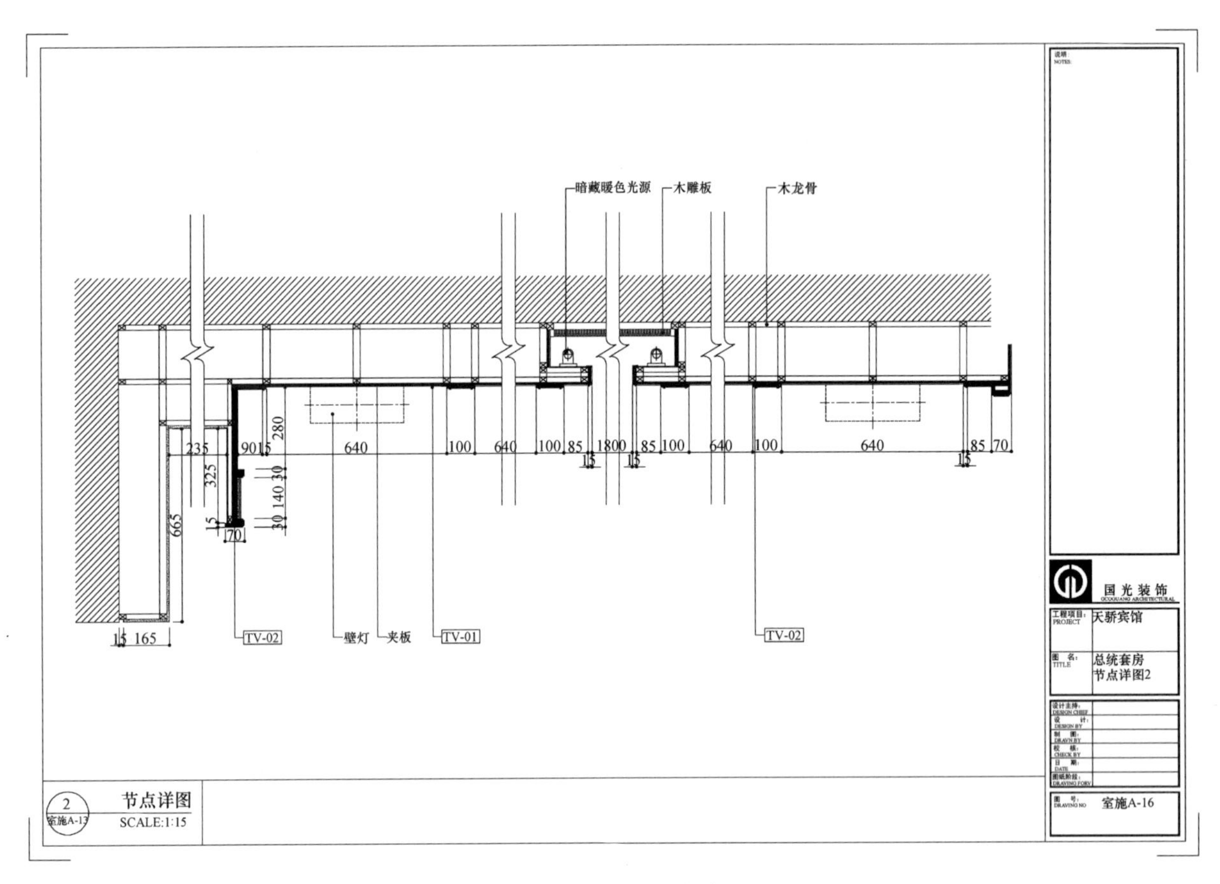

图 11－16　节点大样详图

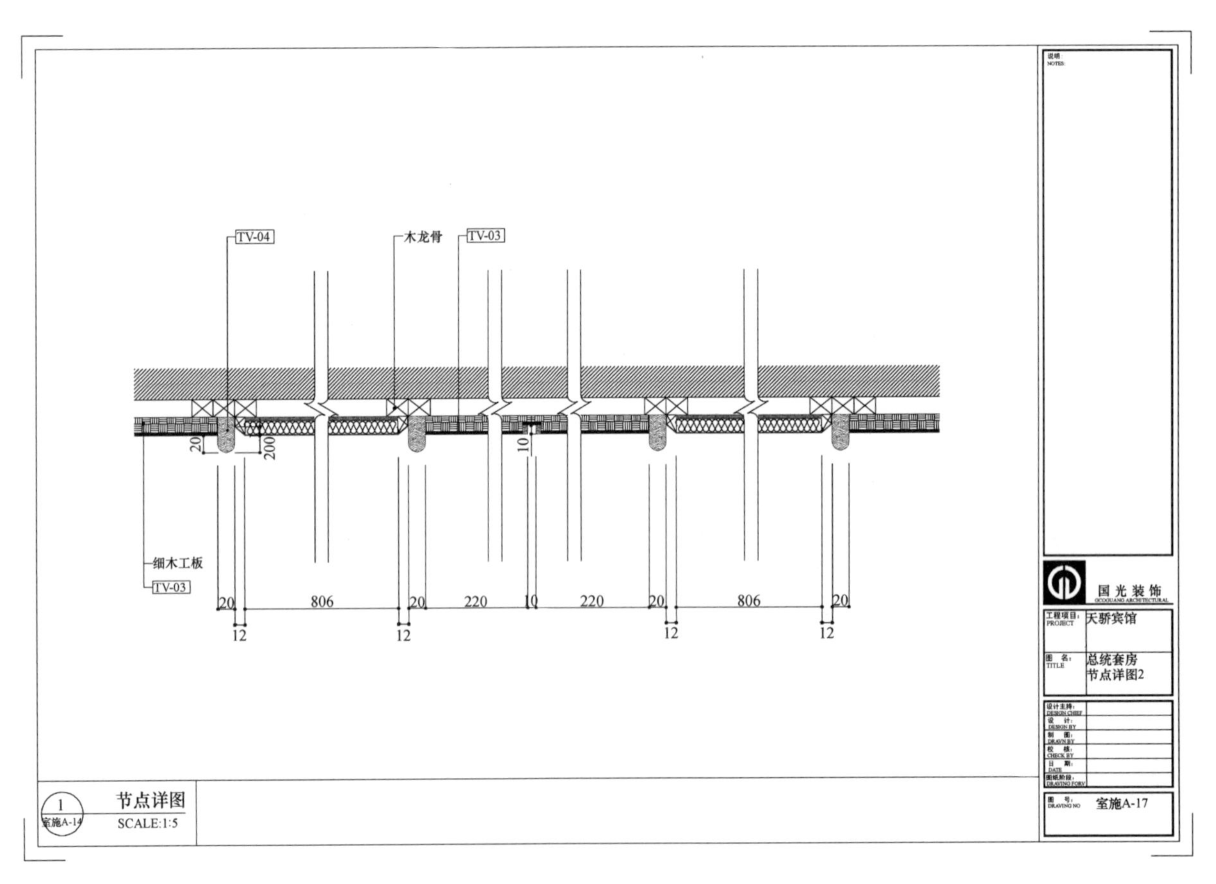

图 11－17　节点大样详图

第十二章　施工图在室内设计的业务程序的各个阶段应注意的事项

设计师接手任何一种类型的室内空间设计任务后，在前期的规划设计方案过程中实际上就已经开始了施工图的前期准备工作。可以说施工图的绘制与室内设计的业务程序的每个环节都有密切的联系。一般来说，现在时间工期较为正常的设计项目的设计工作要经历以下几个阶段。

1. 项目的前期资料收集与现场勘测

1）应向甲方或相关部门索要项目的建筑结构及其它相关专业的图纸或电子文件。

2）在已掌握相关图纸后仍需到现场对空间尺度等再进行勘测核对，对现场情况与图纸不符之处要做记录。

2. 效果图方案设计。

效果图方案设计无论是平面、立面或是一些细节尺度应尽量按照施工图尺度绘制生成，以保持图面效果的准确不失真，为业主及下一步设计提供可靠的专业参考资料。

3. 施工图扩初设计。

1）施工图扩初设计应对项目整体的图纸量有所规划，大致核定出该项目所需要的图纸张数，并可预先设定图纸名称与图纸号，以对下一步工作的时间进度及人员配备等提供前提条件。

2）扩初阶段的施工图纸（包括主要平、立面）应准确明晰，以为日后的工作提供良好的基础与技术文件。

3）扩初阶段应加强与甲方的沟通，以避免以后工作中不必要的调整、修改。

4. 施工图深化设计。

1）明确装修完成面概念，平、立面饰面完成尺寸要保持一致。

2）充分与各相关专业配合协作以达到形式完美与功能合理的理想效果。

3）与预算部门配合，在保证美观及使用效果的前提下控制工程造价。

4）施工图绘制完毕后，应有严格的审图程序，来控制图纸的整体质量。如：绘图者自审、互审；设计负责人审图及项目负责人审图等。

5. 设计现场监理与施工图现场深化调整。

施工图纸到达现场后，由于多方面的因素，例如现场尺度、供应商的材料周期、施工方的工艺水平以及业主的资金状况都可能导致施工图的变化调整。而设置设计现场监理是整个施工图在实际工程中实施的一个重要环节，许多设计内容的变更与调整都应征询设计负责人及业主的意见，由此才能确保设计得以完整实现和保证工程质量与进度。

6. 竣工图的绘制。

竣工图是依据工程施工过程中的设计变更及工程完成之后的状况绘制的图纸，它一方面可供业主存档之用，同时也是施工方最终结算的依据，详细内容参见本书第十四章施工图的归档与分类相关内容。

7. 设计项目资料内部管理。

项目完成之后应将其按一定的类别存档，各项目中有价值的内容，如节点、通详等可单独存档以备其他项目使用。

室内装饰设计的业务程序大致分为前期规划、中期设计与深化以及后期的管理三个阶段，以下附表为室内装饰设计的标准业务流程（见表 12-1、表 12-2、表 12-3）。

表 12-1

室内装饰设计的标准业务程序表			
阶段	规划		
程序 1	调查分析	程序 2	方案策划
工作内容	参与构思，掌握设计条件	工作内容	基本构思的提出和定案
确认业主的设计内容 确认设计范围 了解业主或用户的需求 考虑设计对环境健康的影响 现有设施的调查/设施及应用 找出现有设施的问题所在 提出对现有设施的改进方针 调查实例的比较 场地条件的调查 相关法规的核对 确定日程安排 设计计划书		编制构思方案 分区规划 人流线规划 空间的分区设计 空间设计 基本布局的研究 估算工程造价 设计计划书	
成果文件		成果文件	
规划计划报告 会议调研记录 实例资料报告 调查报告 调研背景材料 设计条件认定书 设计日程表		基本构思报告 方案展示板 创意照片展示板 创意草图 创意模型 基本平面图 日程安排表 内装饰工程的概算书	

表 12-2

室内装饰设计的标准业务程序表			
阶段	设计		
程序 3	初步设计	程序 4	施工图设计
工作内容	初步规划、设计的提出和定案	工作内容	施工规划和施工图设计、文件的编制
平面图初步设计 家具、物品设计 按方案提出设计 贮存设计 提出主要材料 色彩设计 照明设计 标牌设计 绿化设计 信息设备设计 音响设备设计 对安全的配套设计 保安设计 研究、调整和建筑结构的关系 研究、调整和相关法规的关系 日程安排的调整 设计计划书		施工图所采用的施工方法、材料的研究 施工设计图的绘制 特殊饰面的详细研究 申报、申报书编制等的协作 对结构、设备的调整 设备图的绘制 各种饰面的说明书编制 编制施工预算 编制发包文件草案 工程调整 设备管理的建议、审定	

续表

室内装饰设计的标准业务程序表	
成果文件	成果文件
初步设计说明书 平面图 家具布置图 吊顶平面图 剖面图 色彩设计图 照明设计图 控制项目设计书 标牌设计图 绿化设计书 保安设计书 面积概算书 饰面一览表 饰面样板展示板 透视图 模型、模型照片 分项概算表 工程量表 内装饰工程概算书	施工图纸 特殊工程说明书 饰面一览表 平面图 吊顶平面图 标准详图 剖面详图 装饰工程图 定制家具详图 配件表 空调设备图 电气设备图 卫生设备图 标牌配置图 工程量表 饰面展示板 发包书 工程预算书

表 12-3

室内装饰设计的标准业务程序表			
阶段	后期服务		
程序 5	监理	程序 6	使用、管理
工作内容	发包、监理业务	工作内容	使用、管理的咨询服务 未来设施变更规划的策划
施工方和专门制造商的确定 设计意图交底 建立现场管理体制 施工图纸的认定 造型的调整、材料、色彩的认定 模型、样板间、样本的认定 工程监理 工程费用决算 检查、验收业务 编制竣工文件 编制使用手册 编制维护合同文件 移交		移交业务的服务 设备管理的咨询 CAFM 系统（采用计算机辅助设计的设备管理）的提出 设备管理数据的定期维护 后期服务调整 环境调查、保安业务的支持 更新计划 未来的扩建、更新计划	
成果文件		成果文件	
工程联络文件 监理报告 监理日记 竣工图纸、文件 设备安装说明书		家具、设施资料的编制 图纸的管理体系 后期服务调查报告 环境调查报告 更新计划书 未来的扩建、更新计划书	

第十三章　施工图与现场深化设计

施工图交给施工单位后，施工单位应对照现场工程认真读图，然后就图纸之中的问题与不明之处与设计方交流，由设计方进行说明答疑。由于施工过程中各因素致使图纸修改变更，期间设计方、施工方、甲方、监理方及各相关专业之间的合作中应注意如下问题。

一、技术交底记录

施工技术交底是指在工程施工前由主持编制该工程技术文件的人员向施工工程人员说明工程在技术上、作业上要注意和明确的问题交底的目的是为了使施工操作人员和管理人员了解工程的概况、特点、设计意图和应采用的施工方法和技术措施等。施工技术交底一般都是在有形物（如文字、形象、示范、样板等）的条件下向工程施工人员交流有关如何实施工程的信息，以达到工程实施结果符合设计文件要求或与影像、示范、样板的效果相一致。

1. 交底内容及形式。

(1) 交底内容：

不同的施工阶段、不同的工程特性都必须达到实施工程的管理人员和操作人员始终都了解设计交底的意图。

1) 技术交底应包括施工组织设计交底、设计施工技术交底和设计变更技术交底，各项交底应有文字记录，交底双方签认文件应齐全；

2) 重点和大型工程施工组织设计交底应由施工的技术负责人对项目主要管理人员进行交底。其他工程施工组织设计技术应由项目技术负责人进行交底；施工组织设计交底的内容包括：工程特点、难点、主要施工工艺及施工方法、进度安排、组织机构的设置与分工及质量、安全技术措施等；

3) 施工方案技术交底应由项目专业技术负责人负责，根据专项施工方案对专业工长进行交底，如有编制关键、特殊工序的作业指导书以及特殊环境、特种作业的指导书也必须向施工作业人员交底，交底内容为该专业工程、过程、工序的施工工艺、操作方法、要领、质量控制、安全措施等；

4) 工程施工技术交底应由专业工长对专业施工班组（或专业分包）进行交底；

5) 设计变更技术交底应由项目技术部门根据变更情况，并结合具体施工步骤、措施及注意事项等对专业工长进行交底。

(2) 交底形式：施工技术交底可以用会议、口头、沟通形式或示范、样板等作业形式，也可以用文字、图像表达形式，但都要形成记录并归档。

2. 技术交底的实施。

技术交底制度是保证交底工作正常进行的项目技术管理的重要内容之一。项目经理部应在技术负责人的主持下建立适应本工程正常履行与实施技术交底的制度。技术交底实施的主要内容为：

(1) 技术交底的责任：明确项目技术负责人、专业工长、管理人员、操作人员等的责任。

(2) 技术交底的展开：应分层次展开，直接交底至施工操作人员。交底必须在作业前进行，并有书面交底资料。

(3) 技术交底前的准备：有书面技术交底资料或书面样板演示的准备。

(4) 安全技术交底：施工作业安全、施工设施（设备）安全、施工现场（通行、停留）安全、消防安全、作业环境专项安全以及对其他意外情况下的安全技术交底。

(5) 技术交底的记录：作为履行职责的凭据技术交底记录的表格应有统一的交底格式，交底人员应认真填写表格并在表格上签字，接受交底人也应在交底记录上签字。

(6) 交底文件的归档：技术交底资料和记录应由交底人整理归档。

(7) 交底负责的界定：重要的技术交底应在开工前界定。交底内容编制后应由项目负责人批准，交底时技术负责人应到位。

(8) 例外原则：外部信息或指令可能引起施工发生较大变化时，应及时向作业人员交底。

3. 技术交底注意事项。

(1) 技术交底必须在该项目施工前进行，并应为施工留出足够准备时间。技术交底不得后补。

(2) 技术交底应以书面形式进行，并附以口头讲解。交底人和被交底人应履行交接签字手续。技术交底应及时归档。

(3) 技术交底应根据施工过程的变化，及时补充新内容。施工方案、方法改变时也应及时进行重新交底。

(4) 分包单位应负责分包范围内技术交底资料的交底，并应在规定的时间内向总包单位移交。总包单位负责对各分包单位技术交底进行监督检查。

4. 技术交底记录表填写要点（见表 13－1）。

(1)“工程名称”栏与施工图纸中图签一致。

(2)“交底日期”栏按实际交底日期填写。

(3) 当做分项工程技术交底时应填写“分项工程名称”栏，进行其他交底可不填写。

(4)“交底内容”应有可操作性和针对性，使施工人员持技术交底便可进行施工，文字尽量通俗易懂、图文并茂。当交底中出现技术规程、标准条文内容时，要将规范、规程中的条款转换为通俗的语言。

施工技术交底记录表 **表 13－1**

<table>
<tr><td colspan="4">技术交底记录</td><td colspan="2">编号</td></tr>
<tr><td>工程名称</td><td colspan="3"></td><td>交底日期</td><td></td></tr>
<tr><td>施工单位</td><td colspan="3"></td><td>分项工程名称</td><td></td></tr>
<tr><td>交底提要</td><td colspan="5"></td></tr>
<tr><td colspan="6">交底内容：</td></tr>
<tr><td>审核人</td><td></td><td>交底人</td><td></td><td>接受交底人</td><td></td></tr>
</table>

注：1. 本表由施工单位填写，交底单位与接受交底单位各保存一份。

2. 当做分项工程施工技术交底时，应填写“分项工程名称”栏，其他技术交底可不填写。

二、图纸会审记录

1. 施工单位领取图纸，应由项目技术负责人组织技术、生产、预算、测量、翻样及分包方有关部门和人员对图纸进行审查。

2. 监理、施工单位应将各自提出的图纸问题及意见，按专业整理、汇总后报建设单位，由建设单位提交设计单位做交底准备。

3. 图纸会审应由建设单位组织设计、建设和施工单位技术负责人和有关人员参加。设计单位对各专业问题进行交底，施工单位负责将设计交底内容按专业汇总、整理，形成图纸会审记录。

4. 图纸会审记录应由建设、设计、监理和施工单位的项目相关负责人签认形成正式图纸会审记录，不得擅自在会审记录上涂改或变更其内容。

5. 图纸的会审内容。

(1) 图纸会审时，应重点审查施工图的有效性、对施工条件的适应性、各专业之间和全图与详图之间的协调一致性。

(2) 室内装饰结构、设备安装等设计图纸是否齐全，手续是否完备；设计是否符合国家有关的经济和技术政策、规范规定；图纸总的做法说明（包括分项工程做法说明）是否齐全、清楚、明确；装饰图与建筑、结构、水暖、通风专业图纸之间有无矛盾；装饰设计图纸（平、立、剖、结构分布，节点大样）之间相互配合的尺寸是否相符；分尺寸与总尺寸、大样图尺寸之间是否一致；有无图纸落项，室内设计图纸本身与建筑构造与结构构造在立体空间上有无矛盾；预埋件、大样图标准构配件图的型号、尺寸有无错误与矛盾。

(3) 建筑物坐标位置与单位工程建筑平面图是否一致；建筑物的设计标高是否可行；地基与基础的设计是否相符；结构性能如何；建筑与地下结构物及管线之间有无矛盾；装饰吊顶标高在满足风、水、电等功能专业的前提下，其装饰造型是否能够实现，如与其他专业发生矛盾，装饰专业应如何组织调整修改。

(4) 主要结构的设计在强度、刚度、稳定性有无问题，主要部位的装饰构造是否合理，设计能否保证工程质量和安全施工。

(5) 设计图纸提出的技术要求，与施工单位的施工能力、技术水平、技术装备是否相适应；采用新技术、新工艺，施工单位能否实施；所需特殊建筑材料的品种、规格、数量能否解决，专用机械设备能否保证。

(6) 安装专业的设备、管架、钢结构立柱、金属结构平台、电缆、电线支架以及设备基础是否与工艺图、电器图、设备安装图和到货的设备要求相一致；传动设备、随机到货图纸和出厂资料是否齐全，技术要求是否合理，是否与设计图纸及设计技术文件要求相一致，底座同土建基础是否一致；管口相对位置、接管规格、材质、坐标、标高是否与图纸一致；管道、设备及管件所需防腐衬里、脱脂及特殊清洗时设计结构是否合理，技术要求是否切实可行。

图纸会审记录（表 13－2）用于设计单位向施工单位提供图纸后，施工单位在读图过程中遇到问题时填写用，针对施工方提出的问题，设计方应及时回复说明并提供相应的补充图纸或文字说明文件。

图纸会审记录表格式　　表 13 - 2

<table>
<tr><td colspan="2">图纸会审记录</td><td colspan="2">编号</td><td></td></tr>
<tr><td>工程名称</td><td colspan="2"></td><td>日期</td><td></td></tr>
<tr><td>地点</td><td colspan="2"></td><td>专业名称</td><td></td></tr>
<tr><td>序号</td><td>图名</td><td>图纸问题</td><td>图纸问题交底</td><td>备注</td></tr>
<tr><td></td><td></td><td></td><td></td><td></td></tr>
<tr><td></td><td></td><td></td><td></td><td></td></tr>
<tr><td></td><td></td><td></td><td></td><td></td></tr>
<tr><td></td><td></td><td></td><td></td><td></td></tr>
<tr><td></td><td></td><td></td><td></td><td></td></tr>
<tr><td></td><td></td><td></td><td></td><td></td></tr>
<tr><td></td><td></td><td></td><td></td><td></td></tr>
<tr><td></td><td></td><td></td><td></td><td></td></tr>
<tr><td></td><td></td><td></td><td></td><td></td></tr>
<tr><td></td><td></td><td></td><td></td><td></td></tr>
<tr><td rowspan="2">签字栏</td><td>建设单位</td><td>监理单位</td><td>设计单位</td><td>施工单位</td></tr>
<tr><td></td><td></td><td></td><td></td></tr>
</table>

注：1. 由施工单位整理、汇总，建设单位、监理单位、施工单位、城建档案馆各保存一份。
2. 图纸会审记录应根据专业（建筑、结构、室内装修、给排水及采暖、电气、通风空调、智能系统等）汇总、整理。
3. 设计单位应由专业设计负责人签字，其他相关单位应由项目技术负责人或相关专业负责人签认。

三、设计变更通知单

1. 设计变更是施工过程中，由于设计图纸本身的差错，造成设计图纸与实际情况不符；或因施工条件变化，原材料规格、品种、质量不符合设计要求，及职工提出合理化建议等原因，需要对设计图纸部分内容进行修改而办理变更设计文件。设计变更是施工图的补充和修改的记载，应及时办理。变更有关内容应详实，必要时应附图，并应逐条修改图纸的图号。

2. 设计单位应及时下达设计变更通知单，设计变更通知单应由设计专业负责人以及建设和施工单位的相关负责人确认。

3. 工程施工单位提出变更时，例如材料替换、细部尺寸修改等重大技术问题，必须征得设计单位和建设监理单位的同意。

4. 工程设计变更由设计单位提出，如因设计计算错误、做法改变、尺寸矛盾、结构变更等问题，必须由设计单位提出变更，包括设计联系单或者设计变更图纸，并由施工单位根据施工准备和工程进展情况，做出能否变更的决定。

5. 遇有下列情况之一时，由设计单位签发设计变更通知单或变更图纸（见表 13 - 3）：

（1）当决定对图纸进行较大修改时；

（2）施工前及施工过程中发现图纸有差错，做法、尺寸有矛盾，机构变更或与实际情况不符时；

（3）由建设单位对建筑构造、细部做法、实用功能等方面提出设计变更时，必须经过设计单位同意，并由设计单位签发设计变更通知单或者设计变更图纸。

设计变更通知单格式 **表 13－3**

设计变更通知单				编号	
工程名称				专业名称	
设计单位名称				日期	
序号	图号		变更内容		备注
签字栏	建设单位（监理单位）		设计单位	施工单位	

注：1. 本表由建设单位、监理单位、施工单位和城建档案馆各保存一份。
2. 涉及图纸修改的必须注明应修改图纸的图号。
3. 不可将不同专业的设计变更办理在同一份变更上。
4. “专业名称”栏应按专业填写，如建筑、结构、室内装修、给排水、电气、通风空调等。

四、工程洽商记录

1. 工程洽商记录是施工过程中由于设计图纸本身差错、设计图纸与实际情况不符、施工条件变化、原材料的规格、品种、质量不符合设计要求及职工提出合理化建议等原因，需要对设计图纸部分内容进行修改而办理的工程洽商记录文件（见表 13－4）。

工程洽商记录应分专业办理，内容详实，必要时应附图，并逐条注明应修改图纸的编号。

2. 工程洽商可由技术人员办理，专业的洽商应由相应负责工程技术人员办理。有关工程分包的洽商记录应经工程总承包单位确认后方可办理。

3. 工程洽商内容若涉及其他专业、部分及分包方，应征得有关专业、部门、分包方同意后方可办理。

4. 工程洽商记录应由设计专业负责人以及建设、监理和施工单位相关负责人签认。设计单位如委托建设（监理）单位办理签认应办理委托手续。

5. 设计图纸交底后，应办理一次性工程洽商记录。

6. 施工过程中增发、续发、更换施工图时应同时签办洽商记录，确定新发图纸的起用日期、应用范围及与原图的关系，如此前有已按原图施工的情况，要说明处置意见。

7. 各负责人在收到工程洽商记录后，应及时在施工图纸上对应的部位标注洽商记录日期、编号及更改内容。

8. 工程洽商记录需进行更改时，应在洽商记录中写清原洽商记录日期、编号、更改内容并在原洽商记录被修整的条款上注明“作废”标记。

9. 同一地区内相同的工程，如需同一个洽商（同一建设单位，工程的类型、变更洽商的内容和部位相同）可采用复印件和抄件并应注名原件存放处。

工程洽商记录表格式 **表 13－4**

<table>
<tr><td colspan="4">工程洽商记录</td><td>编号</td><td colspan="3"></td></tr>
<tr><td colspan="2">工程名称</td><td colspan="2"></td><td>专业名称</td><td colspan="3"></td></tr>
<tr><td colspan="2">提出单位名称</td><td colspan="2"></td><td>日期</td><td colspan="3"></td></tr>
<tr><td colspan="2">内容摘要</td><td colspan="6"></td></tr>
<tr><td>序号</td><td colspan="2">图号</td><td colspan="4">洽商内容</td><td>备注</td></tr>
<tr><td></td><td colspan="2"></td><td colspan="4"></td><td></td></tr>
<tr><td></td><td colspan="2"></td><td colspan="4"></td><td></td></tr>
<tr><td></td><td colspan="2"></td><td colspan="4"></td><td></td></tr>
<tr><td></td><td colspan="2"></td><td colspan="4"></td><td></td></tr>
<tr><td></td><td colspan="2"></td><td colspan="4"></td><td></td></tr>
<tr><td></td><td colspan="2"></td><td colspan="4"></td><td></td></tr>
<tr><td></td><td colspan="2"></td><td colspan="4"></td><td></td></tr>
<tr><td></td><td colspan="2"></td><td colspan="4"></td><td></td></tr>
<tr><td></td><td colspan="2"></td><td colspan="4"></td><td></td></tr>
<tr><td rowspan="2">签字栏</td><td colspan="2">建设单位</td><td>监理单位</td><td colspan="2">设计单位</td><td colspan="2">施工单位</td></tr>
<tr><td colspan="2"></td><td></td><td colspan="2"></td><td colspan="2"></td></tr>
</table>

注：1. 本表由建设单位、监理单位、施工单位和城建档案馆各保存一份。

2. 涉及图纸修改的必须注明应修改图纸的图号。

3. 不可将不同专业的设计变更办理在同一份变更上。

4. “专业名称”栏应按专业填写，如建筑、结构、室内装修、给排水、电气、通风空调等。

五、图纸接收单

该文件用于设计方向业主提供设计成果签收之用（见表 13－5）。

图纸接收单格式 表 13-5

<table>
<tr><td colspan="6">图纸接收单</td></tr>
<tr><td colspan="6">项目名称：________</td></tr>
<tr><td colspan="6">接收图纸内容：</td></tr>
<tr><td>序号</td><td>图名</td><td>图号</td><td>序号</td><td>图名</td><td>图号</td></tr>
<tr><td></td><td></td><td></td><td></td><td></td><td></td></tr>
<tr><td></td><td></td><td></td><td></td><td></td><td></td></tr>
<tr><td></td><td></td><td></td><td></td><td></td><td></td></tr>
<tr><td></td><td></td><td></td><td></td><td></td><td></td></tr>
<tr><td></td><td></td><td></td><td></td><td></td><td></td></tr>
<tr><td></td><td></td><td></td><td></td><td></td><td></td></tr>
<tr><td></td><td></td><td></td><td></td><td></td><td></td></tr>
<tr><td></td><td></td><td></td><td></td><td></td><td></td></tr>
<tr><td></td><td></td><td></td><td></td><td></td><td></td></tr>
<tr><td></td><td></td><td></td><td></td><td></td><td></td></tr>
<tr><td></td><td></td><td></td><td></td><td></td><td></td></tr>
<tr><td></td><td></td><td></td><td></td><td></td><td></td></tr>
<tr><td colspan="4">接收单位签字（盖章）：
日期：</td><td colspan="2">设计单位签字（盖章）：
日期：</td></tr>
</table>

六、装饰设计工厂定制加工材料的相关要求

木材：木线：造型中的装饰木线要给出详细的尺寸大样，并尽可能提供给厂家 1：1 的剖面图纸。在加工前同施工方将技术问题讨论清楚，加工量大时应尽量做样品。

木雕：对木质雕刻件的加工要给出详细的尺寸以及安装节点，尽可能提供给厂家 1：1 的加工图纸。在同施工方将技术问题讨论清楚后，应在加工过程中到工厂跟踪，及时控制造型的艺术效果。异地加工时应要求工厂及时拍数码照片，并通过网络传到现场。加工量大时要做样品。

木做挂板：根据造型的需要确定安装方式，并在深化图纸中标明采用木龙骨还是轻钢龙骨，并根据工程情况和施工条件在达到装饰效果和施工质量的情况下尽量简化安装的工艺程序。另外应尽量根据原材料的模数尺寸合理调整造型。

木做造型：木做造型除要考虑上述木做挂板所考虑的问题外，还要考虑以下问题：

1. 木做造型的现场安装方式，与挂件的最简便连接方案。

2. 施工安装的先后顺序。

3. 具备条件时应做首件现场安装实验，以检验造型的牢固和方案的合理性。

4. 在大批量的造型生产过程中一定要到工厂跟踪，及时发现加工中存在的问题。

木门：木门的加工要注意现场情况的变化对原门设计方案的影响，如梁、柱、墙、管线等因素，对木门的造型尺寸进行及时、合理的调整，内容包括门高、门宽、门锁形式、门口线和口深的尺寸控制以及开启方向。

石材：线形：造型的石线要给出详细的尺寸大样，并尽可能提供给厂家1：1的剖面图纸。在加工前同施工方将技术问题讨论清楚，加工量大时应做样品，并对天然石材做深入的选材要求。

墙面：墙面的石材要根据造型给出排版的分割线尺寸以便提供加工时参考。此外也要对天然石材做深入的选材要求。

地面：同墙面的要求基本一致，但要注意造型的连接处、过门石、走边的现场情况，避免出现遗漏问题，影响装饰效果。

金属：在金属制品加工时，应要求厂家制作样品，并根据样品来控制完成的批量产品。

在可能的情况下，复杂的金属造型应请结构及材料专家审核，以保证方案的可行性。

第十四章　竣工图的绘制与竣工图的分类、归档

一、竣工图的绘制

竣工图是室内装饰工程竣工档案的重要组成部分，是室内装饰工程施工完成后主要凭证性材料，是工程竣工验收的必要条件，是工程维修、管理、改造的依据。各项室内装饰工程均须向业主提供竣工图。

竣工图绘制工作应由设计单位负责，也可由建设单位委托施工单位、监理单位或设计单位完成。

1. 编制要求。

（1）凡按施工图施工没有变动的，由竣工图编制单位在施工图图签附近空白处加盖并签署“竣工图”章。

（2）凡一般性图纸变更，编制单位可根据设计变更依据，在施工图上直接改绘并加盖及签署“竣工图”章。

（3）凡结构形式、工艺、平面布置、项目等重大改变及图面变更超过40%的，应重新绘制竣工图。重新绘制的图纸必须有图名和图号，图号可按原图编号。

（4）编制竣工图必须编制各专业竣工图的图纸目录，绘制的竣工图必须准确、清楚、完整、规范，修改必须到位，真实反映项目竣工验收时的实际情况。

（5）用于改绘竣工图的图纸必须是蓝图或绘图仪绘制的白图，不得使用复印的图纸。

（6）竣工图编制单位应按照国家建筑制图规范要求绘制竣工图。

（7）其他注意事项。

1）施工图纸目录必须加盖“竣工图”章作为竣工图归档，凡有作废、补充、增加和修改的图纸，均应在施工图目录上标注清楚，即将作废的图纸从目录上除掉，补充的图纸在目录上列出图名、图号；

2）如果施工图改变量大，设计单位重新绘制了修改图的，应以修改图代替原图，原图不再归档；

3）凡是以洽商图作为竣工图，必须进行必要的制作、加工；如洽商图是按正规设计图纸要求进行绘制的，可直接作为竣工图，但需统一编写图名、图号，并加盖“竣工图”章，作为补图，并在说明中注明是哪张图、哪个部位的修改图，还要在原图修改部位标注修改范围，并标明补图的图号；如洽商图未按正规设计要求绘制，均应按制图规定另行绘制竣工图，其余要求同上。

4）某一条洽商可能涉及到两张或两张以上的图纸，某一局部变化可能引起系统变化，凡涉及到的图纸和部位均应按规定修改，不能只改其一，不改其二，例如一个标高的变动，可能在平、立、剖、局部大样图上都要涉及到，均应改正；

5）不允许将洽商的附图原封不动地贴在或附在竣工图上作为修改，也不允许将洽商的内容抄在蓝图上作为修改，凡修改的内容均应改绘在蓝图上或做补图附在图纸之后；

6）根据规定需重新绘制竣工图时，应按绘制竣工图的要求制图。

2. 竣工图章。

（1）“竣工图”章应具有明显的“竣工图”字样，并包括编制单位名称、制图人、审核人和编制日期等基本内容。编制单位、制图人、审核人、技术负责人要对竣工图负责。

“竣工图”章内容、尺寸如图14－1所示：

（2）竣工图应由编制单位逐张加盖、签署“竣工图”章。“竣工图”章中签名必须齐全，不得代签。

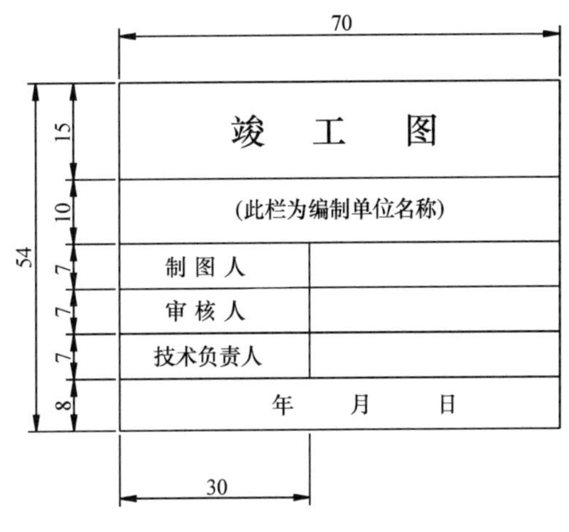

图 14-1 竣工图章示意

(3) 凡由设计单位编制的竣工图，其设计图签中必须明确竣工阶段，并由绘制人和技术负责人在设计图签中签字。

(4)“竣工图”章应加盖在图签附近的空白处。

(5)“竣工图”章应使用不褪色的红色或蓝色印泥。

二、竣工图的分类、归档

1. 竣工图的分类

竣工图绘制完毕后应将其电子文件或打印出来的图纸分类存档。

分类形式可按设计内容的建筑空间类别确定，例如宾馆酒店空间、办公室空间、餐饮娱乐空间、住宅别墅空间、文体类空间、商业空间等。

其中电子文档应定期刻盘存档保存，对各类别的空间中的通详施工作法，以及国家当前应用的消防、环保等方面的规范作法也应分类保存，以便日后在其他工程项目中作为参考应用。

2. 竣工图的归档

1) 竣工图工程资料案卷封面

案卷封面包括名称、案卷题名、编制单位、技术主管、编制日期，以上由移交单位填写；保管期限、密级、共______册第______册等则由档案接受部门填写。

① 名称：填写工程建设项目竣工后使用名称（或曾用名)。若本工程分为几个（子）单位工程应放在第二行填写（子）单位工程名称；

② 案卷题名：填写本卷卷名。第一行按单位、专业及类别填写案卷名称；第二行填写案卷内主要资料内容提示；

③ 编制单位：本卷档案的编制单位，并加盖公章；

④ 技术主管：编制单位技术负责人签名或盖章；

⑤ 编制日期：填写卷内资料材料形成的起（最早)、止（最晚）日期；

⑥ 保管期限：由档案保管单位按照保管期限规定或有关规定填写；

⑦ 密级：由档案保管单位按照本单位的保密规定或有关规定填写。

2) 竣工图工程资料卷内目录

工程资料的卷内目录，内容包括序号、工程资料题名、原编字号、编制单位、编制日期、页次和备注。卷内目录内容应与案卷内容相符，排列在封面之后，不能以原资料目录及设计图纸目录代替。

① 序号：按卷内资料排列先后用阿拉伯数字从 1 开始依次标注；

② 工程资料题名：填写文字材料和图纸名称，无标题的资料应根据内容拟写标题；

③ 原编字号：资料制发机关的发文号或图纸原编图号；

④ 编制单位：资料的形成单位或主要责任单位名称；

⑤ 编制日期：资料的形成时间（文字材料为原资料形成日期，竣工图为编制日期）；

⑥ 页次：填写每份资料在本案卷的页次或起止页次；

⑦ 备注：填写需要说明的问题。

第十五章　关于布局空间与模型空间在实际绘图中的应用

一、布局空间和模型空间的概念

很多装饰公司或设计团队在施工图绘制过程中大都是在模型空间内绘图，成图后在模型空间内打印。但就图面管理及打印方便而言，Autocad 中的布局空间的使用还是有许多优势的。

那么模型空间和布局空间的概念是什么呢？可以手绘图纸为例。如先在一张纸上画了一些图样然后将一张白纸覆盖其上，为了看清下面的图样，就需将上面的白纸裁开一个洞口，在洞口上面粘贴一张硫酸纸，这样就可看见下面的图样。将二纸张沿垂直平行方向拉开距离，随距离加大看到的图样内容就越来越全，但大小也越来越小。对比在 CAD 绘图中，可将前述画了图样的纸理解为模型空间，将裁开的洞口理解为激活视窗，将覆盖其上的硫酸纸理解为视窗布局，将覆盖在图样上的白纸与硫酸纸统称为布局空间。当我们以 1∶1 的比例绘制各种图样后，来到布局空间，在布局空间内设置激活视窗并输入需要的比例，在视窗布局中确定其最终构图，并在布局空间内进行文字与尺寸标注。通过上述举例，就可以对模型空间和布局空间有一个直观的理解了。

二、布局空间与模型空间比较的优势

1. 可以保证整套图的尺寸标注与文字标注的字高完全一致（均为 1∶1）。
2. 可以在同一张图纸内表示不同比例的图样。
3. 方便平面图纸的调整修改。
4. 可有效控制图纸文件量大小。

三、创建布局空间的步骤

在图纸上绘图要先考虑一下比例和布局，而在 CAD 中绘图没有必要先考虑比例和布局，只需在模型空间中按 1∶1 的比例绘图，打印比例和如何布置图纸交由最后的布局设置完成。在模型空间中绘好图之后就可以进行空间布局的设置了。

CAD 中有两个默认的布局，点击布局首先弹出一个页面设置的窗口，设置需要的打印机和纸张，打印比例设置为 1∶1，之后确定即自动生成一个视口，视口应单独设置一个图层以便以后打印时可以隐藏视口线（见图 15－1）。编辑调整视口的大小，放到合适的位置。

此时图面并不完整，这是由于还没有调整打印比例的原因。

建立视口时 CAD 默认显示所有的对象最大化，下面开始调整比例。用鼠标双击视口以进入视口（也可用鼠标点击最下边的状态栏上的布局/模型来切换）在命令行里键入“z”，回车，输入比例因子，此图的比例为 1/4xp，回车，然后可以用平移命令移动到合适的位置。这里要注意的是，一定要在输入比例的后边加上“xp”才是要打印的比例。

视口调整完之后，开始使用打印样式，编辑打印样式表。一般用颜色来区分线的粗细和打印颜色，并不需要在图层中设置线的宽度，保存自己的打印样式表以备以后继续使用。

图 15-1 电脑页面示意

至此打印前的准备都已完成，只要以后改图的时候不整体移动图，那么这个布局就永远不会变，每次打印的图纸都和第一次打印的模式一样。

在布局中的几个特殊控制。

1. 不打印视口线的办法。

第一，隐藏视口线图层；

第二，可以把视口线的颜色设置为 255 号颜色，在打印时是无色的；

第三，把视口设置在非打印层（DEFPOINTS）中。

2. Psltscale 变量控制图纸空间的线型比例。

先在命令栏中输入“Psltscale”；输入“0”时无特殊线型比例。按 LTSCALE 命令设置的全局比例因子进行缩放。模型中的虚线长度与视口中的虚线长度一样。输入“1”时视口比例决定线型比例。

3. 视口中图层的控制。

如果在当前视口不拟打印某一图层，如在当前视口不拟打印家具层，其具体设置方法如下：用鼠标双击当前视口进入图纸空间中的模型空间（一定要进入视口里，否则无法对当前视口图层控制），打开图层特性管理器，选中要在当前视口中冻结的图层，在“在当前视口中冻结”（见图 15-2）。这样就可以实现只在当前视口冻结图层的目的，而又不影响其他视口，也不影响模型空间的图层的冻结。这一功能对于一个文件要打印出几种不同表现内容来说非常有用，要比打印一次冻结某层，再冻结其他层再打印来说要方便多了。

图 15-3 就是在同一个布局中有两个视口，左边视口冻结了顶棚层和灯层，在右边的视口中冻结了地面层和家具层，视口之间互不影响，与模型空间也没有影响，从而实现多表现打印。

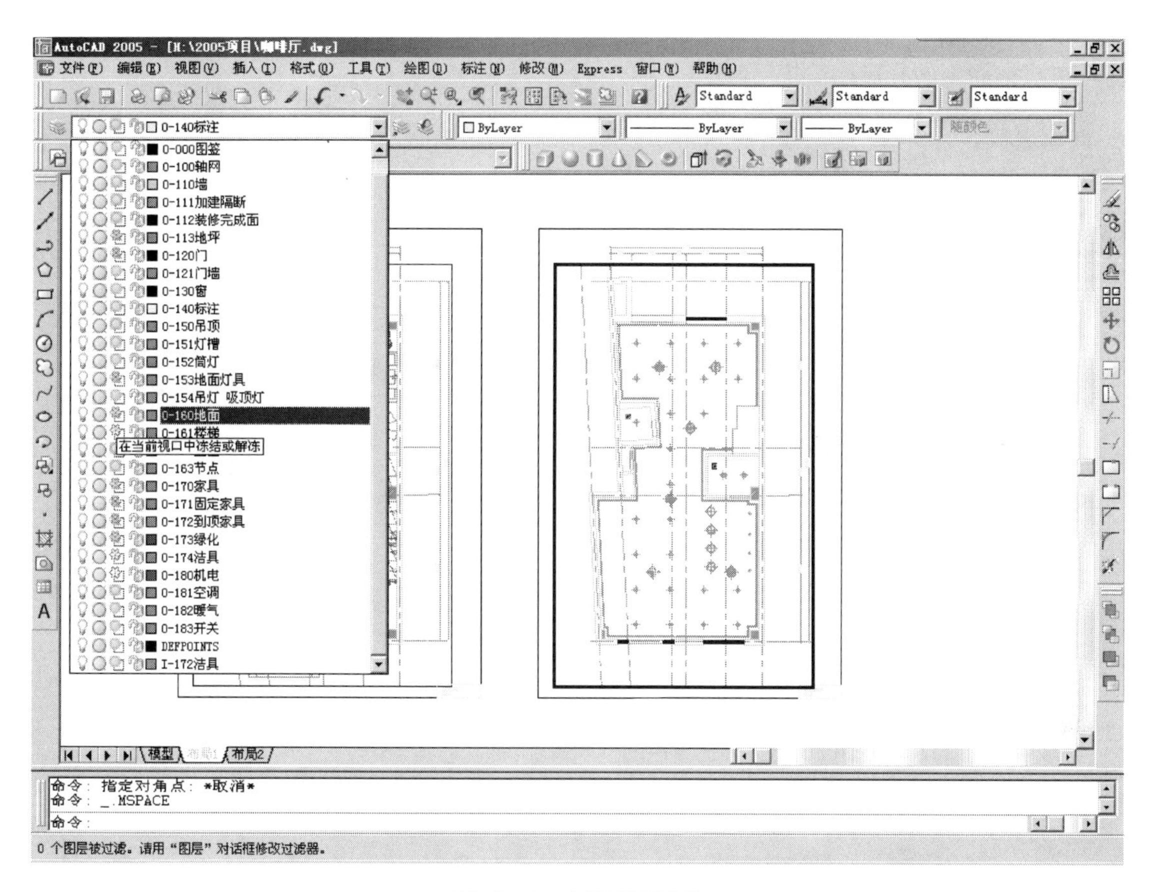

图 15－2　电脑页面示意

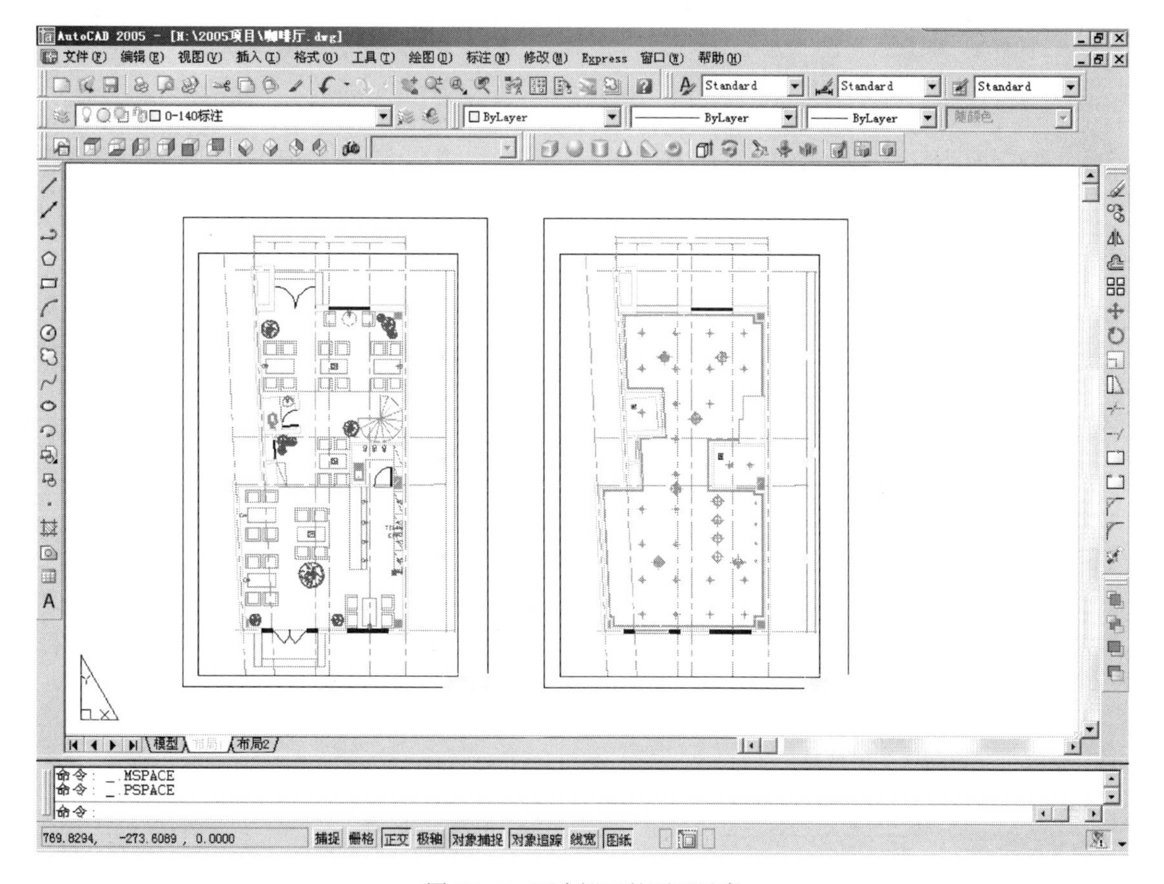

图 15－3　两个视口的页面示意

四、布局空间中的异形视口与视口遮罩

1. 异形视口。

当要表现的空间不是矩形的时候，既想要完全表现该空间又不想有其他空间的干扰，此时用普通的矩形视口就无法满足要求了。

图 15－4 所示为异形内的空间。为将其设置在布局空间中，可按如下操作程序。

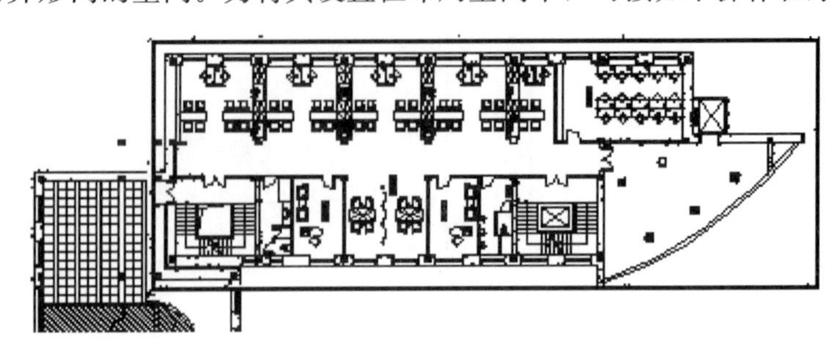

图 15－4　处于非矩形的空间

（1）首先在模型空间中沿空间的外边缘绘制一条 PL 线（见图 15－5）。

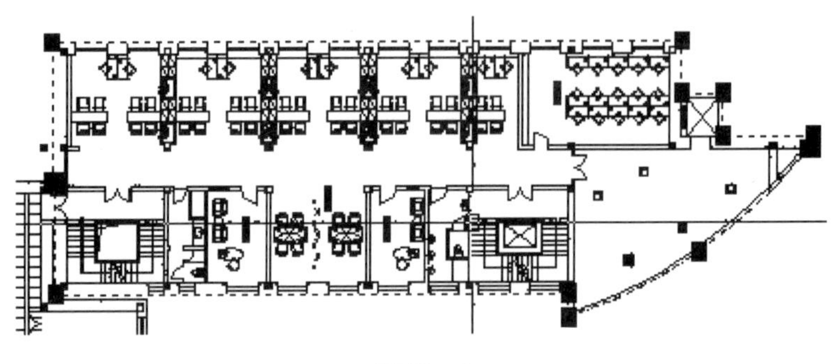

图 15－5

（2）再 COPY 到布局空间中缩放成需要的比例（见图 15－6）。

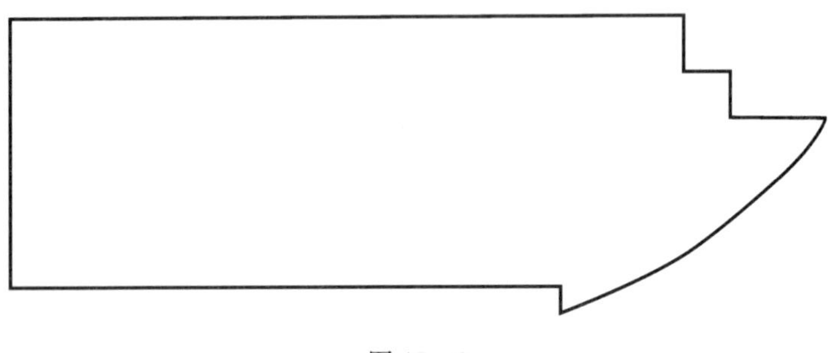

图 15－6

（3）再用 OFFSET 向外偏心复制 5mm，删除原 PL 线（见图 15－7）。

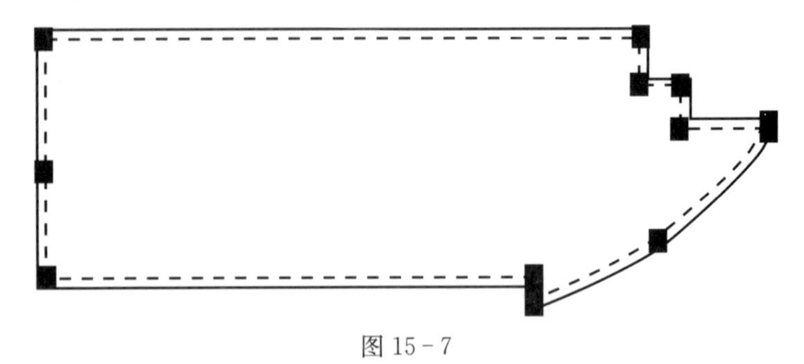

图 15－7

（4）然后键盘输入“MV”回车，“O”回车，点选OFFSET后的PL线，输入比例，平移到适当位置，这样就可以沿着此空间的边缘建立一个异形视口（见图15－8）。

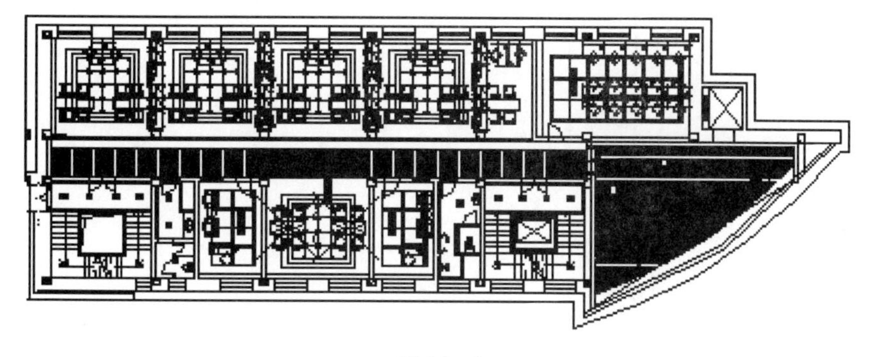

图15－8

2．视口遮罩。

当要表现的空间是中空的时候，要把视口的中间部分遮挡，这时就需要视口遮罩。

图15－9表示要表现斜线部分空间的一个例子所应执行的程序。

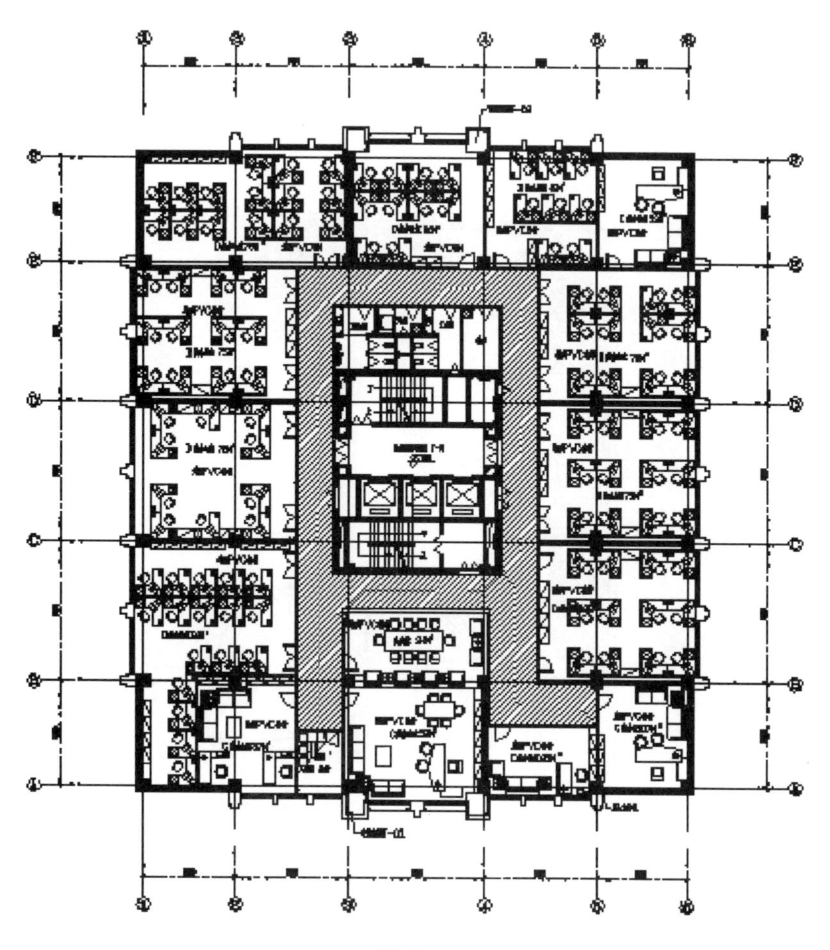

图15－9

（1）首先在模型空间中沿空间的外边缘绘制一条PL线，再沿中空部分的边缘绘制一条PL线，将2条PL线COPY到布局空间中缩放成需要的比例，再用OFFSET将外轮廓线向外偏心复制5mm，将内轮廓线向内偏心复制5mm，删除2条原PL线，然后键盘输入“REG”回车，选择两条PL线，会生成两个面域，再输入“SU”回车，点选外面的面域，回车，再点选中空部分的面域，回车，这样就形成了一个类似“回”字的中空面域（见图 15－10）。

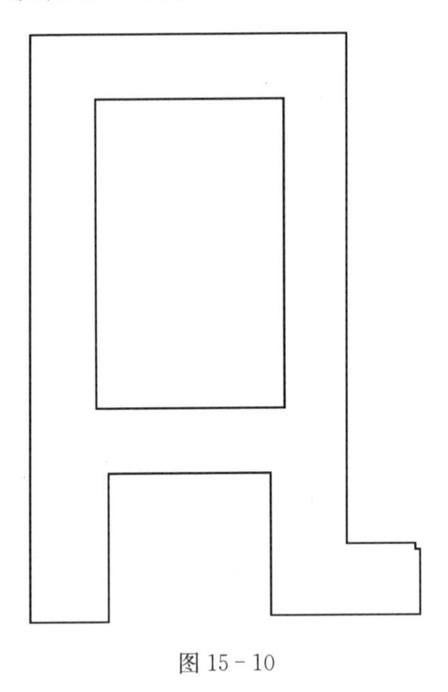

图 15－10

（2）最后再键盘输入“MV”回车，“O”回车，选择此面域，输入比例，平移到适当位置就完成了一个面域视口的遮罩（见图 15－11）。

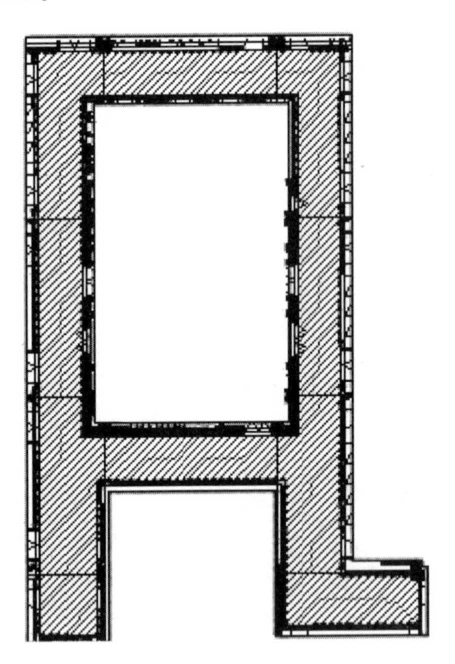

图 15－11　电脑页面示意

五、CAD 标准检查与图层转换器

当要修改一张其他公司绘制的图纸时，经常会遇到该文件的图层与字体等自己平时习惯不相符，这时就需要使用 CAD 标准检查与图层转换器。

1. CAD 标准检查。

（1）先将自己的样板文件另存成 *.dws 的图形标准文件，然后打开要修改的文件，在下拉菜单上单击“工具”—“CAD 标准”—“配置”（见图 15－12）。

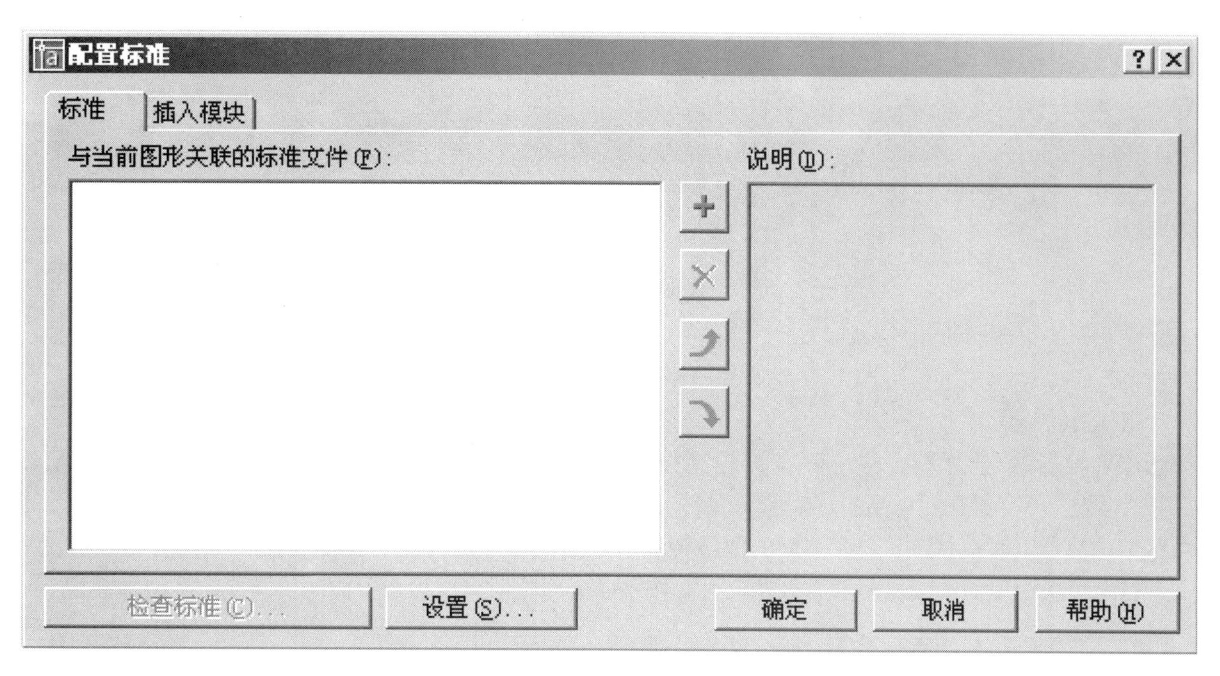

图 15－12　电脑页面示意

(2) 点上面的"十"导入图形标准文件，然后开始检查标准（见图 15－13)。

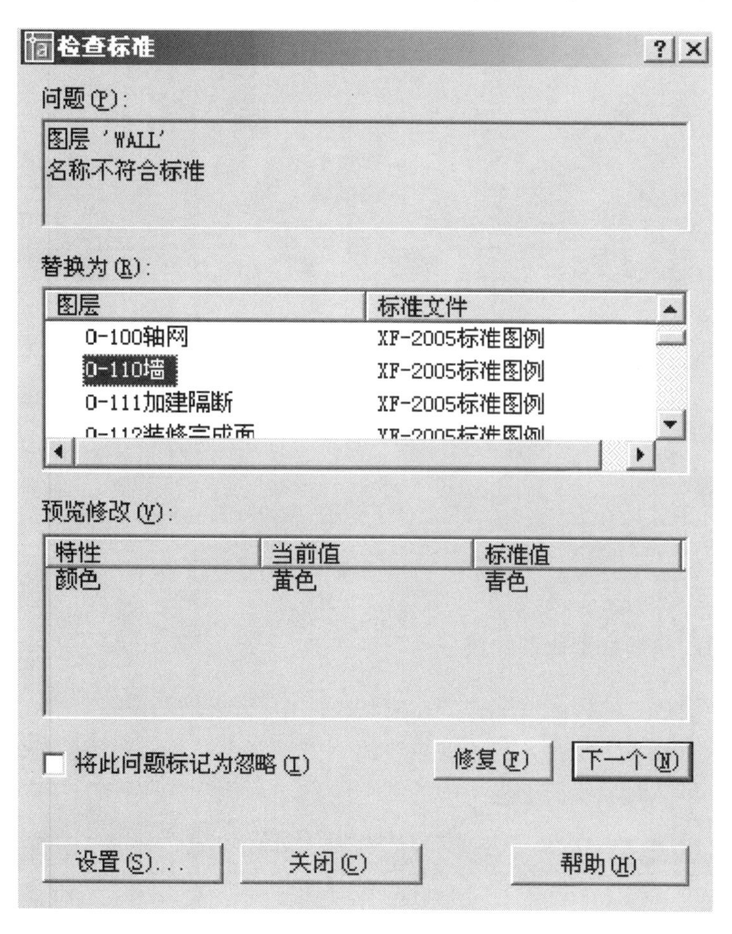

图 15－13　电脑页面示意

(3) 选择要修改的图层、线形和字体点击"修复"。

修复完成后，如果在绘图时出现违反标准的操作，系统会自动提示您（见图 15－14)。

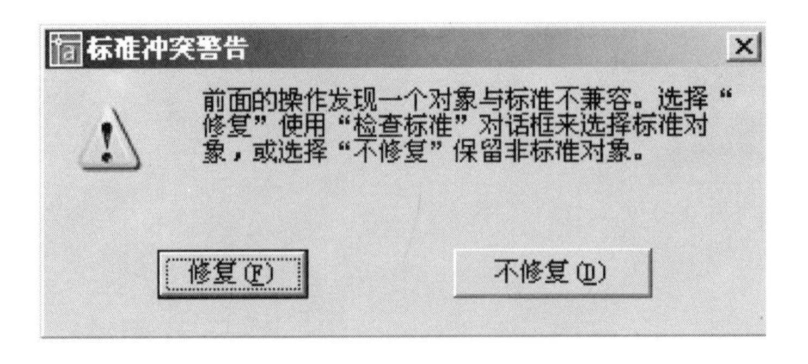

图 15－14　电脑页面示意

2. 图层转换器。

图层转换器顾名思义就是一种直接转换图层的命令，在下拉菜单上单击“工具”—“CAD 标准”—“ 图层转换器”即可从页面看到（见图 15－15）。

这个功能可以直接将图 15－4 左面的图层转变为右面的图层。先点击左面转换自里面要转变的图层，再点击右面转换为里面的图层，然后点“映射”按钮，全部映射完成后点下面的“转换”按钮即完成。

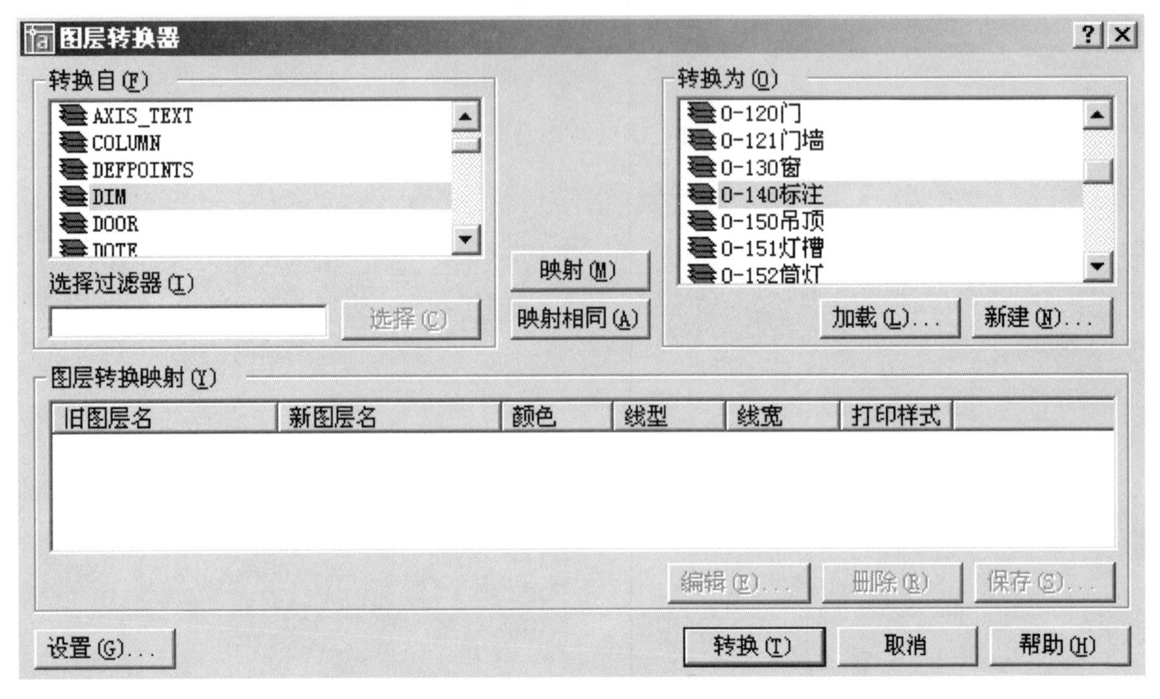

图 15－15　电脑页面示意

六、图纸空间与布局空间线型比例的统一

在使用布局空间使会遇到这样的情况，当在模型空间中已经设置好线形比例的虚线或点划线，在切换到布局空间后都显示时却成了实线，其原理是在线型管理器中缩放时使用图纸空间单位所致。

为解决这一问题，可在对象特征工具条中的线型中选“其他”（见图 15－16）。

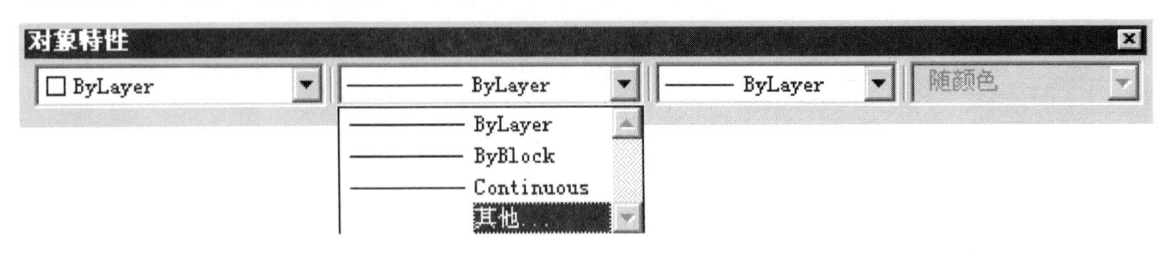

图 15－16　电脑页面示意

先打开显示细节再将缩放时使用图纸空间单位前面的复选框的对勾☑取消，再 REGEN 刷新一下就完成了（见图 15－17）。

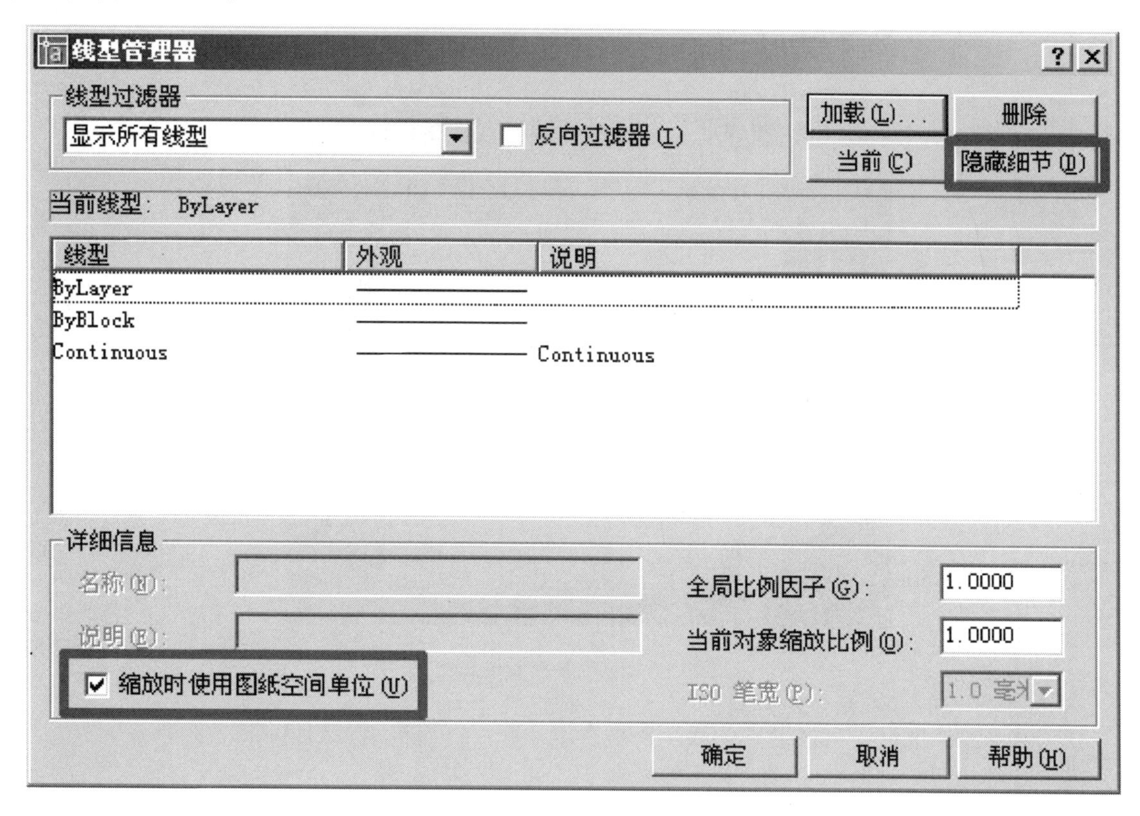

图 15－17　电脑页面示意

七、最大化视口

如果在布局空间时想修改模型空间的内容，不必每次都切换到模型空间，只需要点一下屏幕下面的最大化视口就可以直接修改模型空间中的内容，修改完毕后再点一下返回布局空间，这样做也不会影响布局空间中模型的位置和比例（见图 15－18）。

图 15－18　电脑页面（局部）示意

八、外部参照及外部参照管理器

AutoCAD 将外部参照作为一种块定义类型，但外部参照与块有一些重要区别。将图形作为块参照插入时，它存储在图形中但并不随原始图形的改变而更新。将图形作为外部参照附着时，会将该参照图形链接至当前图形；当打开外部参照时，对参照图形所做的任何修改都会显示在当前图形中。

一个图形可以作为外部参照同时附着到多个图形中。反之，也可以将多个图形作为外部参照附着到单个图形上。

用于定位外部参照的已保存路径可以是绝对（完全指定）路径，也可以是相对（部分指定）路径，或者没有路径。

如果外部参照包含任何可变块属性，AutoCAD 将忽略它们。

应注意的是外部参照必须是模型空间对象。可以任何比例、位置和旋转角度附着这些外部参照。

1. 插入外部参照的步骤 。

（1）在“插入”菜单中单击“外部参照”（见图 15－19）。

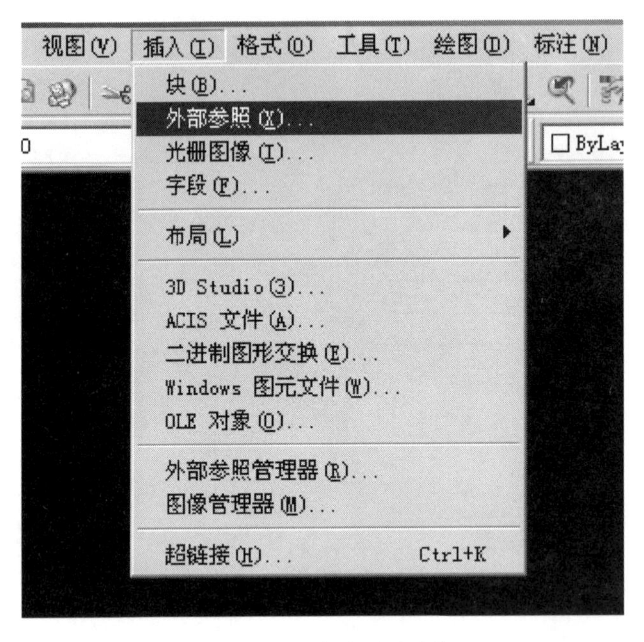

图 15－19　电脑页面示意

（2）在“选择参照文件”对话框中，选择要附着的文件，然后单击“打开”。

（3）在“外部参照”对话框中的“参照类型”下，选择“附加型”。

（4）指定插入点、缩放比例和旋转角度。选择“在屏幕上指定”以使用定点设备。“附加型”包含所有嵌套的外部参照。

（5）单击“确定”，即完成。

2. 外部参照管理器。

单击 AUTOCAD 菜单中的“插入”选择“外部参照管理器”可以更改外部参照的路径，也可以拆离外部参照（见图 15－20、图 15－21）。

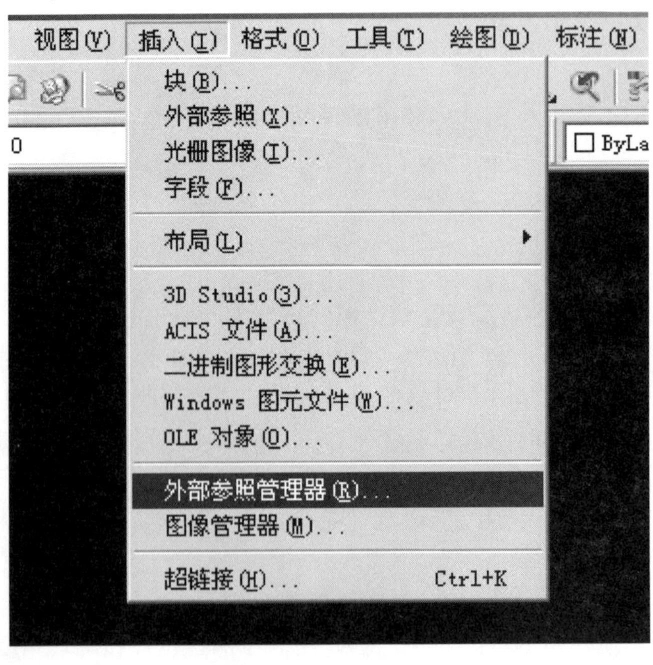

图 15－20　电脑页面示意

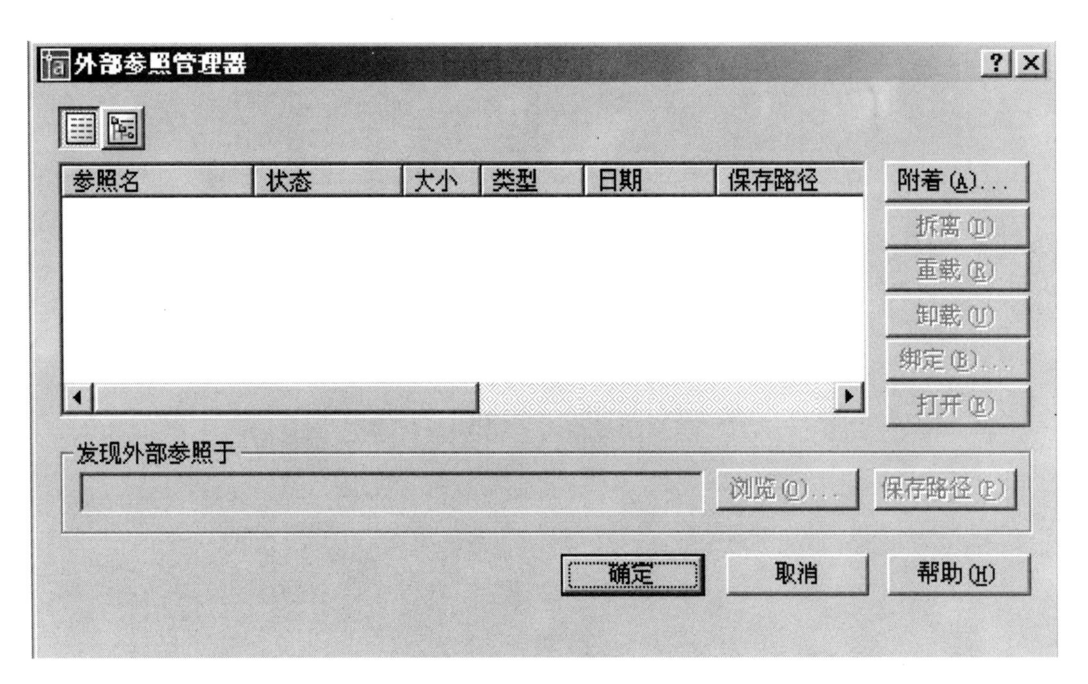

图 15－21　电脑页面示意

第十六章　施工图工程实例

一、宾馆类：天骄宾馆（四季厅）
亚洲酒店（客房样板间）

天骄宾馆四季厅 施工图

图表1-00

图纸目录表					应用材料编号			
序号	图 纸 名 称	图 号	图 幅	备 注	应用材料	颜 色	编 号	备 注
01	图纸封面	图表1-00	A2		乳胶漆	白色	PT-01	
02	图纸目录及材料表	图表1-01	A2		金属漆	金色	PT-02	
					仿古地砖	深米色	CT-01	
03	四季厅建筑隔墙平面图	室施A-01	A2		700×700mm西班牙米黄石材	米黄色	CT-02	
04	四季厅家具及绿化布置定位平面图	室施A-02	A2		10mm钢化玻璃	透明	GS-01	
05	四季厅地面铺装平面图	室施A-03	A2		12mm钢化玻璃	透明	GS-02	
06	四季厅顶棚造型平面图	室施A-04	A2		洞石	浅米色	ST-01	
07	四季厅顶棚灯具定位平面图	室施A-05	A2		洞石	米色	ST-02	
08	四季厅立面指向平面图	室施A-06	A2		洞石	深米色	ST-03	
09	四季厅立面图1	室施A-07	A2		灯片	米白色	LP-01	
10	四季厅立面图2	室施A-08	A2		灯片	米黄色	LP-02	
11	四季厅立面图3	室施A-09	A2		黄花松	清漆	TV-01	
12	四季厅立面图4	室施A-10	A2					
13	四季厅立面图5	室施A-11	A2					
14	四季厅节点详图1	室施A-12	A2					
15	四季厅节点详图2	室施A-13	A2					
16	四季厅节点详图3	室施A-14	A2					
17	四季厅节点详图4	室施A-15	A2					
18	四季厅节点详图5	室施A-16	A2					

说明：NOTES:

工程项目：PROJECT 天骄宾馆

图 名：TITLE 图纸目录及材料表

设计主持：DESIGN CHIEF

设 计：DESIGN BY

制 图：DRAWN BY

校 核：CHECK BY

日 期：DATE

图纸阶段：DRAWING FORM

图 号：DRAWING NO. 图表1-01

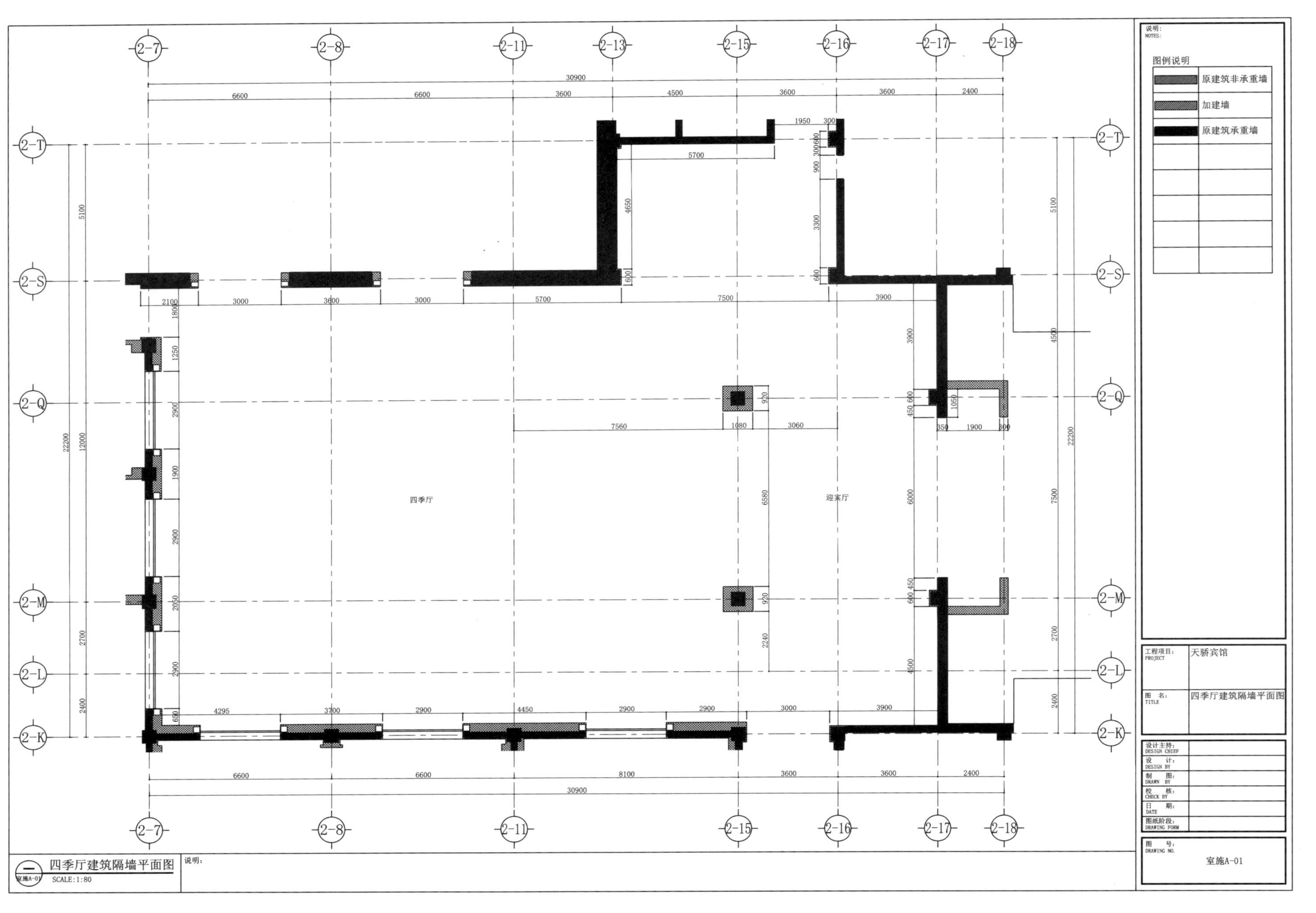
说明：
NOTES:
图例说明
原建筑非承重墙
加建墙
原建筑承重墙
工程项目：
PROJECT
天骄宾馆
图 名：
TITLE
四季厅建筑隔墙平面图
设计主持：
DESIGN CHIEF
设 计：
DESIGN BY
制 图：
DRAWN BY
校 核：
CHECK BY
日 期：
DATE
图纸阶段：
DRAWING FORM
图 号：
DRAWING NO.
室施A-01
四季厅
迎宾厅
四季厅建筑隔墙平面图
SCALE:1:80
说明：

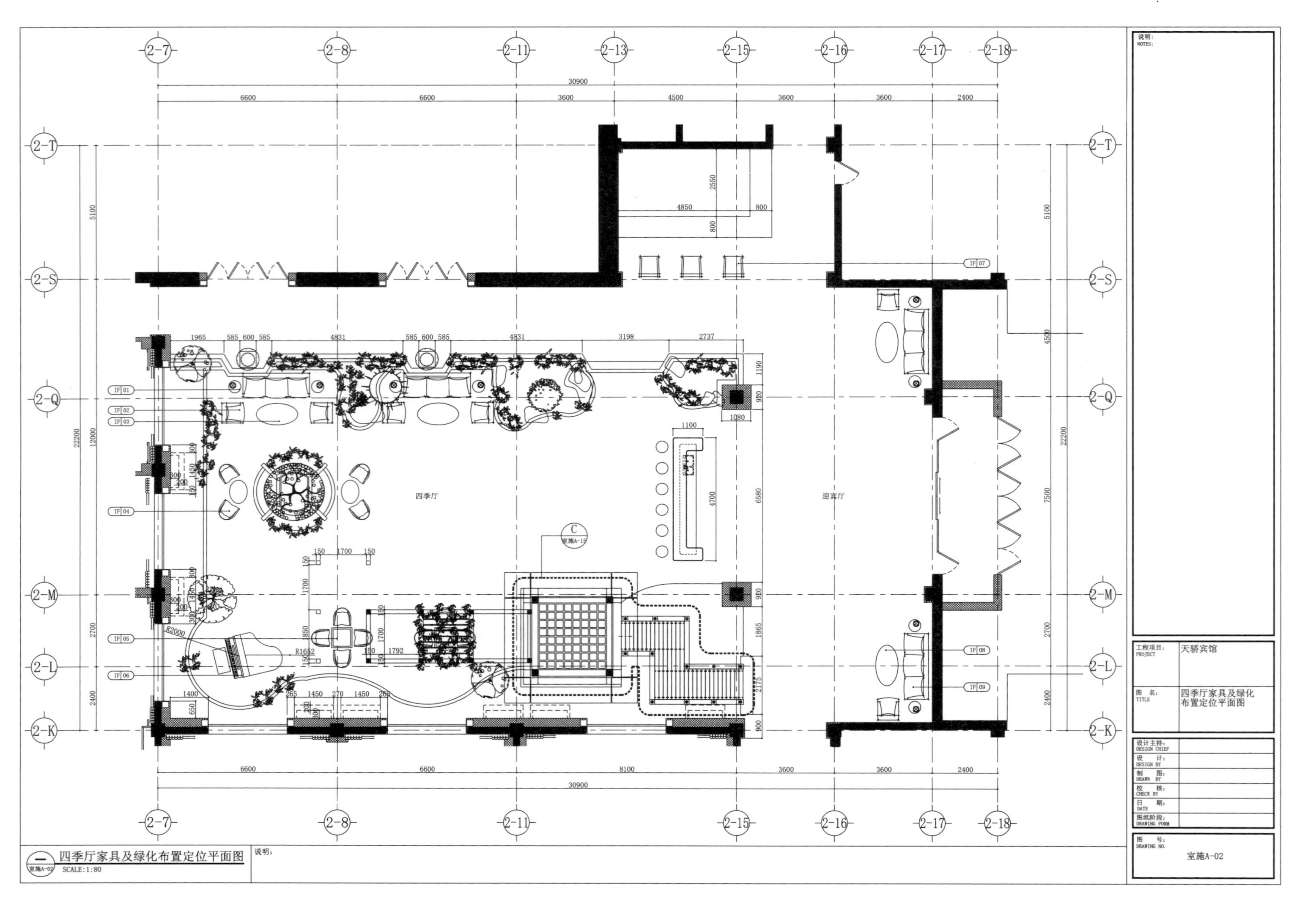
说明:
NOTES:
工程项目:
PROJECT
天骄宾馆
图 名:
TITLE
四季厅家具及绿化布置定位平面图
设计主持:
DESIGN CHIEF
设 计:
DESIGN BY
制 图:
DRAWN BY
校 核:
CHECK BY
日 期:
DATE
图纸阶段:
DRAWING FORM
图 号:
DRAWING NO.
室施A-02
四季厅
迎宾厅
四季厅家具及绿化布置定位平面图
SCALE:1:80
说明:

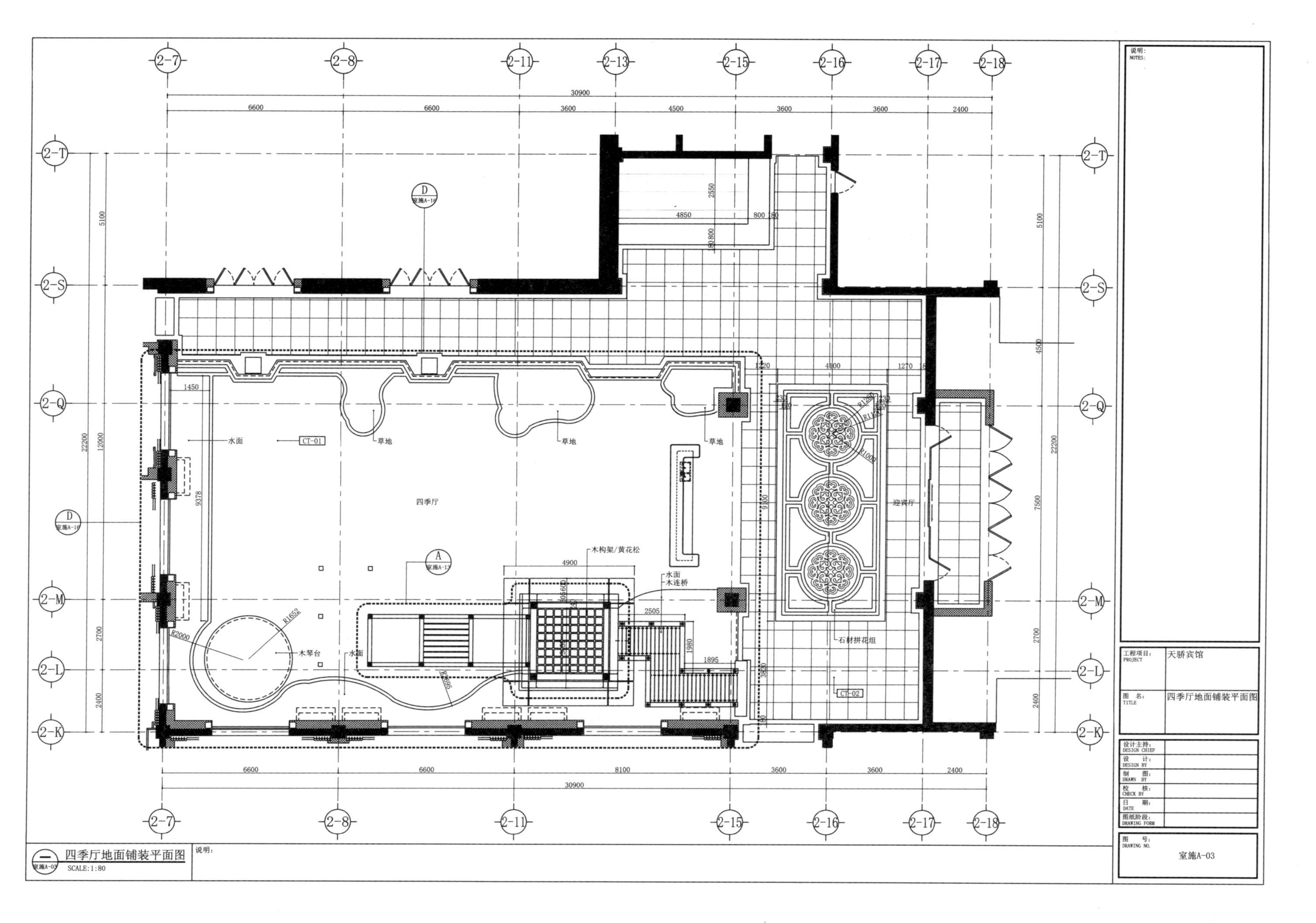

四季厅
迎宾厅
石材拼花组
CT-01
CT-02
草地
水面
木连桥
木构架/黄花松
木琴台
说明：
NOTES:
工程项目：
PROJECT
天骄宾馆
图名：
TITLE
四季厅地面铺装平面图
设计主持：
DESIGN CHIEF
设计：
DESIGN BY
制图：
DRAWN BY
校核：
CHECK BY
日期：
DATE
图纸阶段：
DRAWING FORM
图号：
DRAWING NO.
室施A-03
四季厅地面铺装平面图
SCALE:1:80

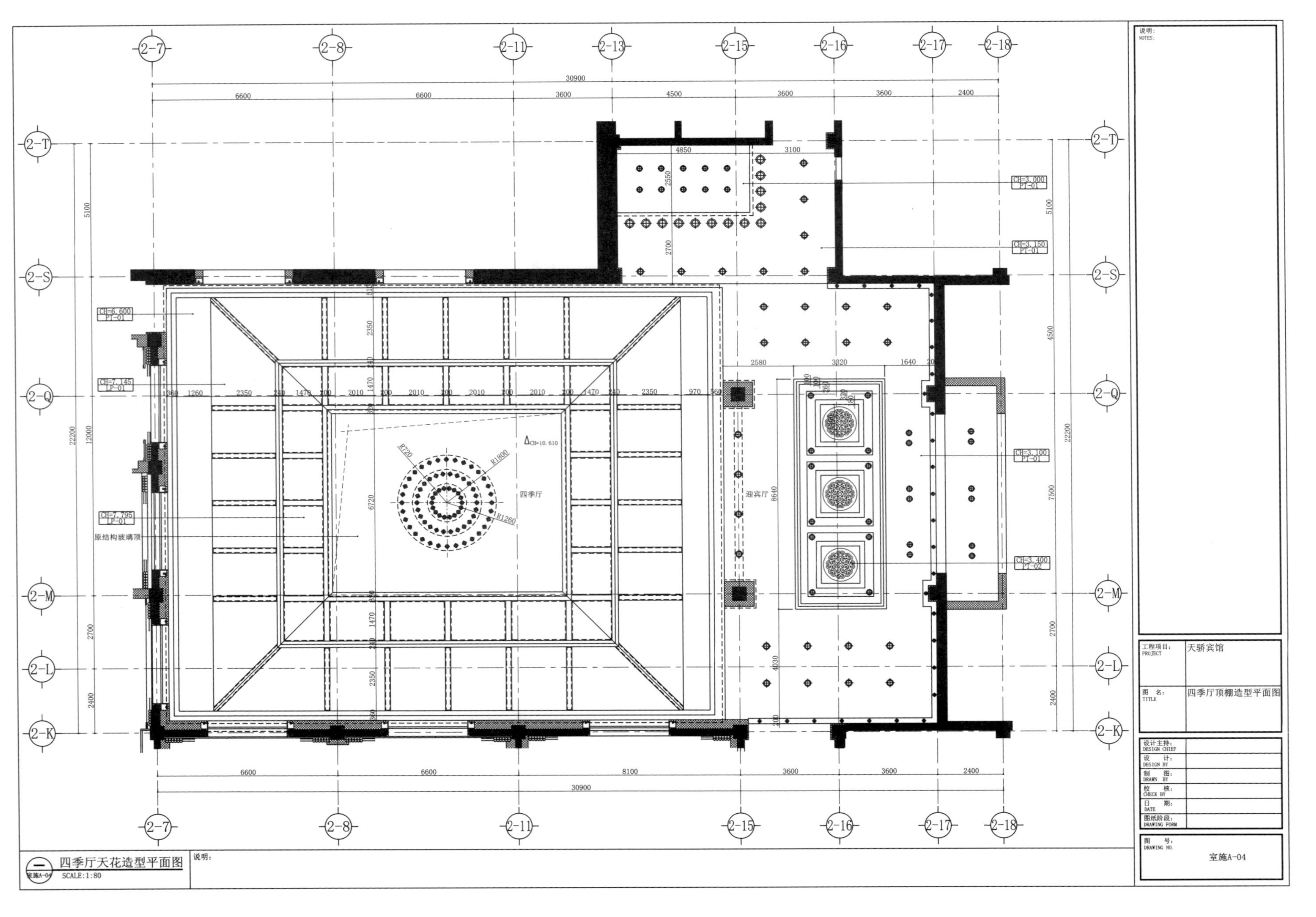

说明:
NOTES:
工程项目:
PROJECT
天骄宾馆
图 名:
TITLE
四季厅顶棚造型平面图
设计主持:
DESIGN CHIEF
设 计:
DESIGN BY
制 图:
DRAWN BY
校 核:
CHECK BY
日 期:
DATE
图纸阶段:
DRAWING FORM
图 号:
DRAWING NO.
室施A-04
四季厅
迎宾厅
原结构玻璃顶
CH=10.610
CH=3.000 PT-01
CH=3.150 PT-01
CH=3.100 PT-01
CH=3.400 PT-02
CH=6.600 PT-01
CH=7.145 LP-01
CH=7.795 LP-01
四季厅天花造型平面图
SCALE:1:80
说明:

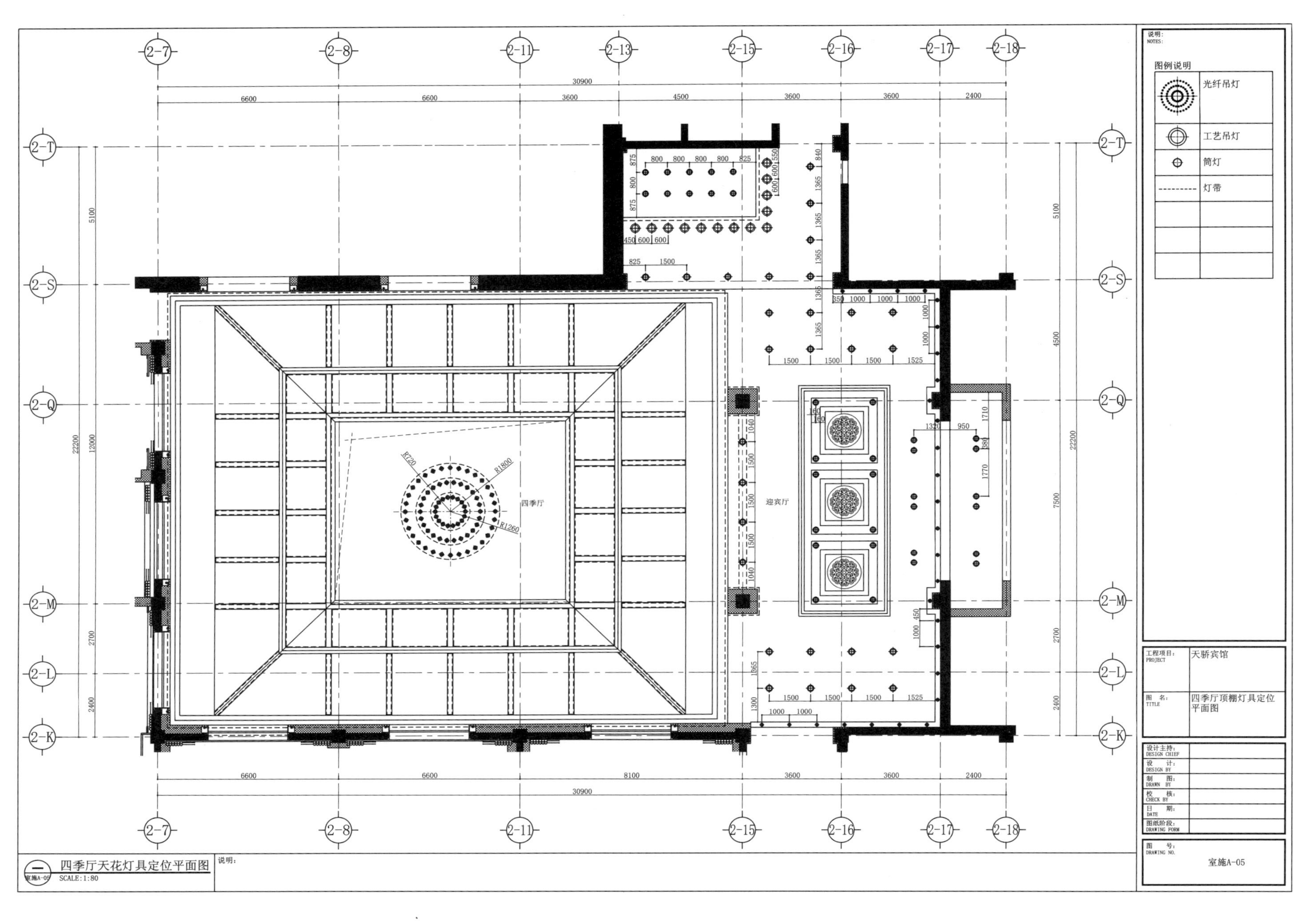

说明:
NOTES:
图例说明
光纤吊灯
工艺吊灯
筒灯
灯带
工程项目:
PROJECT
天骄宾馆
图名:
TITLE
四季厅顶棚灯具定位平面图
设计主持:
DESIGN CHIEF
设计:
DESIGN BY
制图:
DRAWN BY
校核:
CHECK BY
日期:
DATE
图纸阶段:
DRAWING FORM
图号:
DRAWING NO.
室施A-05
迎宾厅
四季厅
R1800
R1260
R720
30900
22200
四季厅天花灯具定位平面图
SCALE:1:80
说明:

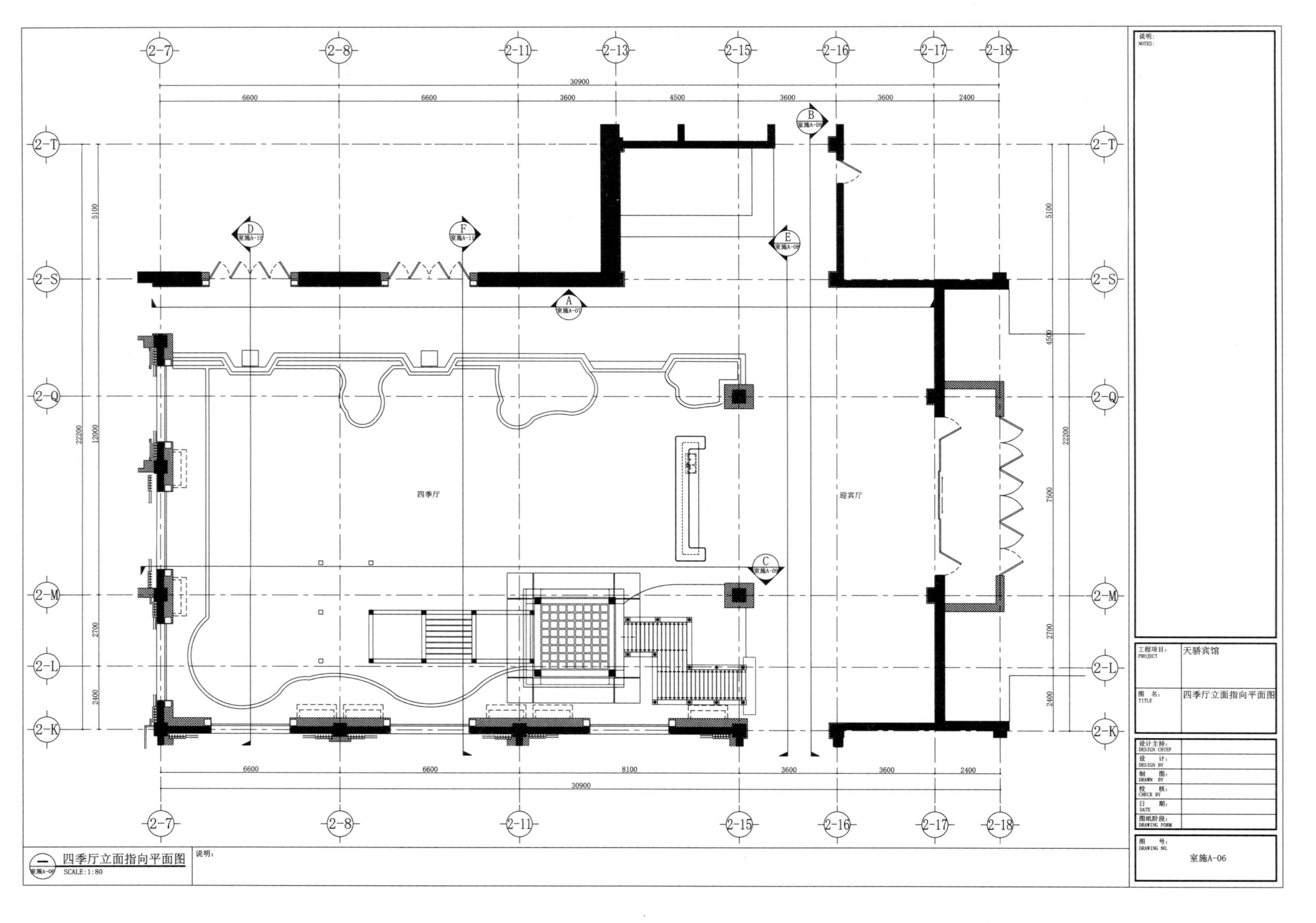

四季厅
迎宾厅
30900
6600
3600
4500
2400
8100
22200
5100
12000
2700
7500
四季厅立面指向平面图
SCALE:1:80
说明：
NOTES:
工程项目：
PROJECT
天骄宾馆
图 名：
TITLE
四季厅立面指向平面图
设计主持：
DESIGN CHIEF
设 计：
DESIGN BY
制 图：
DRAWN BY
校 核：
CHECK BY
日 期：
DATE
图纸阶段：
DRAWING FORM
图 号：
DRAWING NO.
室施A-06

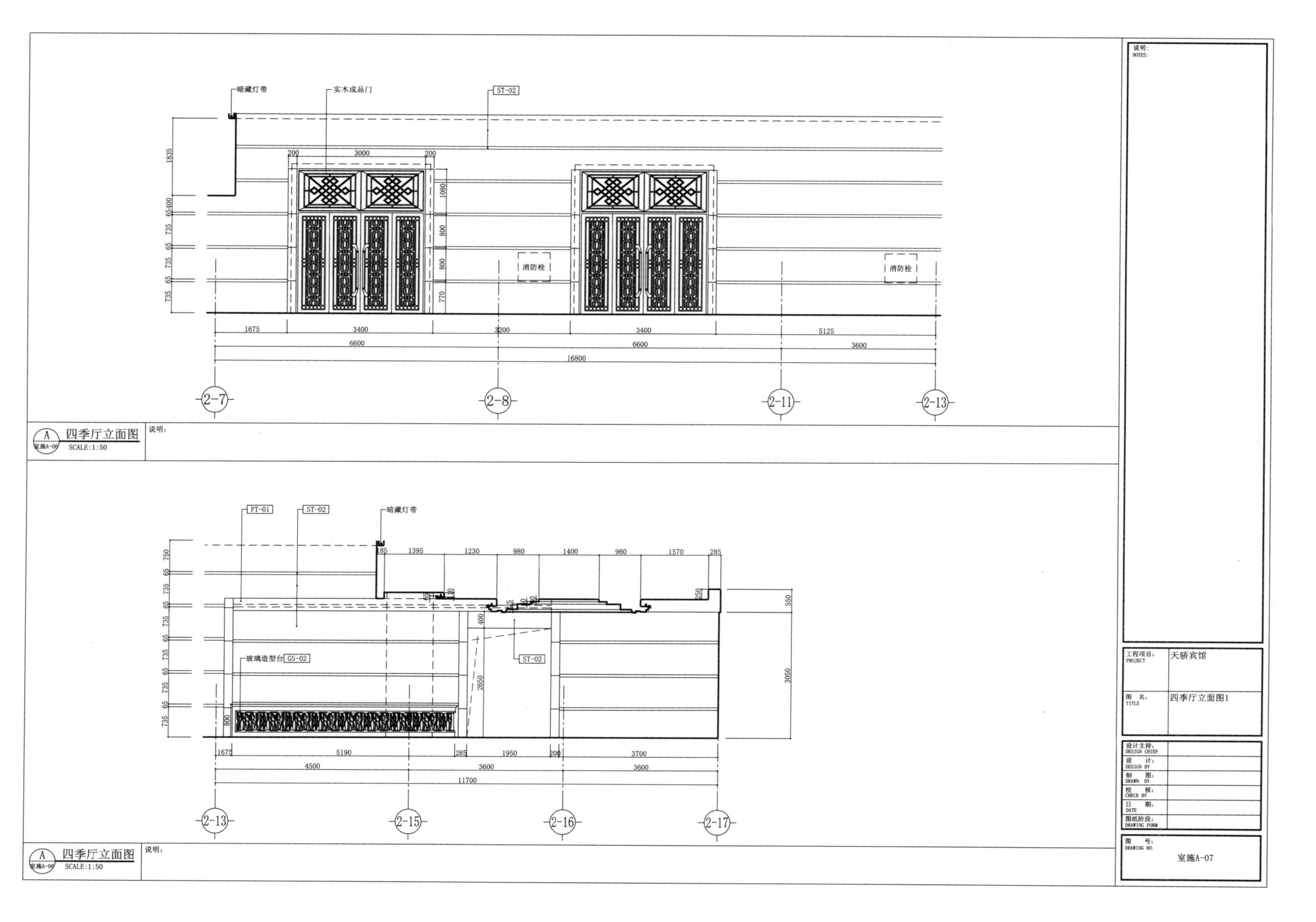
暗藏灯带
实木成品门
ST-02
消防栓
消防栓
2-7
2-8
2-11
2-13
A
室施A-06
四季厅立面图
SCALE:1:50
说明：
PT-01
ST-02
暗藏灯带
玻璃造型台 GS-02
ST-02
2-13
2-15
2-16
2-17
A
室施A-06
四季厅立面图
SCALE:1:50
说明：
说明：
NOTES:
工程项目：
PROJECT
天骄宾馆
图 名：
TITLE
四季厅立面图1
设计主持：
DESIGN CHIEF
设 计：
DESIGN BY
制 图：
DRAWN BY
校 核：
CHECK BY
日 期：
DATE
图纸阶段：
DRAWING FORM
图 号：
DRAWING NO.
室施A-07

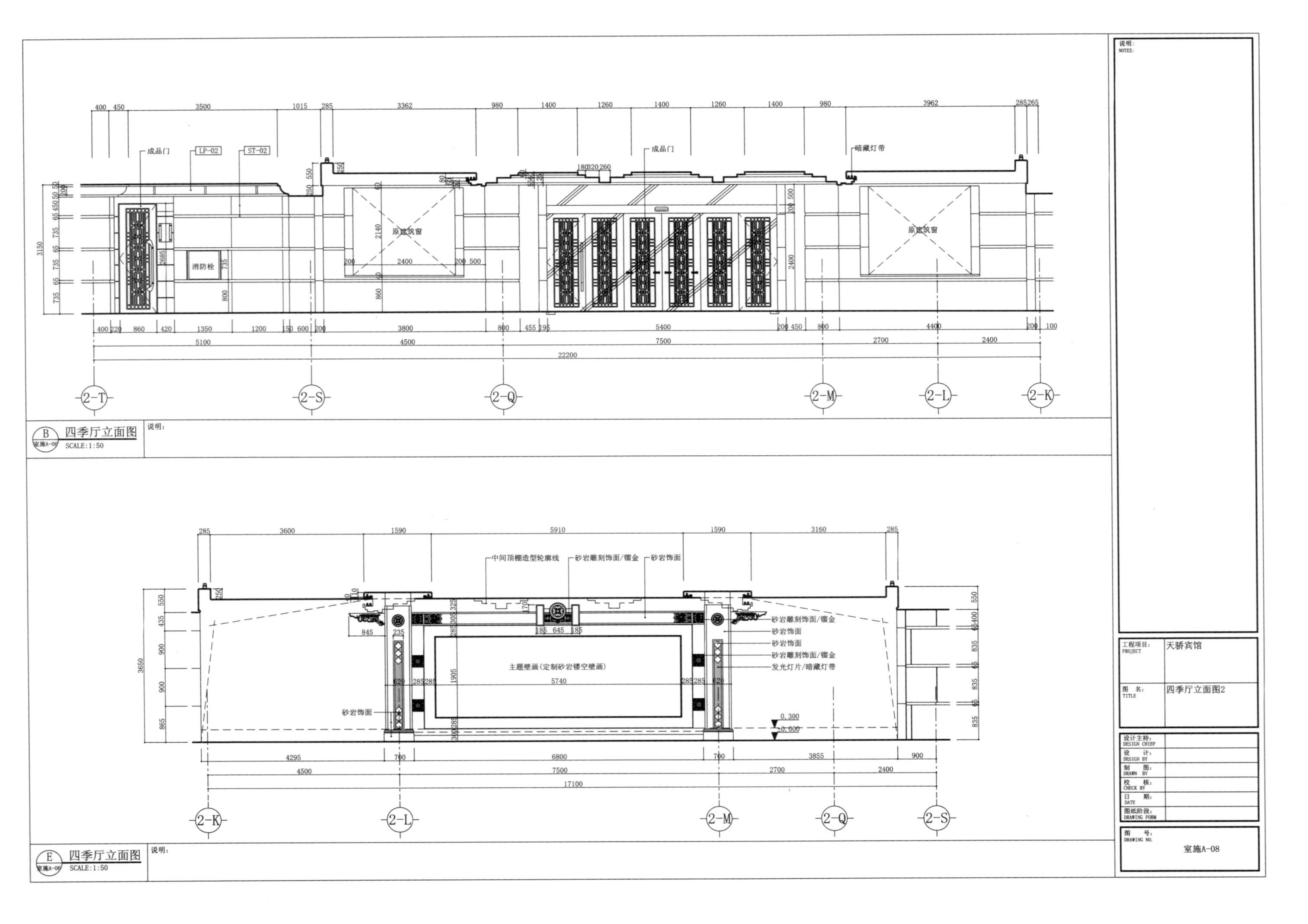
成品门
LP-02
ST-02
成品门
暗藏灯带
原建筑窗
消防栓
原建筑窗
2-T
2-S
2-Q
2-M
2-L
2-K
B 四季厅立面图
室施A-06
SCALE:1:50
说明:
中间顶棚造型轮廓线
砂岩雕刻饰面/镏金
砂岩饰面
砂岩雕刻饰面/镏金
砂岩饰面
砂岩饰面
砂岩雕刻饰面/镏金
发光灯片/暗藏灯带
主题壁画(定制砂岩镂空壁画)
砂岩饰面
2-K
2-L
2-M
2-Q
2-S
E 四季厅立面图
室施A-06
SCALE:1:50
说明:
说明:
NOTES:
工程项目:
PROJECT
天骄宾馆
图 名:
TITLE
四季厅立面图2
设计主持:
DESIGN CHIEF
设 计:
DESIGN BY
制 图:
DRAWN BY
校 核:
CHECK BY
日 期:
DATE
图纸阶段:
DRAWING FORM
图 号:
DRAWING NO.
室施A-08

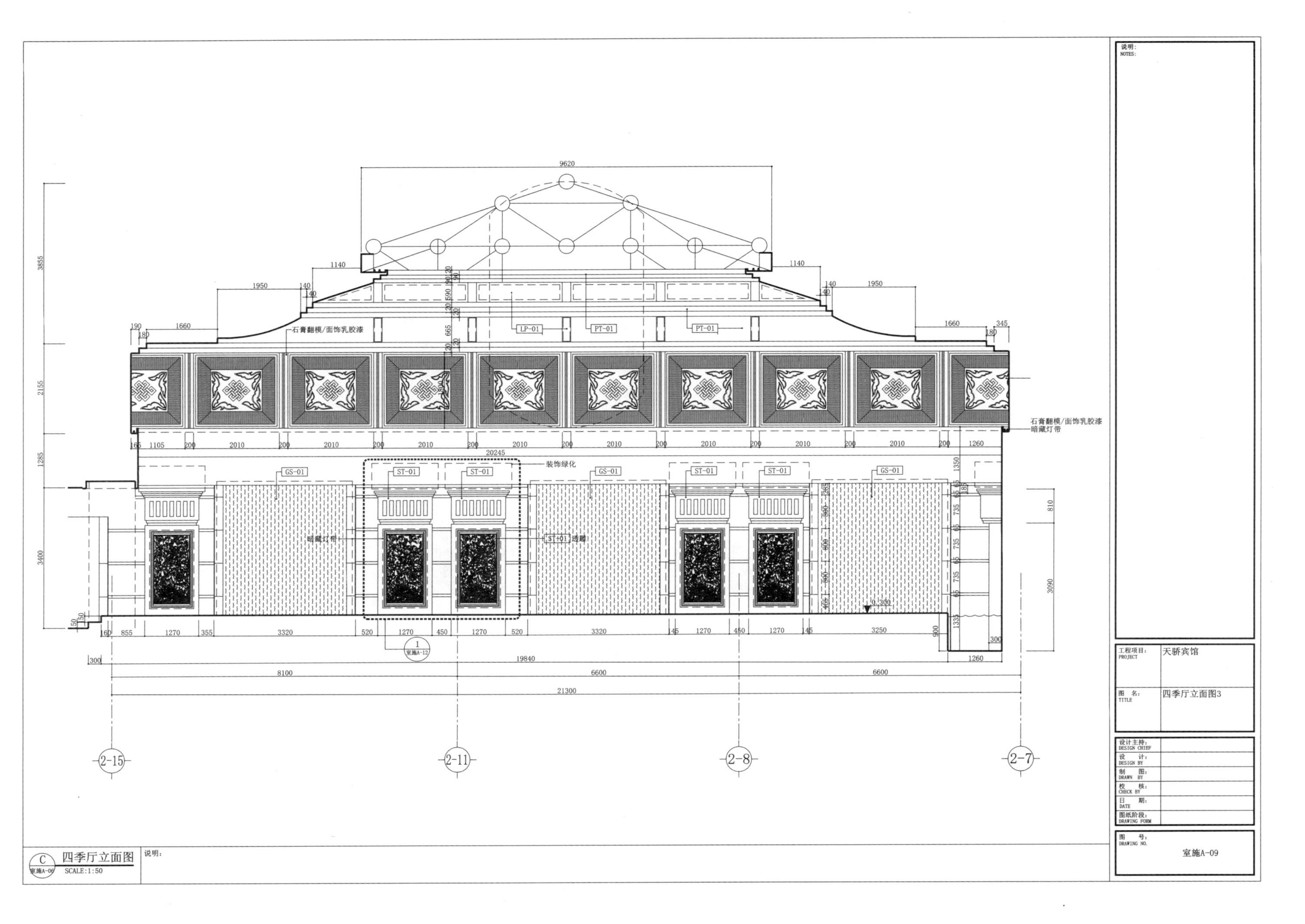
说明:
NOTES:
工程项目:
PROJECT
天骄宾馆
图名:
TITLE
四季厅立面图3
设计主持:
DESIGN CHIEF
设计:
DESIGN BY
制图:
DRAWN BY
校核:
CHECK BY
日期:
DATE
图纸阶段:
DRAWING FORM
图号:
DRAWING NO.
室施A-09
石膏翻模/面饰乳胶漆
石膏翻模/面饰乳胶漆
暗藏灯带
LP-01
PT-01
PT-01
装饰绿化
GS-01
ST-01
ST-01
GS-01
ST-01
ST-01
GS-01
暗藏灯带
ST-01 透雕
2-15
2-11
2-8
2-7
四季厅立面图
SCALE:1:50
说明:

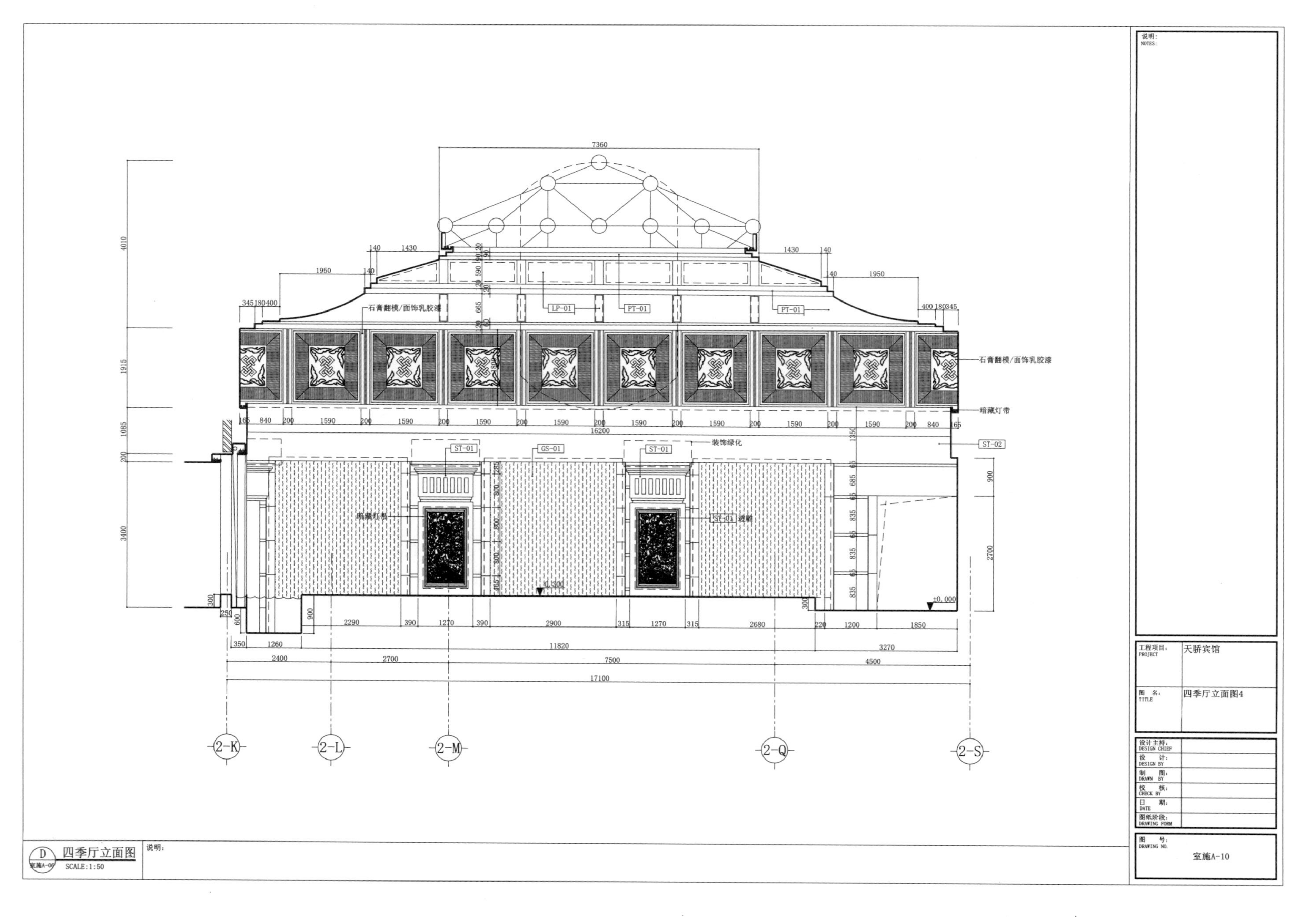

石膏翻模/面饰乳胶漆
LP-01
PT-01
暗藏灯带
ST-01
GS-01
装饰绿化
ST-02
±0.000
2-K
2-L
2-M
2-Q
2-S
说明:
NOTES:
工程项目:
PROJECT
天骄宾馆
图 名:
TITLE
四季厅立面图4
设计主持:
DESIGN CHIEF
设 计:
DESIGN BY
制 图:
DRAWN BY
校 核:
CHECK BY
日 期:
DATE
图纸阶段:
DRAWING FORM
图 号:
DRAWING NO.
室施A-10
D
四季厅立面图
SCALE:1:50
说明:

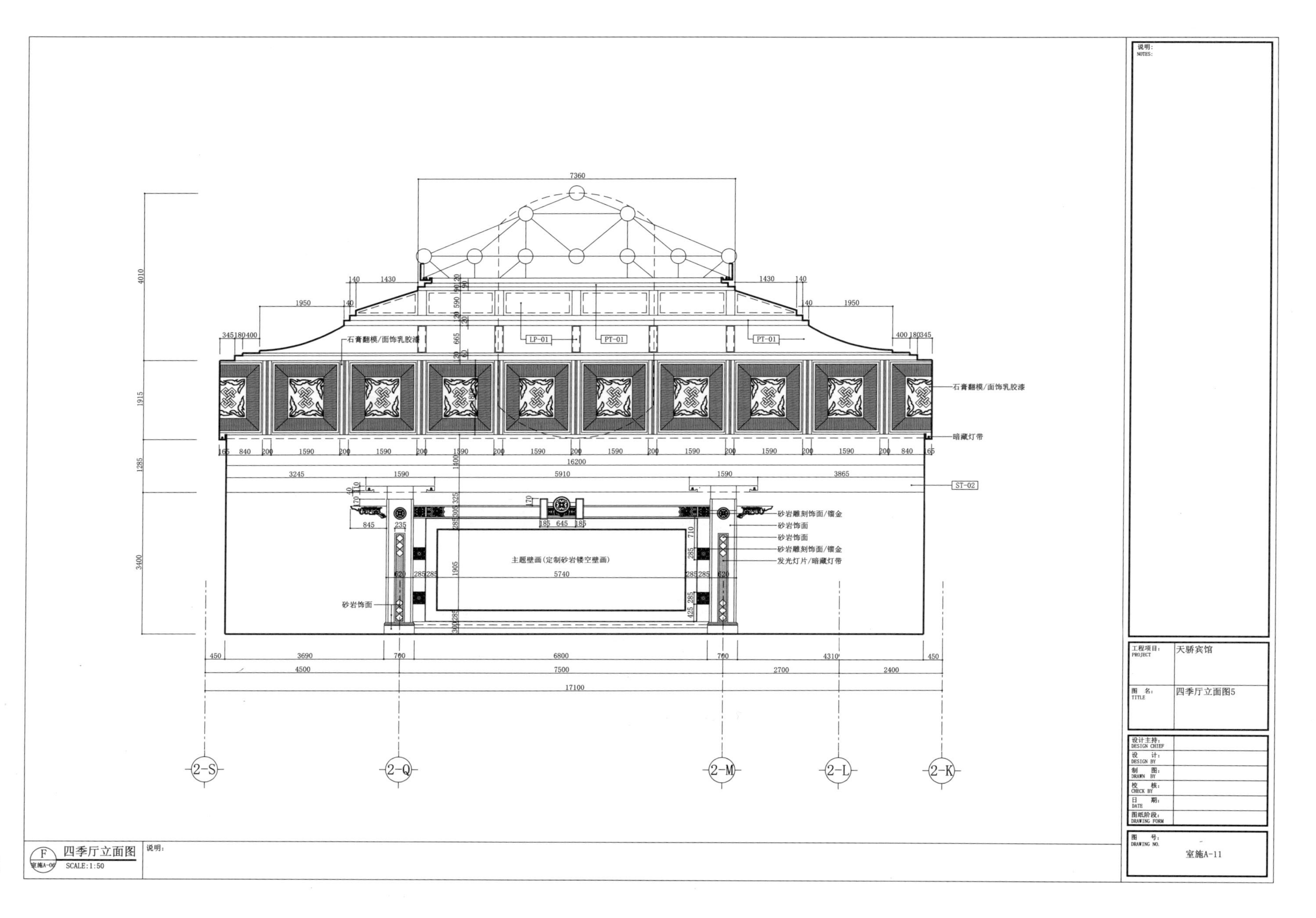
石膏翻模/面饰乳胶漆
LP-01
PT-01
PT-01
石膏翻模/面饰乳胶漆
暗藏灯带
ST-02
砂岩雕刻饰面/镶金
砂岩饰面
砂岩饰面
砂岩雕刻饰面/镶金
发光灯片/暗藏灯带
主题壁画(定制砂岩镂空壁画)
砂岩饰面
2-S
2-Q
2-M
2-L
2-K
四季厅立面图
SCALE:1:50
说明:
说明:
NOTES:
工程项目:
PROJECT
天骄宾馆
图名:
TITLE
四季厅立面图5
设计主持:
DESIGN CHIEF
设计:
DESIGN BY
制图:
DRAWN BY
校核:
CHECK BY
日期:
DATE
图纸阶段:
DRAWING FORM
图号:
DRAWING NO.
室施A-11

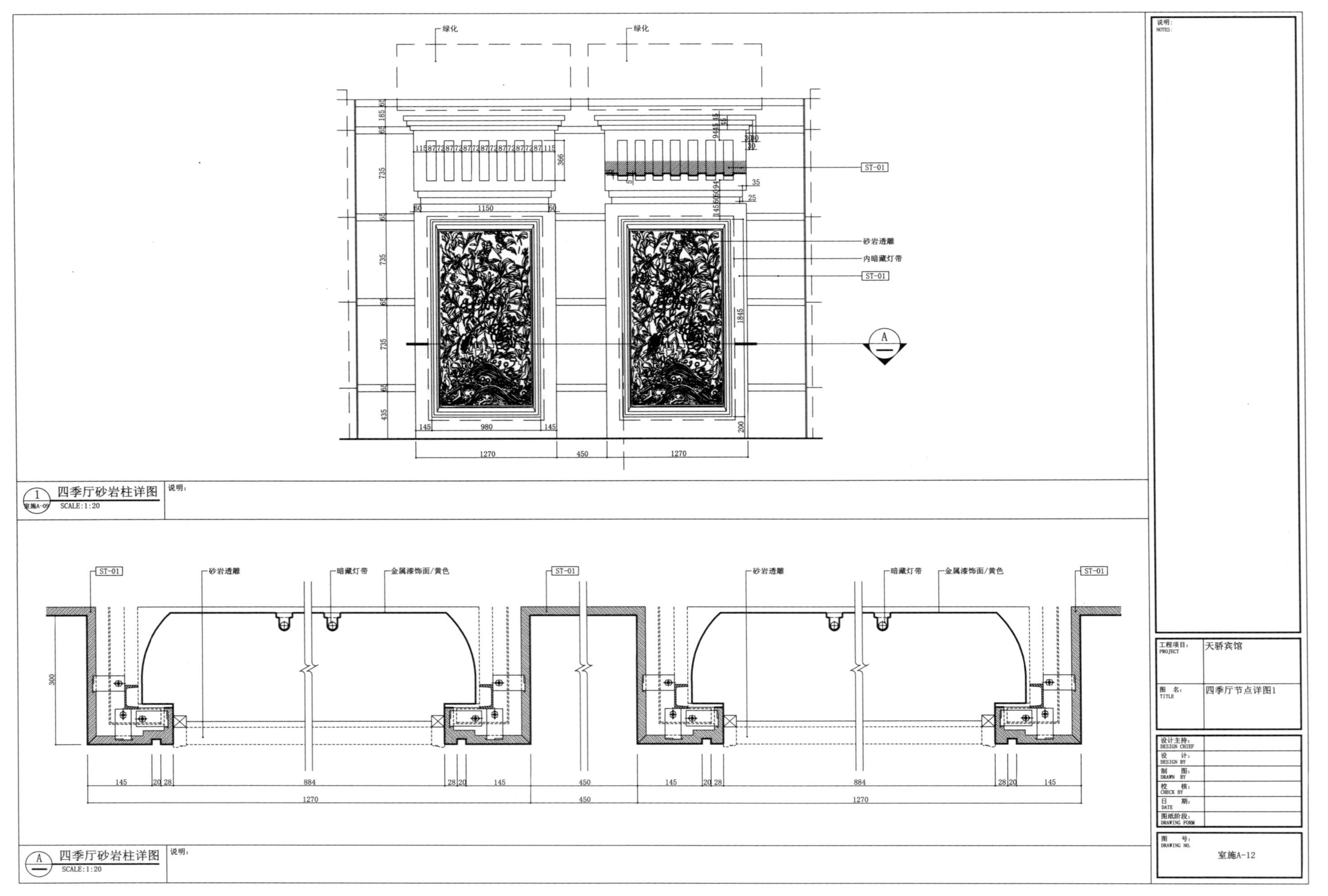
绿化
绿化
ST-01
砂岩透雕
内暗藏灯带
ST-01
A
1 四季厅砂岩柱详图
SCALE:1:20
说明:
ST-01
砂岩透雕
暗藏灯带
金属漆饰面/黄色
ST-01
砂岩透雕
暗藏灯带
金属漆饰面/黄色
ST-01
A 四季厅砂岩柱详图
SCALE:1:20
说明:
说明:
NOTES:
工程项目:
PROJECT
天骄宾馆
图 名:
TITLE
四季厅节点详图1
设计主持:
DESIGN CHIEF
设 计:
DESIGN BY
制 图:
DRAWN BY
校 核:
CHECK BY
日 期:
DATE
图纸阶段:
DRAWING FORM
图 号:
DRAWING NO.
室施A-12

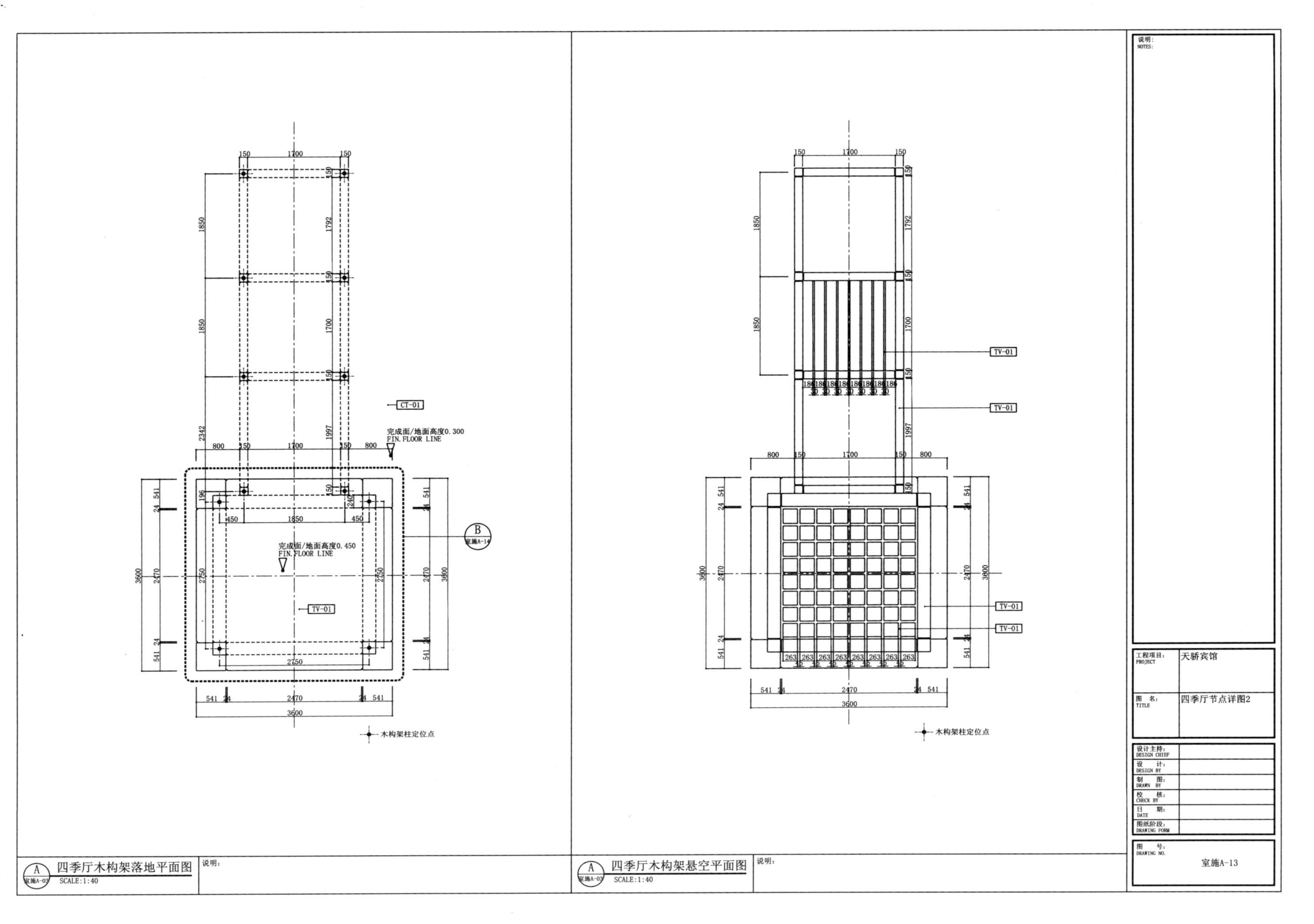

四季厅木构架落地平面图
SCALE:1:40
室施A-03
说明:
完成面/地面高度0.300
FIN. FLOOR LINE
完成面/地面高度0.450
FIN. FLOOR LINE
CT-01
TV-01
室施A-14
木构架柱定位点
四季厅木构架悬空平面图
SCALE:1:40
室施A-03
说明:
TV-01
木构架柱定位点
说明:
NOTES:
工程项目:
PROJECT
天骄宾馆
图 名:
TITLE
四季厅节点详图2
设计主持:
DESIGN CHIEF
设 计:
DESIGN BY
制 图:
DRAWN BY
校 核:
CHECK BY
日 期:
DATE
图纸阶段:
DRAWING FORM
图 号:
DRAWING NO.
室施A-13

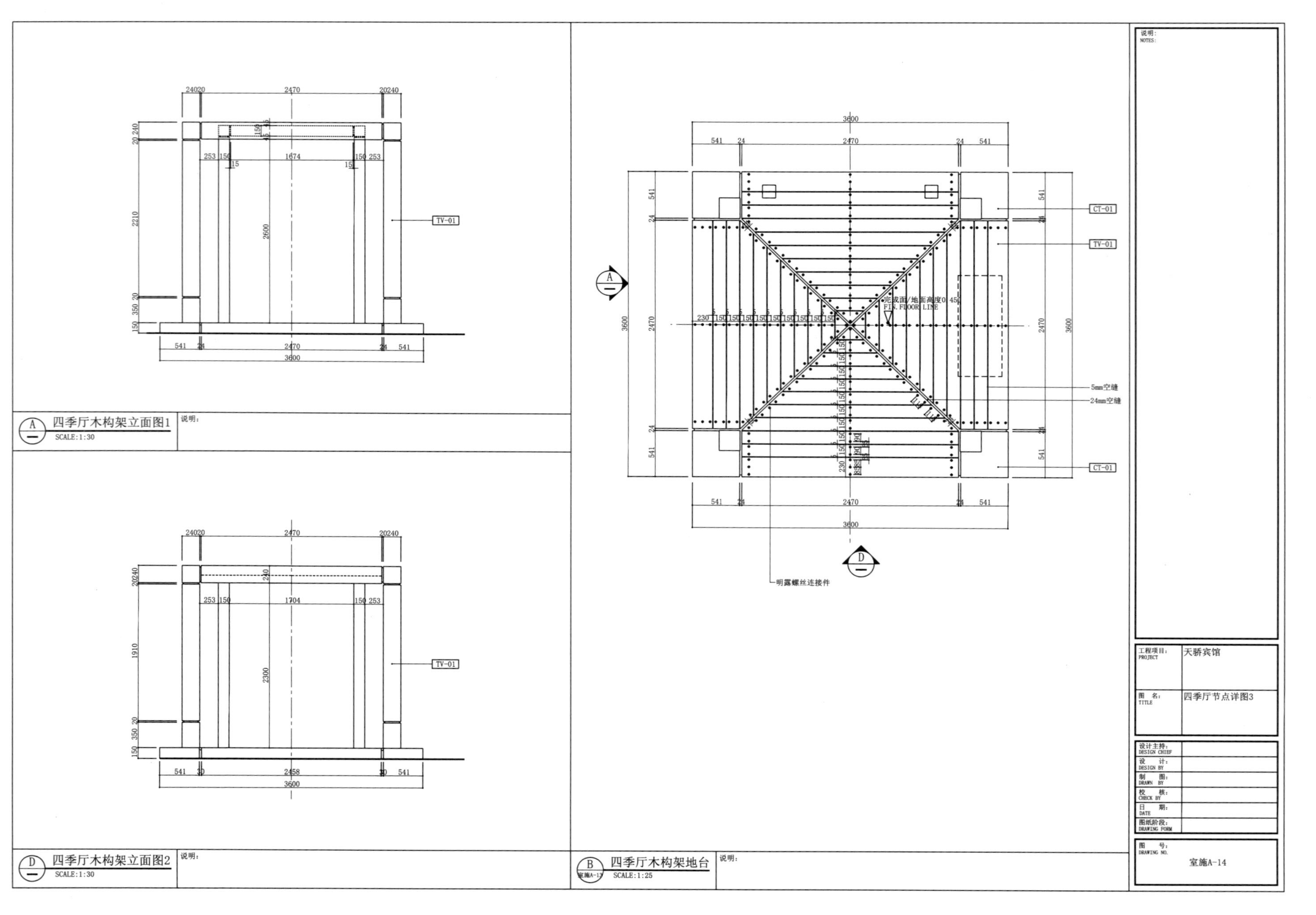

TV-01
A 四季厅木构架立面图1
SCALE:1:30
说明:
D 四季厅木构架立面图2
SCALE:1:30
说明:
CT-01
TV-01
5mm空缝
24mm空缝
完成面/地面高度0.45
FIN.FLOOR LINE
明露螺丝连接件
B 四季厅木构架地台
SCALE:1:25
说明:
说明:
NOTES:
工程项目:
PROJECT
天骄宾馆
图 名:
TITLE
四季厅节点详图3
设计主持:
DESIGN CHIEF
设 计:
DESIGN BY
制 图:
DRAWN BY
校 核:
CHECK BY
日 期:
DATE
图纸阶段:
DRAWING FORM
图 号:
DRAWING NO.
室施A-14

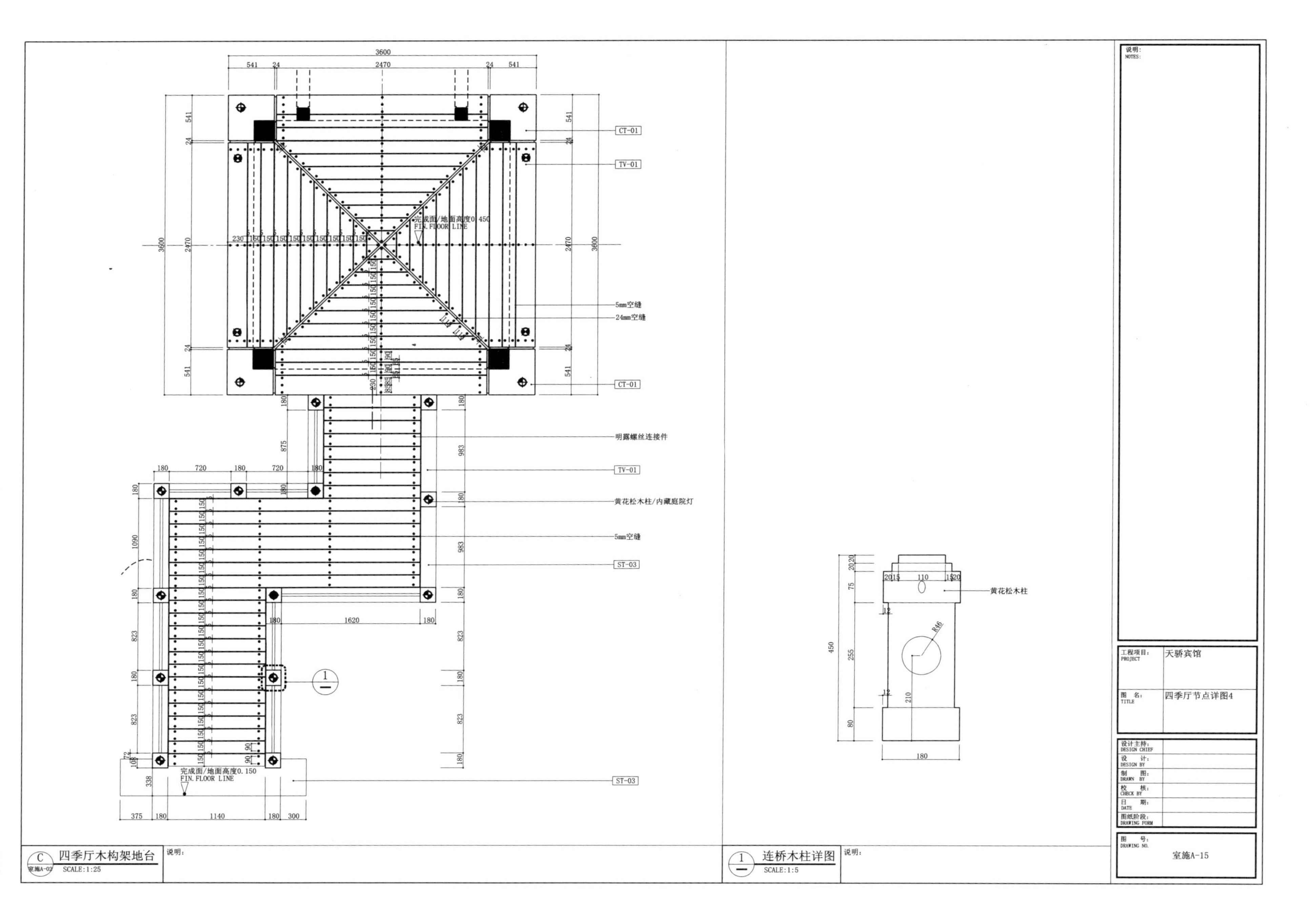

CT-01
TV-01
5mm空缝
24mm空缝
完成面/地面高度0.450
FIN.FLOOR LINE
明露螺丝连接件
黄花松木柱/内藏庭院灯
ST-03
完成面/地面高度0.150
FIN.FLOOR LINE
黄花松木柱
R46
四季厅木构架地台
室施A-02
SCALE:1:25
说明:
连桥木柱详图
SCALE:1:5
说明:
说明:
NOTES:
工程项目:
PROJECT
天骄宾馆
图 名:
TITLE
四季厅节点详图4
设计主持:
DESIGN CHIEF
设 计:
DESIGN BY
制 图:
DRAWN BY
校 核:
CHECK BY
日 期:
DATE
图纸阶段:
DRAWING FORM
图 号:
DRAWING NO.
室施A-15

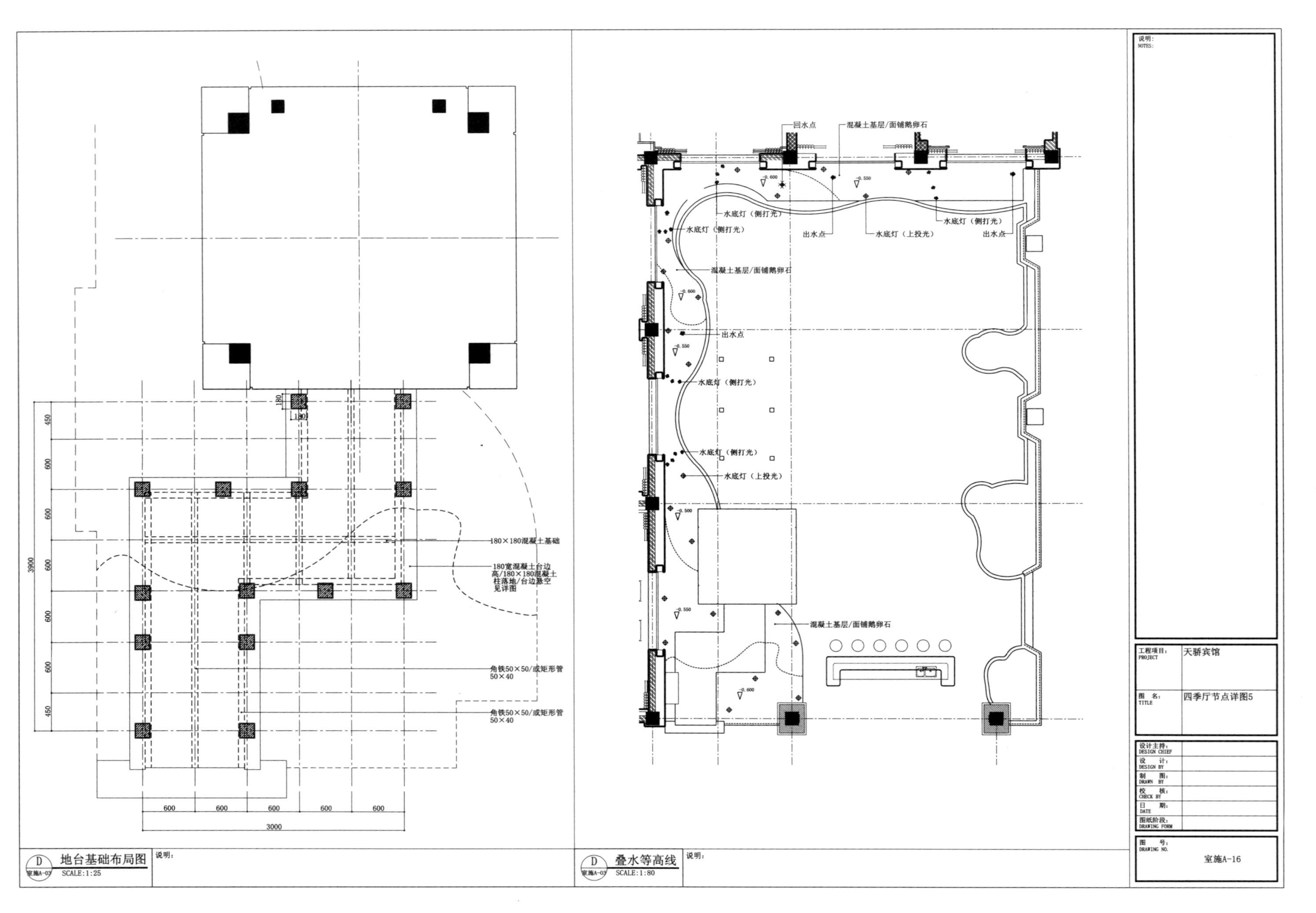
180×180混凝土基础
180宽混凝土台边
高/180×180混凝土
柱落地/台边悬空
见详图
角铁50×50/或矩形管
50×40
角铁50×50/或矩形管
50×40
180
450
600
3900
3000
地台基础布局图
室施A-03
SCALE:1:25
说明:
回水点
混凝土基层/面铺鹅卵石
水底灯（侧打光）
水底灯（上投光）
出水点
叠水等高线
室施A-03
SCALE:1:80
说明:
说明:
NOTES:
工程项目:
PROJECT
天骄宾馆
图 名:
TITLE
四季厅节点详图5
设计主持:
DESIGN CHIEF
设 计:
DESIGN BY
制 图:
DRAWN BY
校 核:
CHECK BY
日 期:
DATE
图纸阶段:
DRAWING FORM
图 号:
DRAWING NO.
室施A-16

亚洲酒店客房样板间施工图

图表1-00

施工图编制说明

一、工程名称:亚洲酒店标准客房样板间

二、设计依据:

- 经业主批准的由俄方建筑设计院设计的建筑图纸及业主向设计师传达的设计意向。
- 俄方及中方国家及地方现行有关规范、标准。

三、设计范围:

- 本室内设计范围包括:亚洲酒店标准客房样板间6F~12F 2号房室内装饰设计。

四、标注单位及尺寸:

- 本施工图所注尺寸除标高以m为单位外，其余均以mm计。
- 施工图中所表示的各部分内容，应以图纸所标注尺寸为准，避免在图纸上按比例测量，如有出入应及时与设计师联系解决。如与室内施工图平面、顶棚布置有较大出入之处应及时与设计师联系解决。

五、设计要求及相应规范:

- 有关土建拆改部分与配合：均与有关建筑设计院及业主配合、洽商与校核。
- 室内施工设计方案报当地公安消防机关，审批认可后再施工。
- 装饰材料的选用符合现行国家有关标准，根据消防部门关于建筑室内装修设计防火规定，选材严格，
- 采用阻燃性良好的装饰材料，装饰木结构隐蔽部分刷防火涂料，做法工序应执行《建筑内部装修设计防火规范》。
- 空调、消防报警、喷淋、排气、照明、弱电等位置设计均以专业设计为准，配合附件图仅供参考。图纸中顶棚标高为装修完成实际高度。各专业隐蔽标高高于顶棚标高50mm～100mm以上。

六、施工做法与选材要求:

- 本工程做法除图纸具体要求的面层外，对构造层未作具体要求时，严格遵守国家现行的《建筑高级装饰工程质量评定标准》有关要求。
- 内装所有内隔墙为75型轻钢龙骨双面石膏板隔墙(石膏板厚12mm),隔墙内填充岩棉，墙面饰环保乳胶漆。所有顶棚均为50系列顶棚龙骨。
- 内装所有轻钢龙骨石膏板天花，其中石膏板为9.5mm厚纸面石膏板，配装轻钢龙骨结构做法参见北京龙牌龙骨生产厂与设计院合编的《龙牌轻钢龙骨顶棚图集》和《龙牌轻钢龙骨隔墙图集》。乳胶漆饰面采用环保型乳胶漆。
- 本工程油漆除特殊注明外，均为硝基清漆。
- 所有主材的色彩、纹理选用均需经甲方工地代表确认。
- 电器灯位开、关插座以“平面图”、“天花平面图”、“立面灯具位置图”合理布线并以电气专业图为准。电器板、钥匙开关板距地1.35m。电话出线口，共用天线户盒、地脚灯、单 向两极、三极暗插座距地0.3m。
- 具体详图详见电气图纸。
- 灯具造型由甲方与设计方共同协商协商认定。
- 该项工程设计充分考虑消防分区、疏散通道、出口的设计以及防火材料的应用。

防火专篇

一、设计依据:

- 《民用建筑设计防火规范》(GB50045--2001)。
- 《建筑内部装修设计防火规范》(GB50222--2001)。

二、材料选用及施工工艺:

- 墙纸、地毯均采用阻燃型。
- 墙面、地面、顶棚材料大面积采用难燃型材料，如石膏板、花岗石、高分子材料等。
- 木龙骨及木饰面衬均刷防火涂料两遍。
- 电线均采用国标产品，并严格按施工规范施工。
- 隔墙采用轻钢龙骨双面双层石膏（12mm）内填岩棉：隔墙到顶，有管线穿过的部位应封堵严密；玻璃隔断上部到结构层采用轻钢龙骨双面双层石膏板、内填岩棉隔断。

三、符合当地的建筑防火部门相关规定。

环保专篇

夹板等采用环保型材料，装饰材料均采用环保型材料，并按以下标准执行：

- 《室内装饰装修材料人造板及其制品中甲醛释放限量》(GB18584--2001)；
- 《室内装饰装修材料溶剂型木器涂料中有害物质限量》(GB18581--2001)；
- 《室内装饰装修材料胶粘剂中有害物质限量》(GB18583--2001)；
- 《室内装饰装修材料壁纸中有害物质限量》(GB18585--2001)；
- 《室内装饰装修材料地毯、地毯衬垫及地毯胶粘剂中有害物质限量》(GB18587--2001)；
- 《建筑材料放射性核素限量》(GB6566--2001)；
- 《室内装饰装修材料内墙涂料中有害物质限量》(GB18582--2001)。

说明:
NOTES:

工程项目: PROJECT	亚洲酒店
图 名: TITLE	施工图编制说明
设计主持: DESIGN CHIEF	
设 计: DESIGN BY	
制 图: DRAWN BY	
校 核: CHECK BY	
日 期: DATE	
图纸阶段: DRAWING FORM	
图 号: DRAWING NO.	图表1-01

客房样板间图纸目录表

序号	图 纸 名 称	图号	图幅		序号	图 纸 名 称	图号	图幅	
01	图纸封面	图表1-00	A2						
02	施工图编制说明	图表1-01	A2						
03	客房样板间图纸目录表	图表1-02	A2						
04	客房样板间材料表	图表2-01	A2						
05	客房样板间门表	图表2-02	A2						
06	客房样板间平面图1	2-P01	A2						
07	客房样板间平面图2	2-P02	A2						
08	客房样板间立面图1	2-L01	A2						
09	客房样板间卫生间立面图2	2-L02	A2						
10	客房样板间卫生间立面图3	2-L03	A2						
11	客房样板间 家具(1)	2-F01	A2						
12	客房样板间 家具(2)	2-F02	A2						
13	客房样板间 家具(3)	2-F03	A2						

说明：
NOTES:

工程项目：PROJECT	亚洲酒店
图 名：TITLE	客房样板间图纸目录表
设计主持：DESIGN CHIEF	
设 计：DESIGN BY	
制 图：DRAWN BY	
校 核：CHECK BY	
日 期：DATE	
图纸阶段：DRAWING FORM	
图 号：DRAWING NO.	图表1-02

材料编号说明		应用材料编号								
分 类	编 号	应用材料	颜 色	编 号	应用材料	颜 色	编 号	应用材料	颜 色	编 号
地 毯	CA	乳胶漆	深色	PT-01	镜面不锈钢		MT-02	织物饰面		FB-01
布 料	FB	乳胶漆	白色	PT-02	不锈钢索		MT-03			
玻 璃	GS	防水乳胶漆	白色	PT-03	8mm钢化玻璃	透明	GS-01			
金 属	MT	乳胶漆(珍珠黑)	深色	PT-04	10mm钢化玻璃	磨砂	GS-02			
涂 料	PT	乳胶漆	肌理	PT-05	5mm玻璃	透明	GS-03			
防火板	PL	乳胶漆(歌舞厅)	灰黑色	PT-06	镜片5mm		GS-04			
石 材	ST	地毯		CA-01	3mm玻璃	透明	GS-05			
瓷 砖	CT	地毯(走廊)		CA-02	背漆玻璃 走廊/粉		GS-06			
木 材	TV	壁纸(客房墙面)		WP-01	背漆玻璃 走廊/黑		GS-07			
墙 纸	WP	壁纸(客房墙面)		WP-02	仿云石透光片 米黄		GS-08			
地 胶	DJ	防水壁纸(卫生间墙面)		WP-03	墙面砖 300×600mm		CT-01			
型材板	XC	壁纸		WP-04	墙面砖 300×300mm		CT-02			
		壁纸(VIP客房)	仿金箔	WP-05	地面砖		CT-03			
		壁纸(VIP客房)		WP-06	墙面砖(vip)		CT-04			
		壁纸(走廊)		WP-07	地面砖(楼梯)		CT-05			
		PVC板		XC-01	陶瓷锦砖		CT-06			
		沙比利饰面板		TV-01	人造石		ST-01			
		沙比利实木线		TV-02	米黄石材		ST-02			
		拉丝不锈钢		MT-01	仿云石		ST-03			

说明:
NOTES:

工程项目: PROJECT	亚洲酒店
图 名: TITLE	客房样板间 材料表
设计主持: DESIGN CHIEF	
设 计: DESIGN BY	
制 图: DRAWN BY	
校 核: CHECK BY	
日 期: DATE	
图纸阶段: DRAWING FORM	
图 号: DRAWING NO.	图表2-01

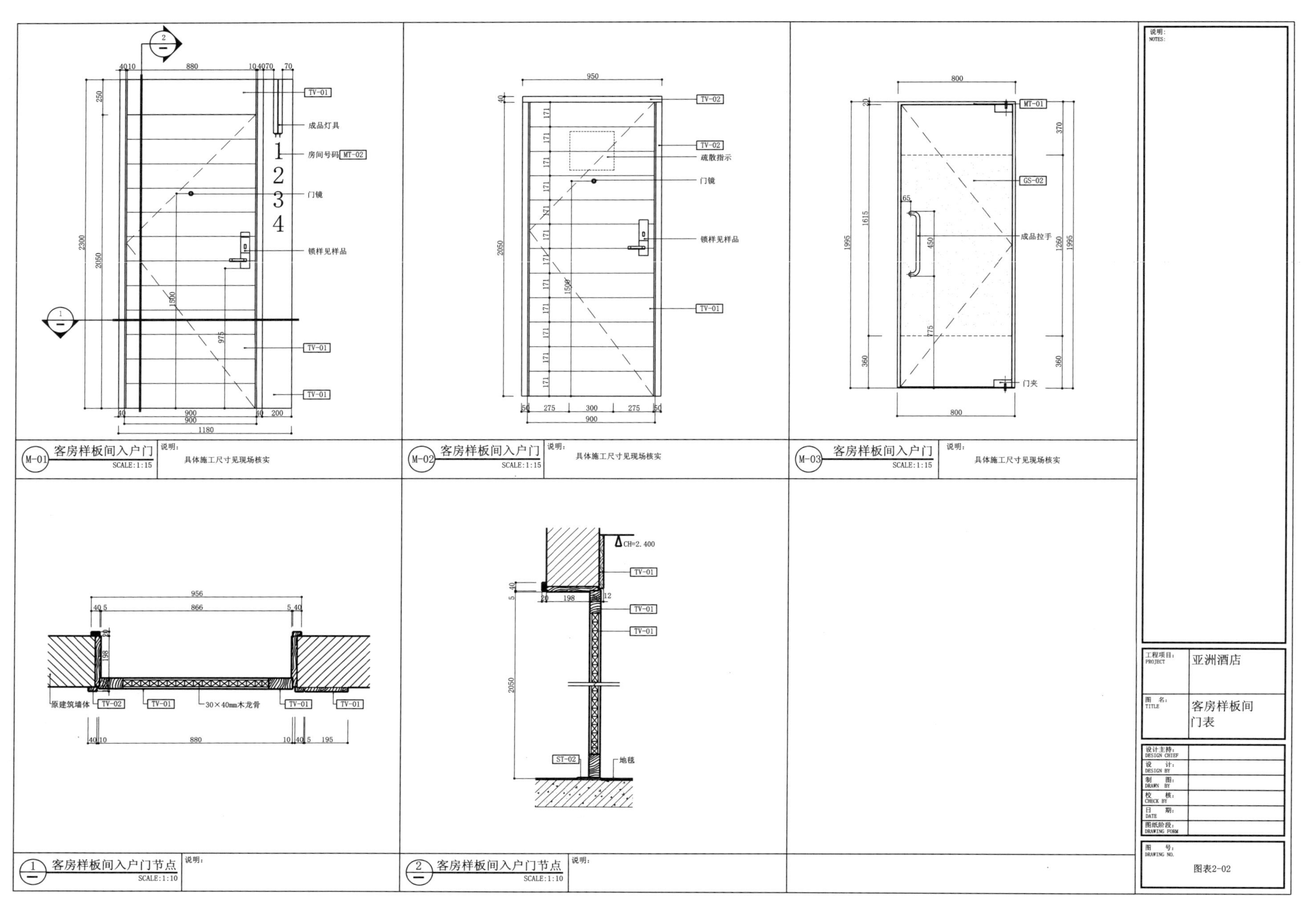
TV-01
成品灯具
房间号码 MT-02
门镜
锁样见样品
TV-01
TV-01
M-01 客房样板间入户门
SCALE:1:15
说明：
具体施工尺寸见现场核实
TV-02
TV-02
疏散指示
门镜
锁样见样品
TV-01
M-02 客房样板间入户门
SCALE:1:15
说明：
具体施工尺寸见现场核实
MT-01
GS-02
成品拉手
门夹
M-03 客房样板间入户门
SCALE:1:15
说明：
具体施工尺寸见现场核实
原建筑墙体
TV-02
TV-01
30×40mm木龙骨
TV-01
TV-01
1 客房样板间入户门节点
SCALE:1:10
说明：
CH=2.400
TV-01
TV-01
TV-01
ST-02
地毯
2 客房样板间入户门节点
SCALE:1:10
说明：
说明：
NOTES:
工程项目：
PROJECT
亚洲酒店
图 名：
TITLE
客房样板间门表
设计主持：
DESIGN CHIEF
设 计：
DESIGN BY
制 图：
DRAWN BY
校 核：
CHECK BY
日 期：
DATE
图纸阶段：
DRAWING FORM
图 号：
DRAWING NO.
图表2-02

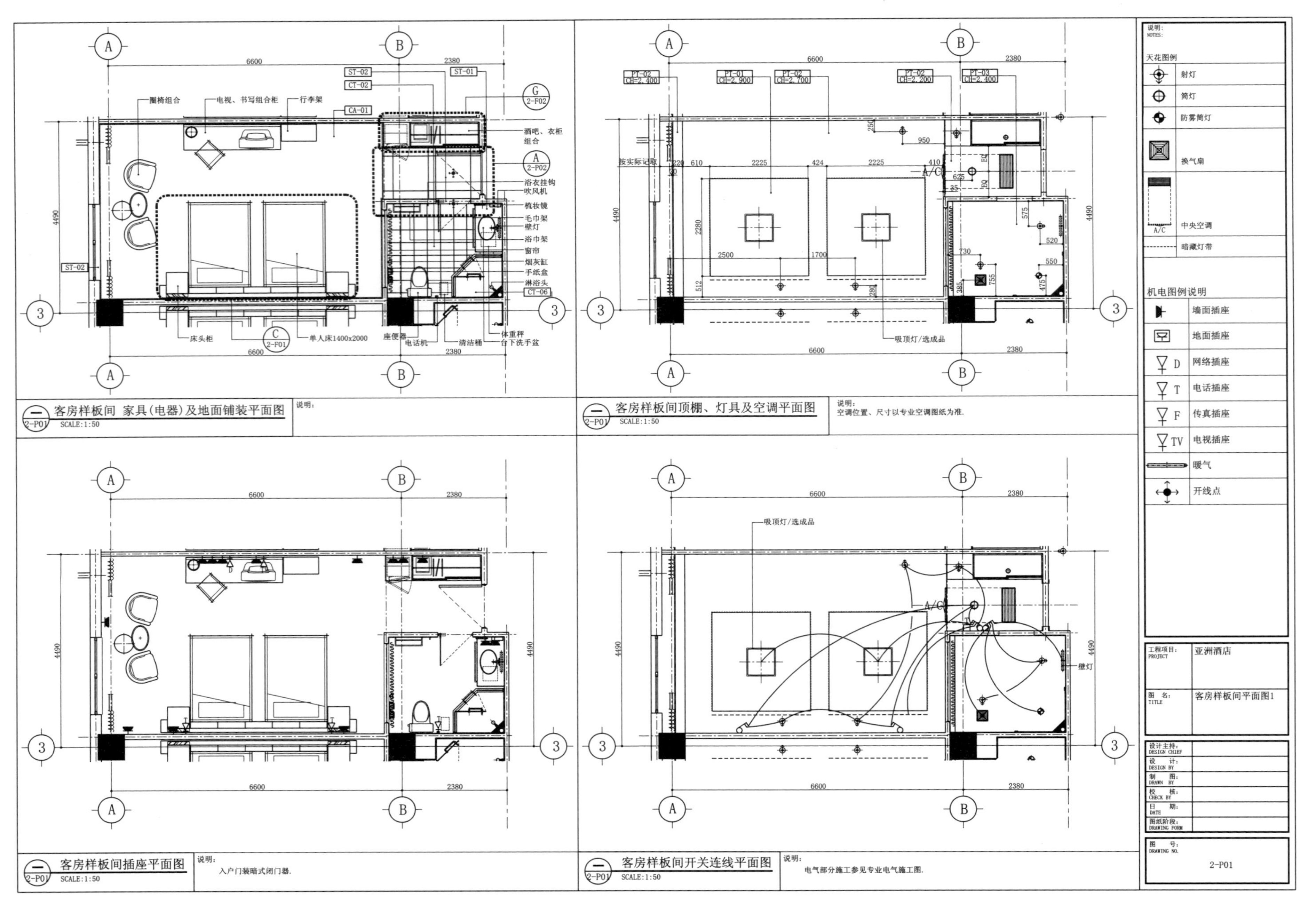

圈椅组合
电视、书写组合柜
行李架
酒吧、衣柜组合
浴衣挂钩
吹风机
梳妆镜
毛巾架
壁灯
浴巾架
窗帘
烟灰缸
手纸盒
淋浴头
床头柜
单人床1400x2000
座便器
电话机
清洁桶
体重秤
台下洗手盆
客房样板间 家具(电器)及地面铺装平面图
SCALE:1:50
说明:
吸顶灯/选成品
按实际记取
客房样板间顶棚、灯具及空调平面图
SCALE:1:50
说明:
空调位置、尺寸以专业空调图纸为准.
客房样板间插座平面图
SCALE:1:50
说明:
入户门装暗式闭门器.
壁灯
客房样板间开关连线平面图
SCALE:1:50
说明:
电气部分施工参见专业电气施工图.
说明:
NOTES:
天花图例
射灯
筒灯
防雾筒灯
换气扇
中央空调
暗藏灯带
机电图例说明
墙面插座
地面插座
网络插座
电话插座
传真插座
电视插座
暖气
开线点
工程项目: PROJECT
亚洲酒店
图 名: TITLE
客房样板间平面图1
设计主持: DESIGN CHIEF
设 计: DESIGN BY
制 图: DRAWN BY
校 核: CHECK BY
日 期: DATE
图纸阶段: DRAWING FORM
图 号: DRAWING NO.
2-P01

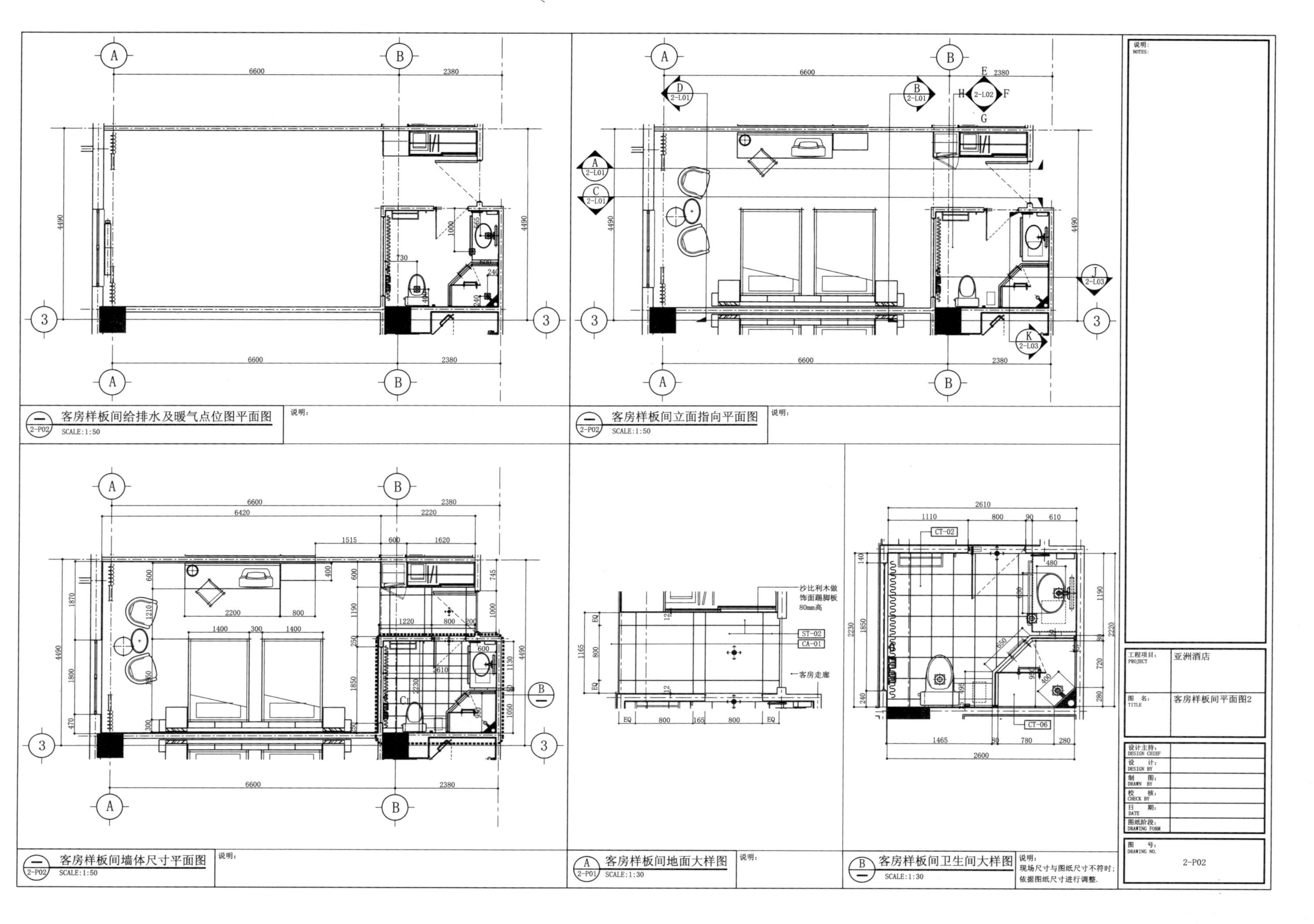
客房样板间给排水及暖气点位图平面图
SCALE:1:50
客房样板间立面指向平面图
SCALE:1:50
客房样板间墙体尺寸平面图
SCALE:1:50
客房样板间地面大样图
SCALE:1:30
客房样板间卫生间大样图
SCALE:1:30
说明：
现场尺寸与图纸尺寸不符时；依据图纸尺寸进行调整.
沙比利木做饰面踢脚板80mm高
客房走廊
说明：
NOTES:
工程项目：
PROJECT
亚洲酒店
图 名：
TITLE
客房样板间平面图2
设计主持：
DESIGN CHIEF
设 计：
DESIGN BY
制 图：
DRAWN BY
校 核：
CHECK BY
日 期：
DATE
图纸阶段：
DRAWING FORM
图 号：
DRAWING NO.
2-P02

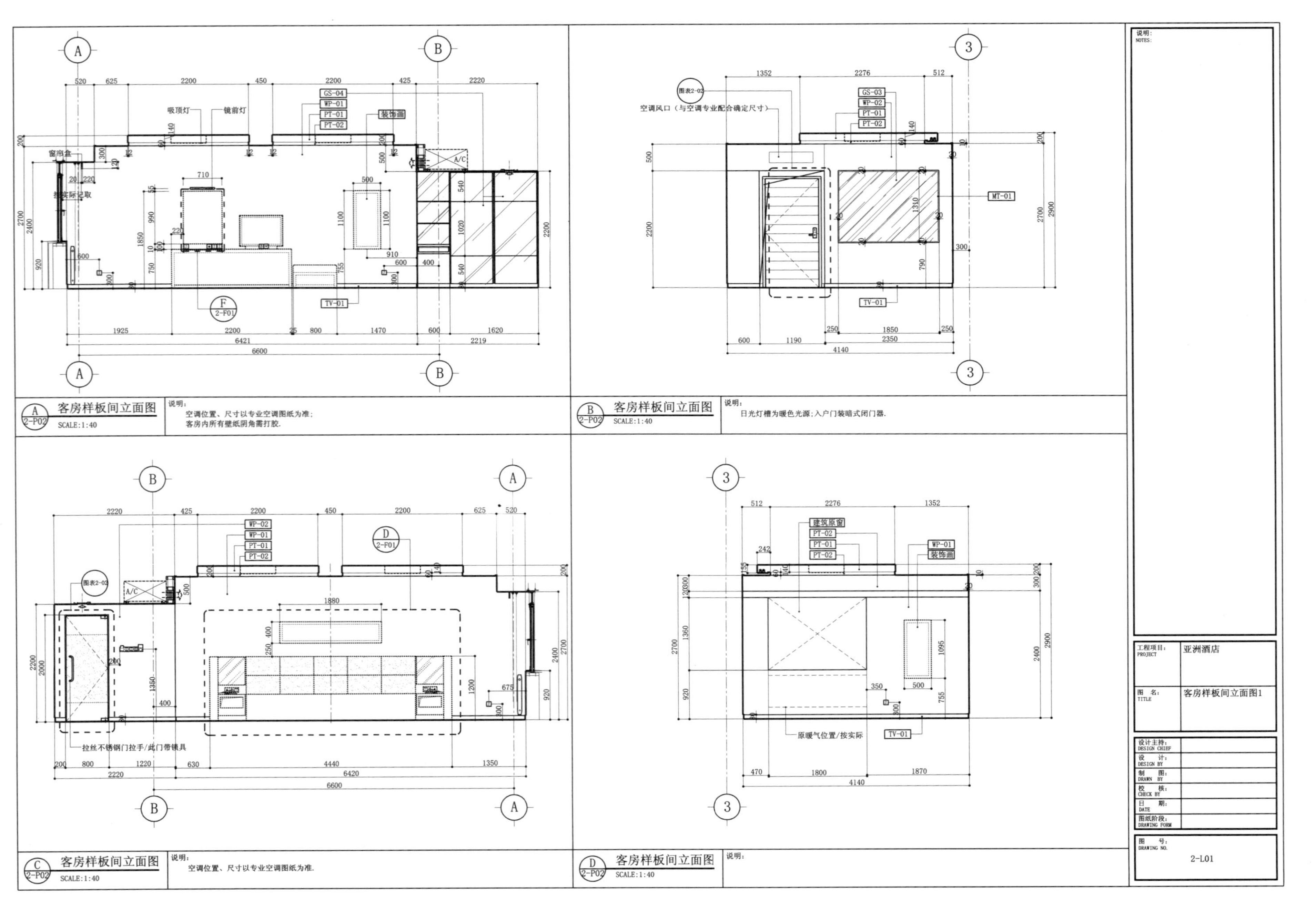
吸顶灯
镜前灯
窗帘盒
按实际记取
装饰画
GS-04
WP-01
WP-02
PT-01
PT-02
A/C
TV-01
客房样板间立面图
SCALE:1:40
说明:
空调位置、尺寸以专业空调图纸为准;
客房内所有墙纸阴角需打胶。
图表2-02
空调风口（与空调专业配合确定尺寸）
GS-03
MT-01
说明:
日光灯槽为暖色光源;入户门装暗式闭门器.
拉丝不锈钢门拉手/此门带锁具
说明:
空调位置、尺寸以专业空调图纸为准.
建筑原窗
原暖气位置/按实际
说明:
说明:
NOTES:
工程项目:
PROJECT
亚洲酒店
图 名:
TITLE
客房样板间立面图1
设计主持:
DESIGN CHIEF
设 计:
DESIGN BY
制 图:
DRAWN BY
校 核:
CHECK BY
日 期:
DATE
图纸阶段:
DRAWING FORM
图 号:
DRAWING NO.
2-L01

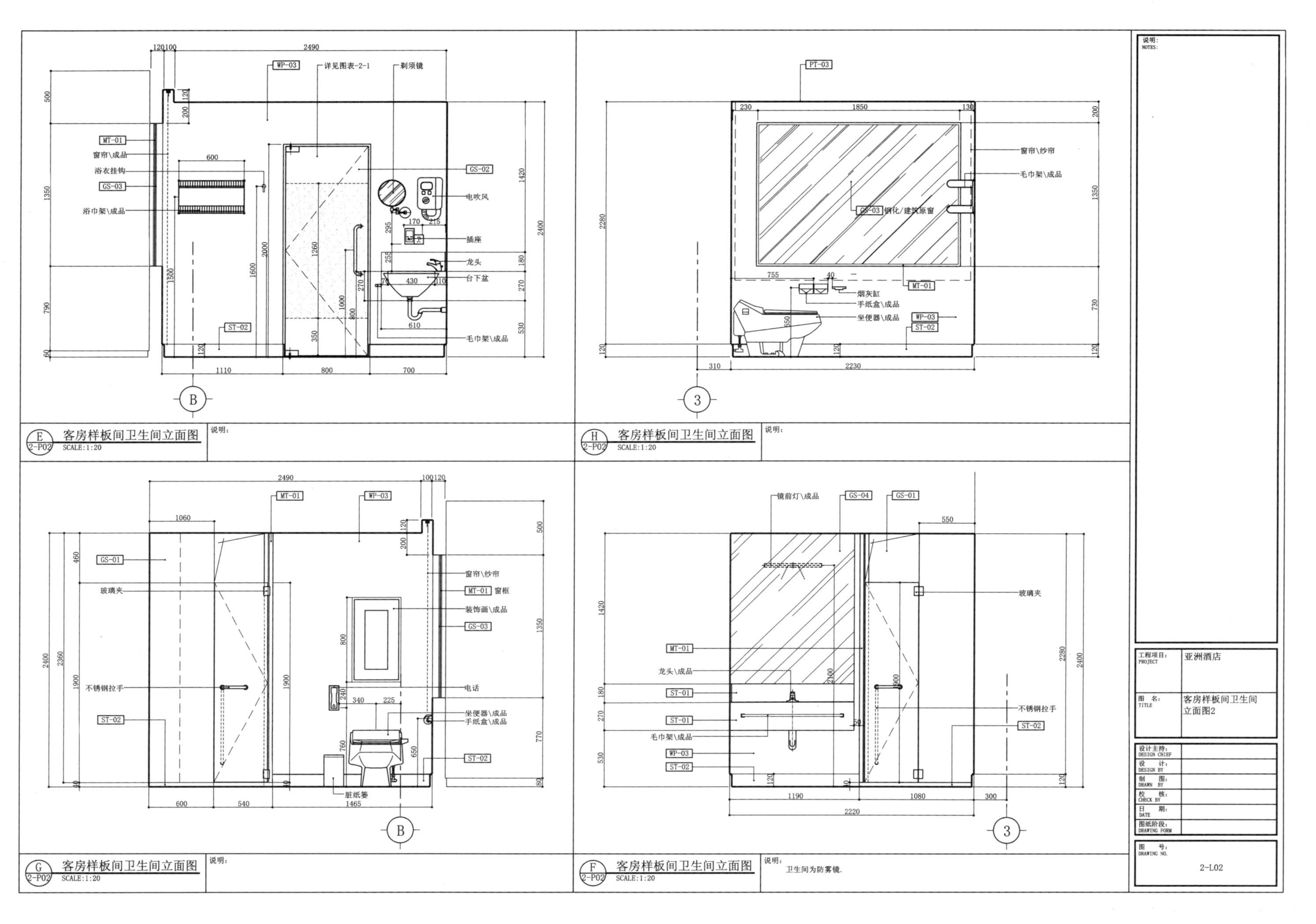
WP-03
详见图表-2-1
剃须镜
MT-01
窗帘\成品
浴衣挂钩
GS-03
浴巾架\成品
GS-02
电吹风
插座
龙头
台下盆
ST-02
毛巾架\成品
E 2-P02 客房样板间卫生间立面图
SCALE:1:20
说明：
PT-03
窗帘\纱帘
毛巾架\成品
GS-03 钢化/建筑原窗
MT-01
烟灰缸
手纸盒\成品
坐便器\成品
WP-03
ST-02
H 2-P02 客房样板间卫生间立面图
SCALE:1:20
说明：
MT-01
WP-03
GS-01
玻璃夹
不锈钢拉手
ST-02
窗帘\纱帘
MT-01 窗框
装饰画\成品
GS-03
电话
坐便器\成品
手纸盒\成品
ST-02
脏纸篓
G 2-P02 客房样板间卫生间立面图
SCALE:1:20
说明：
镜前灯\成品
GS-04
GS-01
玻璃夹
MT-01
龙头\成品
ST-01
ST-01
毛巾架\成品
WP-03
ST-02
不锈钢拉手
ST-02
F 2-P02 客房样板间卫生间立面图
SCALE:1:20
说明：
卫生间为防雾镜.
说明：
NOTES:
工程项目：
PROJECT
亚洲酒店
图 名：
TITLE
客房样板间卫生间立面图2
设计主持：
DESIGN CHIEF
设 计：
DESIGN BY
制 图：
DRAWN BY
校 核：
CHECK BY
日 期：
DATE
图纸阶段：
DRAWING FORM
图 号：
DRAWING NO.
2-L02

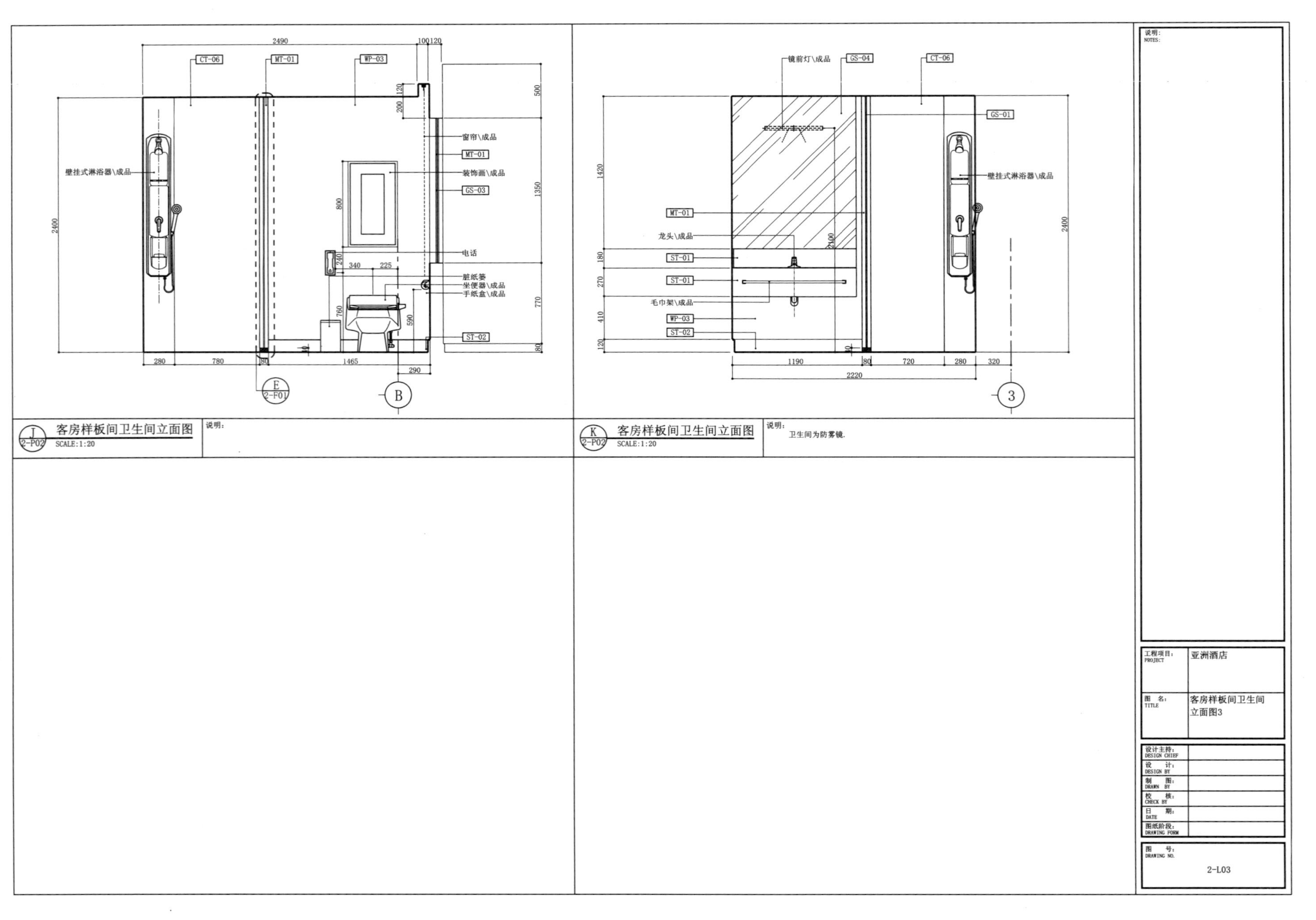
CT-06
MT-01
WP-03
壁挂式淋浴器\成品
窗帘\成品
装饰画\成品
GS-03
电话
脏纸篓
坐便器\成品
手纸盒\成品
ST-02
E
2-F01
B
J
2-P02
客房样板间卫生间立面图
SCALE:1:20
说明：
镜前灯\成品
GS-04
GS-01
龙头\成品
ST-01
毛巾架\成品
3
K
2-P02
客房样板间卫生间立面图
SCALE:1:20
说明：
卫生间为防雾镜.
说明：
NOTES:
工程项目：
PROJECT
亚洲酒店
图 名：
TITLE
客房样板间卫生间
立面图3
设计主持：
DESIGN CHIEF
设 计：
DESIGN BY
制 图：
DRAWN BY
校 核：
CHECK BY
日 期：
DATE
图纸阶段：
DRAWING FORM
图 号：
DRAWING NO.
2-L03

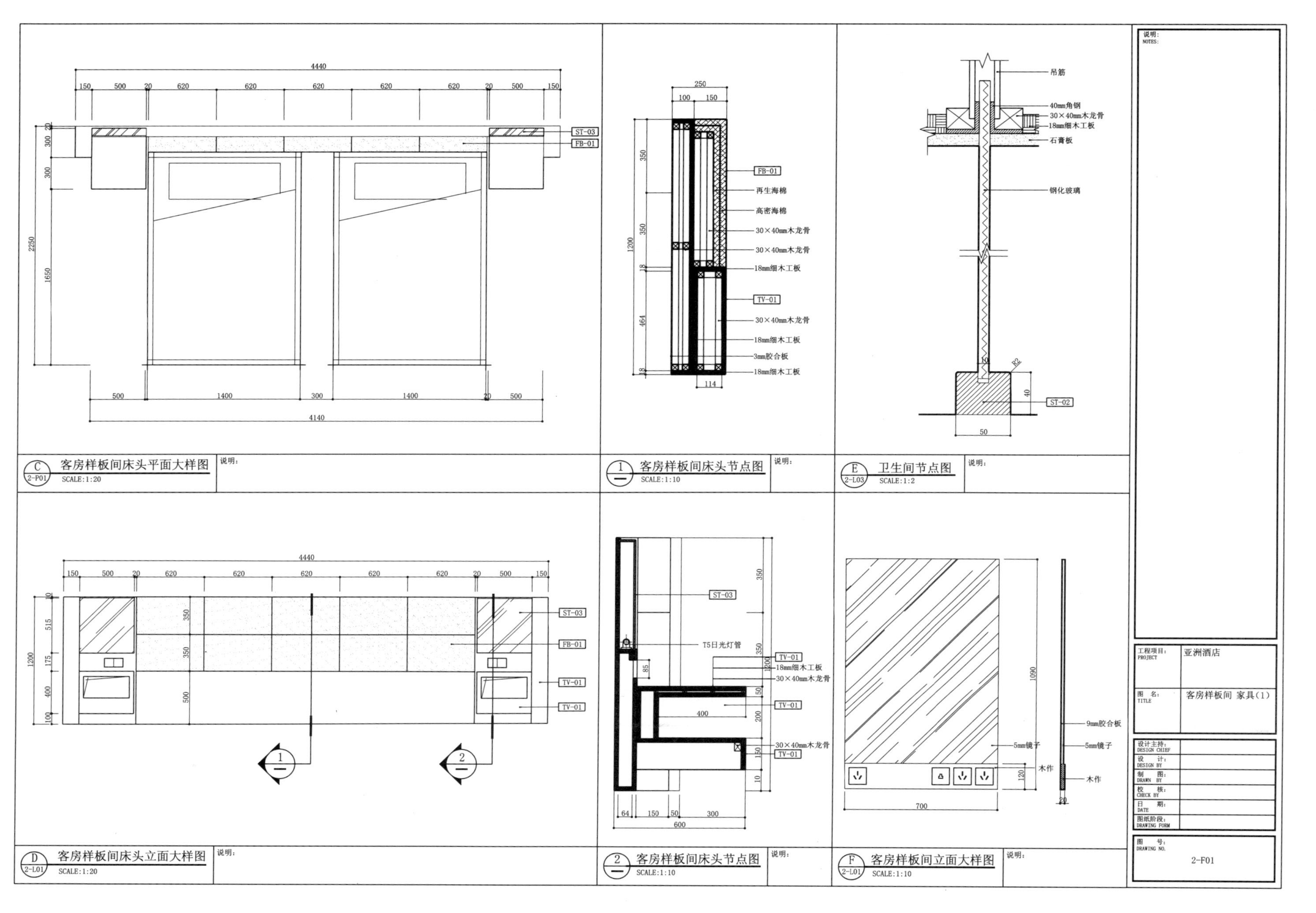

客房样板间床头平面大样图
SCALE:1:20
客房样板间床头节点图
SCALE:1:10
卫生间节点图
SCALE:1:2
客房样板间床头立面大样图
SCALE:1:20
客房样板间床头节点图
SCALE:1:10
客房样板间立面大样图
SCALE:1:10
说明:
ST-03
FB-01
TV-01
ST-02
再生海棉
高密海棉
30×40mm木龙骨
18mm细木工板
3mm胶合板
吊筋
40mm角钢
石膏板
钢化玻璃
T5日光灯管
9mm胶合板
5mm镜子
木作
说明:
NOTES:
工程项目:
PROJECT
亚洲酒店
图 名:
TITLE
客房样板间 家具(1)
设计主持:
DESIGN CHIEF
设 计:
DESIGN BY
制 图:
DRAWN BY
校 核:
CHECK BY
日 期:
DATE
图纸阶段:
DRAWING FORM
图 号:
DRAWING NO.
2-F01

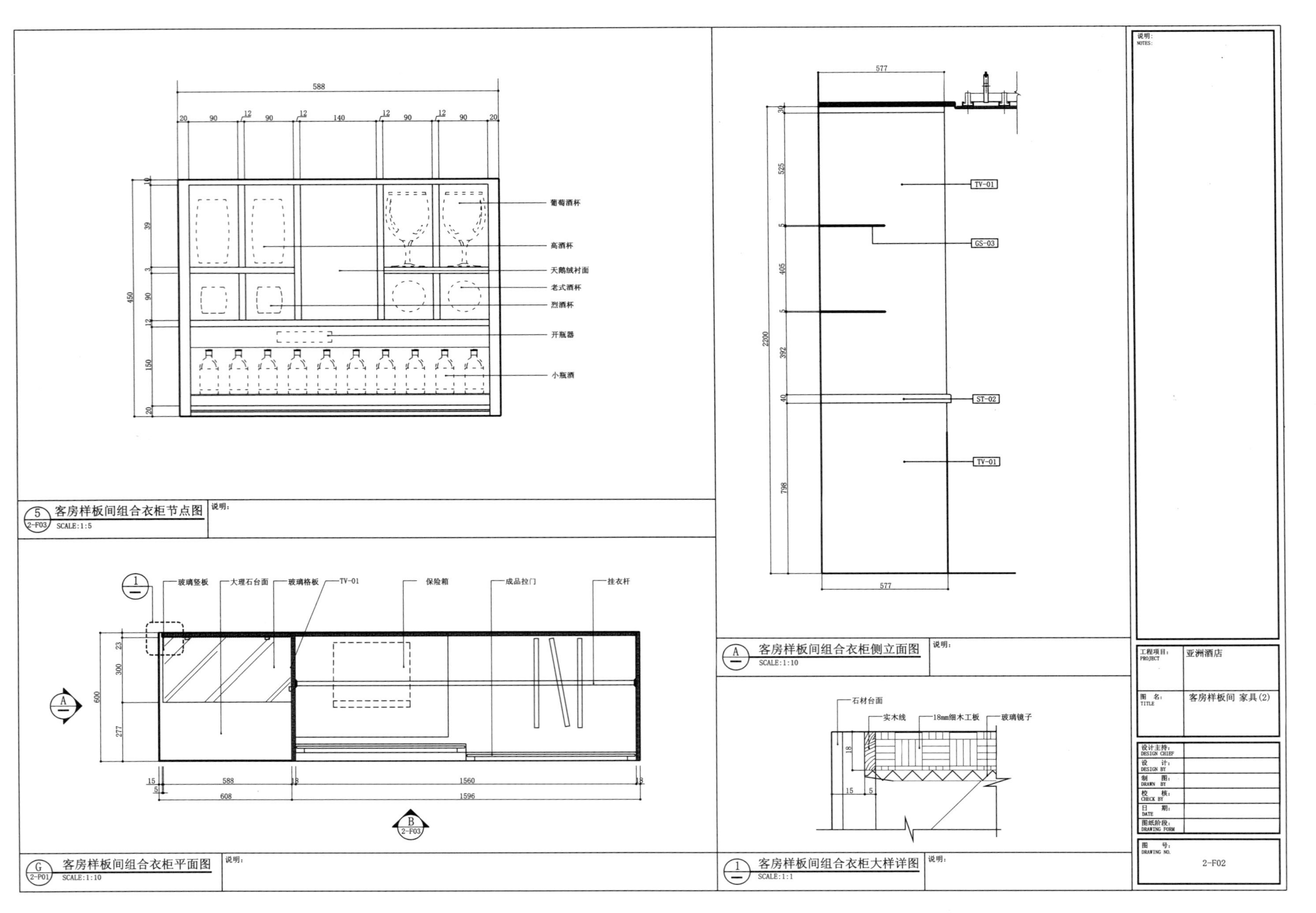

葡萄酒杯
高酒杯
天鹅绒衬面
老式酒杯
烈酒杯
开瓶器
小瓶酒
5 2-F03 客房样板间组合衣柜节点图
SCALE:1:5
说明:
TV-01
GS-03
ST-02
TV-01
A 客房样板间组合衣柜侧立面图
SCALE:1:10
说明:
玻璃竖板
大理石台面
玻璃格板
TV-01
保险箱
成品拉门
挂衣杆
G 2-F01 客房样板间组合衣柜平面图
SCALE:1:10
说明:
石材台面
实木线
18mm细木工板
玻璃镜子
1 客房样板间组合衣柜大样详图
SCALE:1:1
说明:
说明:
NOTES:
工程项目: PROJECT 亚洲酒店
图 名: TITLE 客房样板间 家具(2)
设计主持: DESIGN CHIEF
设 计: DESIGN BY
制 图: DRAWN BY
校 核: CHECK BY
日 期: DATE
图纸阶段: DRAWING FORM
图 号: DRAWING NO. 2-F02

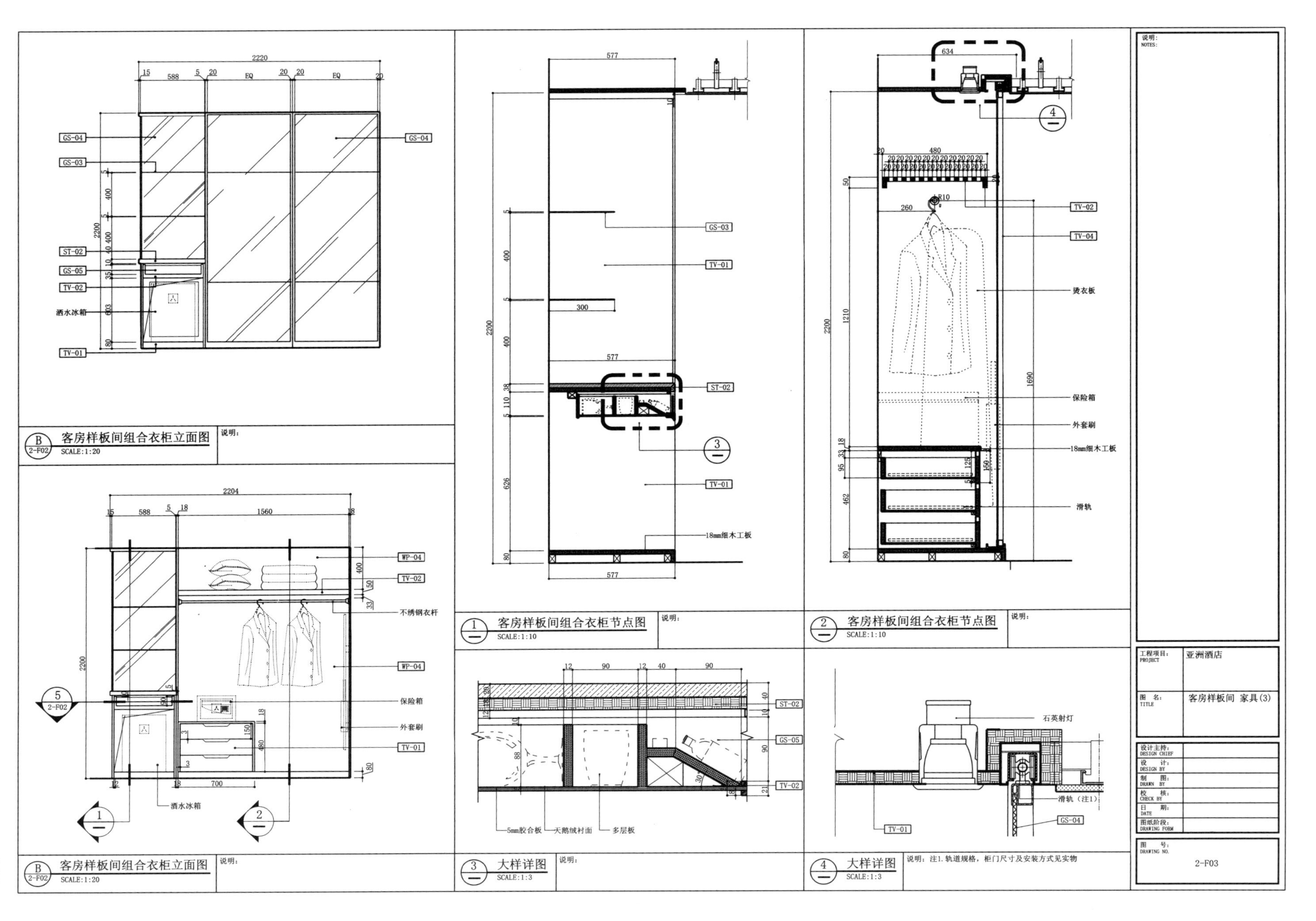
GS-04
GS-03
ST-02
GS-05
TV-02
酒水冰箱
TV-01
B 2-F02 客房样板间组合衣柜立面图 SCALE:1:20
说明:
WP-04
TV-02
不锈钢衣杆
WP-04
保险箱
外套刷
TV-01
酒水冰箱
B 2-F02 客房样板间组合衣柜立面图 SCALE:1:20
说明:
GS-03
TV-01
ST-02
TV-01
18mm细木工板
1 客房样板间组合衣柜节点图 SCALE:1:10
说明:
TV-02
TV-04
烫衣板
保险箱
外套刷
18mm细木工板
滑轨
2 客房样板间组合衣柜节点图 SCALE:1:10
说明:
ST-02
GS-05
TV-02
5mm胶合板
天鹅绒衬面
多层板
3 大样详图 SCALE:1:3
说明:
石英射灯
滑轨（注1）
GS-04
TV-01
4 大样详图 SCALE:1:3
说明：注1.轨道规格，柜门尺寸及安装方式见实物
说明:
NOTES:
工程项目: PROJECT 亚洲酒店
图 名: TITLE 客房样板间 家具(3)
设计主持: DESIGN CHIEF
设 计: DESIGN BY
制 图: DRAWN BY
校 核: CHECK BY
日 期: DATE
图纸阶段: DRAWING FORM
图 号: DRAWING NO. 2-F03

二、办公空间：商务部（谈判厅）

商务部谈判厅 **施工图**

图表1-00

图纸目录表

序号	图 纸 名 称	图号	图幅	备注	序号	图 纸 名 称	图号	图幅	备注
01	图纸封面	图表1-00	A4						
02	图纸目录表	图表1-01	A4						
03	谈判厅平面布置图	室施A-01	A4						
04	谈判厅顶棚平面图	室施A-02	A4						
05	谈判厅立面图1	室施A-03	A4						
06	谈判厅立面图2	室施A-04	A4						
07	谈判厅立面图3	室施A-05	A4						
08	谈判厅立面图4	室施A-06	A4						
09	谈判厅立面图5	室施A-07	A4						
10	谈判厅节点详图1	室施A-08	A4						
11	谈判厅节点详图2	室施A-09	A4						

说明：NOTES:

工程项目：PROJECT	商务部
图 名：TITLE	谈判厅 图纸目录表
设计主持：DESIGN CHIEF	
设 计：DESIGN BY	
制 图：DRAWN BY	
校 核：CHECK BY	
日 期：DATE	
图纸阶段：DRAWING FORM	
图 号：DRAWING NO.	图表1-01

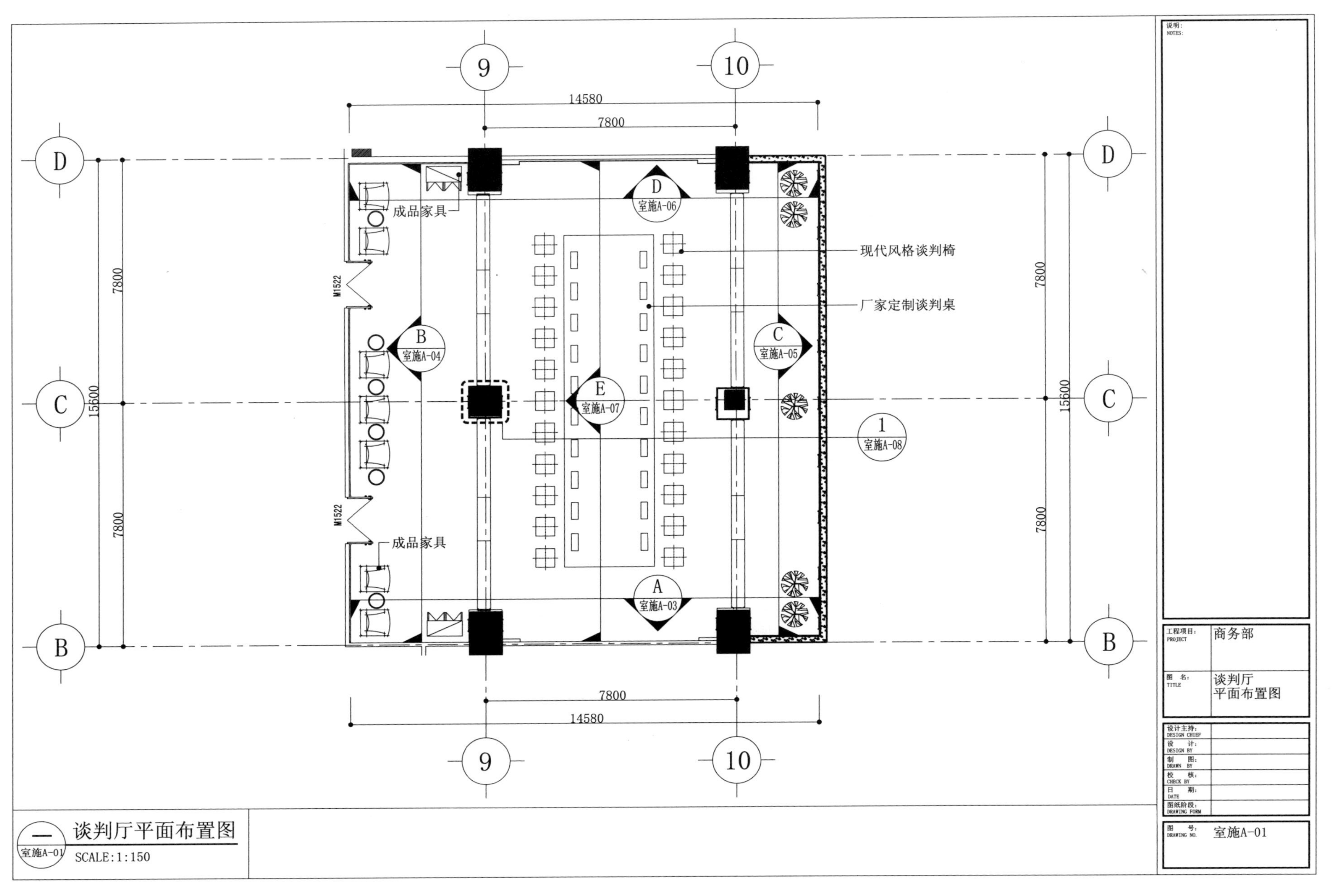

14580
7800
成品家具
现代风格谈判椅
厂家定制谈判桌
M1522
M1522
室施A-04
室施A-05
室施A-06
室施A-07
室施A-08
室施A-03
成品家具
7800
7800
15600
7800
14580
说明:
NOTES:
工程项目:
PROJECT
商务部
图名:
TITLE
谈判厅
平面布置图
设计主持:
DESIGN CHIEF
设计:
DESIGN BY
制图:
DRAWN BY
校核:
CHECK BY
日期:
DATE
图纸阶段:
DRAWING FORM
图号:
DRAWING NO.
室施A-01
谈判厅平面布置图
室施A-01
SCALE:1:150

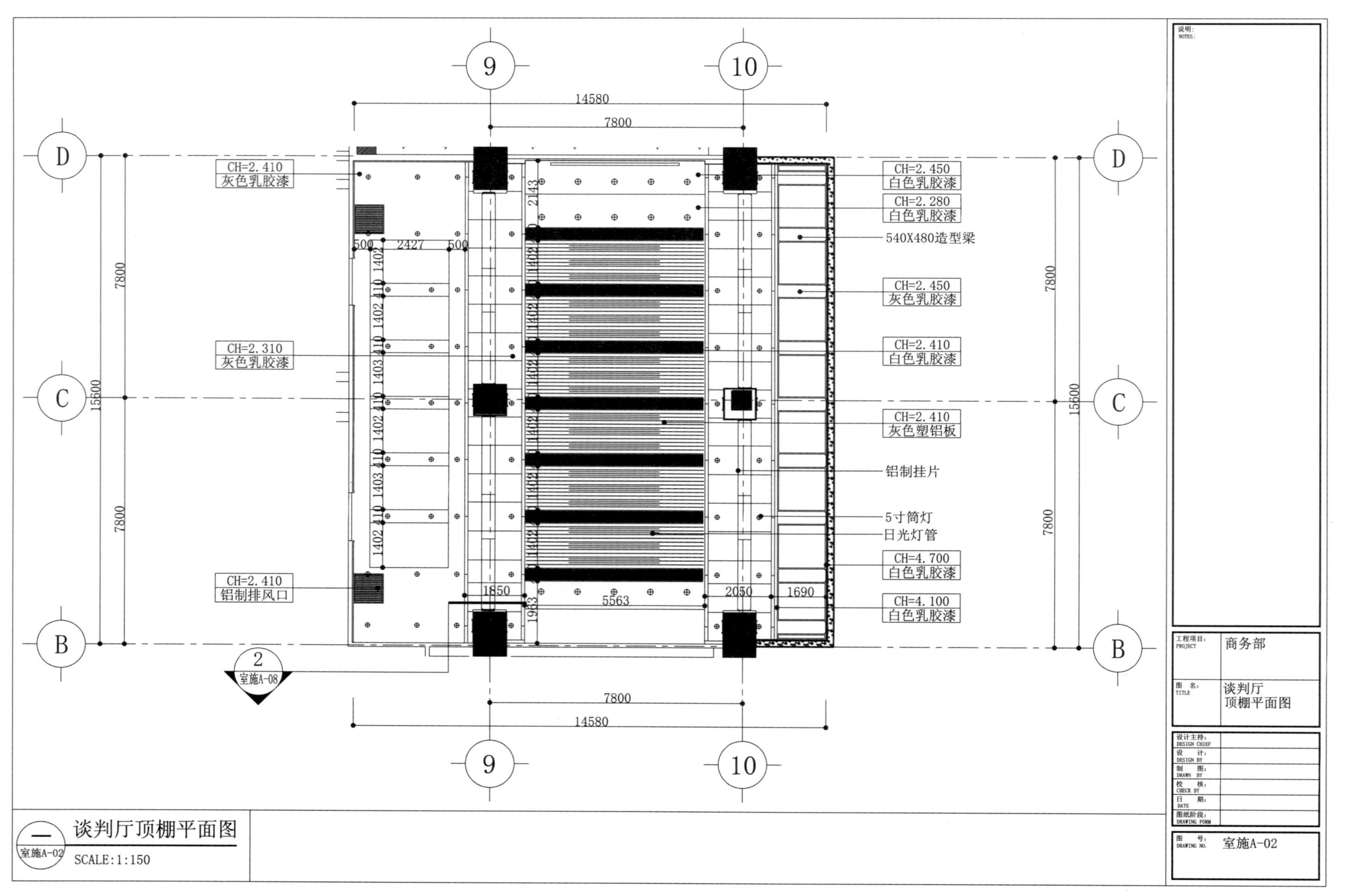

CH=2.410
灰色乳胶漆
CH=2.310
灰色乳胶漆
CH=2.410
铝制排风口
CH=2.450
白色乳胶漆
CH=2.280
白色乳胶漆
540X480造型梁
CH=2.450
灰色乳胶漆
CH=2.410
白色乳胶漆
CH=2.410
灰色塑铝板
铝制挂片
5寸筒灯
日光灯管
CH=4.700
白色乳胶漆
CH=4.100
白色乳胶漆
14580
7800
15600
2143
2427
500
1850
1963
5563
2050
1690
1402
410
1403
D
C
B
9
10
2
室施A-08
一
室施A-02
谈判厅顶棚平面图
SCALE:1:150
说明:
NOTES:
工程项目:
PROJECT
商务部
图名:
TITLE
谈判厅
顶棚平面图
设计主持:
DESIGN CHIEF
设计:
DESIGN BY
制图:
DRAWN BY
校核:
CHECK BY
日期:
DATE
图纸阶段:
DRAWING FORM
图号:
DRAWING NO.
室施A-02

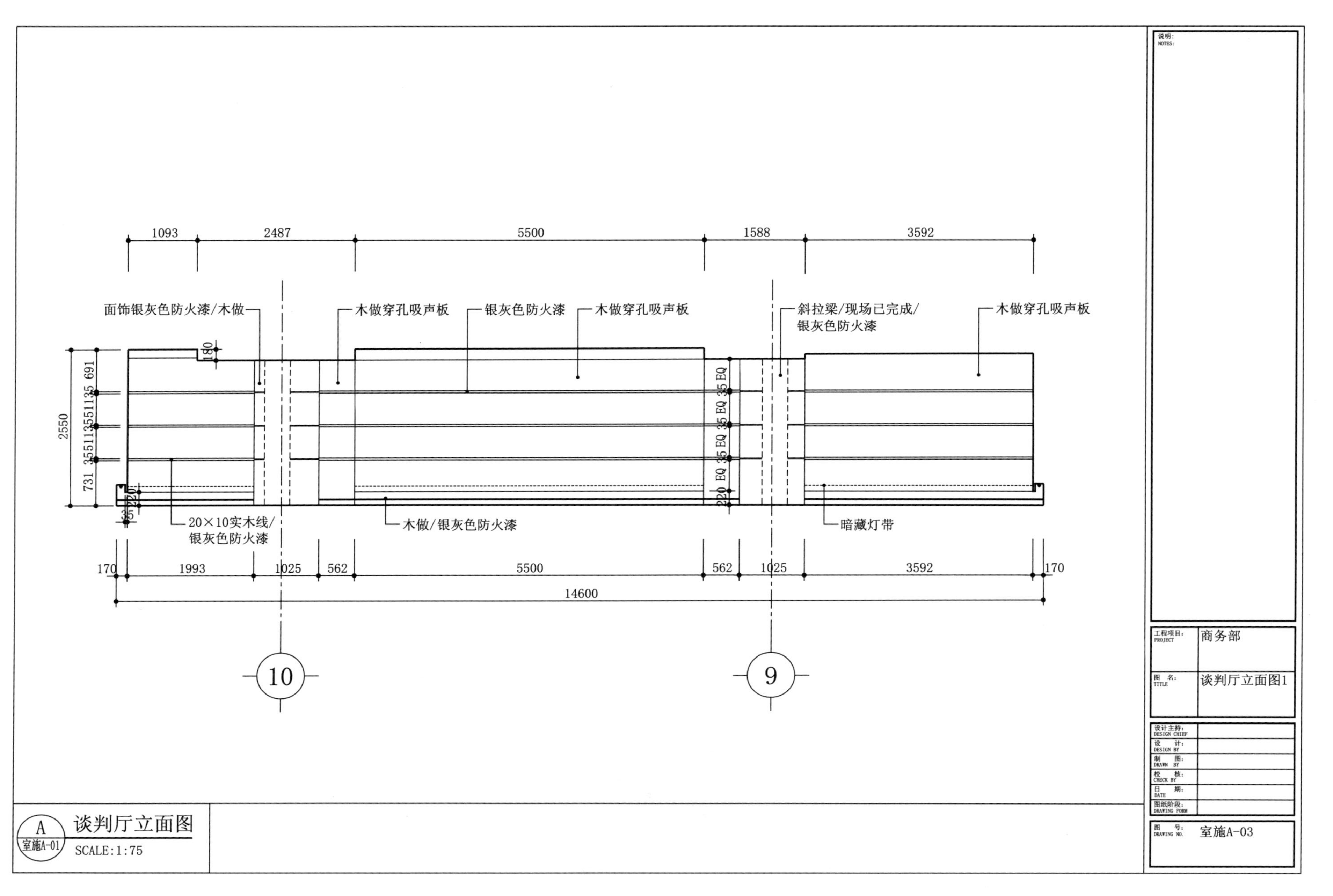
1093
2487
5500
1588
3592
面饰银灰色防火漆/木做
木做穿孔吸声板
银灰色防火漆
木做穿孔吸声板
斜拉梁/现场已完成/
银灰色防火漆
木做穿孔吸声板
180
2550
731 3551135511355 1135 691
220 EQ 35 EQ 35 EQ 35 EQ
20×10实木线/
银灰色防火漆
木做/银灰色防火漆
暗藏灯带
170
1993
1025
562
5500
562
1025
3592
170
14600
10
9
说明:
NOTES:
工程项目:
PROJECT
商务部
图 名:
TITLE
谈判厅立面图1
设计主持:
DESIGN CHIEF
设 计:
DESIGN BY
制 图:
DRAWN BY
校 核:
CHECK BY
日 期:
DATE
图纸阶段:
DRAWING FORM
图 号:
DRAWING NO.
室施A-03
A
室施A-01
谈判厅立面图
SCALE:1:75

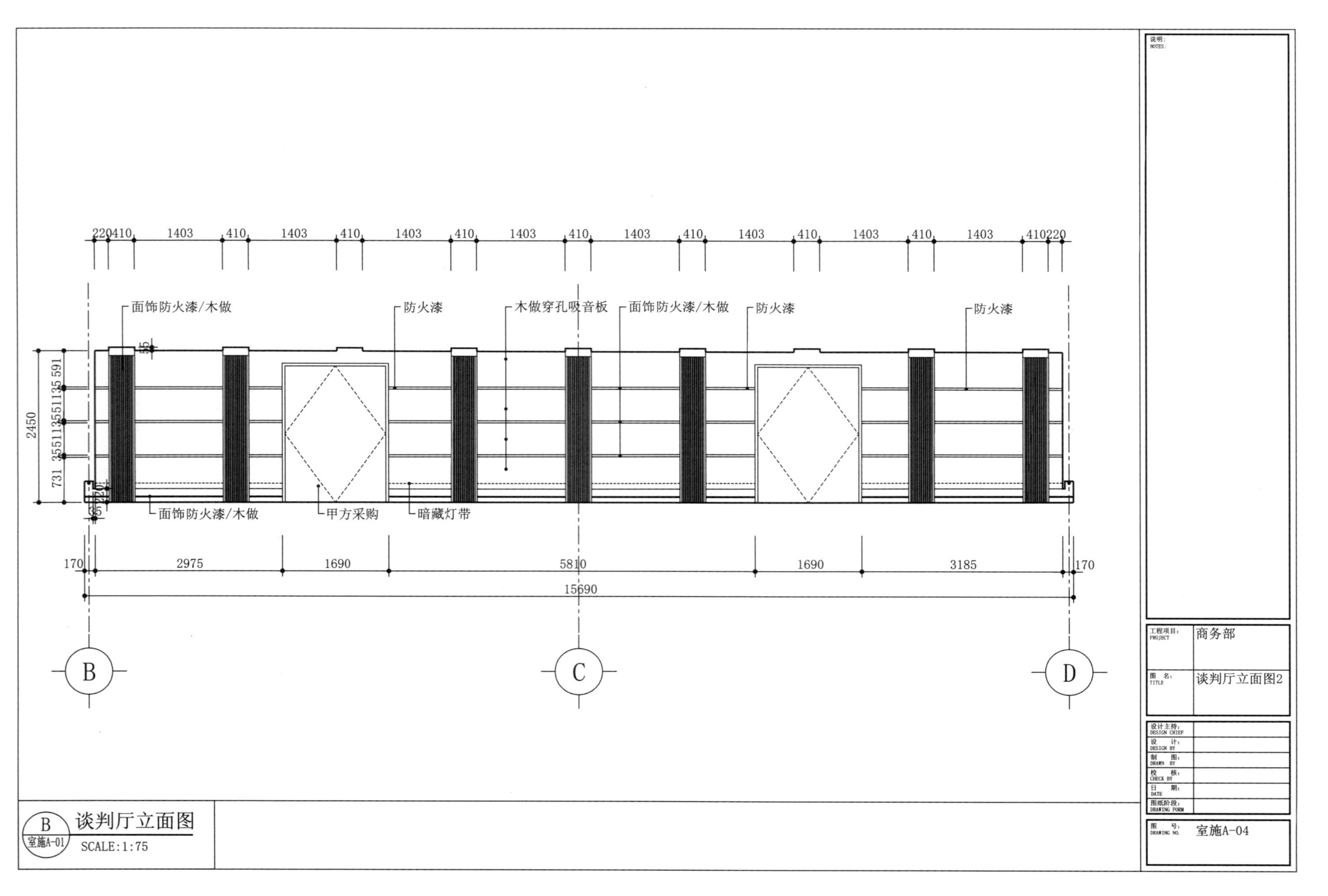

面饰防火漆/木做
防火漆
木做穿孔吸音板
面饰防火漆/木做
防火漆
防火漆
面饰防火漆/木做
甲方采购
暗藏灯带
B
C
D
谈判厅立面图
SCALE:1:75
商务部
谈判厅立面图2
室施A-04

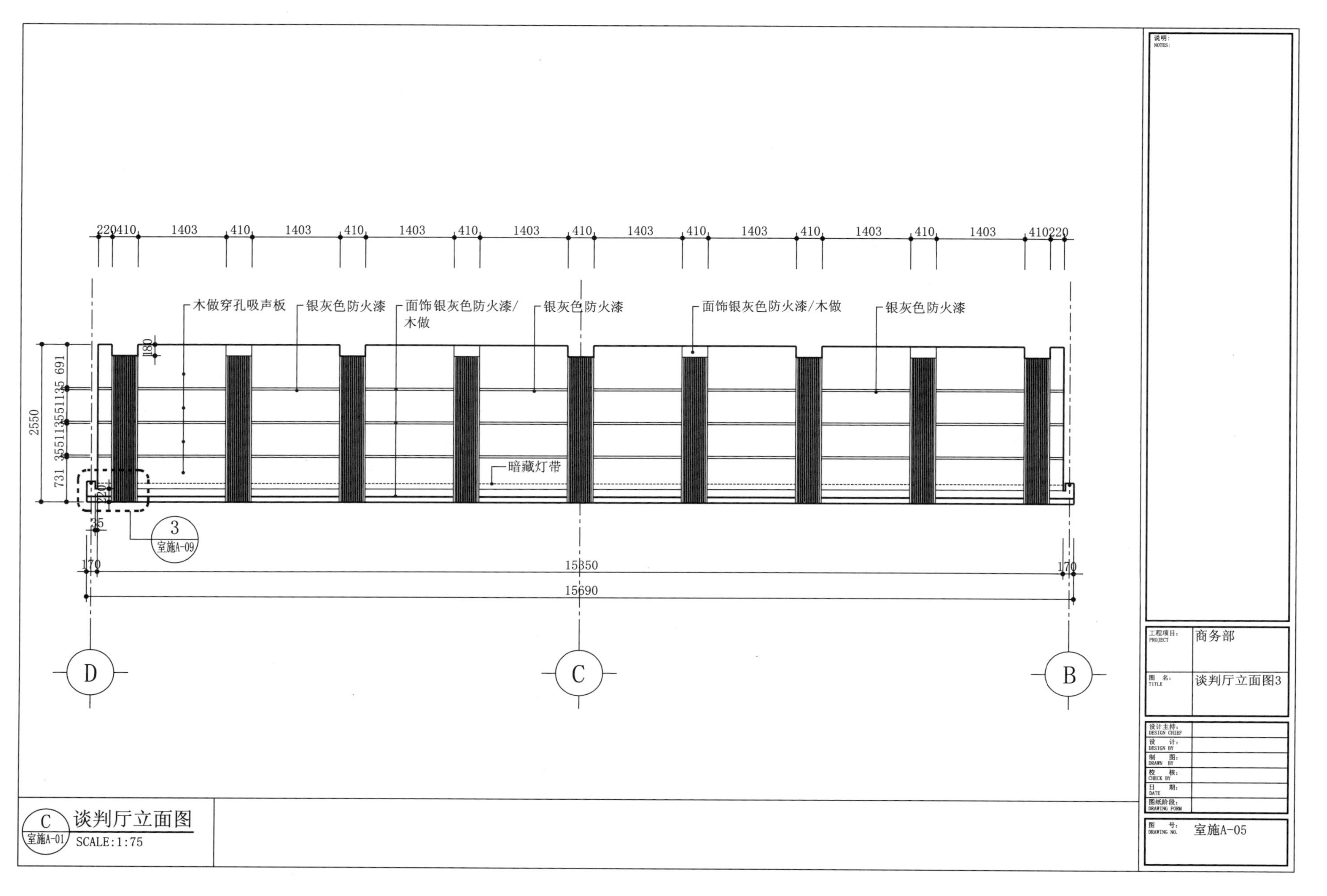

220410
1403
410
1403
410
1403
410
1403
410
1403
410
1403
410
1403
410
1403
410220
木做穿孔吸声板
银灰色防火漆
面饰银灰色防火漆/木做
银灰色防火漆
面饰银灰色防火漆/木做
银灰色防火漆
暗藏灯带
180
2550
731 355113551135 691
220
35
3
室施A-09
170
15350
170
15690
D
C
B
说明:
NOTES:
工程项目:
PROJECT
商务部
图 名:
TITLE
谈判厅立面图3
设计主持:
DESIGN CHIEF
设 计:
DESIGN BY
制 图:
DRAWN BY
校 核:
CHECK BY
日 期:
DATE
图纸阶段:
DRAWING FORM
图 号:
DRAWING NO.
室施A-05
C
室施A-01
谈判厅立面图
SCALE:1:75

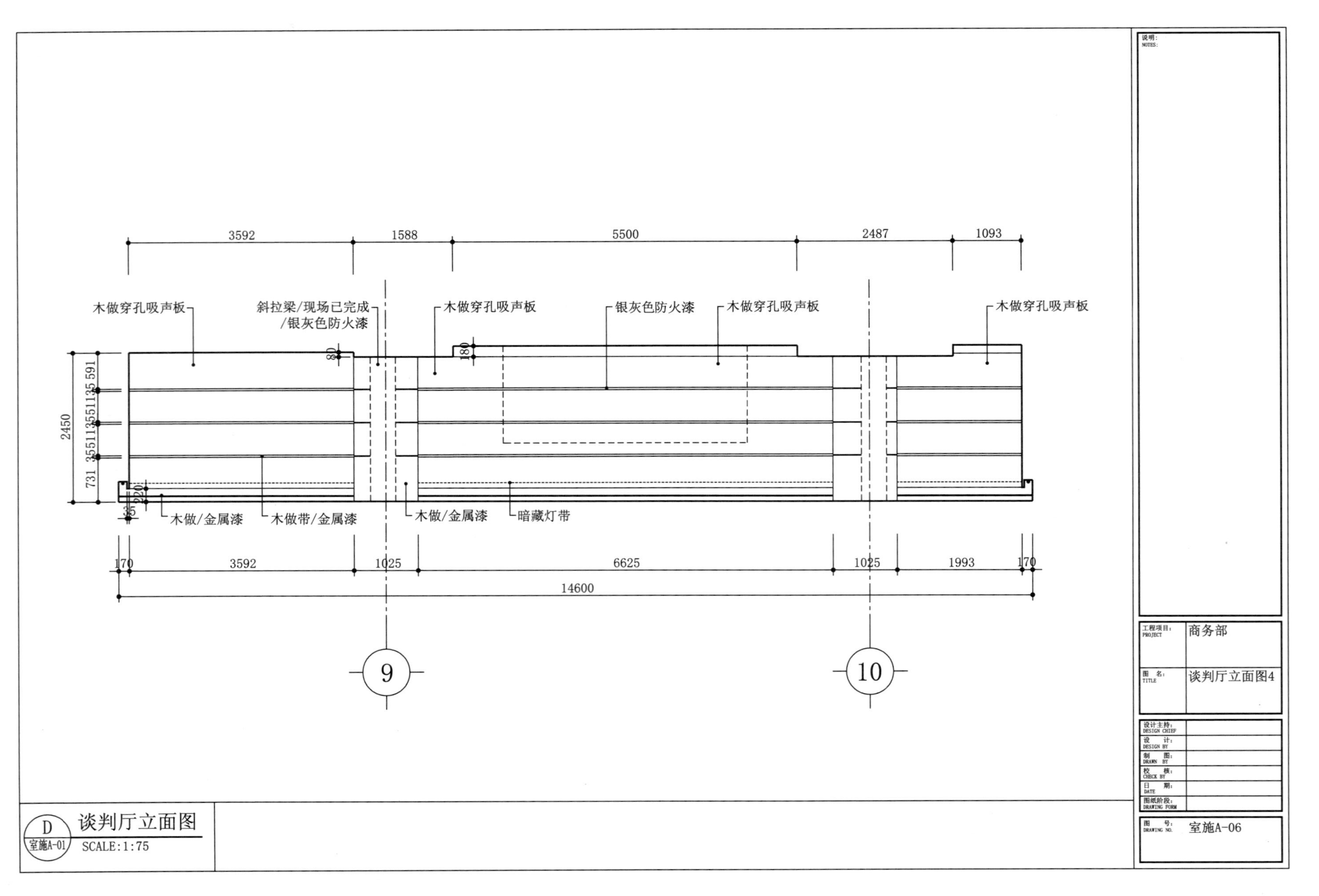
3592
1588
5500
2487
1093
木做穿孔吸声板
斜拉梁/现场已完成
/银灰色防火漆
木做穿孔吸声板
银灰色防火漆
木做穿孔吸声板
木做穿孔吸声板
80
180
2450
731
591
木做/金属漆
木做带/金属漆
木做/金属漆
暗藏灯带
170
3592
1025
6625
1025
1993
170
14600
9
10
说明:
NOTES:
工程项目:
PROJECT
商务部
图 名:
TITLE
谈判厅立面图4
设计主持:
DESIGN CHIEF
设 计:
DESIGN BY
制 图:
DRAWN BY
校 核:
CHECK BY
日 期:
DATE
图纸阶段:
DRAWING FORM
图 号:
DRAWING NO.
室施A-06
D
室施A-01
谈判厅立面图
SCALE:1:75

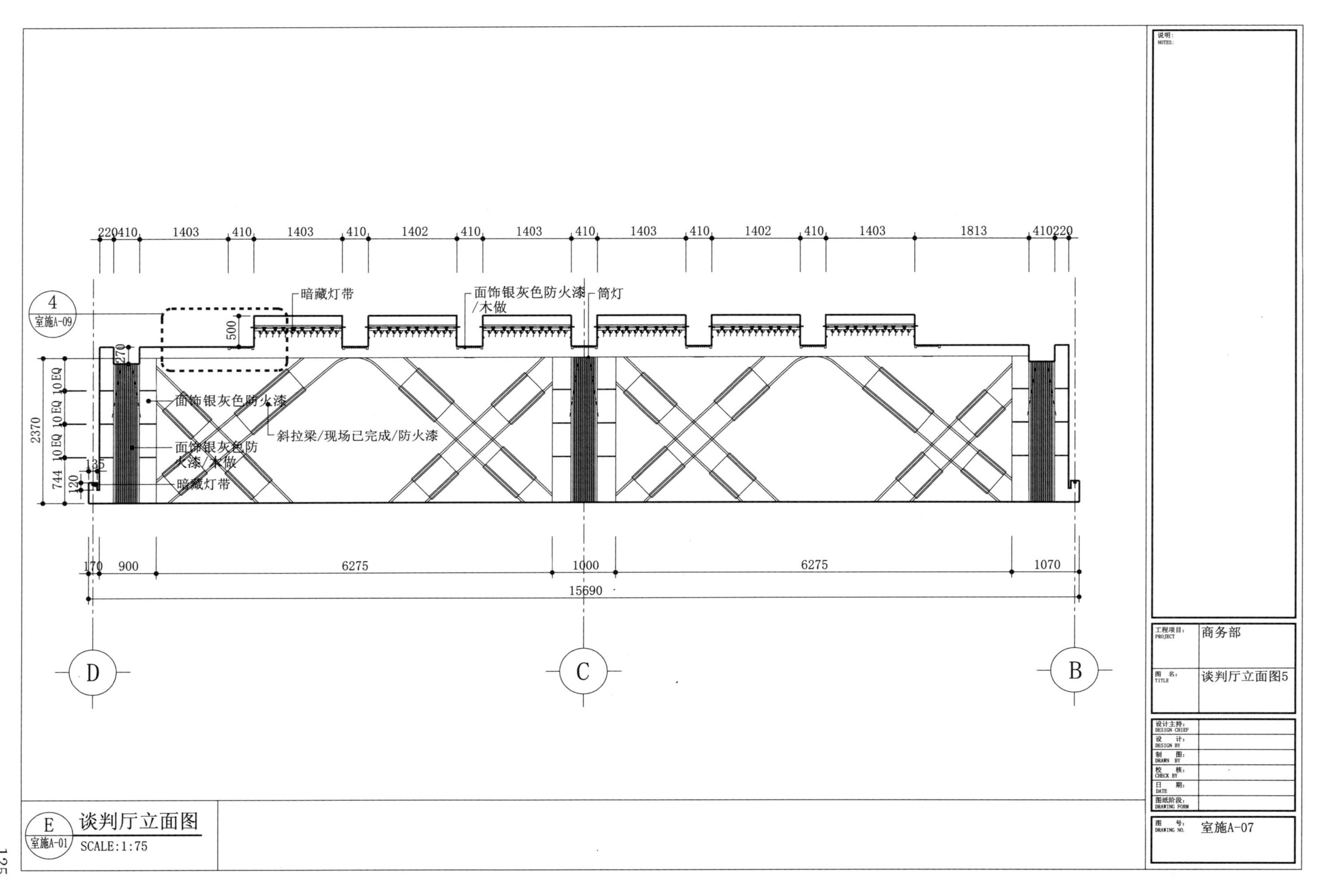

220
410
1403
410
1403
410
1402
410
1403
410
1403
410
1402
410
1403
1813
410
220
4
室施A-09
暗藏灯带
面饰银灰色防火漆
/木做
筒灯
500
270
2370
10EQ
10EQ
10EQ
744
135
120
面饰银灰色防火漆
斜拉梁/现场已完成/防火漆
面饰银灰色防
火漆/木做
暗藏灯带
170
900
6275
1000
6275
1070
15690
D
C
B
E
室施A-01
谈判厅立面图
SCALE:1:75
说明：
NOTES:
工程项目：
PROJECT
商务部
图 名：
TITLE
谈判厅立面图5
设计主持：
DESIGN CHIEF
设 计：
DESIGN BY
制 图：
DRAWN BY
校 核：
CHECK BY
日 期：
DATE
图纸阶段：
DRAWING FORM
图 号：
DRAWING NO.
室施A-07

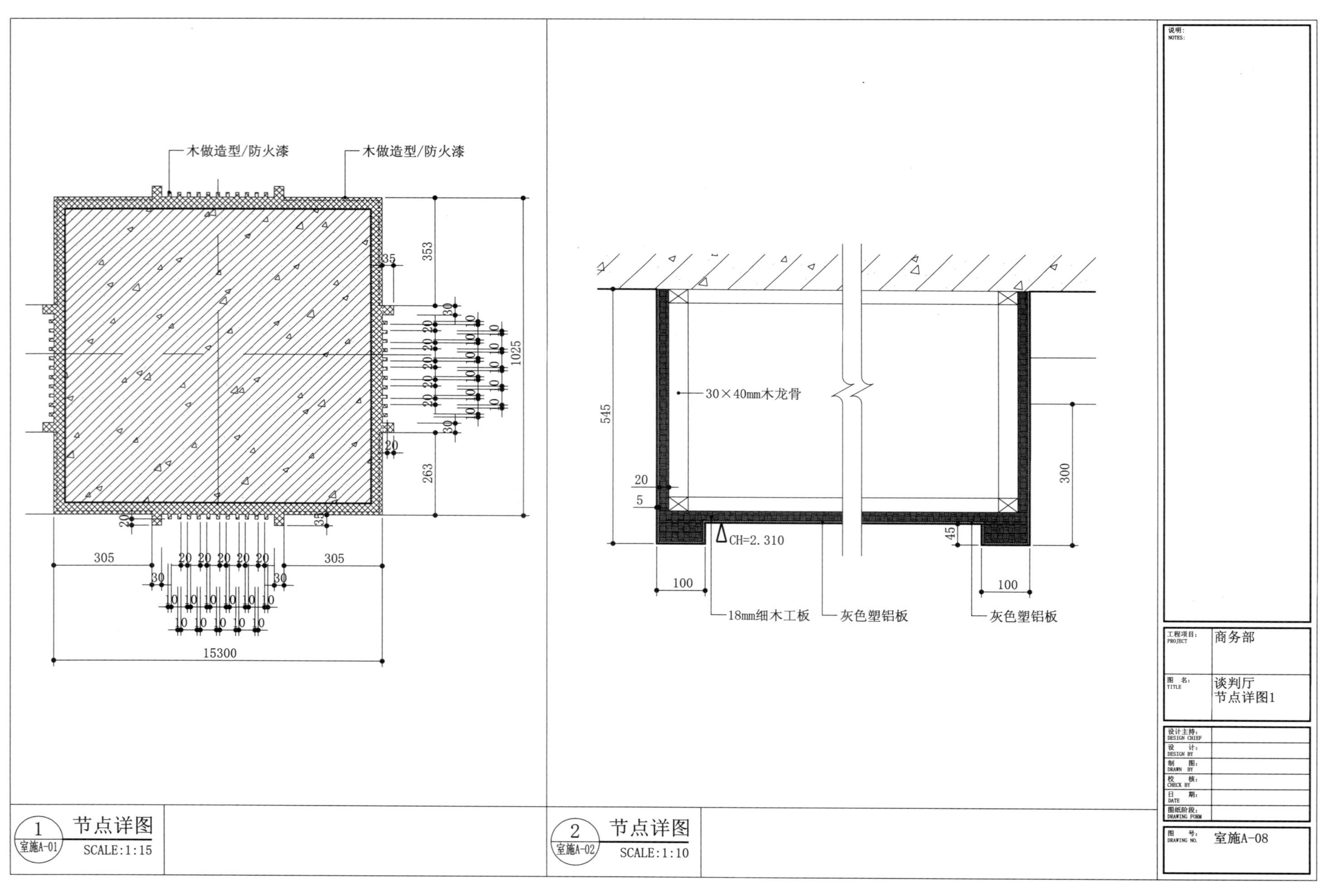
木做造型/防火漆
木做造型/防火漆
353
35
30
20
10
1025
263
305
305
15300
节点详图
SCALE:1:15
室施A-01
545
20
5
30×40mm木龙骨
CH=2.310
300
45
100
100
18mm细木工板
灰色塑铝板
灰色塑铝板
节点详图
SCALE:1:10
室施A-02
说明:
NOTES:
工程项目:
PROJECT
商务部
图名:
TITLE
谈判厅
节点详图1
设计主持:
DESIGN CHIEF
设计:
DESIGN BY
制图:
DRAWN BY
校核:
CHECK BY
日期:
DATE
图纸阶段:
DRAWING FORM
图号:
DRAWING NO.
室施A-08

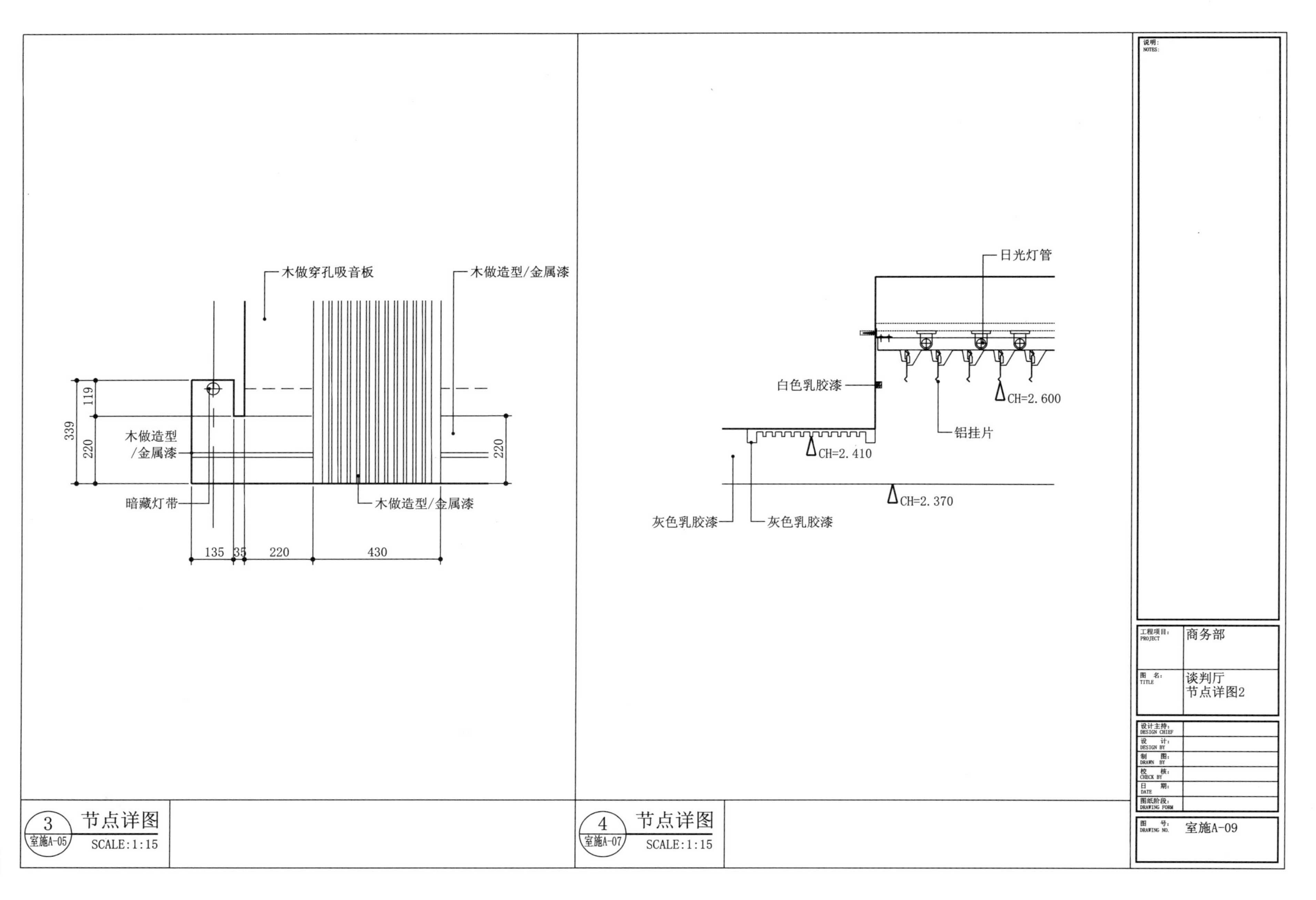
木做穿孔吸音板
木做造型/金属漆
木做造型
/金属漆
暗藏灯带
木做造型/金属漆
339
119
220
220
135
35
220
430
3
室施A-05
节点详图
SCALE:1:15
日光灯管
白色乳胶漆
CH=2.600
铝挂片
CH=2.410
CH=2.370
灰色乳胶漆
灰色乳胶漆
4
室施A-07
节点详图
SCALE:1:15
说明:
NOTES:
工程项目:
PROJECT
商务部
图 名:
TITLE
谈判厅
节点详图2
设计主持:
DESIGN CHIEF
设 计:
DESIGN BY
制 图:
DRAWN BY
校 核:
CHECK BY
日 期:
DATE
图纸阶段:
DRAWING FORM
图 号:
DRAWING NO.
室施A-09

三、文化空间：哈尔滨工程大学大学生活动中心

（学术报告厅、多功能厅、贵宾厅、大会议室、教师沙龙）

哈尔滨工程大学大学生活动中心学术报告厅、多功能厅 **施工图**

图表1-00

哈尔滨工程大学大学生活动中心学术报告厅、多功能厅

施工图编制说明

一、工程名称:哈尔滨工程大学大学生活动中心

二、设计依据:

- 经业主批准的由哈尔滨工业大学建筑设计研究院设计的建筑设计施工图及业主向设计师传达的设计意向。
- 《民用建筑设计防火规范》 (GB50045--2001)
- 《建筑内部装修设计防火规范》 (GB50222--2001)
- 《建筑装饰工程施工及验收规范》 (GB50210--2001)
- 《民用建筑工程室内环境污染控制》 (GB50325--2001)
- 国家及地方现行有关规范、标准。

三、设计范围:

- 本室内设计范围包括:哈尔滨工程大学大学生活动中心室内装饰、装修\学术报告厅、多功能厅范围部分。

四、标注单位及尺寸:

- 本施工图所注尺寸除标高以m为单位外，其余均以毫mm计算。
- 施工图中所表示的各部分内容，应以图纸所标注尺寸为准，避免在图纸上按比例测量，如有出入应及时与设计师联系解决。如与室内施工图平面、顶棚布置有较大出入之处应及时与设计师联系解决。

五、设计要求及相应规范:

- 有关土建拆改部分与配合：均与有关建筑设计院及业主配合、洽商与校核。
- 室内施工设计方案报当地公安消防机关审批认可后再施工。
- 装饰材料的选用符合现行国家有关标准，根据消防部门关于建筑室内装修设计防火规定，严格选材。
- 采用阻燃性良好的装饰材料，装饰木结构隐蔽部分刷防火涂料，做法工序应执行《建筑内部装修设计防火规范》。
- 空调、消防报警、喷淋、排气、照明、弱电等位置设计均以专业设计为准，配合附件图仅供参考。
- 顶棚标高为装修完成实际高度。各专业隐蔽标高高于顶棚标高50mm～100mm以上。

六、施工做法与选材要求:

- 本工程做法除图纸具体要求的面层外，对构造层未作具体要求时，严格遵守国家现行的《建筑高级装饰工程质量评定标准》有关要求。
- 内装所有内隔墙为75型轻钢龙骨双面石膏板隔墙（石膏板厚12mm），隔墙内填充岩棉，墙面饰环保乳胶漆。所有顶棚面均为60型轻钢龙骨。
- 内装所有轻钢龙骨石膏板顶棚，其中石膏板为9.5mm厚纸面石膏板，配装轻钢龙骨结构做法参见北京龙牌龙骨生产厂与设计院合编的《龙牌轻钢龙骨吊顶图集》和《龙牌轻钢龙骨隔墙图集》。乳胶漆饰面采用环保型乳胶漆。
- 本工程油漆除特殊注明外，均为硝基清漆。
- 所有主材的色彩、纹理选用均需经甲方工地代表确认。
- 电器灯位开、关插座根据"平面图"、"顶棚平面图"、"立面灯具位置图"合理布线并以电气专业图为准。电器板、钥匙开关板距地1.4m。电话出线口，共用天线户盒、地脚灯、单向两极、三极暗插座距地0.3m。具体详图详见电气图纸。
- 灯具造型由甲方与设计方共同协商认定。
- 该项工程设计充分考虑消防分区、疏散通道、出口的设计以及防火材料的应用。

防火专篇

一、设计依据:

- 《民用建筑设计防火规范》 (GB50045--2001)
- 《建筑内部装修设计防火规范》 (GB50222--2001)

二、材料选用及施工工艺:

- 墙纸、地毯均采用阻燃型。
- 墙面、地面、顶棚材料大面积采用难燃型材料，如石膏板、花岗石、高分子材料等。
- 木龙骨及木饰面衬均刷防火涂料两遍。
- 电线均采用国标产品，并严格按施工规范施工。
- 隔墙采用轻钢龙骨双面石膏板（12mm厚）内填岩棉。隔墙到顶，有管线穿过的部位应封堵严密。玻璃隔断上部到结构层采用轻钢龙骨双面石膏板、内填岩棉隔断。

三、消防设备的配置:

- 本建筑设置了消防通道，消防门均为成品防火门。
- 按消防要求设置紧急照明和安全指示灯。
- 消防栓、喷淋及烟感，报警系统均由专业消防设计单位设计。
- 电线均采用国标产品，并严格按施工规范施工。

四、设计范围(电气)

- 哈尔滨工程大学大学生活动中心装饰照明、插座、应急照明的配电设计(未包括外立面照明)，没有设计的内容维持原电气设计。火灾自动报警系统和消防联动控制系统由建设单位另行委托设计和调整。
- 消防配电系统:

  本工程的应急照明和火灾疏散标志负荷分级为二级；

  本工程由AC 220/380V供电的应急照明和火灾疏散标志用电设备电源均取自低压配电室；

  应急照明和火灾疏散标志均由两路单独回路供电，并在线路末端实现自动切换。电源切换装置具有电气及机械联锁功能。

五、消防线路敷设:

- 应急照明和火灾疏散标志电源采用低烟无卤耐火型铜线（标示为NH-BV），在地面、墙体、楼板内暗敷时导线穿钢管保护且保护层厚度不小于3cm，明敷(包括在顶棚内敷设）时导线穿镀锌钢管保护，钢管涂耐火极限不小于1.5h的隔热型防火涂料。

六、消防设备接地:

- 本工程采用联合接地方式。消防设备采用截面不小于16mm^2 的专用接地干线(铜芯绝缘导线)直接与接地装置连接。由消防控制室引至各消防设备的接地线采用截面不小于4mm^2 的绝缘铜导线。接地装置的接地电阻值不大于1.0Ω。

环保专篇

- 夹板等采用环保型材料，装饰材料均采用环保型材料，并按以下标准执行:

  《室内装饰装修材料人造板及其制品中甲醛释放限量》(GB18584--2001)；

  《室内装饰装修材料溶剂型木器涂料中有害物质限量》(GB18581--2001)；

  《室内装饰装修材料胶粘剂中有害物质限量》(GB18583--2001)；

  《室内装饰装修材料壁纸中有害物质限量》(GB18585--2001)；

  《室内装饰装修材料地毯、地毯衬垫及地毯胶粘剂中有害物质限量》(GB18587--2001)；

  《建筑材料放射性核素限量》(GB6566--2001)；

  《室内装饰装修材料内墙涂料中有害物质限量》(GB18582--2001)。

说明:
NOTES:

工程项目: PROJECT	哈尔滨工程大学大学生活动中心学术报告厅、多功能厅
图　名: TITLE	施工图编制说明
设计主持: DESIGN CHIEF	
设　计: DESIGN BY	
制　图: DRAWN BY	
校　核: CHECK BY	
日　期: DATE	
图纸阶段: DRAWING FORM	
图　号: DRAWING NO.	图表1-01

图纸目录表

序号	图 纸 名 称	图号	图幅	备注	序号	图 纸 名 称	图号	图幅	备注
01	图纸封面	图表1-00	A2		18	四层多功能厅立面指向平面图	室施B-06	A2	
02	施工图编制说明	图表1-01	A2		19	四层多功能厅立面图1	室施B-07	A2	
03	图纸目录表	图表1-02	A2		20	四层多功能厅立面图2	室施B-08	A2	
04	材料表	图表2-01	A2		21	四层多功能厅节点详图1	室施B-09	A2	
05	灯具表	图表2-02	A2		22	四层多功能厅节点详图2	室施B-10	A2	
06	门表	图表3-01	A2						
07	四层学术报告厅隔墙、家具布置平面图	室施A-01	A2						
08	四层学术报告厅地面铺装、顶棚造型布置图	室施A-02	A2						
09	四层学术报告厅灯具机电、立面指向平面图	室施A-03							
10	四层学术报告厅立面图1	室施A-04	A2						
11	四层学术报告厅立面图2	室施A-05	A2						
12	四层学术报告厅节点图	室施A-06	A2						
13	四层多功能厅隔墙平面图	室施B-01	A2						
14	四层多功能厅家具布置平面图	室施B-02	A2						
15	四层多功能厅地面铺装平面图	室施B-03	A2						
16	四层多功能厅顶棚造型平面图	室施B-04	A2						
17	四层多功能厅机电、灯具定位平面图	室施B-05	A2						

说明：
NOTES:

工程项目：PROJECT	哈尔滨工程大学 大学生活动中心 学术报告厅、多功能厅
图 名：TITLE	图纸目录表
设计主持：DESIGN CHIEF	
设 计：DESIGN BY	
制 图：DRAWN BY	
校 核：CHECK BY	
日 期：DATE	
图纸阶段：DRAWING FORM	
图 号：DRAWING NO.	图表1-02

装修材料表

材料编号		应用材料编号		
分　类	编 号	应用材料	颜　色	编　号
地毯	CA	乳胶漆	黑蓝色	PT-01
布料	FB	乳胶漆	白色	PT-02
玻璃	GS	油漆	深灰色	PT-03
金属	MT	油漆	浅灰色	PT-04
涂料	PT	金属网	黑蓝色	MT-01
防火板	PL	金属格栅	深灰色	MT-02
石材	ST	金属方通	深灰色	MT-03
瓷砖	CT	金属圆钢直径10mm	深灰色	MT-04
木材	TV	网格织物	白色	FB-01
墙纸	WP	吸声木丝板	深灰、浅灰	FB-02
地胶	DJ	滚筒帘	米白色	FB-03
型材板	XC	木制吸声板	浅橡木色	TV-01
		复合木地板	浅橡木色	TV-02
		木作饰面	浅橡木色	TV-03
		实木线	浅橡木色	TV-04
		橡胶地板	浮点图案	DJ-01
		玻化砖	米白色	CT-01
		玻化砖	咖啡色	CT-02
		硅钙板	白色	XC-01
		防静电地板	灰色	XC-02
		铝纤维吸声板	灰色	XC-03
		人造石	白色	ST-01
		玻璃	透明	GS-01

应用材料分区安排				
	四层学术报告厅	四层学术多功能厅		
顶棚	TV-03	PT-02		
	PT-01	PT-03		
	MT-01	PT-04		
	FB-01	MT-02		
防火等级	A级	A级		
墙面	FB-02	TV-01		
	TV-01			
防火等级	B1级	B1级		
地面	DJ-01	TV-02		
	TV-02	CT-01		
		CT-02		
防火等级	B1级	B1级		
其他(续)	MT-03 扶手栏杆			

说明:
NOTES:

工程项目: PROJECT 哈尔滨工程大学 大学生活动中心 学术报告厅、多功能厅

图 名: TITLE 材料表

设计主持: DESIGN CHIEF
设 计: DESIGN BY
制 图: DRAWN BY
校 核: CHECK BY
日 期: DATE
图纸阶段: DRAWING FORM

图 号: DRAWING NO. 图表2-01

装修灯具表

灯具、设备表：

使用地点	学术报告厅										
名 称	圆形筒灯	荧光灯	投光灯	多媒体投影机	面光灯	自动跟踪摄像机	吸顶扬声器	声柱(音响)	地面指示灯	格栅灯	格栅灯
规格尺寸	直径170mm									600×1200mm	600×600mm
材 质	金属表面白色烤漆凸边		金属灯罩								
图 例		----------									
光 源	节能管		节能管							日光灯管	日光灯管
功 率	1×18W	30W或40W	4×18W							40W×3	20W×3
数 量	27个	31m（净长）	25个	1个	8个	1个	12个	2个	28个	6个	8个
实 样	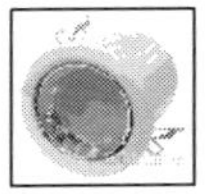	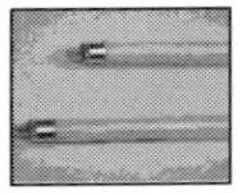		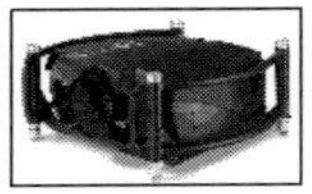							

灯具、设备表：

使用地点	多功能厅							
名 称	圆形筒灯	荧光灯	多媒体投影机	面光灯	自动跟踪摄像机	圆形吊装筒灯	吸顶灯	吊灯
规格尺寸	直径170mm							厂家订制
材 质	金属表面白色烤漆凸边							
图 例		----------						
光 源	节能管							
功 率	1X18W	30W或40W						
数 量	108个	86m（净长）	1个	8个	1个	44个	3个	7个
实 样	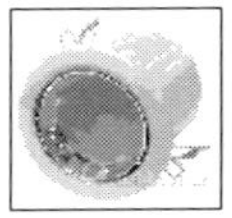	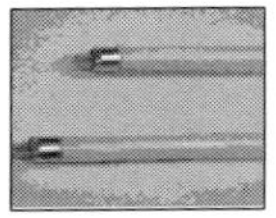	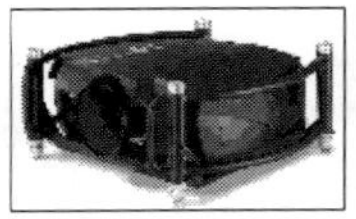	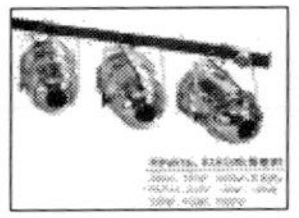		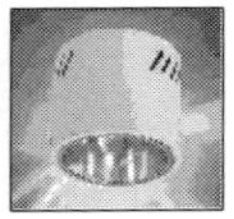		

说明：
NOTES:

工程项目：PROJECT	哈尔滨工程大学大学生活动中心学术报告厅、多功能厅
图 名：TITLE	灯具表
设计主持：DESIGN CHIEF	
设 计：DESIGN BY	
制 图：DRAWN BY	
校 核：CHECK BY	
日 期：DATE	
图纸阶段：DRAWING FORM	
图 号：DRAWING NO.	图表2-02

门表：

建筑编号	M-11
室内编号	室施A-M01
门口尺寸	1500×2500mm
五金配件	不锈钢拉手 不锈钢合页 不锈钢暗锁
门　型	普通木门
材　质	橡木饰面/哑光清水漆
做　法	工厂化生产
使用地点	C标段 四层学术报告厅
数　量	2
门　框	橡木实木线

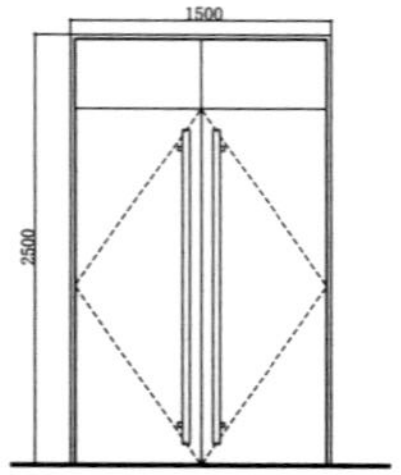

建筑编号	M-3
室内编号	室施A-M02
门口尺寸	1500×2500mm
五金配件	不锈钢拉手 不锈钢合页 不锈钢暗锁
材　质	普通木门
表面效果	橡木饰面/哑光清水漆
做　法	工厂化生产
使用地点	C标段 四层学术报告厅
数　量	1
门　框	橡木实木线

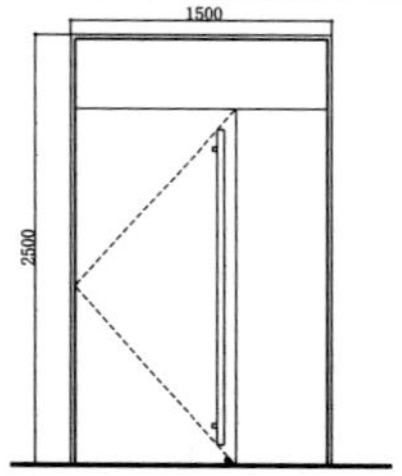

建筑编号	M-11
室内编号	室施B-M01
门口尺寸	1800×2500mm
五金配件	
材　质	普通木门
表面效果	橡木饰面/哑光清水漆
做　法	工厂化生产
使用地点	C标段 四层多功能厅
数　量	6
门　框	橡木实木线

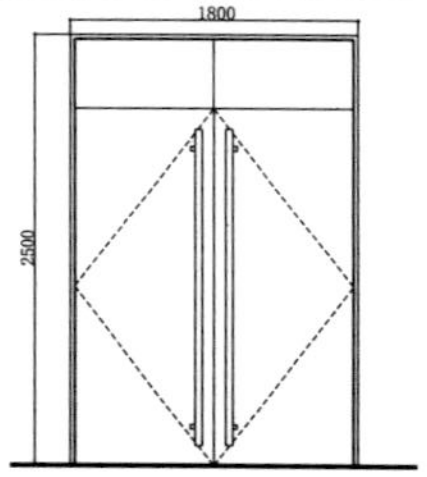

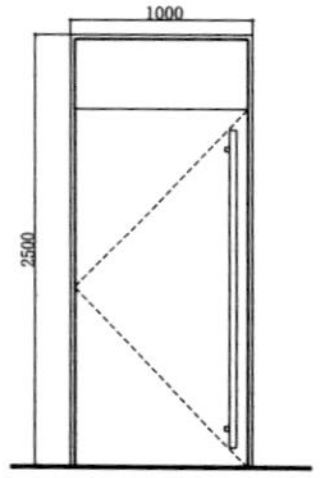

建筑编号	FM1021乙
室内编号	室施B-M02
门口尺寸	1000×2500mm
五金配件	
材　质	防火复合木门
表面效果	橡木饰面/哑光清水漆
做　法	工厂化生产
使用地点	C标段 四层多功能厅
数　量	1
门　框	

说明：NOTES：

工程项目：PROJECT	哈尔滨工程大学 大学生活动中心 学术报告厅、多功能厅
图名：TITLE	门表
设计主持：DESIGN CHIEF	
设计：DESIGN BY	
制图：DRAWN BY	
校核：CHECK BY	
日期：DATE	
图纸阶段：DRAWING FORM	
图号：DRAWING NO.	图表3-01

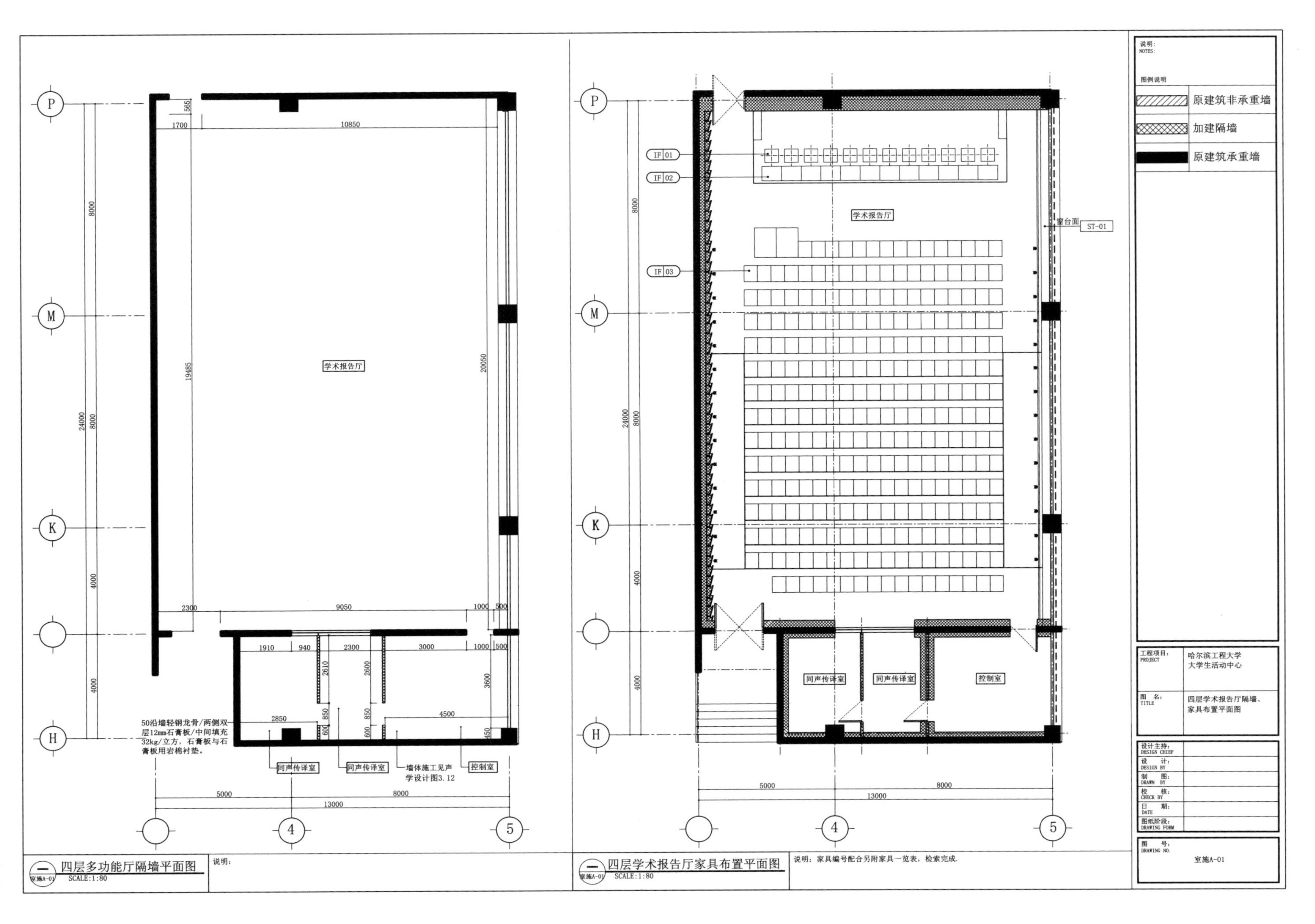

学术报告厅
50沿墙轻钢龙骨/两侧双层12mm石膏板/中间填充32kg/立方，石膏板与石膏板用岩棉衬垫。
同声传译室
同声传译室
墙体施工见声学设计图3.12
控制室
四层多功能厅隔墙平面图
SCALE:1:80
说明：
学术报告厅
窗台面
ST-01
同声传译室
同声传译室
控制室
四层学术报告厅家具布置平面图
SCALE:1:80
说明：家具编号配合另附家具一览表，检索完成。
说明：NOTES:
图例说明
原建筑非承重墙
加建隔墙
原建筑承重墙
工程项目：PROJECT
哈尔滨工程大学
大学生活动中心
图名：TITLE
四层学术报告厅隔墙、
家具布置平面图
设计主持：DESIGN CHIEF
设计：DESIGN BY
制图：DRAWN BY
校核：CHECK BY
日期：DATE
图纸阶段：DRAWING FORM
图号：DRAWING NO.
室施A-01

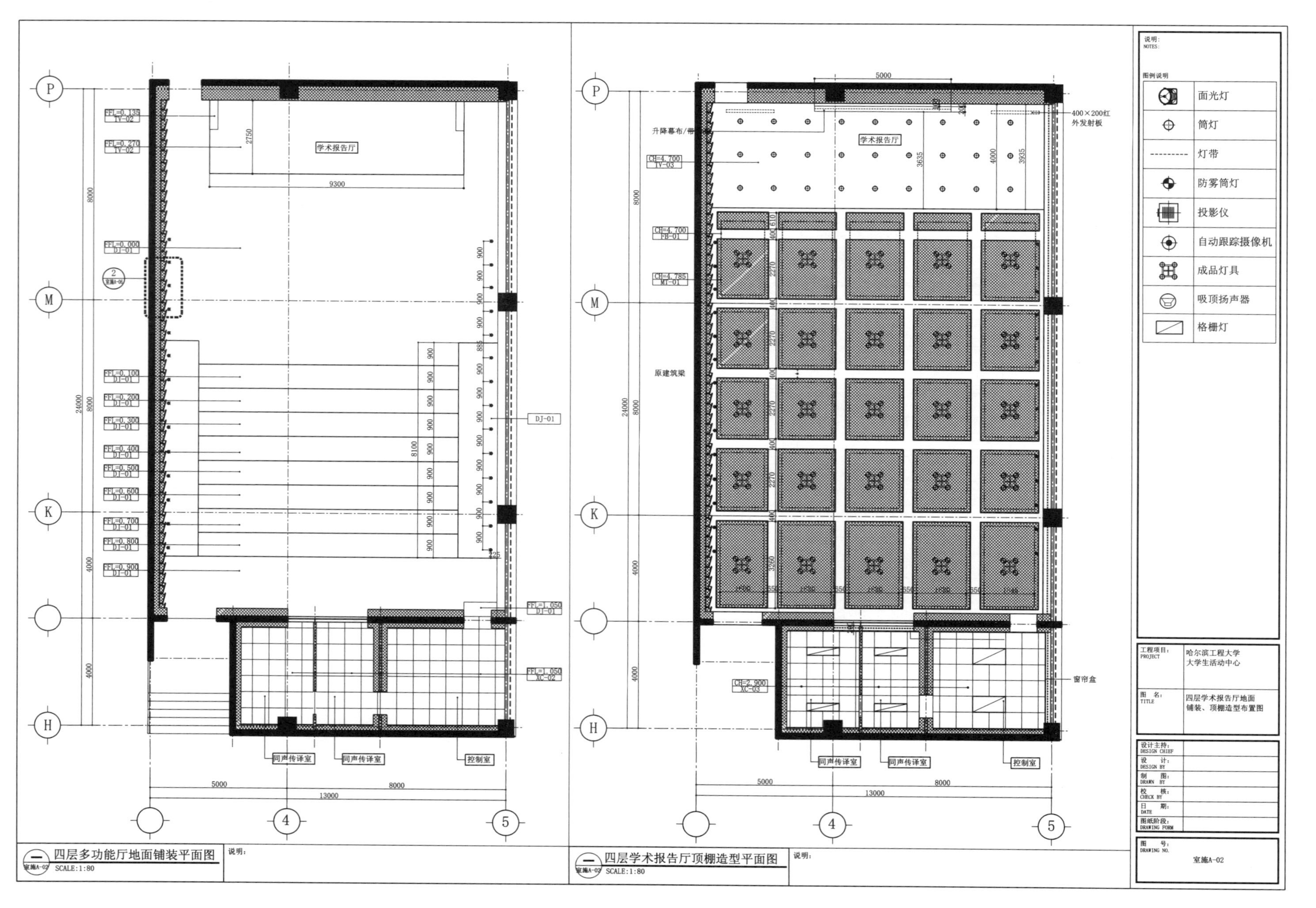

学术报告厅
同声传译室
控制室
升降幕布/带
原建筑梁
400×200红外发射板
窗帘盒
说明:
NOTES:
图例说明
面光灯
筒灯
灯带
防雾筒灯
投影仪
自动跟踪摄像机
成品灯具
吸顶扬声器
格栅灯
工程项目: PROJECT
哈尔滨工程大学
大学生活动中心
图名: TITLE
四层学术报告厅地面
铺装、顶棚造型布置图
图号: DRAWING NO.
室施A-02
四层多功能厅地面铺装平面图
SCALE:1:80
四层学术报告厅顶棚造型平面图
SCALE:1:80

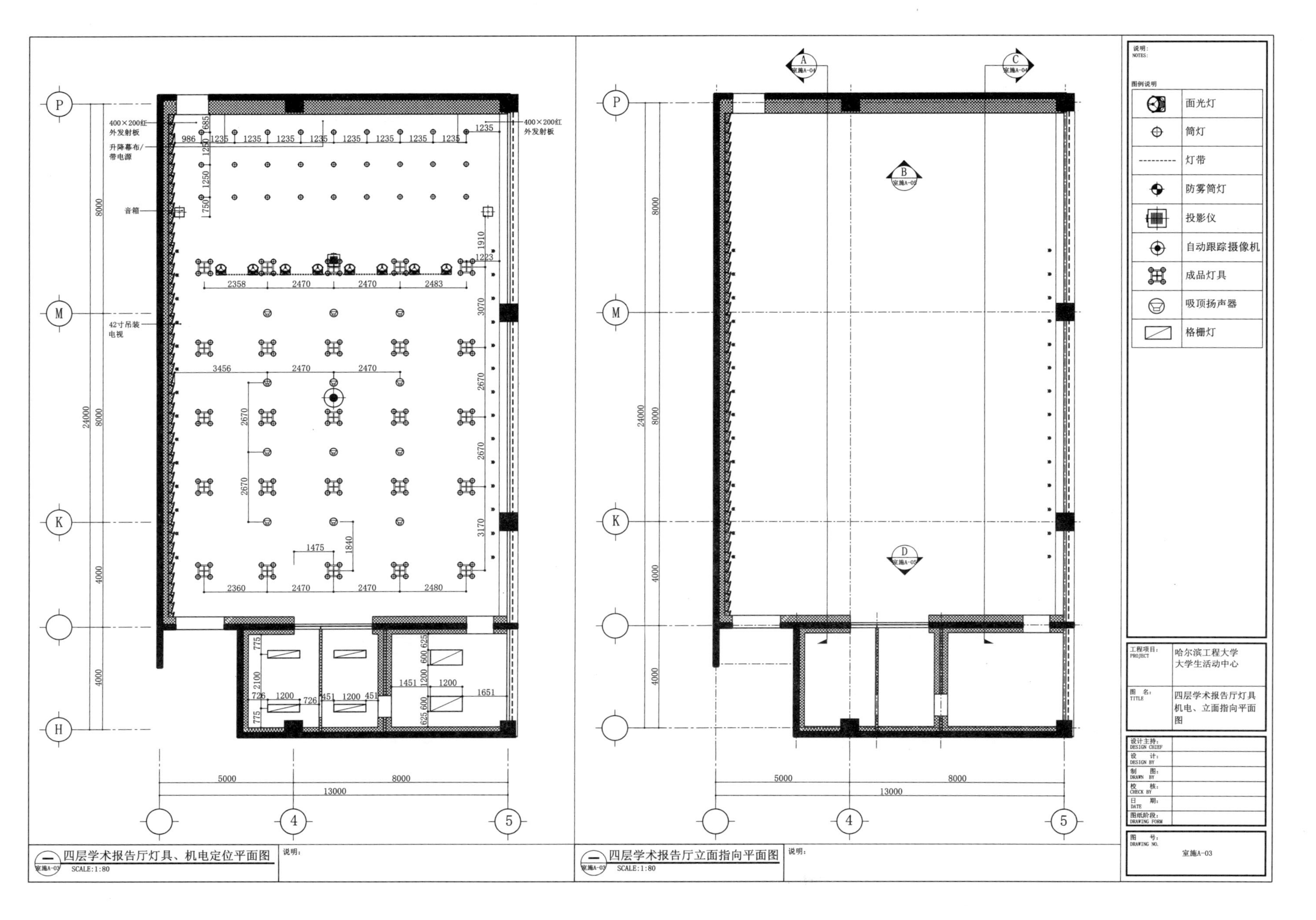

400×200红外发射板
升降幕布/带电源
音箱
42寸吊装电视
四层学术报告厅灯具、机电定位平面图
SCALE:1:80
说明：
四层学术报告厅立面指向平面图
SCALE:1:80
说明：
说明：
NOTES:
图例说明
面光灯
筒灯
灯带
防雾筒灯
投影仪
自动跟踪摄像机
成品灯具
吸顶扬声器
格栅灯
工程项目：PROJECT
哈尔滨工程大学
大学生活动中心
图名：TITLE
四层学术报告厅灯具机电、立面指向平面图
设计主持：DESIGN CHIEF
设计：DESIGN BY
制图：DRAWN BY
校核：CHECK BY
日期：DATE
图纸阶段：DRAWING FORM
图号：DRAWING NO.
室施A-03

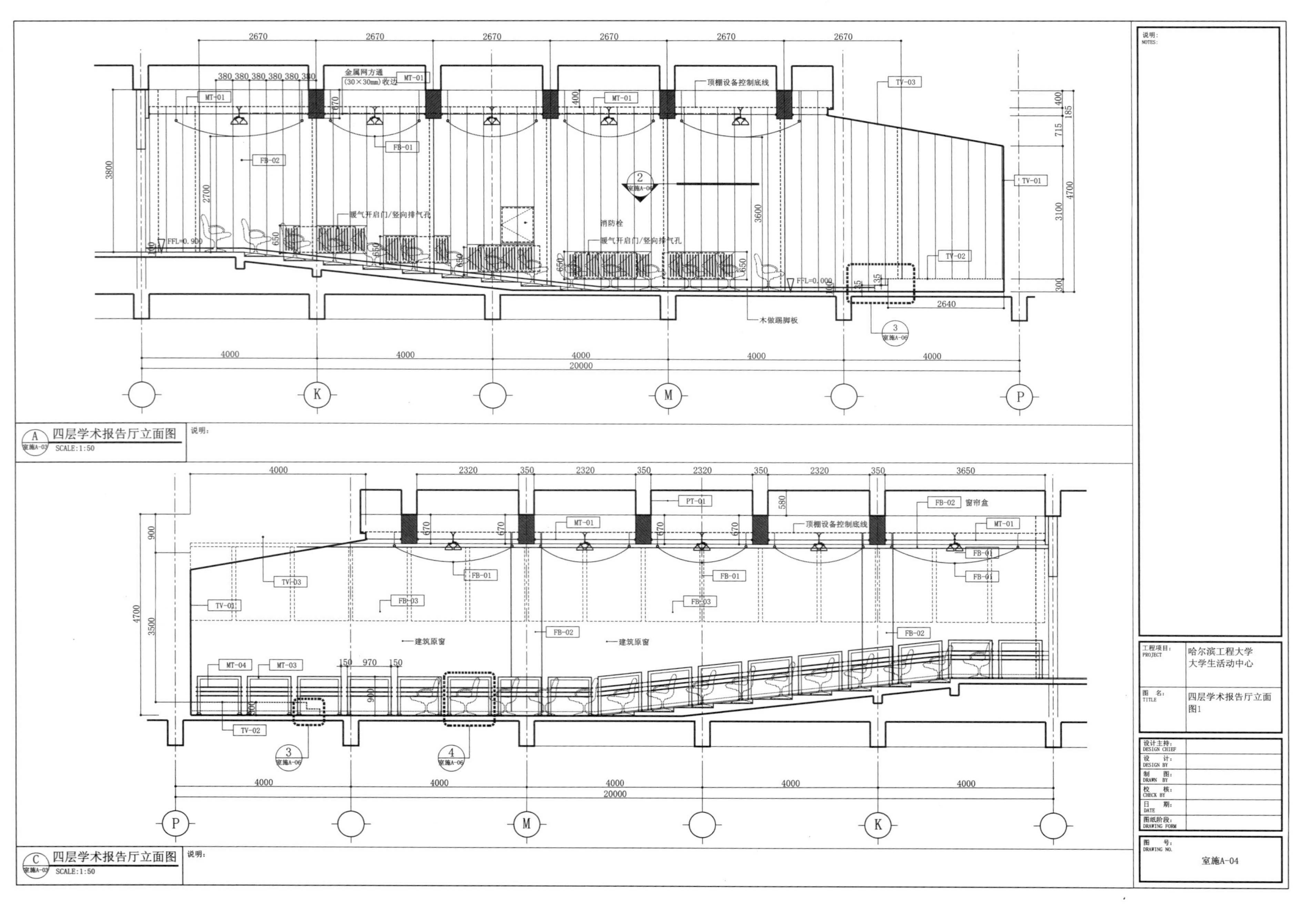
金属网方通
(30×30mm)收边
顶棚设备控制底线
暖气开启门/竖向排气孔
消防栓
木做踢脚板
FFL=0.900
FFL=0.000
A
室施A-03
四层学术报告厅立面图
SCALE:1:50
说明:
窗帘盒
建筑原窗
C
室施A-03
四层学术报告厅立面图
SCALE:1:50
说明:
说明:
NOTES:
工程项目:
PROJECT
哈尔滨工程大学
大学生活动中心
图 名:
TITLE
四层学术报告厅立面图1
设计主持:
DESIGN CHIEF
设 计:
DESIGN BY
制 图:
DRAWN BY
校 核:
CHECK BY
日 期:
DATE
图纸阶段:
DRAWING FORM
图 号:
DRAWING NO.
室施A-04

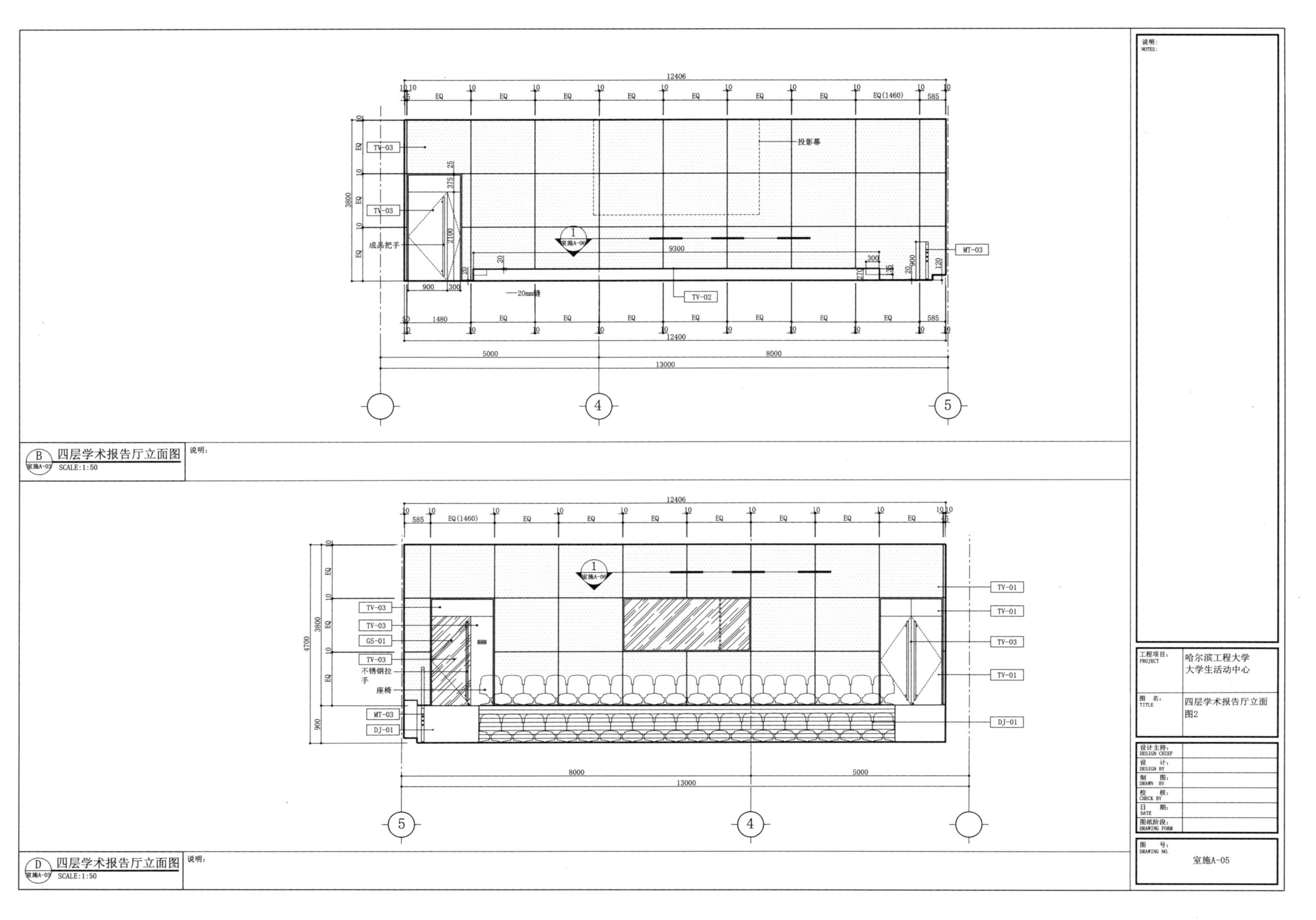
投影幕
TV-03
TV-03
成品把手
MT-03
TV-02
20mm缝
B 四层学术报告厅立面图
室施A-03 SCALE:1:50
说明:
TV-01
TV-01
TV-03
TV-01
DJ-01
TV-03
TV-03
GS-01
TV-03
不锈钢拉手
座椅
MT-03
DJ-01
D 四层学术报告厅立面图
室施A-03 SCALE:1:50
说明:
说明:
NOTES:
工程项目:
PROJECT
哈尔滨工程大学
大学生活动中心
图 名:
TITLE
四层学术报告厅立面
图2
设计主持:
DESIGN CHIEF
设 计:
DESIGN BY
制 图:
DRAWN BY
校 核:
CHECK BY
日 期:
DATE
图纸阶段:
DRAWING FORM
图 号:
DRAWING NO.
室施A-05

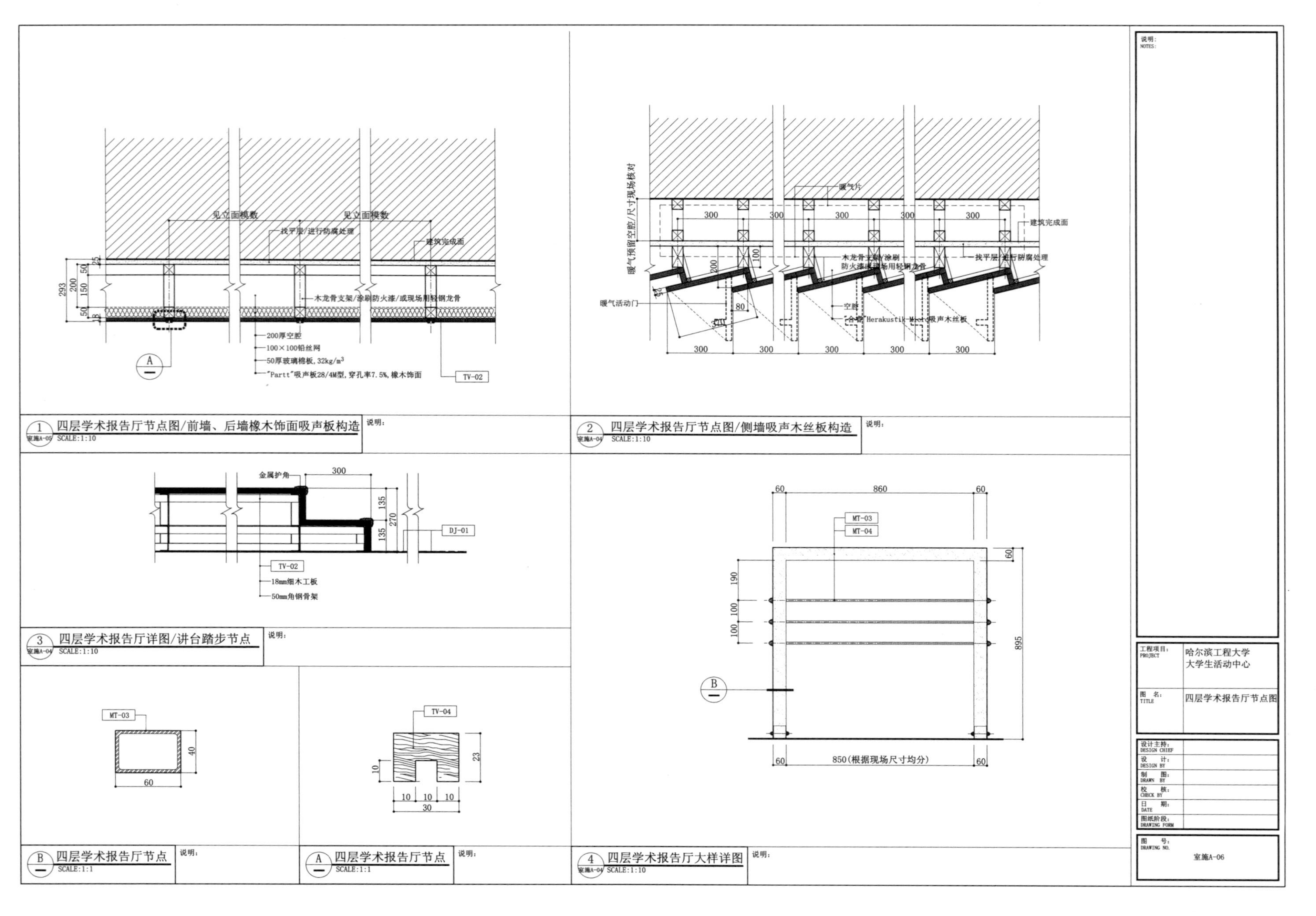

见立面模数
找平层/进行防腐处理
建筑完成面
木龙骨支架/涂刷防火漆/或现场用轻钢龙骨
200厚空腔
100×100铅丝网
50厚玻璃棉板，32kg/m³
"Partt"吸声板28/4M型，穿孔率7.5%，橡木饰面
TV-02
1 四层学术报告厅节点图/前墙、后墙橡木饰面吸声板构造
SCALE:1:10
说明：
暖气预留空腔/尺寸现场核对
暖气片
建筑完成面
木龙骨支架/涂刷防火漆或现场用轻钢龙骨
找平层/进行防腐处理
暖气活动门
空腔
Herakustik-Micro吸声木丝板
2 四层学术报告厅节点图/侧墙吸声木丝板构造
SCALE:1:10
说明：
金属护角
DJ-01
TV-02
18mm细木工板
50mm角钢骨架
3 四层学术报告厅详图/讲台踏步节点
SCALE:1:10
说明：
MT-03
MT-04
850(根据现场尺寸均分)
4 四层学术报告厅大样详图
SCALE:1:10
说明：
MT-03
B 四层学术报告厅节点
SCALE:1:1
说明：
TV-04
A 四层学术报告厅节点
SCALE:1:1
说明：
说明：
NOTES:
工程项目：
PROJECT
哈尔滨工程大学
大学生活动中心
图　名：
TITLE
四层学术报告厅节点图
设计主持：
DESIGN CHIEF
设　计：
DESIGN BY
制　图：
DRAWN BY
校　核：
CHECK BY
日　期：
DATE
图纸阶段：
DRAWING FORM
图　号：
DRAWING NO.
室施A-06

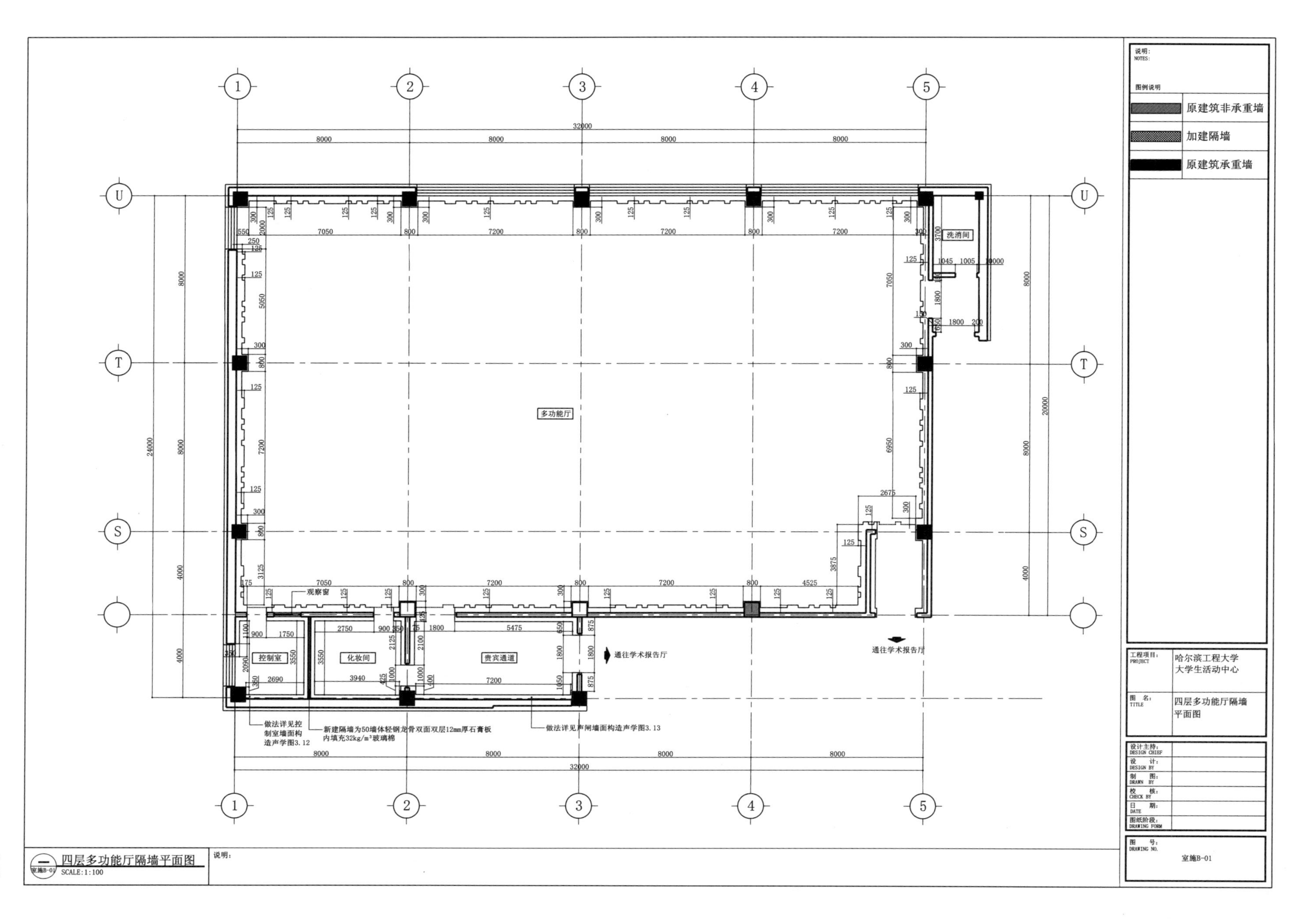

说明：
NOTES:
图例说明
原建筑非承重墙
加建隔墙
原建筑承重墙
多功能厅
洗消间
控制室
化妆间
贵宾通道
观察窗
通往学术报告厅
通往学术报告厅
做法详见控制室墙面构造声学图3.12
新建隔墙为50墙体轻钢龙骨双面双层12mm厚石膏板内填充32kg/m³玻璃棉
做法详见声闸墙面构造声学图3.13
工程项目：
PROJECT
哈尔滨工程大学大学生活动中心
图　名：
TITLE
四层多功能厅隔墙平面图
设计主持：
DESIGN CHIEF
设　计：
DESIGN BY
制　图：
DRAWN BY
校　核：
CHECK BY
日　期：
DATE
图纸阶段：
DRAWING FORM
图　号：
DRAWING NO.
室施B-01
四层多功能厅隔墙平面图
室施B-01
SCALE:1:100
说明：

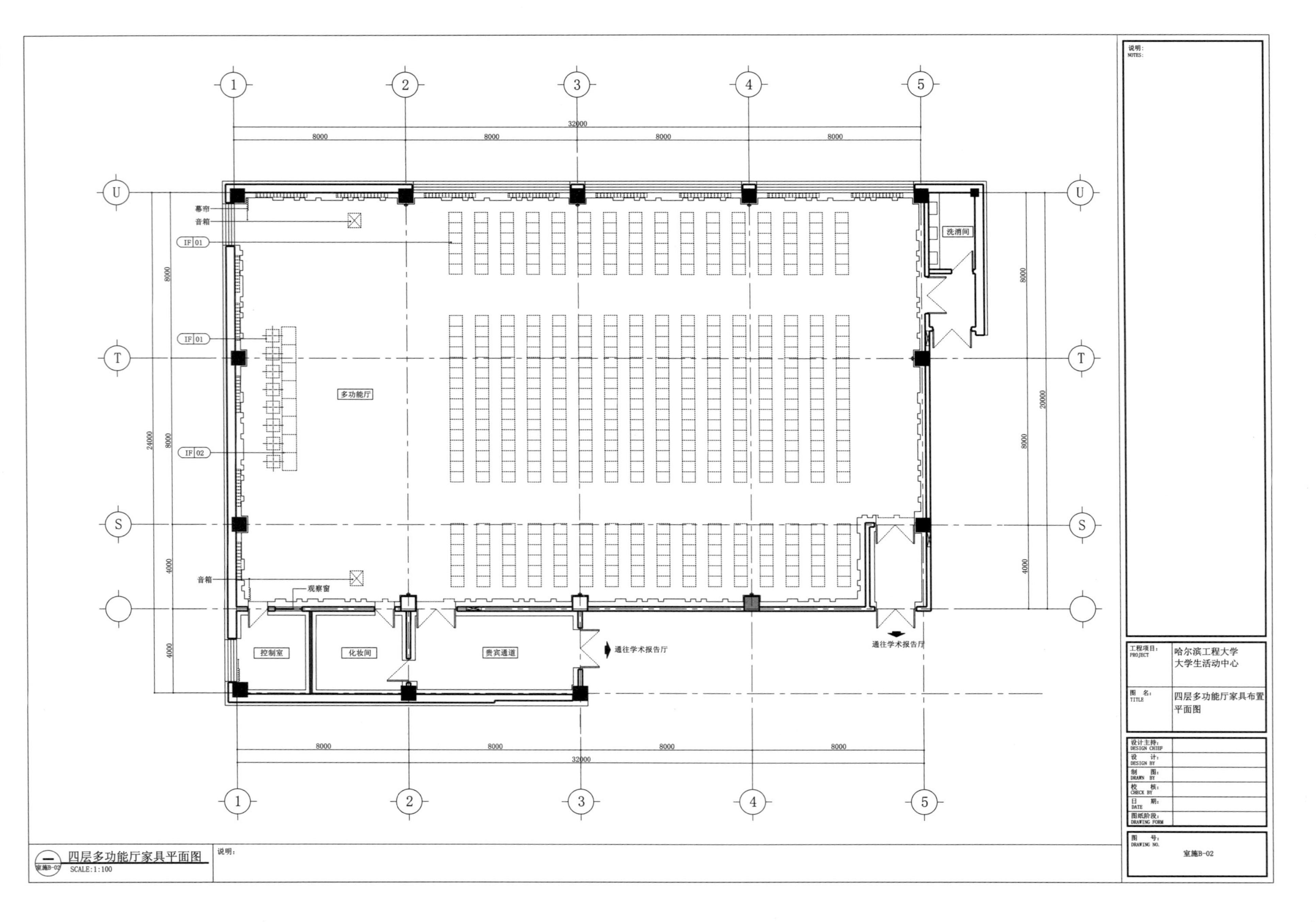
32000
8000
8000
8000
8000
幕帘
音箱
IF 01
IF 01
IF 02
多功能厅
洗消间
音箱
观察窗
控制室
化妆间
贵宾通道
通往学术报告厅
通往学术报告厅
24000
20000
4000
说明：
NOTES:
工程项目：
PROJECT
哈尔滨工程大学
大学生活动中心
图 名：
TITLE
四层多功能厅家具布置
平面图
设计主持：
DESIGN CHIEF
设 计：
DESIGN BY
制 图：
DRAWN BY
校 核：
CHECK BY
日 期：
DATE
图纸阶段：
DRAWING FORM
图 号：
DRAWING NO.
室施B-02
四层多功能厅家具平面图
SCALE:1:100
说明：

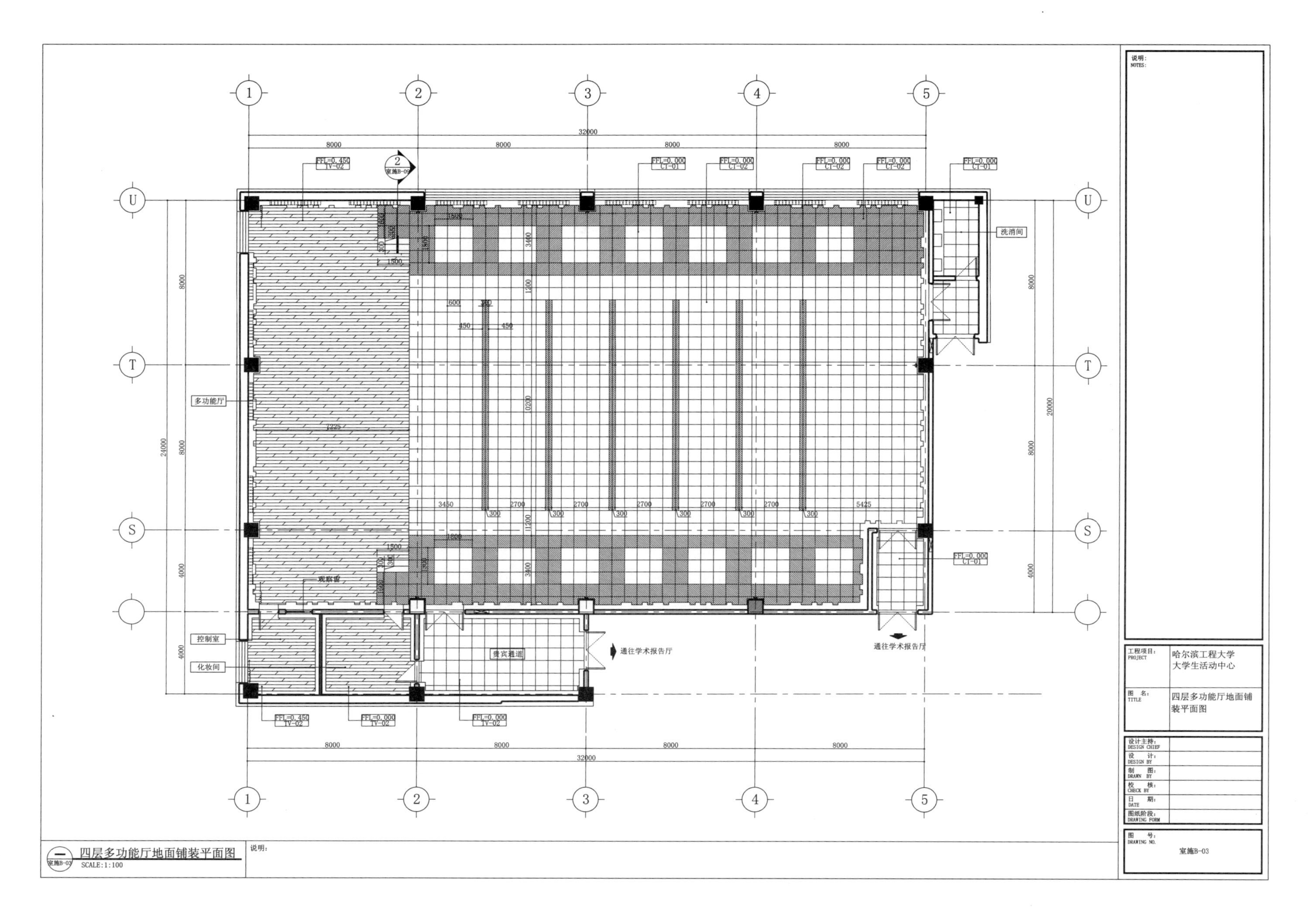

多功能厅
控制室
化妆间
洗消间
观察窗
贵宾通道
通往学术报告厅
通往学术报告厅
说明：NOTES：
工程项目：PROJECT
哈尔滨工程大学
大学生活动中心
图名：TITLE
四层多功能厅地面铺装平面图
图号：DRAWING NO.
室施B-03
四层多功能厅地面铺装平面图
SCALE:1:100

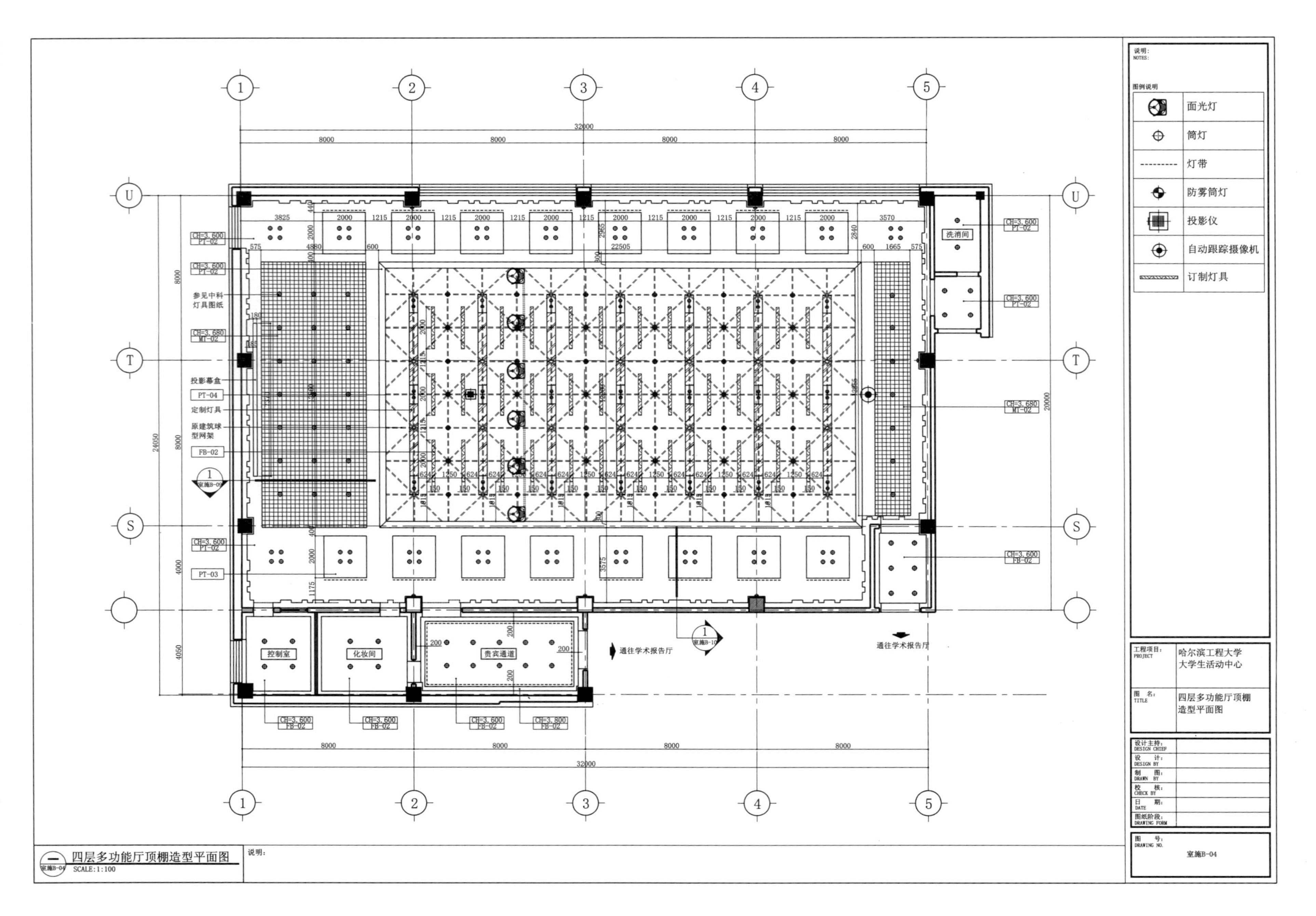
说明：
NOTES:
图例说明
面光灯
筒灯
灯带
防雾筒灯
投影仪
自动跟踪摄像机
订制灯具
工程项目：
PROJECT
哈尔滨工程大学
大学生活动中心
图 名：
TITLE
四层多功能厅顶棚造型平面图
设计主持：
DESIGN CHIEF
设 计：
DESIGN BY
制 图：
DRAWN BY
校 核：
CHECK BY
日 期：
DATE
图纸阶段：
DRAWING FORM
图 号：
DRAWING NO.
室施B-04
洗消间
控制室
化妆间
贵宾通道
通往学术报告厅
参见中科灯具图纸
投影幕盒
定制灯具
原建筑球型网架
CH=3.600 PT-02
CH=3.680 MT-02
CH=3.600 FB-02
CH=3.800 FB-02
PT-04
FB-02
PT-03
32000
24050
20000
四层多功能厅顶棚造型平面图
SCALE:1:100
说明：

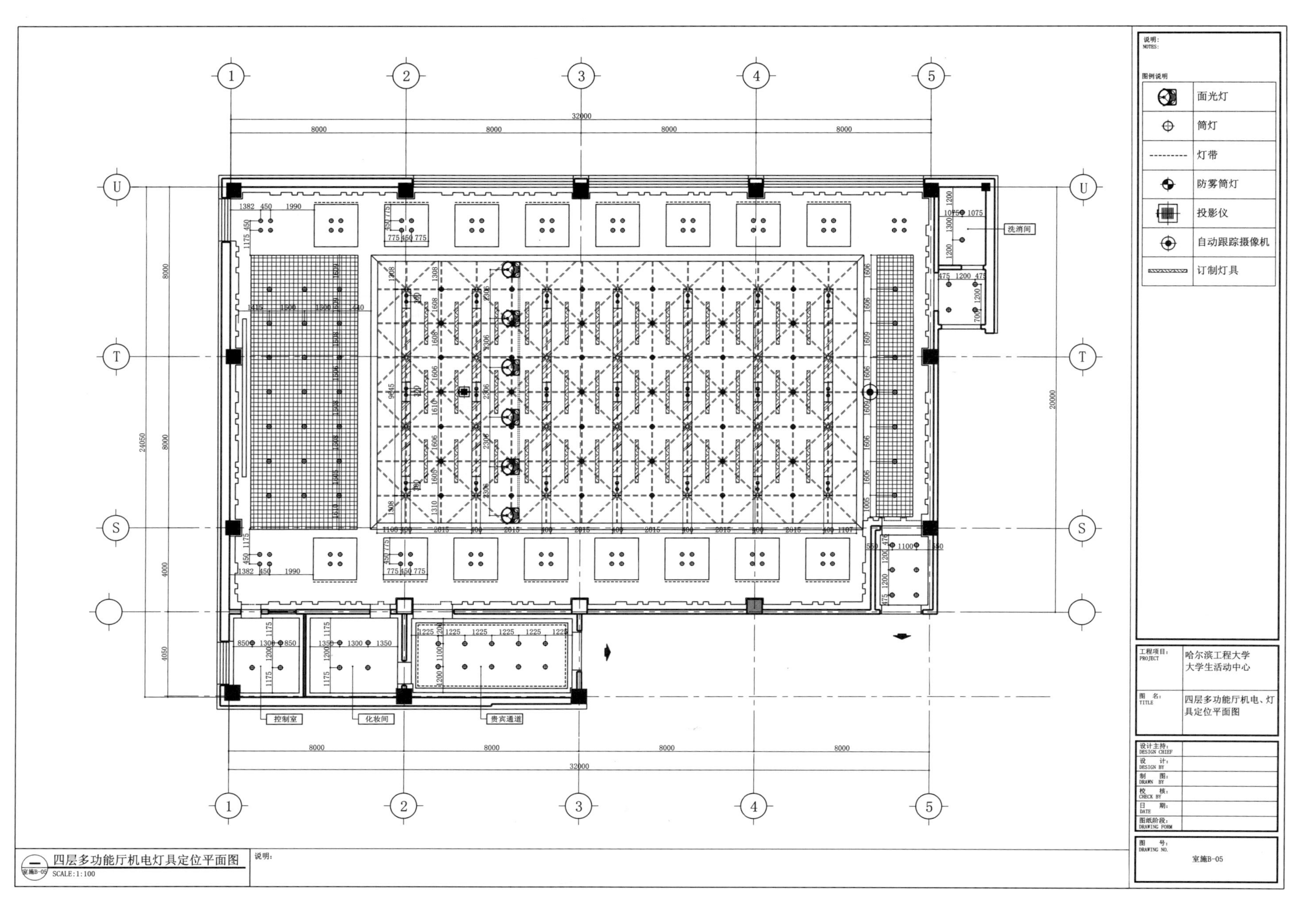
说明：
NOTES:
图例说明
面光灯
筒灯
灯带
防雾筒灯
投影仪
自动跟踪摄像机
订制灯具
工程项目：
PROJECT
哈尔滨工程大学
大学生活动中心
图 名：
TITLE
四层多功能厅机电、灯具定位平面图
设计主持：
DESIGN CHIEF
设 计：
DESIGN BY
制 图：
DRAWN BY
校 核：
CHECK BY
日 期：
DATE
图纸阶段：
DRAWING FORM
图 号：
DRAWING NO.
室施B-05
洗消间
控制室
化妆间
贵宾通道
四层多功能厅机电灯具定位平面图
SCALE:1:100
室施B-05
说明：

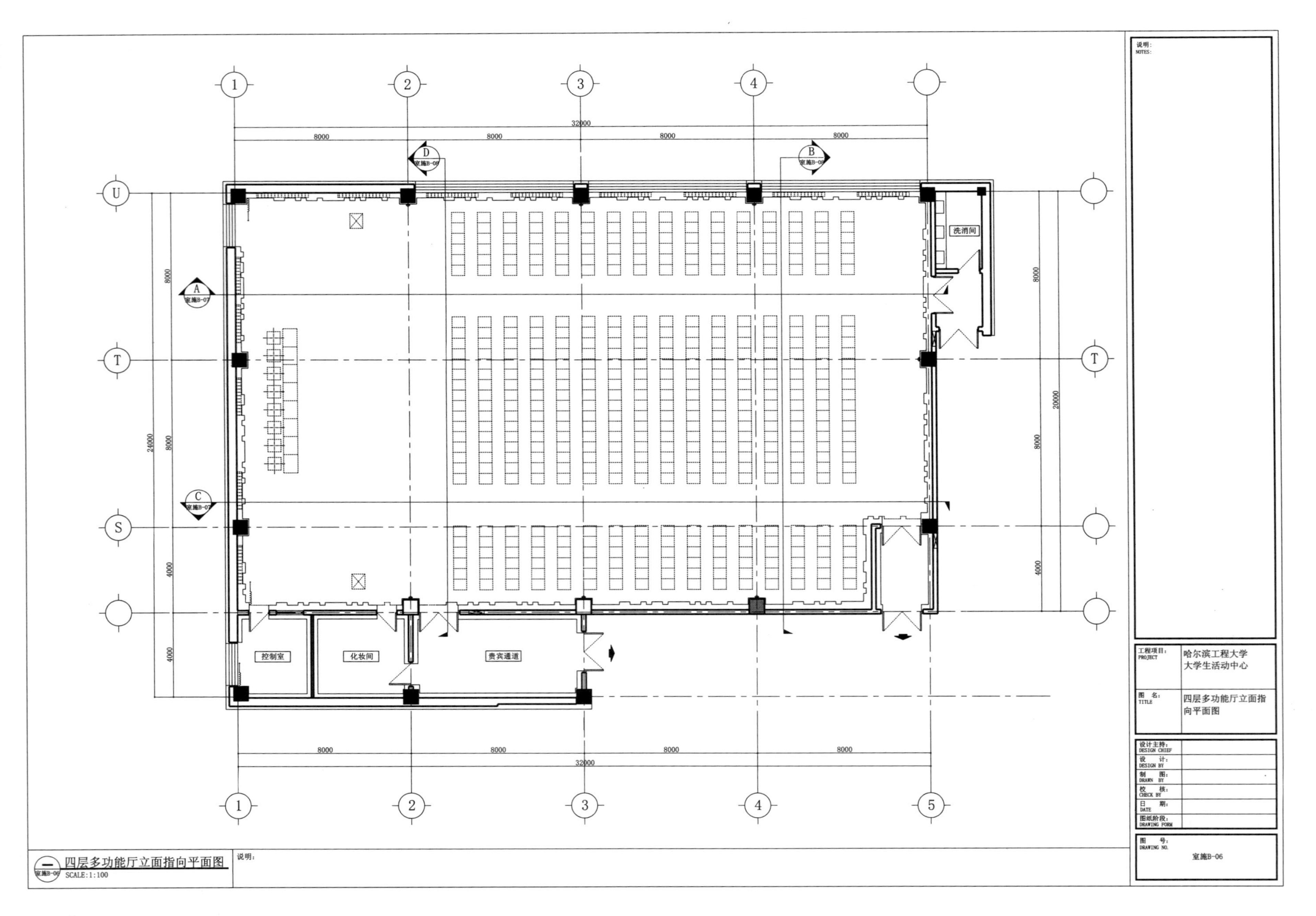

说明:
NOTES:
32000
8000
24000
20000
4000
D
B
A
C
室施B-08
室施B-07
洗消间
控制室
化妆间
贵宾通道
工程项目:
PROJECT
哈尔滨工程大学
大学生活动中心
图 名:
TITLE
四层多功能厅立面指
向平面图
设计主持:
DESIGN CHIEF
设 计:
DESIGN BY
制 图:
DRAWN BY
校 核:
CHECK BY
日 期:
DATE
图纸阶段:
DRAWING FORM
图 号:
DRAWING NO.
室施B-06
四层多功能厅立面指向平面图
SCALE:1:100
说明:

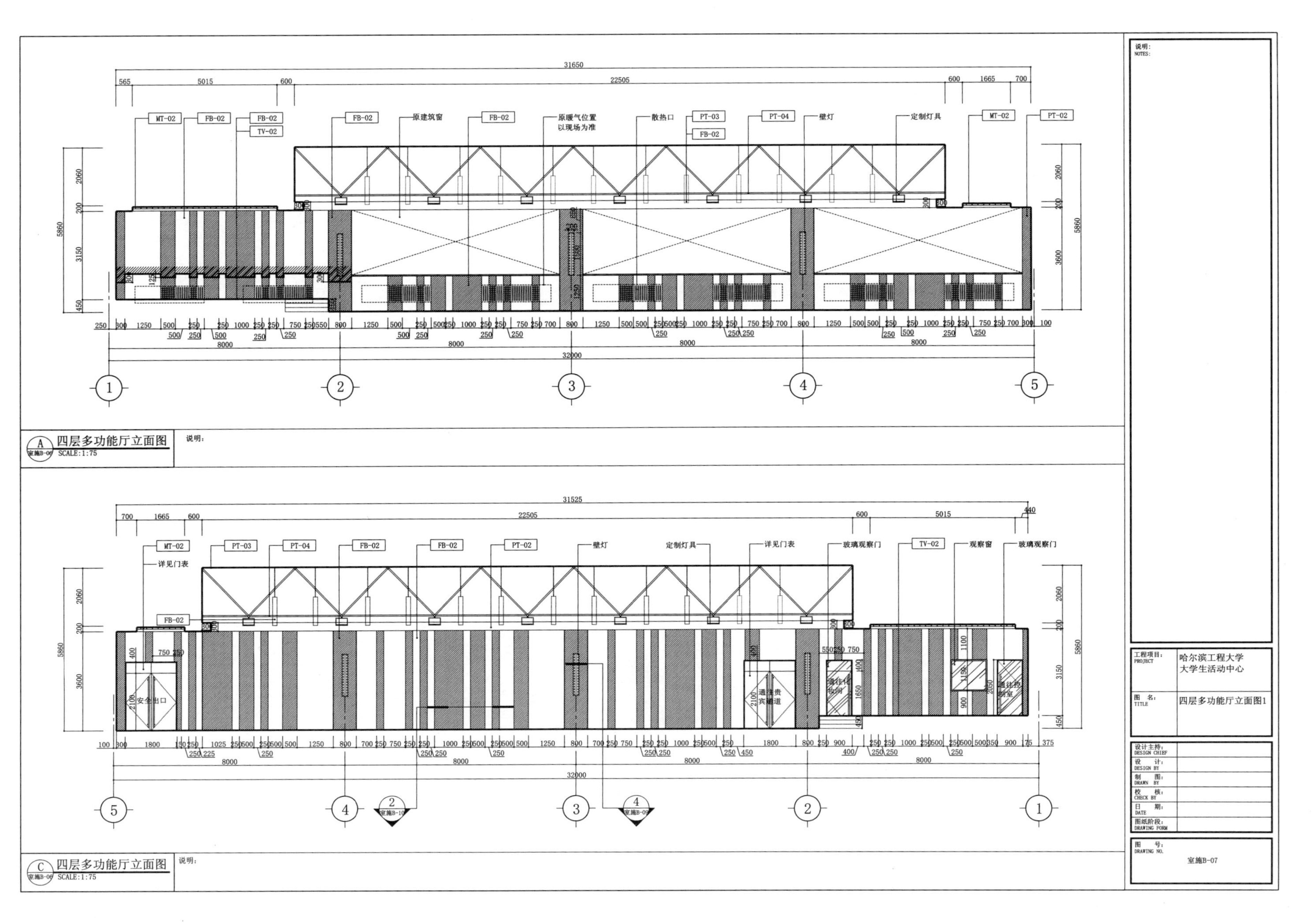

MT-02
FB-02
TV-02
原建筑窗
原暖气位置
以现场为准
散热口
PT-03
PT-04
壁灯
定制灯具
PT-02
31650
22505
5015
5860
32000
8000
四层多功能厅立面图
SCALE:1:75
说明：
详见门表
玻璃观察门
观察窗
安全出口
31525
说明：
NOTES:
工程项目：
PROJECT
哈尔滨工程大学
大学生活动中心
图 名：
TITLE
四层多功能厅立面图1
设计主持：
DESIGN CHIEF
设 计：
DESIGN BY
制 图：
DRAWN BY
校 核：
CHECK BY
日 期：
DATE
图纸阶段：
DRAWING FORM
图 号：
DRAWING NO.
室施B-07

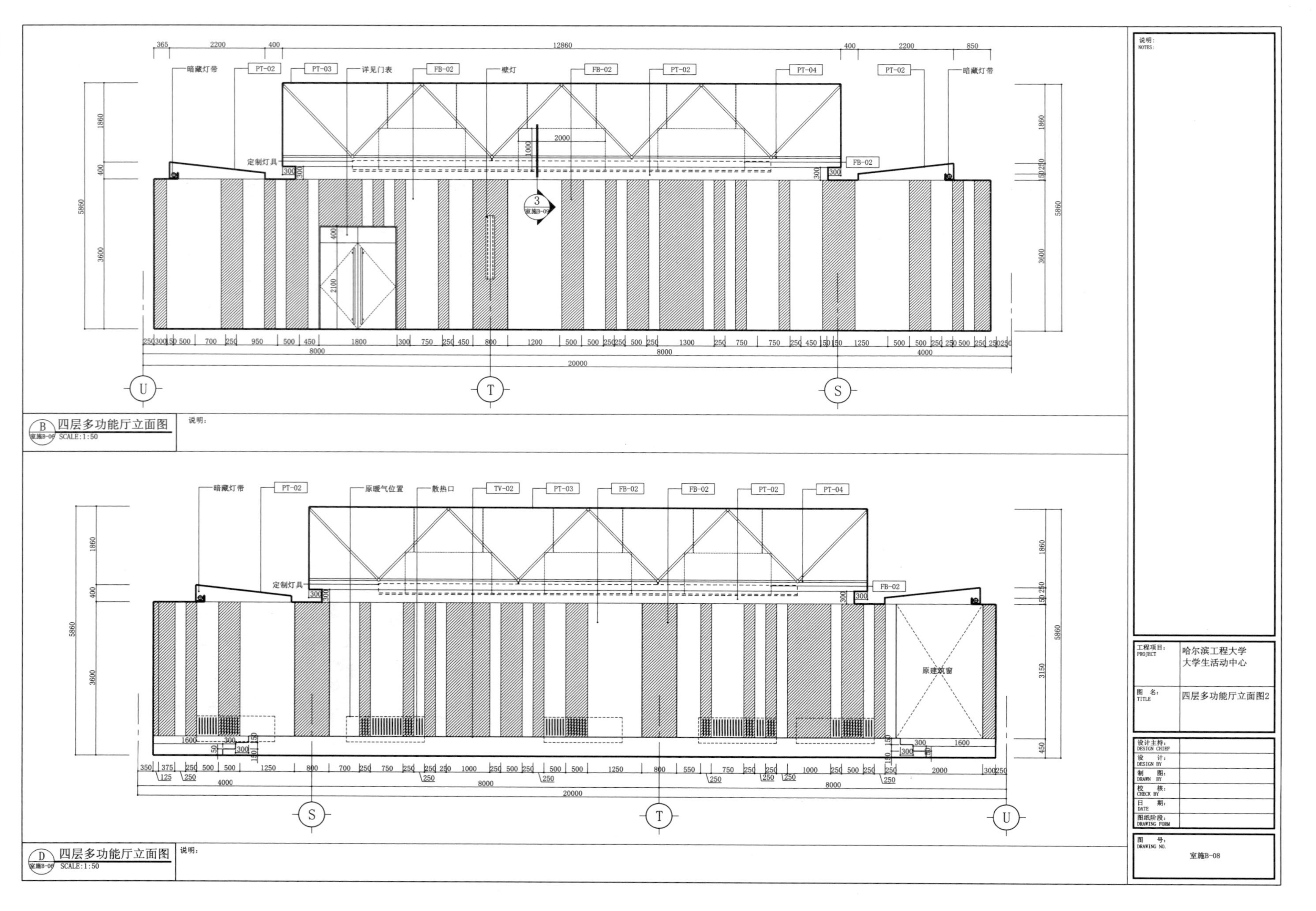

暗藏灯带
PT-02
PT-03
详见门表
FB-02
壁灯
FB-02
PT-02
PT-04
PT-02
暗藏灯带
定制灯具
FB-02
B 四层多功能厅立面图
室施B-06 SCALE:1:50
说明:
暗藏灯带
PT-02
原暖气位置
散热口
TV-02
PT-03
FB-02
FB-02
PT-02
PT-04
定制灯具
FB-02
原建筑窗
D 四层多功能厅立面图
室施B-06 SCALE:1:50
说明:
说明:
NOTES:
工程项目:
PROJECT
哈尔滨工程大学
大学生活动中心
图 名:
TITLE
四层多功能厅立面图2
设计主持:
DESIGN CHIEF
设 计:
DESIGN BY
制 图:
DRAWN BY
校 核:
CHECK BY
日 期:
DATE
图纸阶段:
DRAWING FORM
图 号:
DRAWING NO.
室施B-08

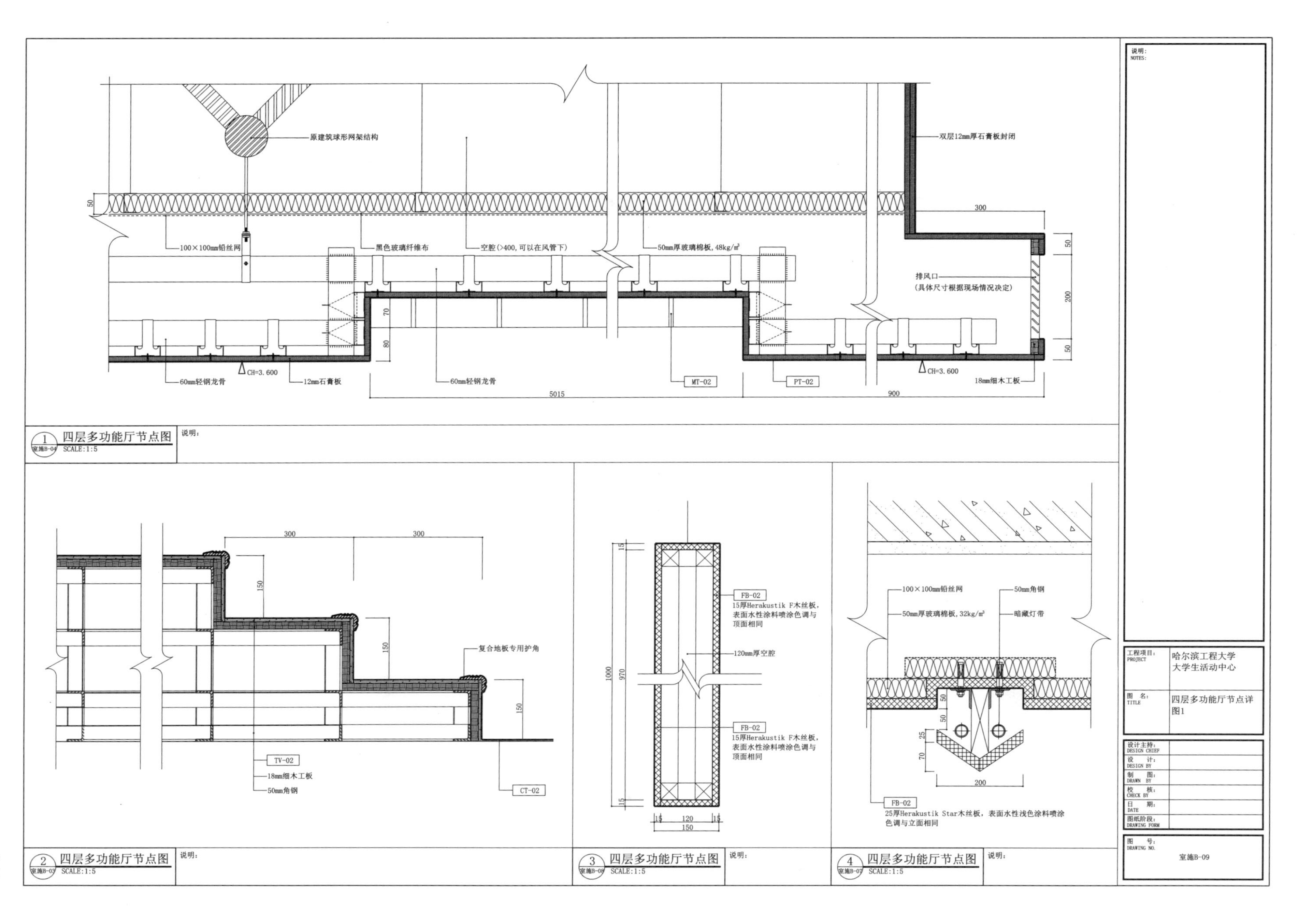
原建筑球形网架结构
双层12mm厚石膏板封闭
100×100mm铅丝网
黑色玻璃纤维布
空腔(>400,可以在风管下)
50mm厚玻璃棉板，48kg/m³
排风口
(具体尺寸根据现场情况决定)
CH=3.600
60mm轻钢龙骨
12mm石膏板
MT-02
PT-02
18mm细木工板
5015
900
300
50
200
70
80
1 四层多功能厅节点图
SCALE:1:5
说明：
复合地板专用护角
TV-02
18mm细木工板
50mm角钢
CT-02
150
2 四层多功能厅节点图
FB-02
15厚Herakustik F木丝板，表面水性涂料喷涂色调与顶面相同
120mm厚空腔
1000
970
15
120
150
3 四层多功能厅节点图
100×100mm铅丝网
50mm厚玻璃棉板，32kg/m³
50mm角钢
暗藏灯带
25厚Herakustik Star木丝板，表面水性浅色涂料喷涂色调与立面相同
25
4 四层多功能厅节点图
说明：
NOTES:
工程项目：
PROJECT
哈尔滨工程大学
大学生活动中心
图 名：
TITLE
四层多功能厅节点详图1
设计主持：
DESIGN CHIEF
设 计：
DESIGN BY
制 图：
DRAWN BY
校 核：
CHECK BY
日 期：
DATE
图纸阶段：
DRAWING FORM
图 号：
DRAWING NO.
室施B-09

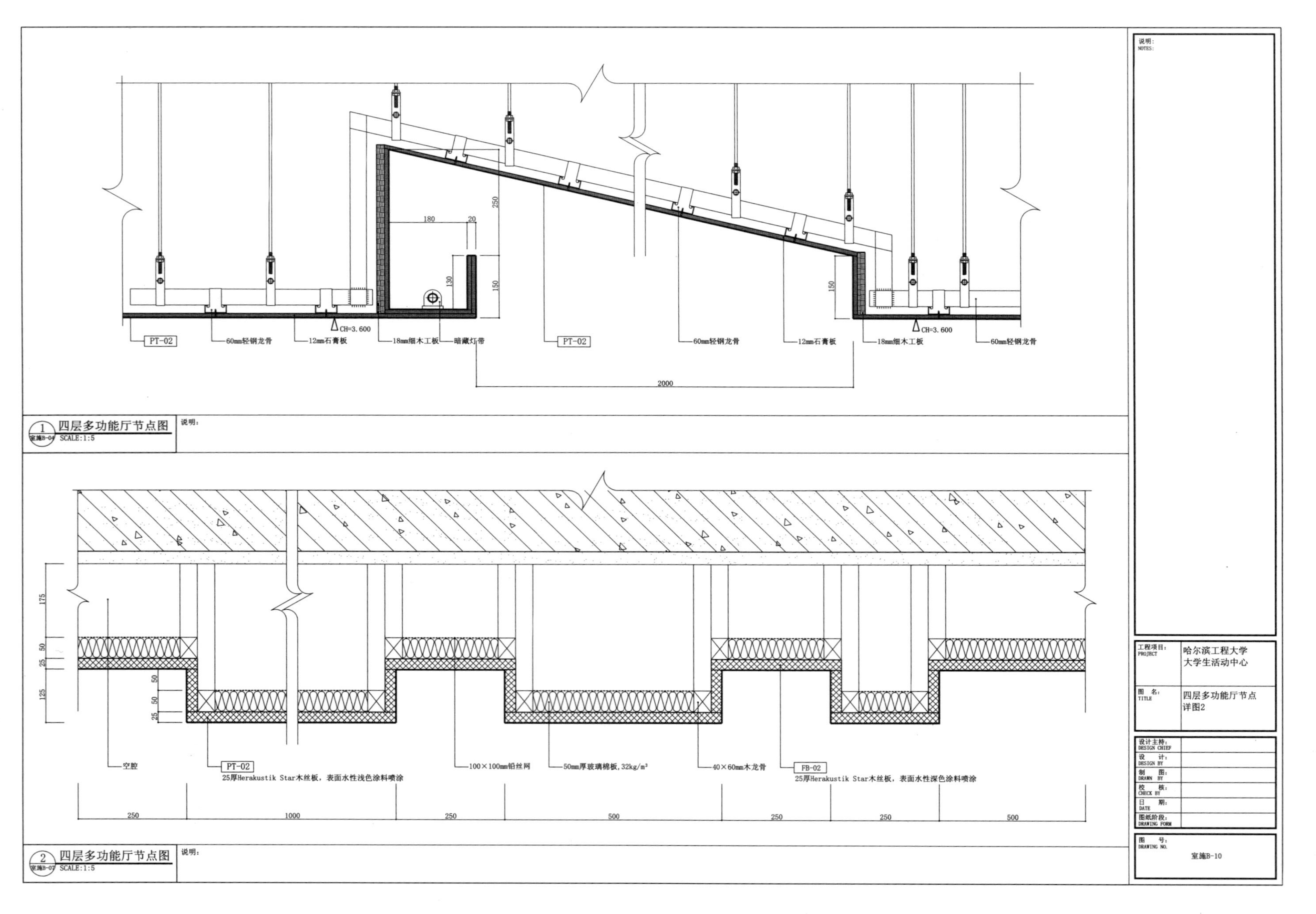
250
180
20
130
150
150
CH=3.600
CH=3.600
PT-02
60mm轻钢龙骨
12mm石膏板
18mm细木工板
暗藏灯带
PT-02
60mm轻钢龙骨
12mm石膏板
18mm细木工板
60mm轻钢龙骨
2000
1 四层多功能厅节点图
SCALE:1:5
说明:
175
50
25
125
50
50
25
空腔
PT-02
25厚Herakustik Star木丝板，表面水性浅色涂料喷涂
100×100mm铝丝网
50mm厚玻璃棉板，32kg/m³
40×60mm木龙骨
FB-02
25厚Herakustik Star木丝板，表面水性深色涂料喷涂
250
1000
250
500
250
250
500
2 四层多功能厅节点图
SCALE:1:5
说明:
说明:
NOTES:
工程项目:
PROJECT
哈尔滨工程大学
大学生活动中心
图 名:
TITLE
四层多功能厅节点
详图2
设计主持:
DESIGN CHIEF
设 计:
DESIGN BY
制 图:
DRAWN BY
校 核:
CHECK BY
日 期:
DATE
图纸阶段:
DRAWING FORM
图 号:
DRAWING NO.
室施B-10

哈尔滨工程大学大学生活动中心贵宾厅、大会议室 施工图

图表1-00

哈尔滨工程大学大学生活动中心贵宾厅、大会议室

施工图编制说明

一、工程名称:哈尔滨工程大学大学生活动中心

二、设计依据:

- 经业主批准的由哈尔滨工业大学建筑设计研究院设计的建筑设计施工图及业主向设计师传达的设计意向。
- 《民用建筑设计防火规范》(GB50045—2001)。
- 《建筑内部装修设计防火规范》(GB50222—2001)。
- 《建筑装饰工程施工及验收规范》(GB50210—2001)。
- 《民用建筑工程室内环境污染控制》(GB50325—2001)。
- 国家及地方现行有关规范、标准。

三、设计范围:

- 本室内设计范围包括:哈尔滨工程大学大学生活动中心室内装饰、装修\贵宾厅、大会议室范围部分。

四、标注单位及尺寸:

- 本施工图所注尺寸除标高以m为单位外，其余均以mm计算。
- 施工图中所表示的各部分内容，应以图纸所标注尺寸为准，避免在图纸上按比例测量，如有出入应及时与设计师联系解决。如与室内施工图平面、顶棚布置有较大出入之处应及时与设计师联系解决。

五、设计要求及相应规范:

- 有关土建拆改部分与配合：均与有关建筑设计院及业主配合、洽商与校核。
- 室内施工设计方案报当地公安消防机关，审批认可后再施工。
- 装饰材料的选用符合现行国家有关标准，根据消防部门关于建筑室内装修设计防火规定，严格选材，
- 采用阻燃性良好的装饰材料，装饰木结构隐蔽部分刷防火涂料，做法工序应执行《建筑内部装修设计防火规范》。
- 空调、消防报警、喷淋、排气、照明、弱电等位置设计均以专业设计为准，配合附件图仅供参考。
- 顶棚标高为装修完成实际高度。各专业隐蔽标高高于顶棚标高50mm～100mm以上。

六、施工做法与选材要求:

- 本工程做法除图纸具体要求的面层外，对构造层未作具体要求时，严格遵守国家现行的《建筑高级装饰工程质量评定标准》有关要求。
- 内装所有内隔墙为75型轻钢龙骨双面石膏板隔墙（石膏板厚12mm），隔墙内填充岩棉，墙面饰环保乳胶漆。所有顶棚棚面均为60型轻钢龙骨。
- 内装所有轻钢龙骨石膏板顶棚，其中石膏板为9.5mm厚纸面石膏板，配装轻钢龙骨结构做法参见北京龙牌龙骨生产厂与设计院合编的《龙牌轻钢龙骨吊顶图集》和《龙牌轻钢龙骨隔墙图集》。乳胶漆饰面采用环保型乳胶漆。
- 本工程油漆除特殊注明外，均为硝基清漆。
- 所有主材的色彩、纹理选用均需经甲方工地代表确认。
- 电器灯位开、关插座以"平面图"、"顶棚平面图"、"立面灯具位置图"合理布线并以电气专业图为准。电器板、钥匙开关板距地1.4m。电话出线口，共用天线户盒、地脚灯、单向两极、三极暗插座距地0.3m。具体详图详见电气图纸。
- 灯具造型由甲方与设计方共同协商认定。
- 该项工程设计充分考虑消防分区、疏散通道、出口的设计以及防火材料的应用。

防火专篇

一、设计依据:

- 《民用建筑设计防火规范》(GB50045—2001)。
- 《建筑内部装修设计防火规范》(GB50222—2001)。

二、材料选用及施工工艺:

- 墙纸、地毯均采用阻燃型。
- 墙面、地面、顶棚材料大面积采用难燃型材料，如石膏板、花岗石、高分子材料等。
- 木龙骨及木饰面衬均刷防火涂料两遍。
- 电线均采用国标产品并严格按施工规范施工。
- 隔墙采用轻钢龙骨双面石膏板（12mm厚）内填岩棉。隔墙到顶，有管线穿过的部位应封堵严密。玻璃隔断上部到结构层采用轻钢龙骨双面石膏板、内填岩棉隔断。

三、消防设备的配置:

- 本建筑设置了消防通道，消防门均为成品防火门。
- 按消防要求设置紧急照明和安全指示灯。
- 消防栓、喷淋及烟感，报警系统均由专业消防设计单位设计。
- 电线均采用国标产品，并严格按施工规范施工。

四、设计范围(电气)

- 哈尔滨工程大学大学生活动中心装饰照明、插座、应急照明的配电设计(未包括外立面照明)，没有设计的内容维持原电气设计。火灾自动报警系统和消防联动控制系统由建设单位另行委托设计和调整。
- 消防配电系统:

  本工程的应急照明和火灾疏散标志负荷分级为二级；

  本工程由AC 220/380V供电的应急照明和火灾疏散标志用电设备电源均取自低压配电室；

  应急照明和火灾疏散标志均由两路单独回路供电，并在线路末端实现自动切换。电源切换装置具有电气及机械联锁功能。

五、消防线路敷设:

- 应急照明和火灾疏散标志电源采用低烟无卤耐火型铜线（标示为NH-BV），在地面、墙体、楼板内暗敷时导线穿钢管保护且保护层厚度不小于3cm，明敷(包括在顶棚内敷设）时导线穿镀锌钢管保护，钢管涂耐火极限不小于1.5 h的隔热型防火涂料。

六、消防设备接地:

- 本工程采用联合接地方式。消防设备采用截面不小于16mm² 的专用接地干线(铜芯绝缘导线)直接与接地装置连接。由消防控制室引至各消防设备的接地线采用截面不小于4mm² 的绝缘铜导线。接地装置的接地电阻值不大于1.0Ω。

环保专篇

- 夹板等采用环保型材料，装饰材料均采用环保型材料，并按以下标准执行：

  《室内装饰装修材料人造板及其制品中甲醛释放限量》(GB18584—2001)；

  《室内装饰装修材料溶剂型木器涂料中有害物质限量》(GB18581—2001)；

  《室内装饰装修材料胶粘剂中有害物质限量》(GB18583—2001)；

  《室内装饰装修材料壁纸中有害物质限量》(GB18585—2001)；

  《室内装饰装修材料地毯、地毯衬垫及地毯胶粘剂中有害物质限量》(GB18587—2001)；

  《建筑材料放射性核素限量》(GB6566—2001)；

  《室内装饰装修材料内墙涂料中有害物质限量》(GB18582—2001)。

说明:
NOTES:

工程项目: PROJECT	哈尔滨工程大学大学生活动中心贵宾厅、大会议室
图　名: TITLE	施工图编制说明
设计主持: DESIGN CHIEF	
设　计: DESIGN BY	
制　图: DRAWN BY	
校　核: CHECK BY	
日　期: DATE	
图纸阶段: DRAWING FORM	
图　号: DRAWING NO.	图表1-01

说明:
NOTES:

图纸目录表

序号	图 纸 名 称	图号	图幅	备注	序号	图 纸 名 称	图号	图幅	备注
01	图纸封面	图表1-00	A4						
02	施工图编制说明	图表1-01	A4						
03	图纸目录表	图表1-02	A4						
04	贵宾厅家具、地面铺装平面图	室施A-01	A4						
05	贵宾厅顶棚平面图	室施A-02	A4						
06	贵宾厅立面图1	室施A-03	A4						
07	贵宾厅立面图2及节点图	室施A-04	A4						
08	大会议室家具、地面铺装平面图	室施B-01	A4						
09	大会议室顶棚平面图	室施B-02	A4						
10	大会议室立面图1	室施B-03	A4						
11	大会议室立面图2及节点图	室施B-04	A4						

工程项目: PROJECT 哈尔滨工程大学大学生活动中心贵宾厅、大会议室

图名: TITLE 图纸目录表

设计主持: DESIGN CHIEF
设计: DESIGN BY
制图: DRAWN BY
校核: CHECK BY
日期: DATE
图纸阶段: DRAWING FORM

图号: DRAWING NO. 图表1-02

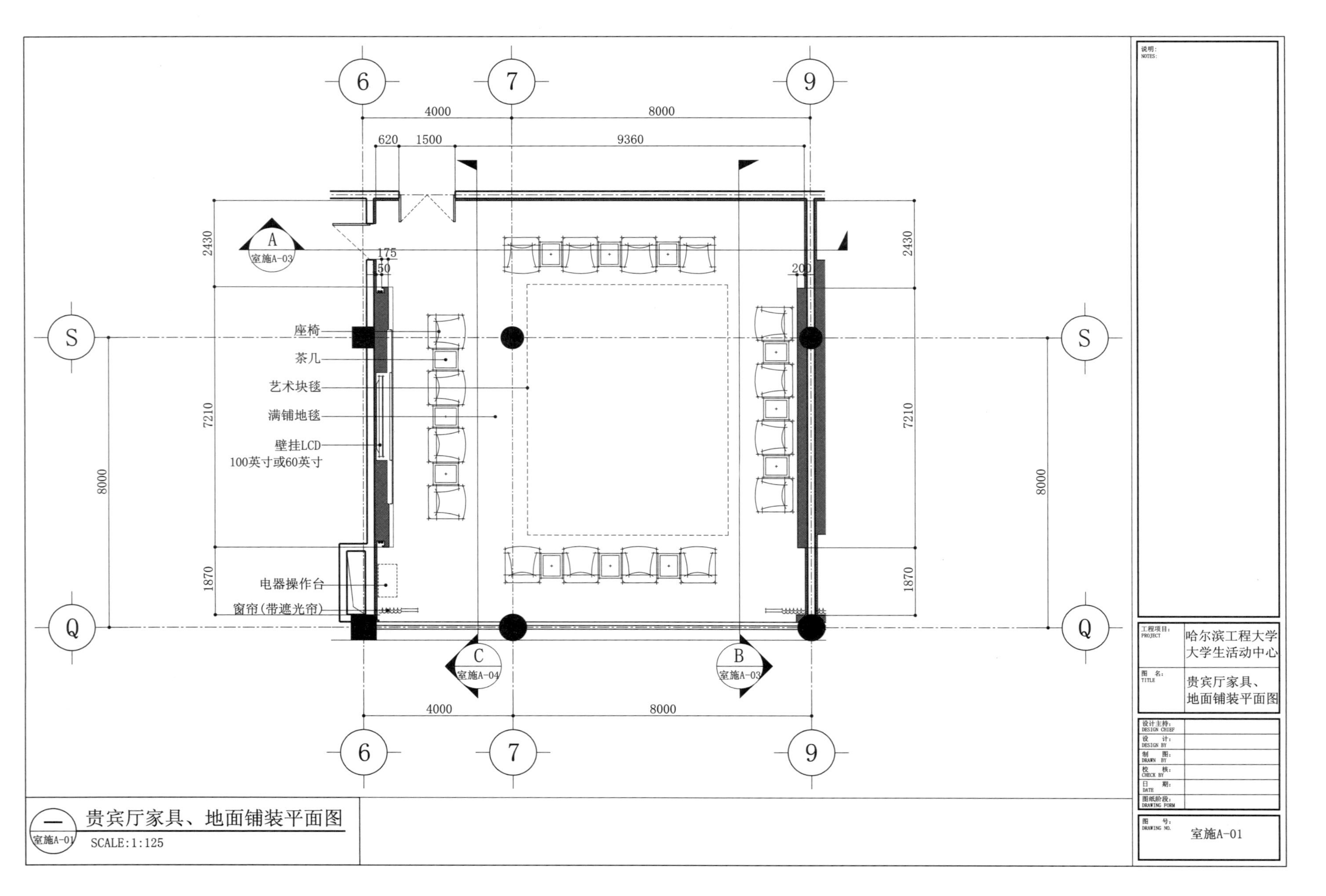
6
7
9
4000
8000
620
1500
9360
2430
175
50
200
A
室施A-03
S
座椅
茶几
艺术块毯
满铺地毯
壁挂LCD
100英寸或60英寸
7210
8000
1870
电器操作台
窗帘(带遮光帘)
Q
C
室施A-04
B
室施A-03
说明:
NOTES:
工程项目:
PROJECT
哈尔滨工程大学大学生活动中心
图 名:
TITLE
贵宾厅家具、地面铺装平面图
设计主持:
DESIGN CHIEF
设 计:
DESIGN BY
制 图:
DRAWN BY
校 核:
CHECK BY
日 期:
DATE
图纸阶段:
DRAWING FORM
图 号:
DRAWING NO.
室施A-01
一
室施A-01
贵宾厅家具、地面铺装平面图
SCALE:1:125

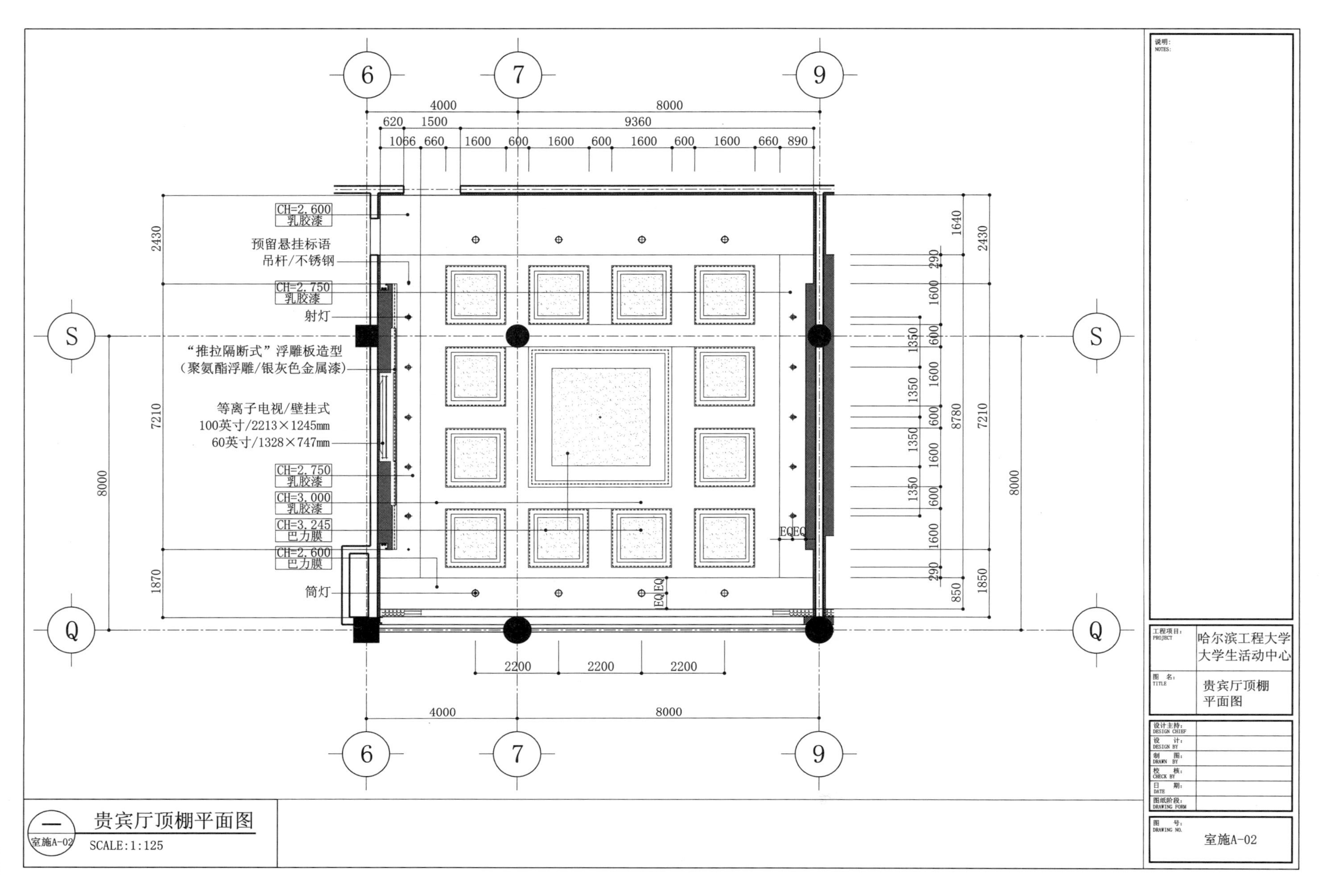

6
7
9
S
Q
4000
8000
620
1500
9360
1066
660
1600
600
890
2430
7210
1870
1640
290
1350
8780
850
1850
2200
CH=2.600
乳胶漆
预留悬挂标语
吊杆/不锈钢
CH=2.750
乳胶漆
射灯
“推拉隔断式”浮雕板造型
（聚氨酯浮雕/银灰色金属漆）
等离子电视/壁挂式
100英寸/2213×1245mm
60英寸/1328×747mm
CH=2.750
乳胶漆
CH=3.000
乳胶漆
CH=3.245
巴力膜
CH=2.600
巴力膜
筒灯
EQEQ
说明:
NOTES:
工程项目:
PROJECT
哈尔滨工程大学
大学生活动中心
图名:
TITLE
贵宾厅顶棚
平面图
设计主持:
DESIGN CHIEF
设计:
DESIGN BY
制图:
DRAWN BY
校核:
CHECK BY
日期:
DATE
图纸阶段:
DRAWING FORM
图号:
DRAWING NO.
室施A-02
一
室施A-02
贵宾厅顶棚平面图
SCALE:1:125

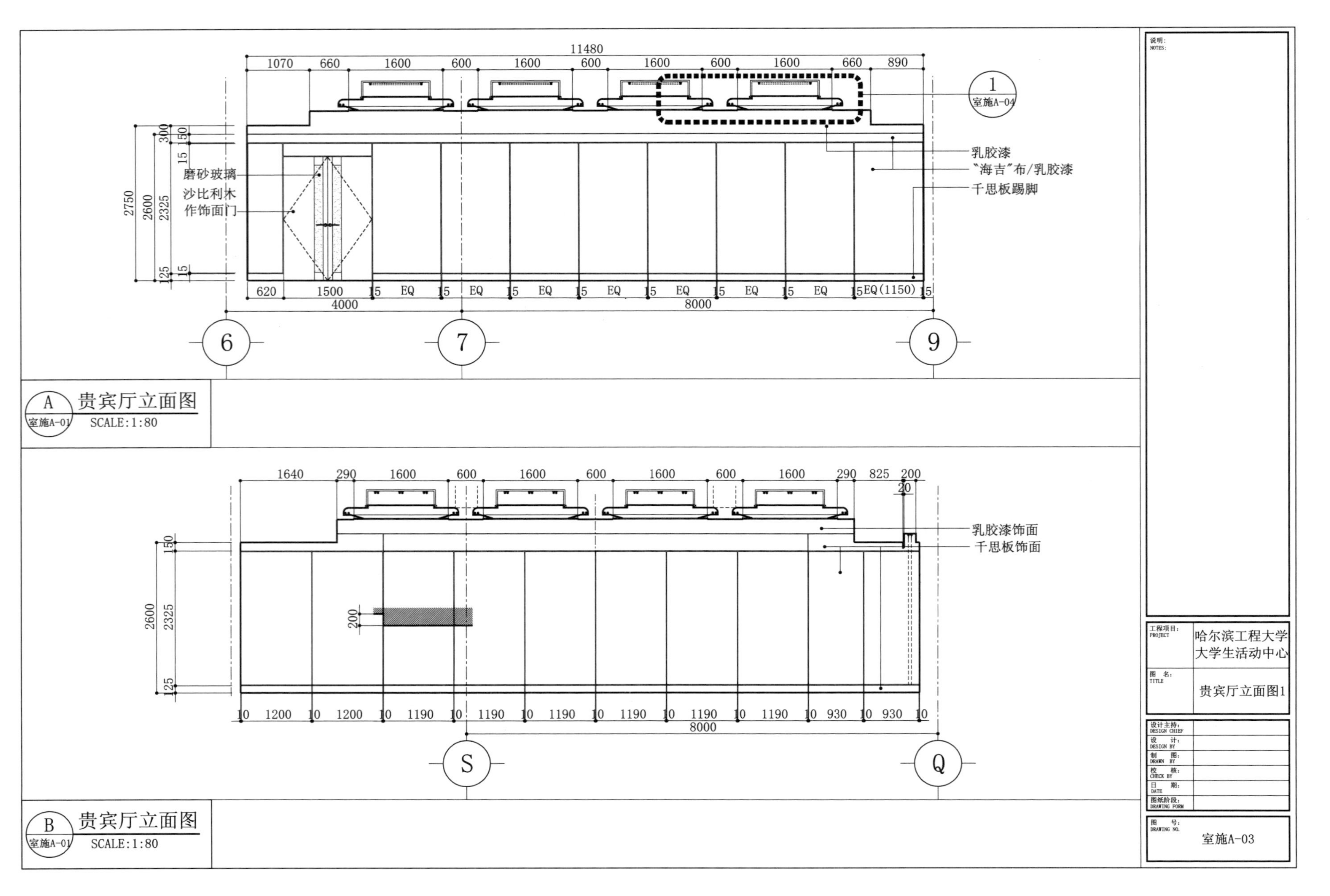
乳胶漆
"海吉"布/乳胶漆
千思板踢脚
磨砂玻璃
沙比利木
作饰面门
A 贵宾厅立面图
室施A-01
SCALE:1:80
乳胶漆饰面
千思板饰面
B 贵宾厅立面图
室施A-01
SCALE:1:80
1
室施A-04
说明:
NOTES:
工程项目:
PROJECT
哈尔滨工程大学
大学生活动中心
图 名:
TITLE
贵宾厅立面图1
设计主持:
DESIGN CHIEF
设 计:
DESIGN BY
制 图:
DRAWN BY
校 核:
CHECK BY
日 期:
DATE
图纸阶段:
DRAWING FORM
图 号:
DRAWING NO.
室施A-03

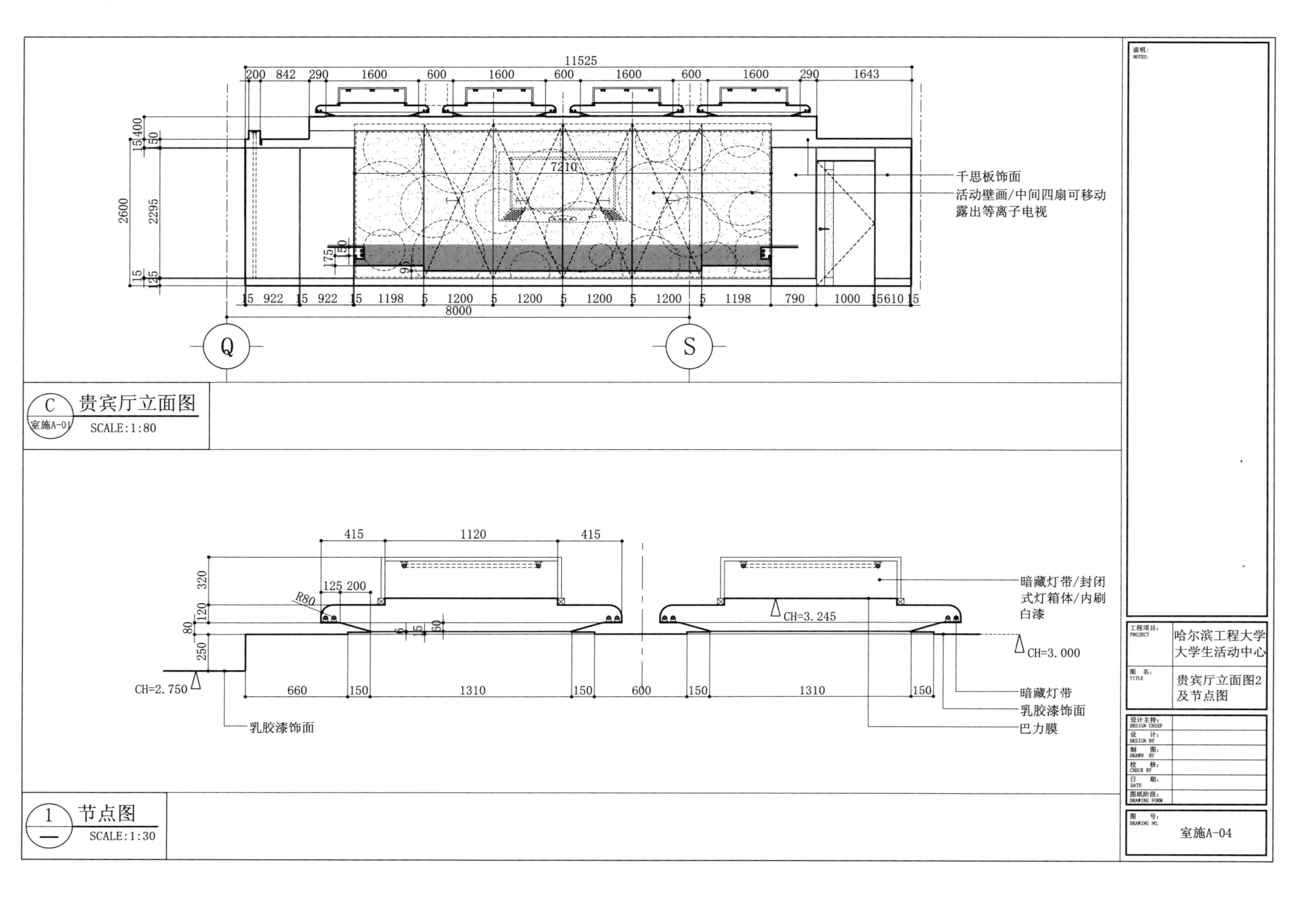
说明:
NOTES:
千思板饰面
活动壁画/中间四扇可移动
露出等离子电视
C
室施A-01
贵宾厅立面图
SCALE:1:80
暗藏灯带/封闭
式灯箱体/内刷
白漆
CH=3.245
CH=3.000
CH=2.750
暗藏灯带
乳胶漆饰面
巴力膜
乳胶漆饰面
1
节点图
SCALE:1:30
工程项目:
PROJECT
哈尔滨工程大学
大学生活动中心
图 名:
TITLE
贵宾厅立面图2
及节点图
设计主持:
DESIGN CHIEF
设 计:
DESIGN BY
制 图:
DRAWN BY
校 核:
CHECK BY
日 期:
DATE
图纸阶段:
DRAWING FORM
图 号:
DRAWING NO.
室施A-04

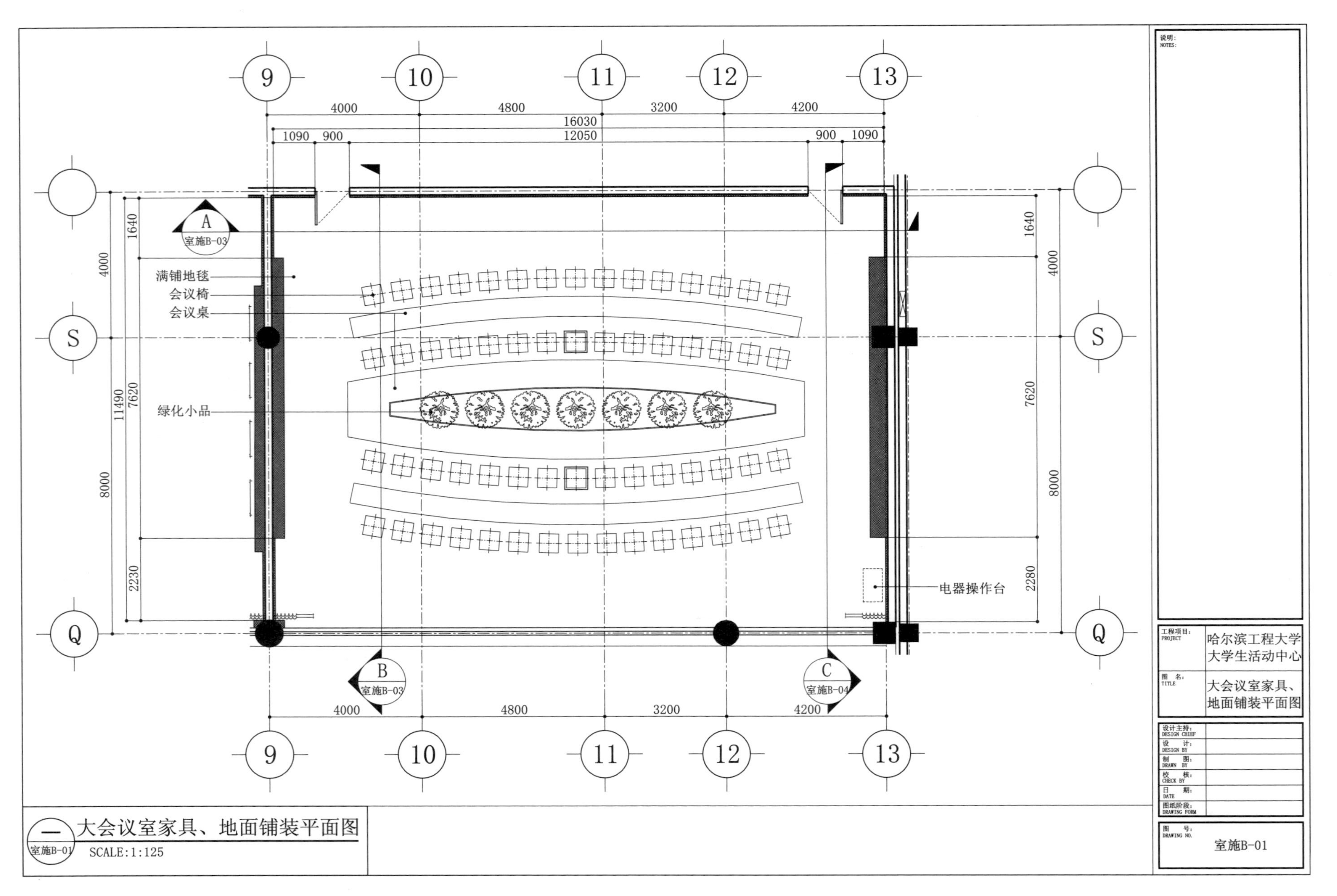

一 大会议室家具、地面铺装平面图

室施B-01 SCALE:1:125

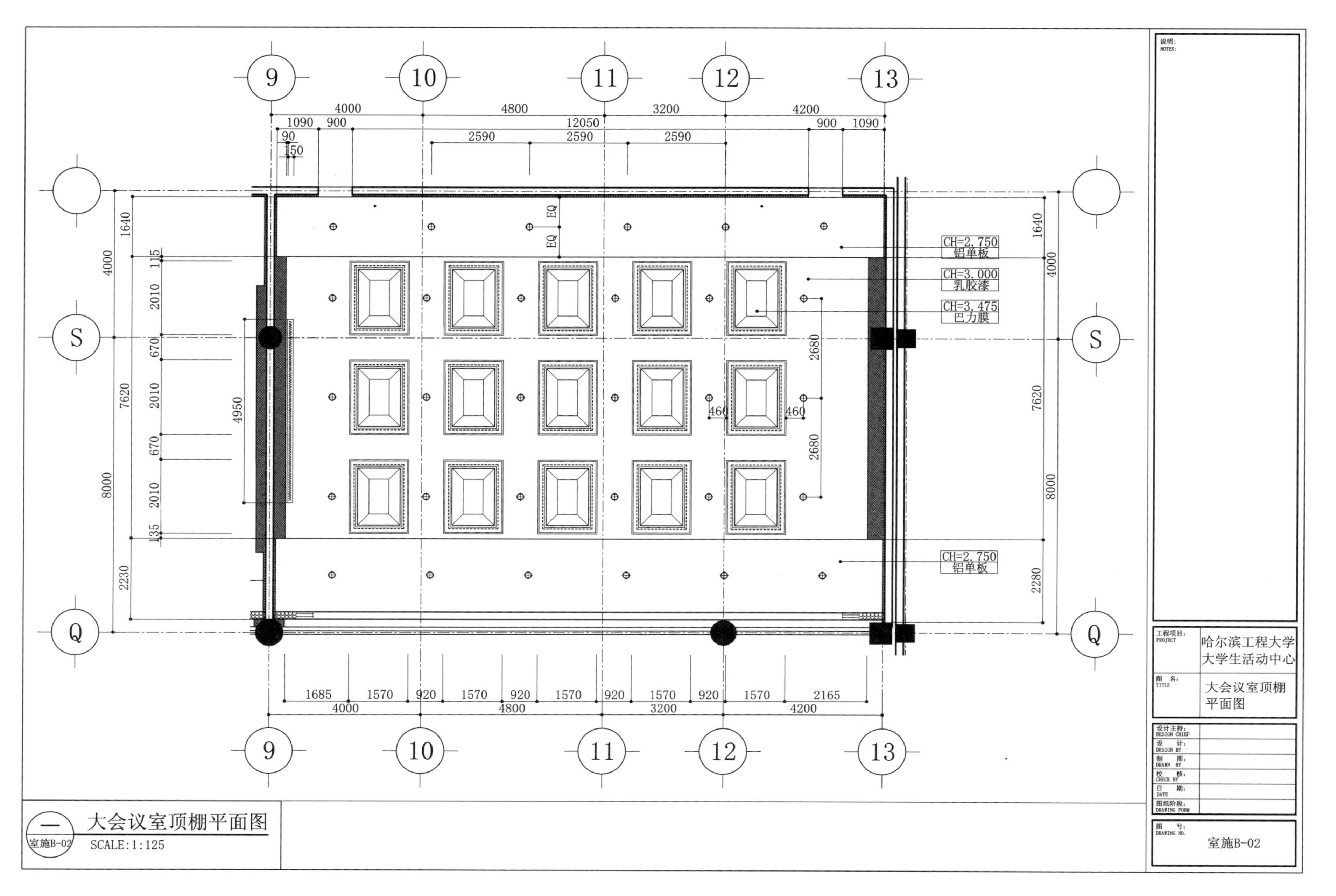

说明：
NOTES:
工程项目：
PROJECT
哈尔滨工程大学
大学生活动中心
图 名：
TITLE
大会议室顶棚
平面图
设计主持：
DESIGN CHIEF
设 计：
DESIGN BY
制 图：
DRAWN BY
校 核：
CHECK BY
日 期：
DATE
图纸阶段：
DRAWING FORM
图 号：
DRAWING NO.
室施B-02
CH=2.750
铝单板
CH=3.000
乳胶漆
CH=3.475
巴力膜
CH=2.750
铝单板
9
10
11
12
13
S
Q
4000
4800
3200
4200
1090
900
12050
900
1090
90
150
2590
2590
2590
1640
4000
7620
8000
2230
2280
115
2010
670
2010
670
2010
135
4950
2680
2680
460
460
EQ
EQ
1685
1570
920
1570
920
1570
920
1570
920
1570
2165
大会议室顶棚平面图
SCALE:1:125
室施B-02

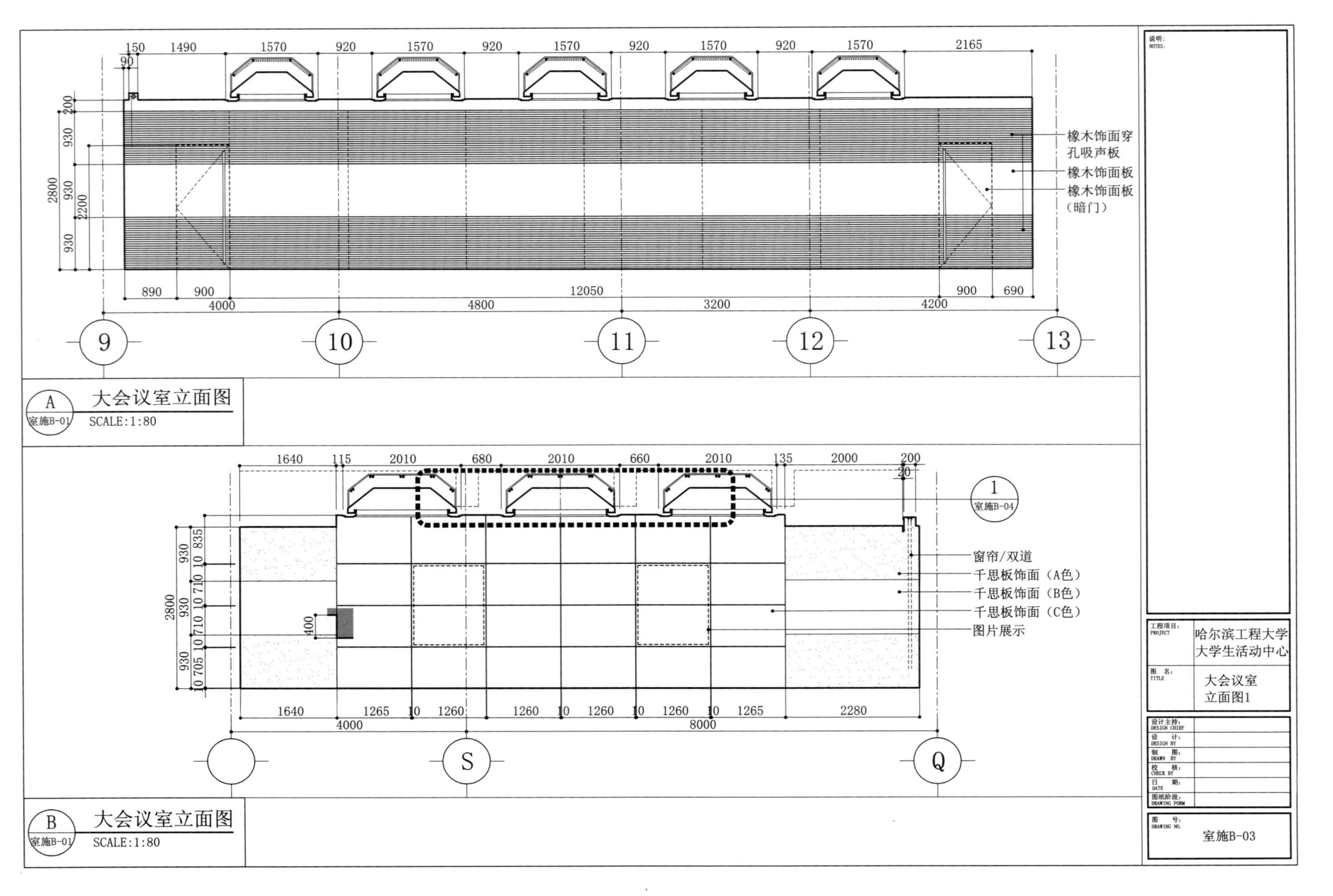

橡木饰面穿孔吸声板
橡木饰面板
橡木饰面板（暗门）
A 室施B-01
大会议室立面图
SCALE:1:80
窗帘/双道
千思板饰面（A色）
千思板饰面（B色）
千思板饰面（C色）
图片展示
1 室施B-04
B 室施B-01
大会议室立面图
SCALE:1:80
说明:
NOTES:
工程项目: PROJECT
哈尔滨工程大学大学生活动中心
图名: TITLE
大会议室立面图1
设计主持: DESIGN CHIEF
设计: DESIGN BY
制图: DRAWN BY
校核: CHECK BY
日期: DATE
图纸阶段: DRAWING FORM
图号: DRAWING NO.
室施B-03

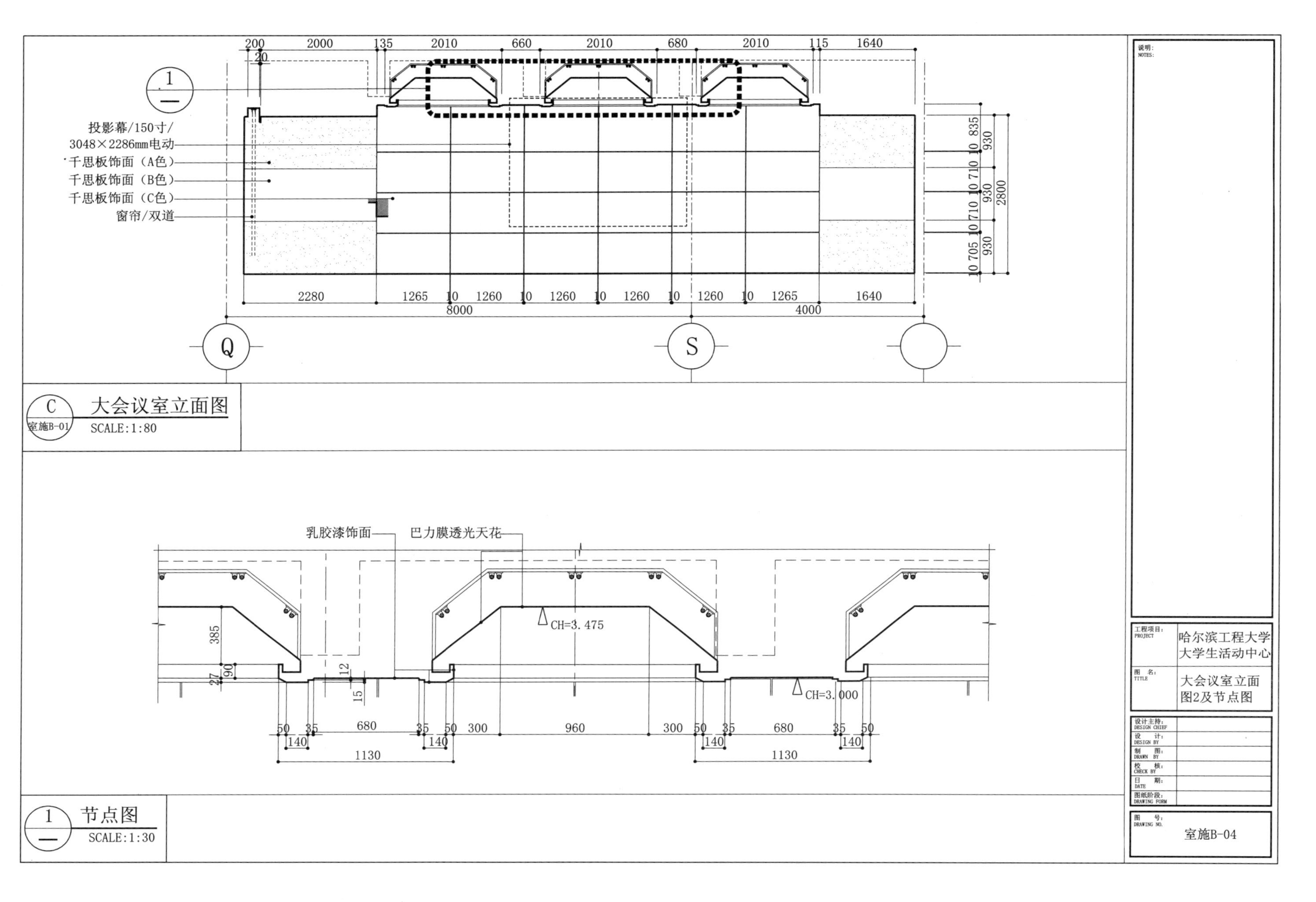

C 室施B-01 大会议室立面图 SCALE:1:80

1 — 节点图 SCALE:1:30

哈尔滨工程大学大学生活动中心/教师沙龙 施工图

图表1-00

哈尔滨工程大学大学生活动中心教师沙龙

施工图编制说明

一、工程名称:哈尔滨工程大学大学生活动中心

二、设计依据:

- 经业主批准的由哈尔滨工业大学建筑设计研究院设计的建筑设计施工图及业主向设计师传达的设计意向。
- 《民用建筑设计防火规范》(GB50045—2001)。
- 《建筑内部装修设计防火规范》(GB50222—2001)。
- 《建筑装饰工程施工及验收规范》(GB50210—2001)。
- 《民用建筑工程室内环境污染控制》(GB50325—2001)。
- 国家及地方现行有关规范、标准。

三、设计范围:

- 本室内设计范围包括:哈尔滨工程大学大学生活动中心室内装饰、装修\教师沙龙范围部分。

四、标注单位及尺寸:

- 本施工图所注尺寸除标高以m为单位外，其余均以mm计算。
- 施工图中所表示的各部分内容，应以图纸所标注尺寸为准，避免在图纸上按比例测量，如有出入应及时与设计师联系解决。如与室内施工图平面、顶棚布置有较大出入之处应及时与设计师联系解决。

五、设计要求及相应规范:

- 有关土建拆改部分与配合：均与有关建筑设计院及业主配合、洽商与校核。
- 室内施工设计方案报当地公安消防机关，审批认可后再施工。
- 装饰材料的选用符合现行国家有关标准，根据消防部门关于建筑室内装修设计防火规定，选材严格，采用阻燃性良好的装饰材料，装饰木结构隐蔽部分刷防火涂料，做法工序应执行《建筑内装饰防火规范》。
- 空调、消防报警、喷淋、排气、照明、弱电等位置设计均以专业设计为准，配合附件图仅供参考。
- 顶棚标高为装修完成实际高度。各专业隐蔽标高高于顶棚标高50mm～100mm以上。

六、施工做法与选材要求:

- 本工程做法除图纸具体要求的面层外，对构造层未作具体要求时，严格遵守国家现行的《建筑高级装饰工程质量评定标准》有关要求。
- 内装所有内隔墙为75型轻钢龙骨双面石膏板隔墙（石膏板厚12mm），隔墙内填充岩棉，墙面饰环保乳胶漆。所有顶棚棚面均为60型轻钢龙骨。
- 内装所有轻钢龙骨石膏板顶棚，其中石膏板为9.5mm厚纸面石膏板，配装轻钢龙骨结构做法参见北京龙牌龙骨生产厂与设计院合编的《龙牌轻钢龙骨吊顶图集》和《龙牌轻钢龙骨隔墙图集》。乳胶漆饰面采用环保型乳胶漆。
- 本工程油漆除特殊注明外，均为硝基清漆。
- 所有主材的色彩、纹理选用均需经甲方工地代表确认。
- 电器灯位开、关插座以"平面图"、"顶棚平面图"、"立面灯具位置图"合理布线并以电气专业图为准。电器板、钥匙开关板距地1.4m。电话出线口，共用天线户盒、地脚灯、单向两极、三极暗插座距地0.3m。具体详图详见电气图纸。
- 灯具造型由甲方与设计方共同协商认定。
- 该项工程设计充分考虑消防分区、疏散通道、出口的设计以及防火材料的应用。

防火专篇

一、设计依据:

- 《民用建筑设计防火规范》(GB50045—2001)。
- 《建筑内部装修设计防火规范》(GB50222—2001)。

二、材料选用及施工工艺:

- 墙纸、地毯均采用阻燃型。
- 墙面、地面、顶棚材料大面积采用难燃型材料，如石膏板、花岗石、高分子材料等。
- 木龙骨及木饰面衬均刷防火涂料两遍。
- 电线均采用国标产品，并严格按施工规范施工。
- 隔墙采用轻钢龙骨双面石膏板（12mm厚）内填岩棉。隔墙到顶，有管线穿过的部位应封堵严密。玻璃隔断上部到结构层采用轻钢龙骨双面石膏板、内填岩棉隔断。

三、消防设备的配置:

- 土建筑设置了消防通道，消防门均为成品防火门。
- 按消防要求设置紧急照明和安全指示灯。
- 消防栓、喷淋及烟感，报警系统均由专业消防设计单位设计。
- 电线均采用国标产品，并严格按施工规范施工。

四、设计范围(电气)

- 哈尔滨工程大学大学生活动中心装饰照明、插座、应急照明的配电设计(未包括外立面照明)，没有设计的内容维持原电气设计。火灾自动报警系统和消防联动控制系统由建设单位另行委托设计和调整。
- 消防配电系统:
  本工程的应急照明和火灾疏散标志负荷分级为二级；
  本工程由AC 220/380V供电的应急照明和火灾疏散标志用电设备电源均取自低压配电室；
- 应急照明和火灾疏散标志均由两路单独回路供电，并在线路末端实现自动切换。电源切换装置具有电气及机械联锁功能。

五、消防线路敷设:

- 应急照明和火灾疏散标志电源采用低烟无卤耐火型铜线（标示为NH-BV），在地面、墙体、楼板内暗敷时导线穿钢管保护且保护层厚度不小于3cm，明敷(包括在顶棚内敷设）时导线穿镀锌钢管保护，钢管涂耐火极限不小于1.5 h的隔热型防火涂料。

六、消防设备接地:

- 本工程采用联合接地方式。消防设备采用截面不小于16mm^2 的专用接地干线(铜芯绝缘导线)直接与接地装置连接。由消防控制室引至各消防设备的接地线采用截面不小于4mm^2 的绝缘铜导线。接地装置的接地电阻值不大于1.0Ω。

环保专篇

- 夹板等采用环保型材料，装饰材料均采用环保型材料，并按以下标准执行：
  《室内装饰装修材料人造板及其制品中甲醛释放限量》(GB18584—2001)；
  《室内装饰装修材料溶剂型木器涂料中有害物质限量》(GB18581—2001)；
  《室内装饰装修材料胶粘剂中有害物质限量》(GB18583—2001)；
  《室内装饰装修材料壁纸中有害物质限量》(GB18585—2001)；
  《室内装饰装修材料地毯、地毯衬垫及地毯胶粘剂中有害物质限量》(GB18587—2001)；
  《建筑材料放射性核素限量》(GB6566—2001)；
  《室内装饰装修材料内墙涂料中有害物质限量》(GB18582—2001)。

说明:
NOTES:

工程项目: PROJECT	哈尔滨工程大学大学生活动中心教师沙龙
图 名: TITLE	施工图编制说明

设计主持: DESIGN CHIEF	
设 计: DESIGN BY	
制 图: DRAWN BY	
校 核: CHECK BY	
日 期: DATE	
图纸阶段: DRAWING FORM	

图 号: DRAWING NO.	图表1-01

图纸目录表

序号	图 纸 名 称	图号	图幅	备注	序号	图 纸 名 称	图号	图幅	备注
01	图纸封面	图表1-00	A2						
02	施工图编制说明	图表1-01	A2						
03	图纸目录表	图表1-02	A2						
04	四层教师沙龙地面铺装平面图	室施A-01	A2						
05	四层教师沙龙家具布置平面图	室施A-02	A2						
06	四层教师沙龙顶棚平面图	室施A-03	A2						
07	四层教师沙龙立面图	室施A-04	A2						
08	四层教师沙龙节点图1	室施A-05	A2						
09	四层教师沙龙节点图2	室施A-06	A2						

说明:
NOTES:

工程项目: PROJECT	哈尔滨工程大学大学活动中心教师沙龙
图 名: TITLE	图纸目录表
设计主持: DESIGN CHIEF	
设 计: DESIGN BY	
制 图: DRAWN BY	
校 核: CHECK BY	
日 期: DATE	
图纸阶段: DRAWING FORM	
图 号: DRAWING NO.	图表1-02

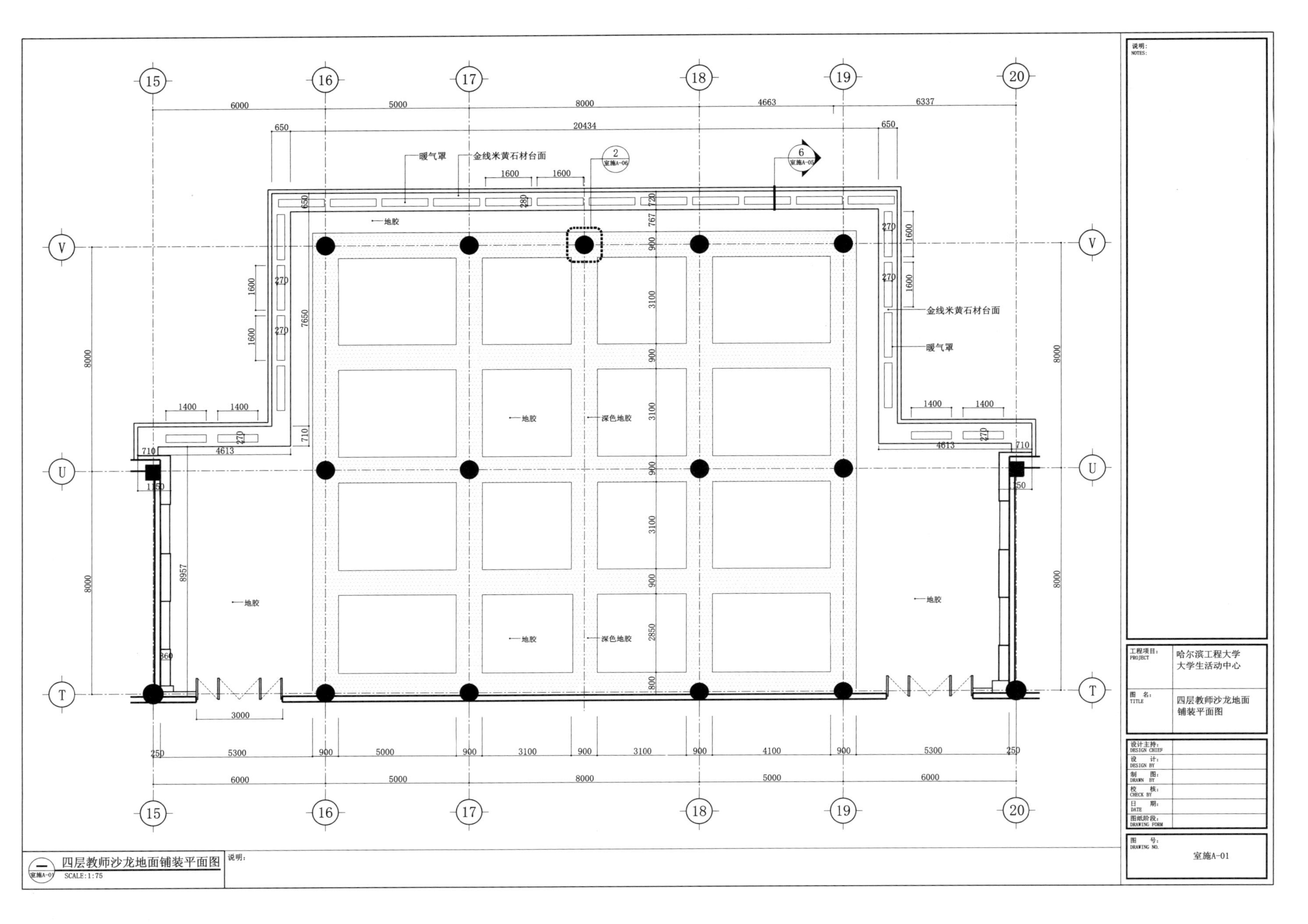
暖气罩
金线米黄石材台面
地胶
深色地胶
说明：
NOTES:
工程项目：
PROJECT
哈尔滨工程大学
大学生活动中心
图 名：
TITLE
四层教师沙龙地面
铺装平面图
设计主持：
DESIGN CHIEF
设 计：
DESIGN BY
制 图：
DRAWN BY
校 核：
CHECK BY
日 期：
DATE
图纸阶段：
DRAWING FORM
图 号：
DRAWING NO.
室施A-01
四层教师沙龙地面铺装平面图
SCALE:1:75
说明：

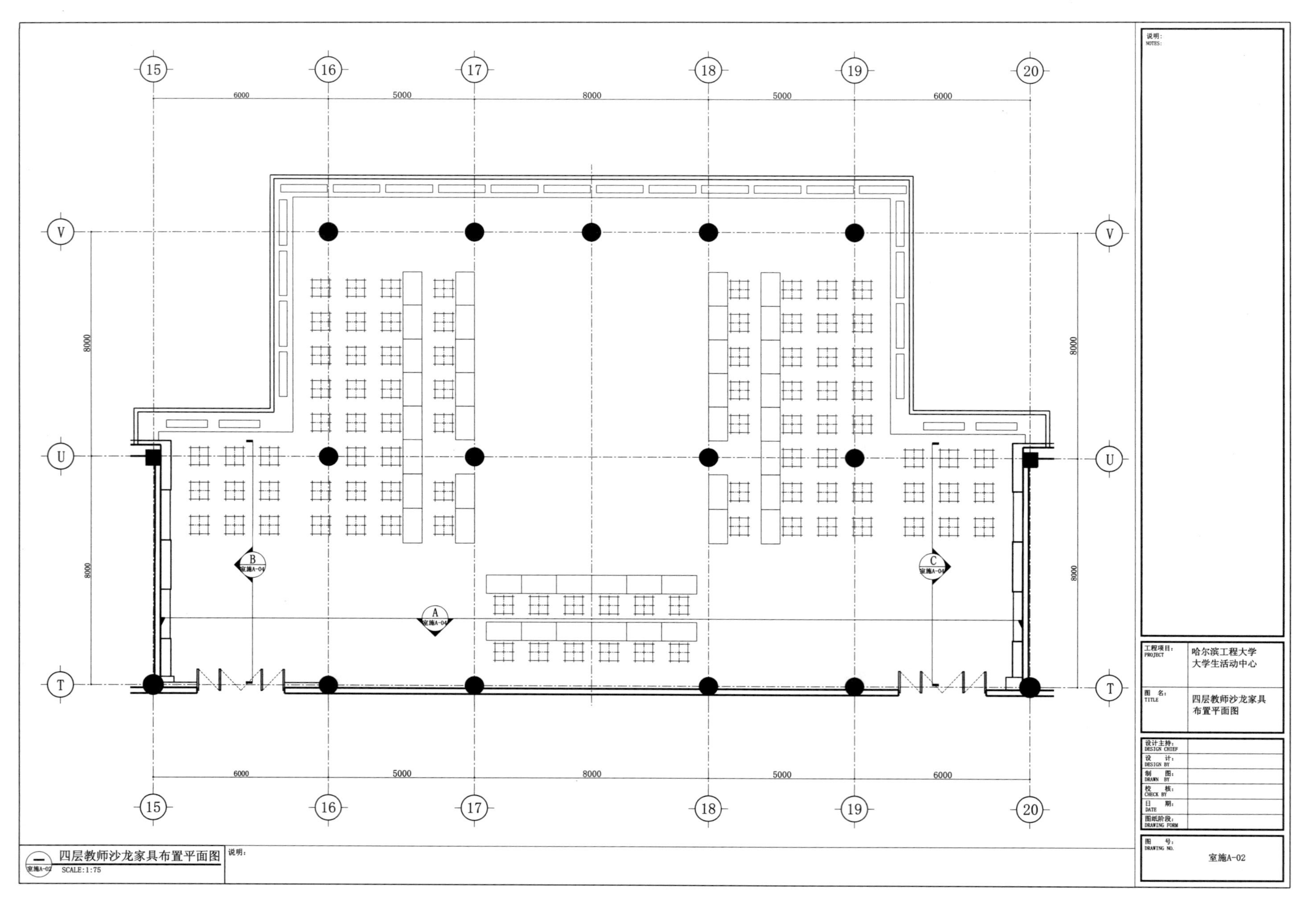

说明：
NOTES：
工程项目：
PROJECT
哈尔滨工程大学
大学生活动中心
图 名：
TITLE
四层教师沙龙家具
布置平面图
设计主持：
DESIGN CHIEF
设 计：
DESIGN BY
制 图：
DRAWN BY
校 核：
CHECK BY
日 期：
DATE
图纸阶段：
DRAWING FORM
图 号：
DRAWING NO.
室施A-02
四层教师沙龙家具布置平面图
SCALE:1:75
说明：
6000
5000
8000
5000
6000
8000
8000

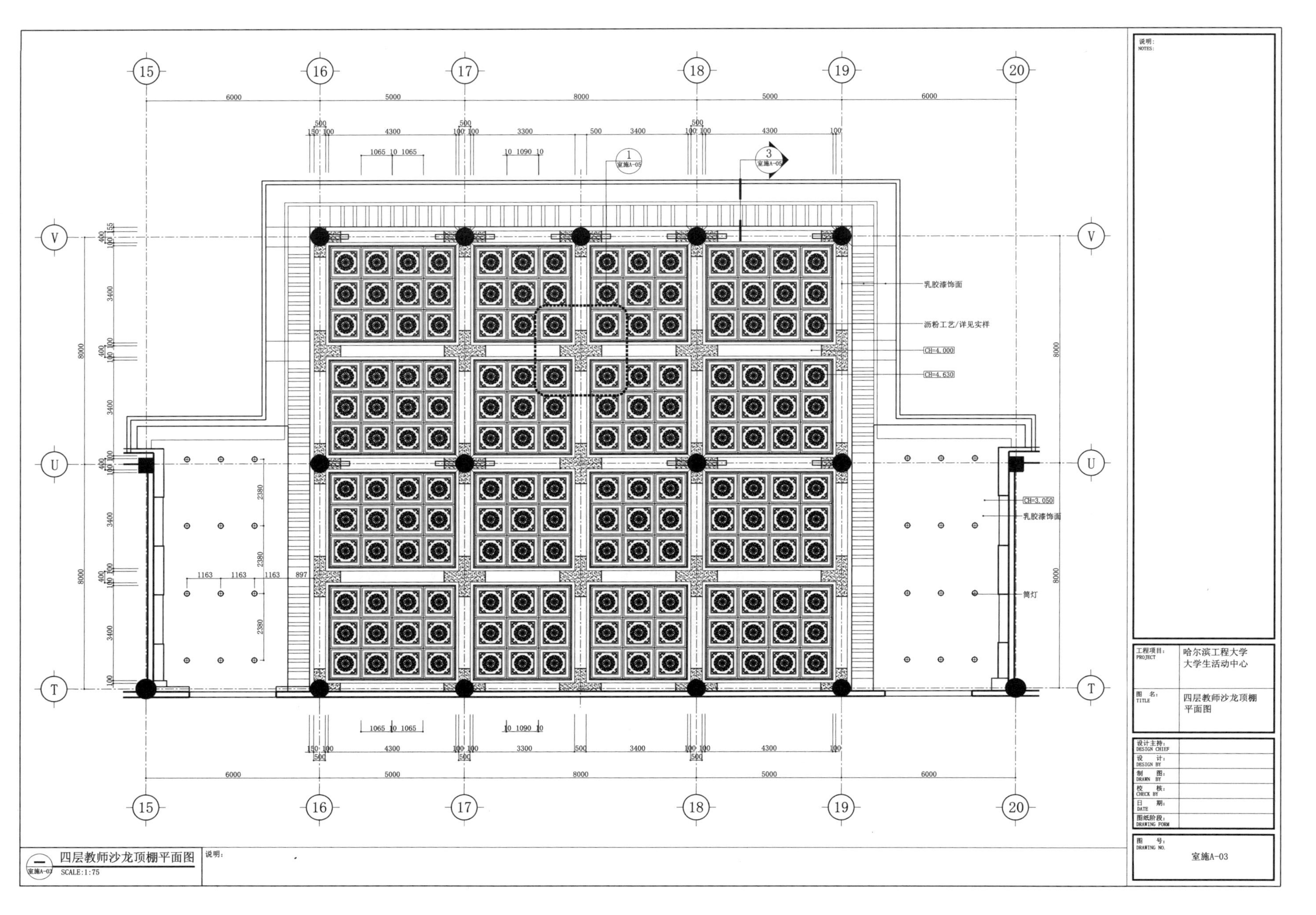

乳胶漆饰面
沥粉工艺/详见实样
CH=4.000
CH=4.630
CH=3.050
乳胶漆饰面
筒灯
说明:
NOTES:
工程项目:
PROJECT
哈尔滨工程大学
大学生活动中心
图 名:
TITLE
四层教师沙龙顶棚平面图
设计主持:
DESIGN CHIEF
设 计:
DESIGN BY
制 图:
DRAWN BY
校 核:
CHECK BY
日 期:
DATE
图纸阶段:
DRAWING FORM
图 号:
DRAWING NO.
室施A-03
四层教师沙龙顶棚平面图
SCALE:1:75
说明:

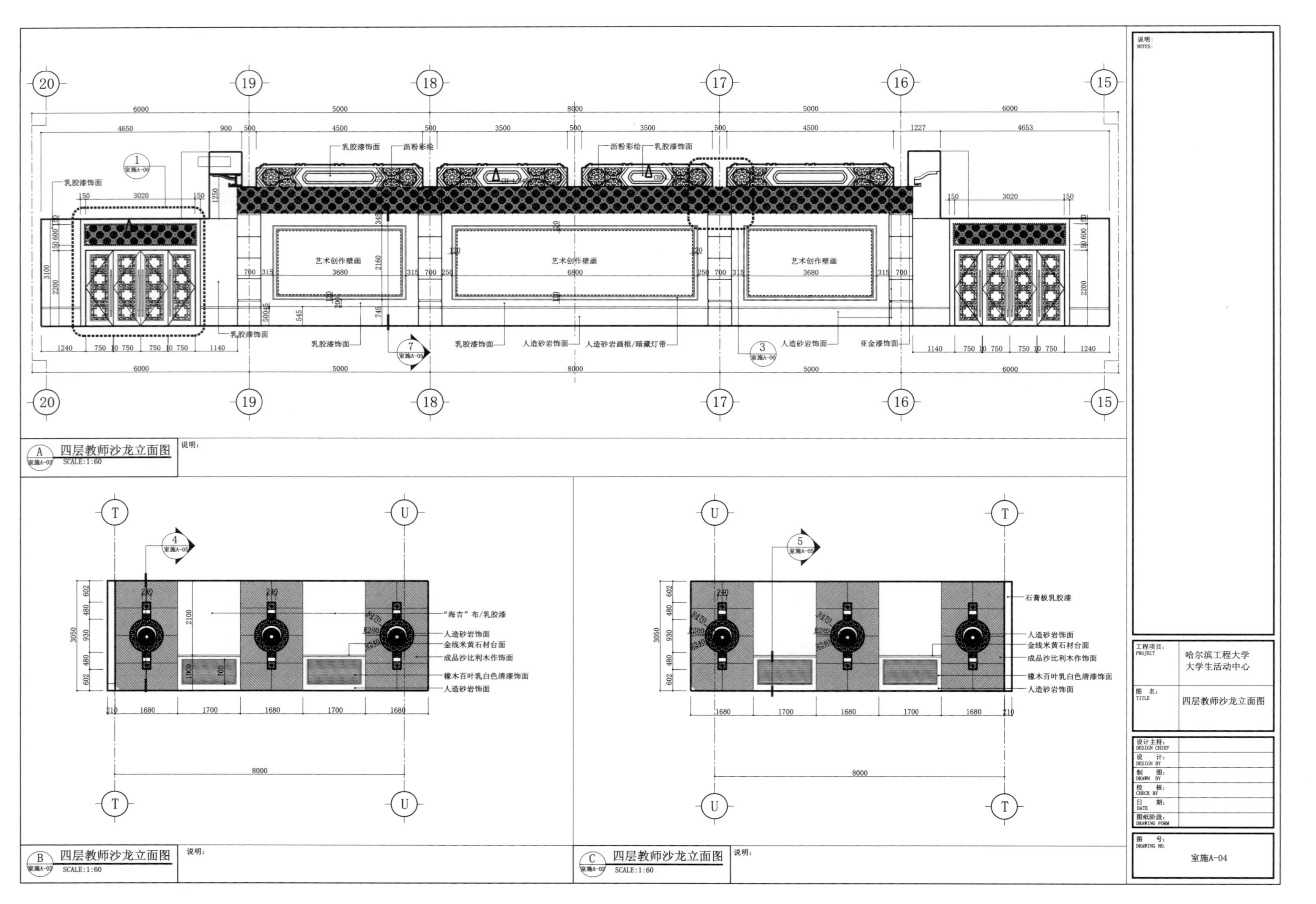

说明：
NOTES:
工程项目：
PROJECT
哈尔滨工程大学
大学生活动中心
图 名：
TITLE
四层教师沙龙立面图
设计主持：
DESIGN CHIEF
设 计：
DESIGN BY
制 图：
DRAWN BY
校 核：
CHECK BY
日 期：
DATE
图纸阶段：
DRAWING FORM
图 号：
DRAWING NO.
室施A-04
乳胶漆饰面
沥粉彩绘
艺术创作壁画
人造砂岩饰面
人造砂岩画框/暗藏灯带
亚金漆饰面
A 四层教师沙龙立面图 SCALE:1:60
说明：
"海吉"布/乳胶漆
金线米黄石材台面
成品沙比利木作饰面
橡木百叶乳白色清漆饰面
石膏板乳胶漆
B 四层教师沙龙立面图 SCALE:1:60
C 四层教师沙龙立面图 SCALE:1:60

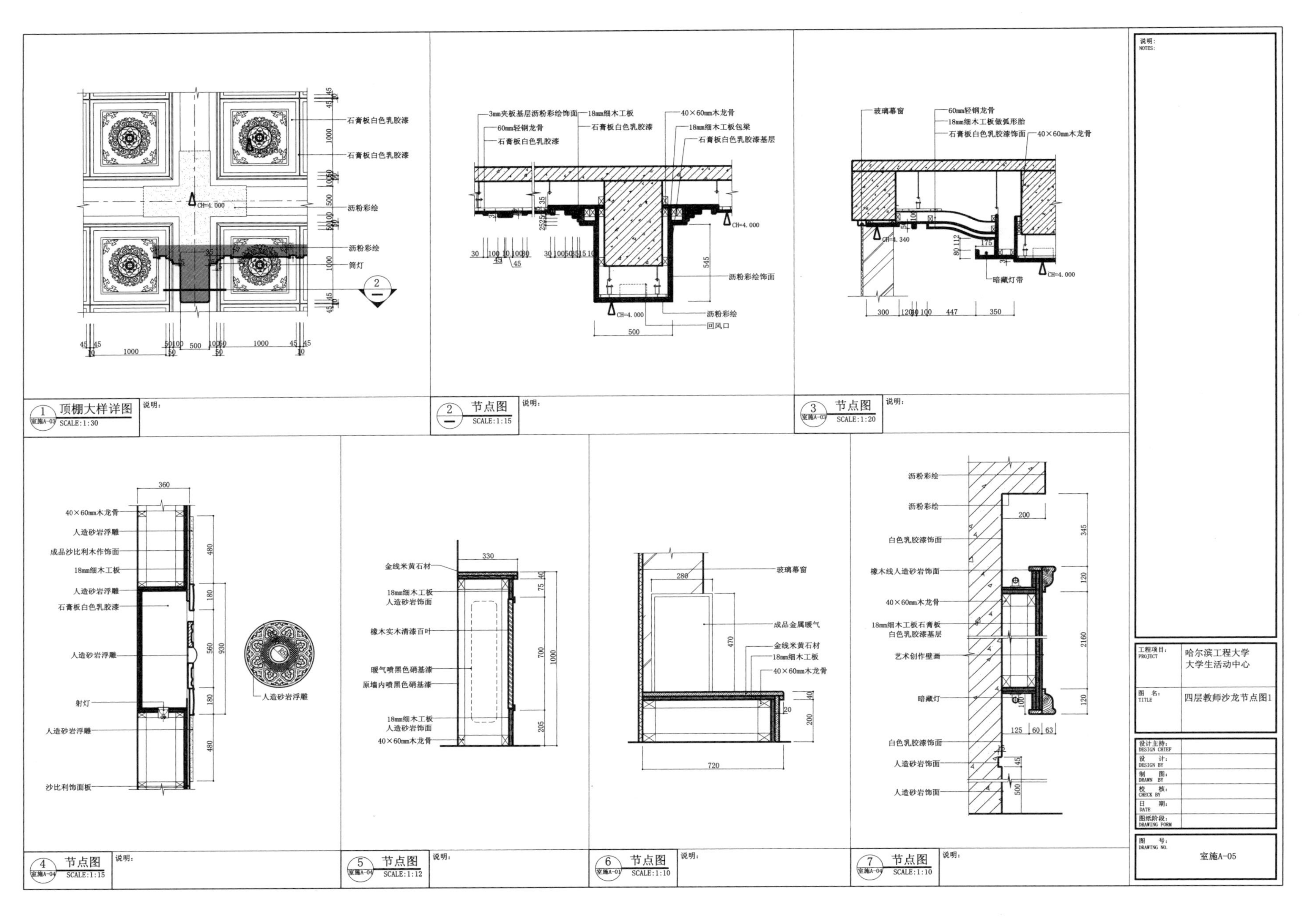

石膏板白色乳胶漆
石膏板白色乳胶漆
沥粉彩绘
沥粉彩绘
筒灯
CH=4.000
1 顶棚大样详图 SCALE:1:30
说明:
3mm夹板基层沥粉彩绘饰面
60mm轻钢龙骨
石膏板白色乳胶漆
18mm细木工板
石膏板白色乳胶漆
40×60mm木龙骨
18mm细木工板包梁
石膏板白色乳胶漆基层
沥粉彩绘饰面
沥粉彩绘
回风口
2 节点图 SCALE:1:15
说明:
玻璃幕窗
60mm轻钢龙骨
18mm细木工板做弧形胎
石膏板白色乳胶漆饰面
40×60mm木龙骨
暗藏灯带
CH=3.340
3 节点图 SCALE:1:20
说明:
40×60mm木龙骨
人造砂岩浮雕
成品沙比利木作饰面
18mm细木工板
人造砂岩浮雕
石膏板白色乳胶漆
人造砂岩浮雕
射灯
人造砂岩浮雕
沙比利饰面板
人造砂岩浮雕
4 节点图 SCALE:1:15
说明:
金线米黄石材
18mm细木工板
人造砂岩饰面
橡木实木清漆百叶
暖气喷黑色硝基漆
原墙内喷黑色硝基漆
18mm细木工板
人造砂岩饰面
40×60mm木龙骨
5 节点图 SCALE:1:12
说明:
玻璃幕窗
成品金属暖气
金线米黄石材
18mm细木工板
40×60mm木龙骨
6 节点图 SCALE:1:10
说明:
沥粉彩绘
沥粉彩绘
白色乳胶漆饰面
橡木线人造砂岩饰面
40×60mm木龙骨
18mm细木工板石膏板
白色乳胶漆基层
艺术创作壁画
暗藏灯
白色乳胶漆饰面
人造砂岩饰面
人造砂岩饰面
7 节点图 SCALE:1:10
说明:
说明:
NOTES:
工程项目: PROJECT
哈尔滨工程大学
大学生活动中心
图 名: TITLE
四层教师沙龙节点图1
设计主持: DESIGN CHIEF
设 计: DESIGN BY
制 图: DRAWN BY
校 核: CHECK BY
日 期: DATE
图纸阶段: DRAWING FORM
图 号: DRAWING NO.
室施A-05

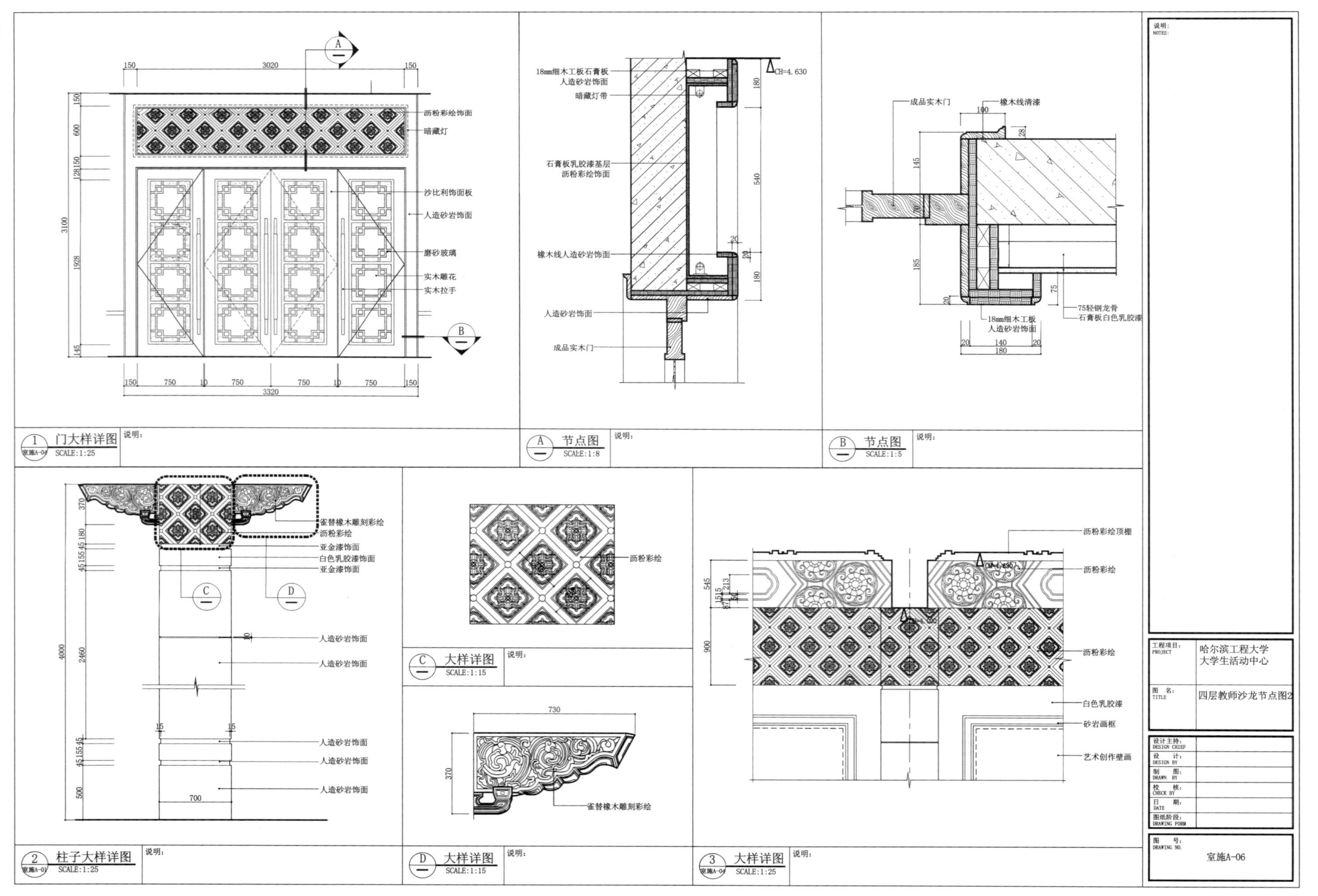

沥粉彩绘饰面
暗藏灯
沙比利饰面板
人造砂岩饰面
磨砂玻璃
实木雕花
实木拉手
门大样详图
SCALE:1:25
说明:
18mm细木工板石膏板
人造砂岩饰面
暗藏灯带
石膏板乳胶漆基层
沥粉彩绘饰面
橡木线人造砂岩饰面
人造砂岩饰面
成品实木门
CH=4.630
节点图
SCALE:1:8
说明:
成品实木门
橡木线清漆
75轻钢龙骨
石膏板白色乳胶漆
18mm细木工板
人造砂岩饰面
节点图
SCALE:1:5
说明:
说明:
NOTES:
雀替橡木雕刻彩绘
沥粉彩绘
亚金漆饰面
白色乳胶漆饰面
亚金漆饰面
人造砂岩饰面
人造砂岩饰面
人造砂岩饰面
人造砂岩饰面
人造砂岩饰面
柱子大样详图
SCALE:1:25
说明:
沥粉彩绘
大样详图
SCALE:1:15
说明:
雀替橡木雕刻彩绘
大样详图
SCALE:1:15
说明:
沥粉彩绘顶棚
沥粉彩绘
沥粉彩绘
白色乳胶漆
砂岩画框
艺术创作壁画
大样详图
SCALE:1:25
说明:
工程项目:
PROJECT
哈尔滨工程大学
大学生活动中心
图名:
TITLE
四层教师沙龙节点图2
设计主持:
DESIGN CHIEF
设计:
DESIGN BY
制图:
DRAWN BY
校核:
CHECK BY
日期:
DATE
图纸阶段:
DRAWING FORM
图号:
DRAWING NO.
室施A-06

四、居住类：售楼处样板间（4A′、4J′、2D户型）

售楼处样板间 4A′ 户型

图表1-00

说明:
NOTES:

4A′户型图纸目录表

序号	图 纸 名 称	图号	图幅	备注	序号	图 纸 名 称	图号	图幅	备注
01	图纸封面	图表1-00	A4		19	4A'户型立面图4	室施-16	A4	
02	4A'户型图纸目录表	图表1-01	A4		20	4A'户型立面图5	室施-17	A4	
03	4A'户型材料表	图表1-02	A4		21	4A'户型节点图	室施-18	A4	
04	4A'户型原建筑平面图	室施-01	A4						
05	4A'户型隔墙尺寸平面图	室施-02	A4						
06	4A'户型家具布置平面图	室施-03	A4						
07	4A'户型顶棚造型平面图	室施-04	A4						
08	4A'户型顶棚灯具平面图	室施-05	A4						
09	4A'户型地面铺装平面图	室施-06	A4						
10	4A'户型机电开关平面图	室施-07	A4						
11	4A'户型插座点位平面图	室施-08	A4						
12	4A'户型给排水及暖气点位平面图	室施-09	A4						
13	4A'户型空调位置参考平面图	室施-10	A4						
14	4A'户型立面指向平面图	室施-11	A4						
15	4A'户型艺术品陈设平面图	室施-12	A4						
16	4A'户型立面图1	室施-13	A4						
17	4A'户型立面图2	室施-14	A4						
18	4A'户型立面图3	室施-15	A4						

工程项目: PROJECT	售楼处样板间
图 名: TITLE	4A'户型 图纸目录表
设计主持: DESIGN CHIEF	
设 计: DESIGN BY	
制 图: DRAWN BY	
校 核: CHECK BY	
日 期: DATE	
图纸阶段: DRAWING FORM	
图 号: DRAWING NO.	图表1-01

4A′户型材料表

应用材料	颜　色	编　号	备　注	应用材料	颜　色	编　号	备　注
石英石	米黄色	ST-01		墙纸	仿金箔2	WP-03	
石英石	浅咖啡色	ST-02		墙纸	灰白	WP-04	
石英石	深咖啡色	ST-03		墙纸	灰白	WP-05	
人造石	白色	ST-04		墙纸	灰白	WP-06	
砂岩	米色	ST-05		墙纸	灰白	WP-07	
复合木地板	沙比利	TV-01		墙纸	灰白	WP-08	
复合木地板	深色沙比利	TV-02		乳胶漆	白色	PT-01	
木作饰面板	沙比利	TV-03		手扫漆	白色	PT-02	
实木线	沙比利	TV-04		铁艺造型	手扫铜漆	MT-01	
300×300mm玻化砖	米白色	CT-01		金属扣板	白色	MT-02	
100×100mm地砖	灰兰色	CT-02		装饰玻璃	带肌理	GS-01	
25×25mm陶瓷锦砖	渐变	CT-03		镜面	防雾	GS-02	
300×300mm地砖	灰白色	CT-04		10mm玻璃	透明	GS-03	
300×300mm墙砖	冷调	CT-05					
300×600mm墙面砖	米色	CT-06					
300×600mm墙面砖	米色	CT-07					
300×300mm玻化砖	浅灰	CT-08					
墙纸	灰白	WP-01					
墙纸	仿金箔1	WP-02					

说明：
NOTES:

工程项目：PROJECT 售楼处样板间

图名：TITLE 4A′户型材料表

设计主持：DESIGN CHIEF
设计：DESIGN BY
制图：DRAWN BY
校核：CHECK BY
日期：DATE
图纸阶段：DRAWING FORM

图号：DRAWING NO. 图表1-02

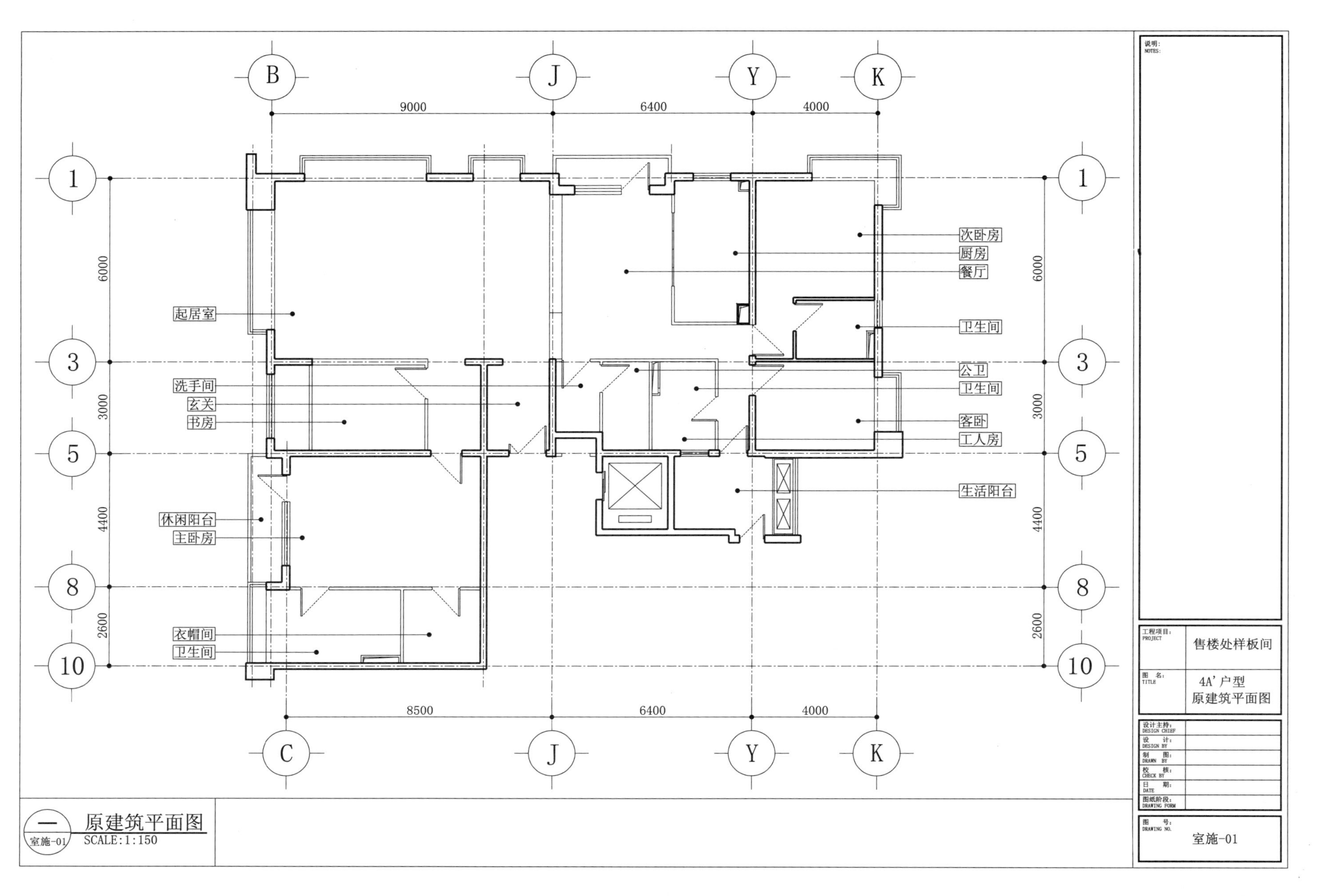

9000
6400
4000
起居室
洗手间
玄关
书房
休闲阳台
主卧房
衣帽间
卫生间
次卧房
厨房
餐厅
卫生间
公卫
卫生间
客卧
工人房
生活阳台
6000
3000
4400
2600
8500
原建筑平面图
SCALE:1:150
室施-01
说明:
NOTES:
工程项目:
PROJECT
售楼处样板间
图 名:
TITLE
4A'户型
原建筑平面图
设计主持:
DESIGN CHIEF
设 计:
DESIGN BY
制 图:
DRAWN BY
校 核:
CHECK BY
日 期:
DATE
图纸阶段:
DRAWING FORM
图 号:
DRAWING NO.
室施-01

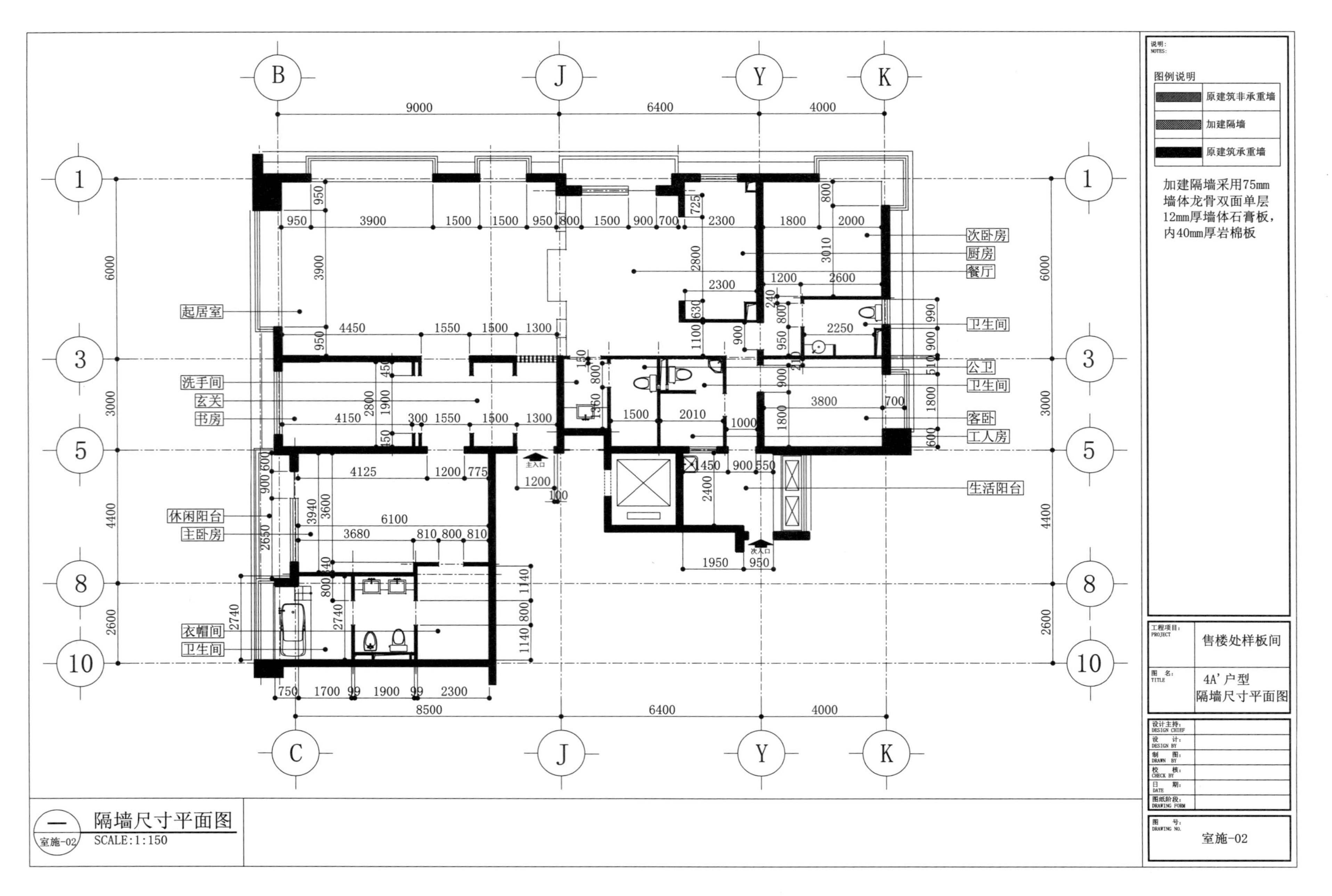
起居室
洗手间
玄关
书房
休闲阳台
主卧房
衣帽间
卫生间
次卧房
厨房
餐厅
卫生间
公卫
卫生间
客卧
工人房
生活阳台
主入口
次入口
说明: NOTES:
图例说明
原建筑非承重墙
加建隔墙
原建筑承重墙
加建隔墙采用75mm墙体龙骨双面单层12mm厚墙体石膏板，内40mm厚岩棉板
工程项目: PROJECT
售楼处样板间
图名: TITLE
4A'户型
隔墙尺寸平面图
设计主持: DESIGN CHIEF
设计: DESIGN BY
制图: DRAWN BY
校核: CHECK BY
日期: DATE
图纸阶段: DRAWING FORM
图号: DRAWING NO.
室施-02
隔墙尺寸平面图
室施-02
SCALE:1:150

说明:
NOTES:
工程项目:
PROJECT
售楼处样板间
图名:
TITLE
4A'户型
家具布置平面图
设计主持:
DESIGN CHIEF
设计:
DESIGN BY
制图:
DRAWN BY
校核:
CHECK BY
日期:
DATE
图纸阶段:
DRAWING FORM
图号:
DRAWING NO.
室施-03
家具布置平面图
SCALE:1:150
室施-03
说明：家具编号配合家具一览表检索使用.
主入口
次入口

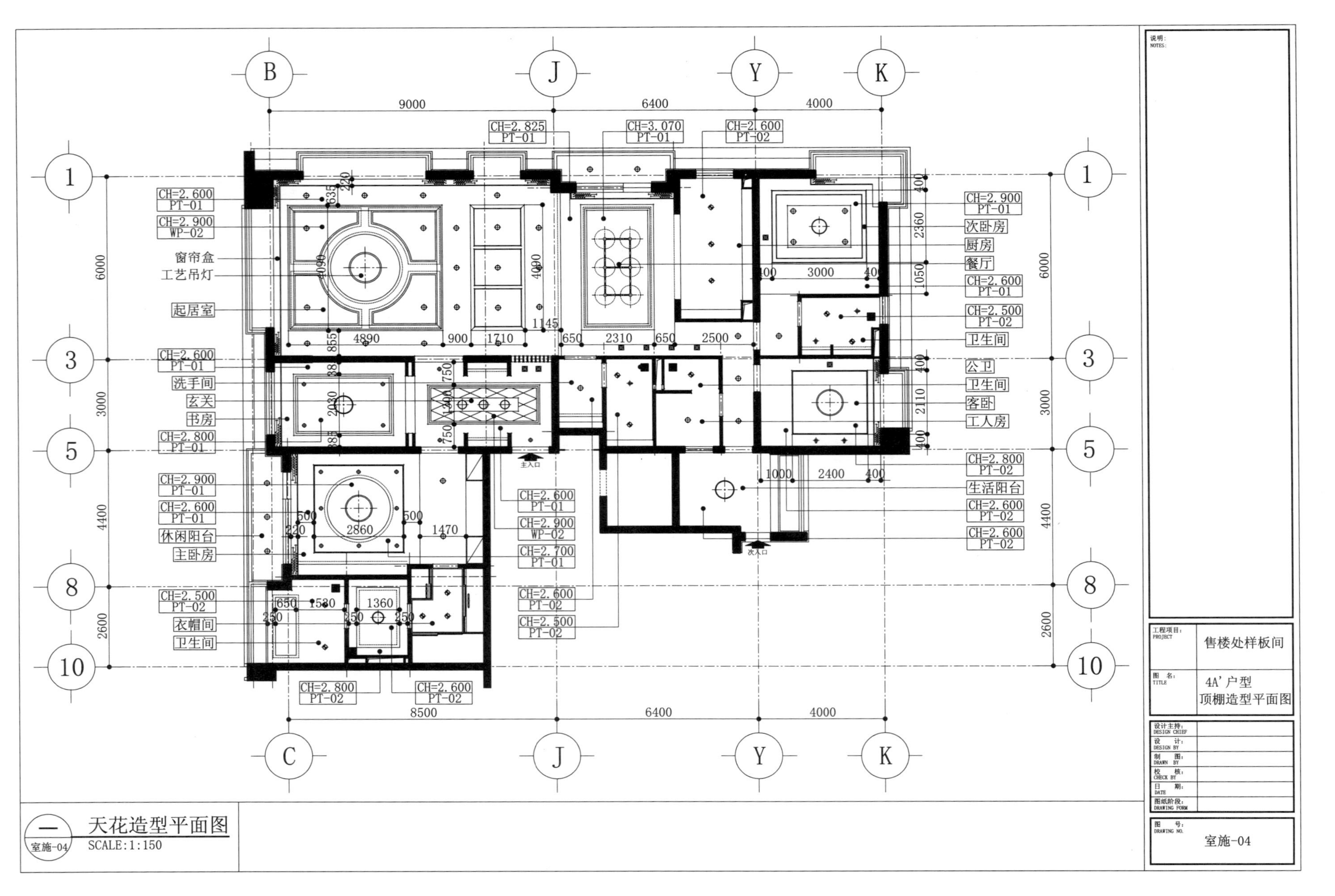

说明:
NOTES:
工程项目:
PROJECT
售楼处样板间
图 名:
TITLE
4A'户型
顶棚造型平面图
设计主持:
DESIGN CHIEF
设 计:
DESIGN BY
制 图:
DRAWN BY
校 核:
CHECK BY
日 期:
DATE
图纸阶段:
DRAWING FORM
图 号:
DRAWING NO.
室施-04
天花造型平面图
SCALE:1:150
CH=2.600 PT-01
CH=2.900 WP-02
窗帘盒
工艺吊灯
起居室
洗手间
玄关
书房
CH=2.800 PT-01
CH=2.900 PT-01
休闲阳台
主卧房
CH=2.500 PT-02
衣帽间
卫生间
CH=2.825 PT-01
CH=3.070 PT-01
CH=2.600 PT-02
CH=2.900 PT-01
次卧房
厨房
餐厅
CH=2.500 PT-02
公卫
客卧
工人房
CH=2.800 PT-02
生活阳台
CH=2.700 PT-01
CH=2.800 PT-02
主入口
次入口

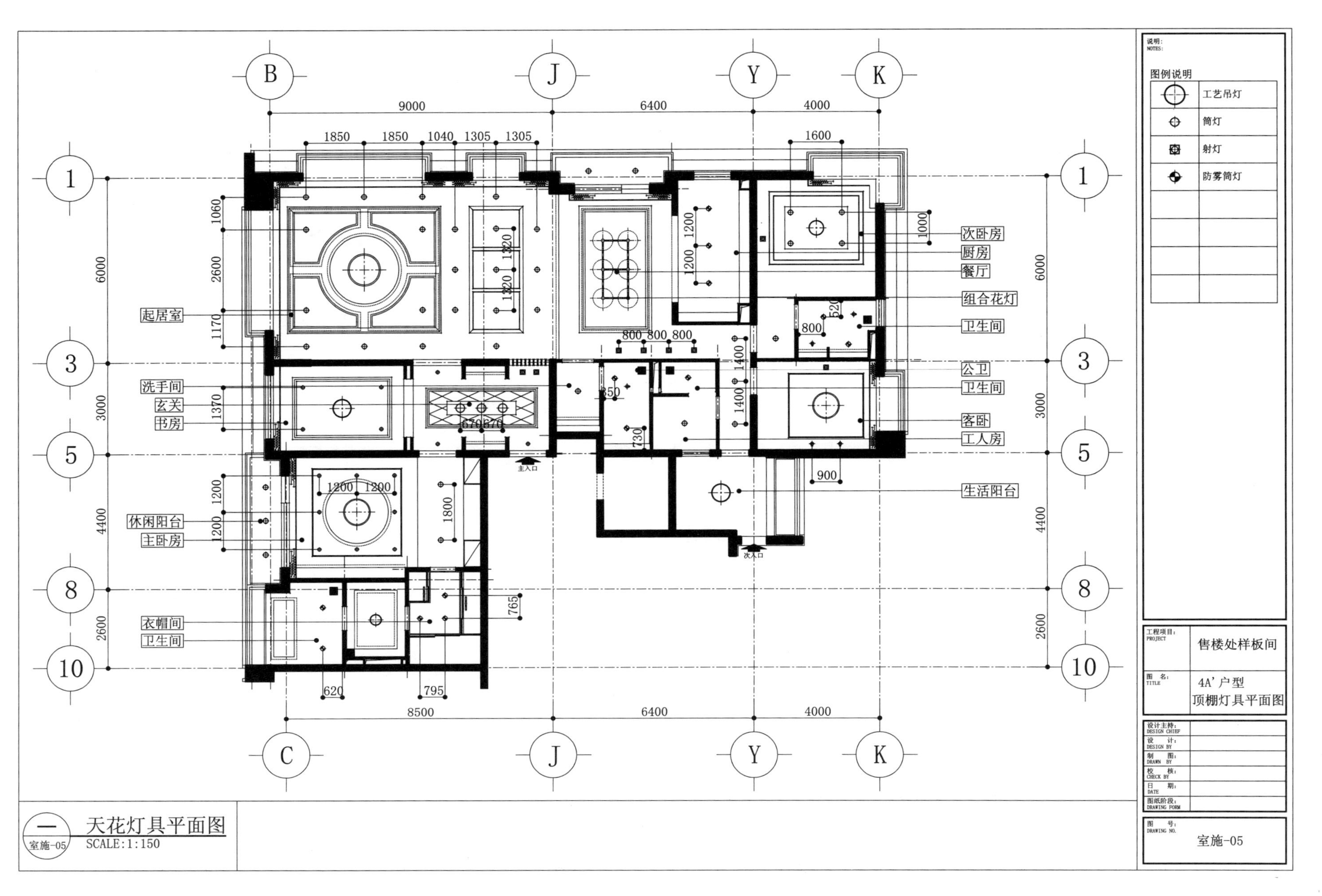
说明：
NOTES:
图例说明
工艺吊灯
筒灯
射灯
防雾筒灯
工程项目：
PROJECT
售楼处样板间
图 名：
TITLE
4A'户型
顶棚灯具平面图
设计主持：
DESIGN CHIEF
设 计：
DESIGN BY
制 图：
DRAWN BY
校 核：
CHECK BY
日 期：
DATE
图纸阶段：
DRAWING FORM
图 号：
DRAWING NO.
室施-05
起居室
洗手间
玄关
书房
休闲阳台
主卧房
衣帽间
卫生间
次卧房
厨房
餐厅
组合花灯
卫生间
公卫
卫生间
客卧
工人房
生活阳台
主入口
次入口
天花灯具平面图
SCALE:1:150
室施-05

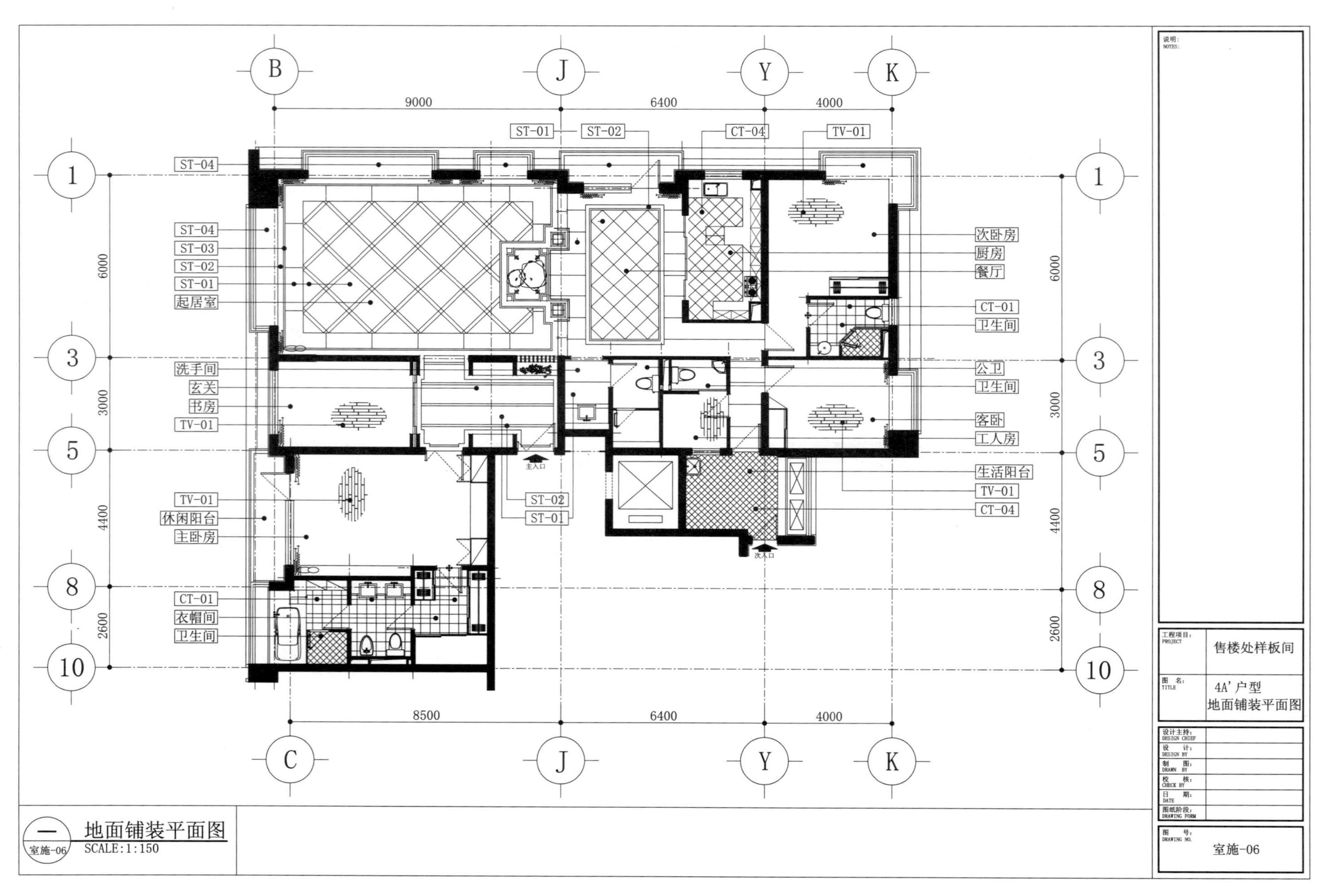

9000
6400
4000
ST-01
ST-02
CT-04
TV-01
ST-04
ST-04
ST-03
ST-02
ST-01
起居室
洗手间
玄关
书房
TV-01
TV-01
休闲阳台
主卧房
CT-01
衣帽间
卫生间
次卧房
厨房
餐厅
CT-01
卫生间
公卫
卫生间
客卧
工人房
生活阳台
TV-01
CT-04
ST-02
ST-01
主入口
次入口
8500
6400
4000
地面铺装平面图
SCALE:1:150
室施-06
说明:
NOTES:
工程项目:
PROJECT
售楼处样板间
图名:
TITLE
4A'户型
地面铺装平面图
设计主持:
DESIGN CHIEF
设计:
DESIGN BY
制图:
DRAWN BY
校核:
CHECK BY
日期:
DATE
图纸阶段:
DRAWING FORM
图号:
DRAWING NO.
室施-06

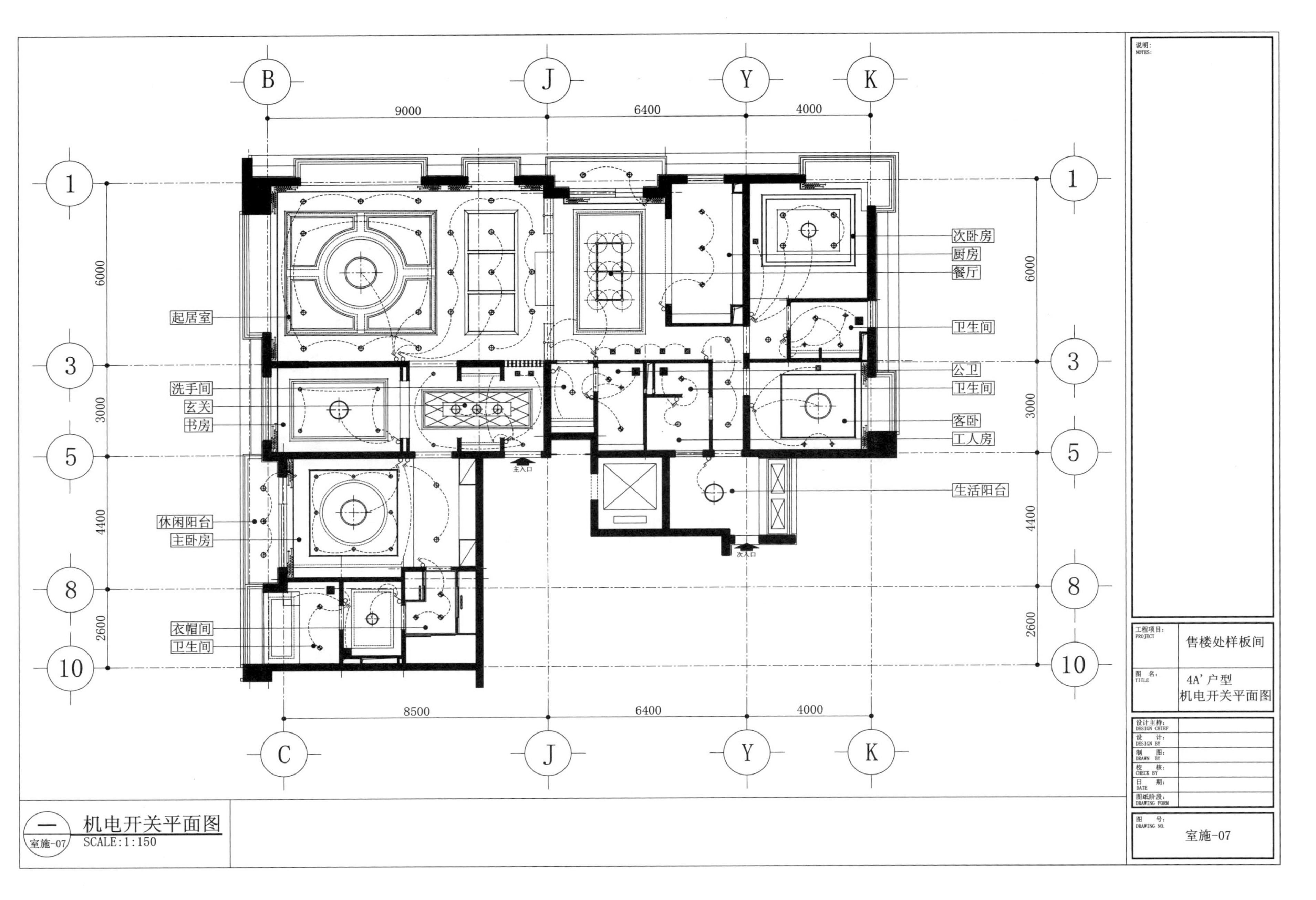
B
J
Y
K
9000
6400
4000
1
3
5
8
10
6000
3000
4400
2600
起居室
洗手间
玄关
书房
休闲阳台
主卧房
衣帽间
卫生间
次卧房
厨房
餐厅
卫生间
公卫
卫生间
客卧
工人房
生活阳台
主入口
次入口
C
8500
说明:
NOTES:
工程项目:
PROJECT
售楼处样板间
图名:
TITLE
4A'户型
机电开关平面图
设计主持:
DESIGN CHIEF
设计:
DESIGN BY
制图:
DRAWN BY
校核:
CHECK BY
日期:
DATE
图纸阶段:
DRAWING FORM
图号:
DRAWING NO.
室施-07
一
室施-07
机电开关平面图
SCALE:1:150

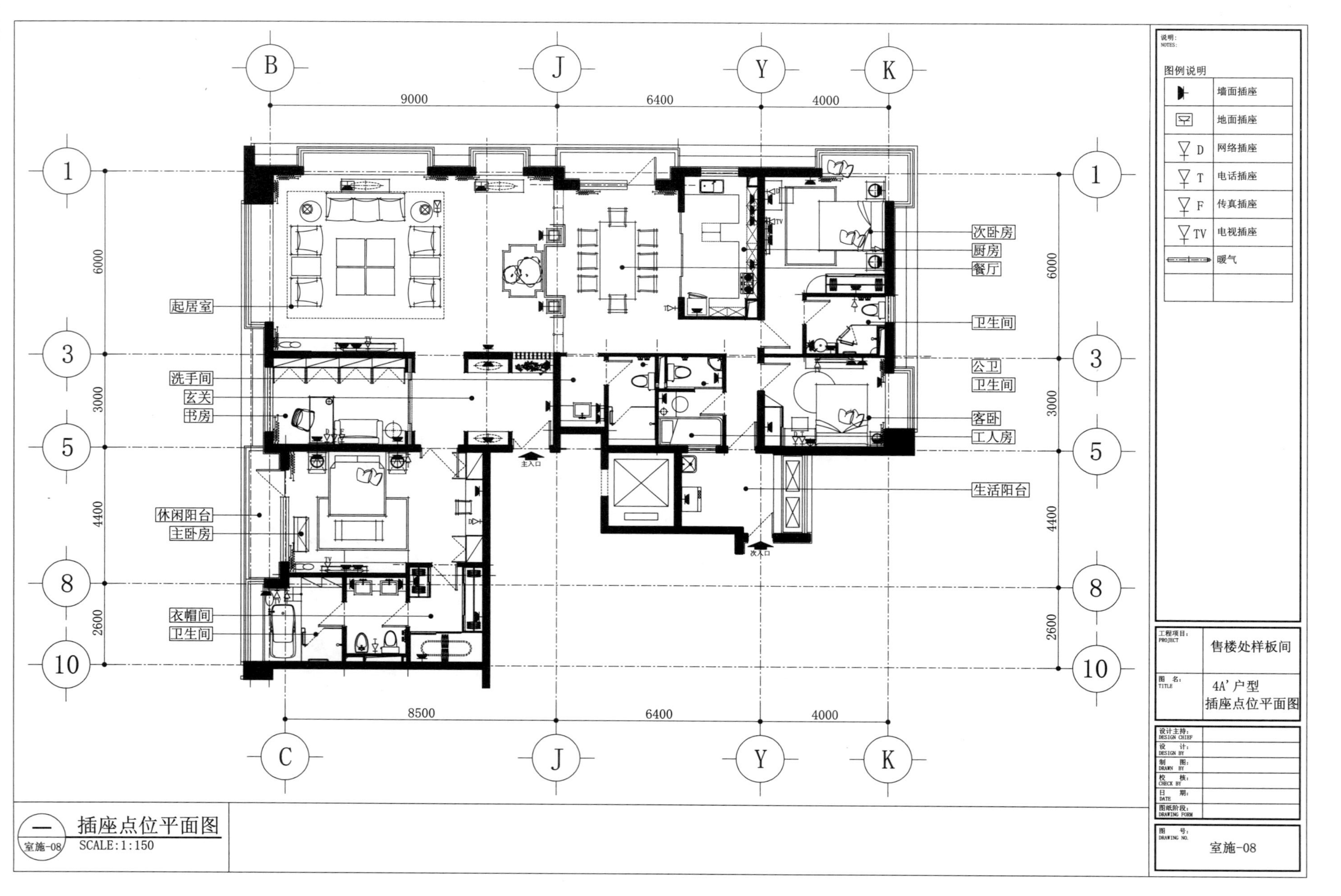
说明:
NOTES:
图例说明
墙面插座
地面插座
D 网络插座
T 电话插座
F 传真插座
TV 电视插座
暖气
工程项目:
PROJECT
售楼处样板间
图 名:
TITLE
4A'户型
插座点位平面图
设计主持:
DESIGN CHIEF
设 计:
DESIGN BY
制 图:
DRAWN BY
校 核:
CHECK BY
日 期:
DATE
图纸阶段:
DRAWING FORM
图 号:
DRAWING NO.
室施-08
起居室
洗手间
玄关
书房
休闲阳台
主卧房
衣帽间
卫生间
次卧房
厨房
餐厅
卫生间
公卫
卫生间
客卧
工人房
生活阳台
主入口
次入口
9000
6400
4000
8500
6000
3000
4400
2600
一
室施-08
插座点位平面图
SCALE:1:150

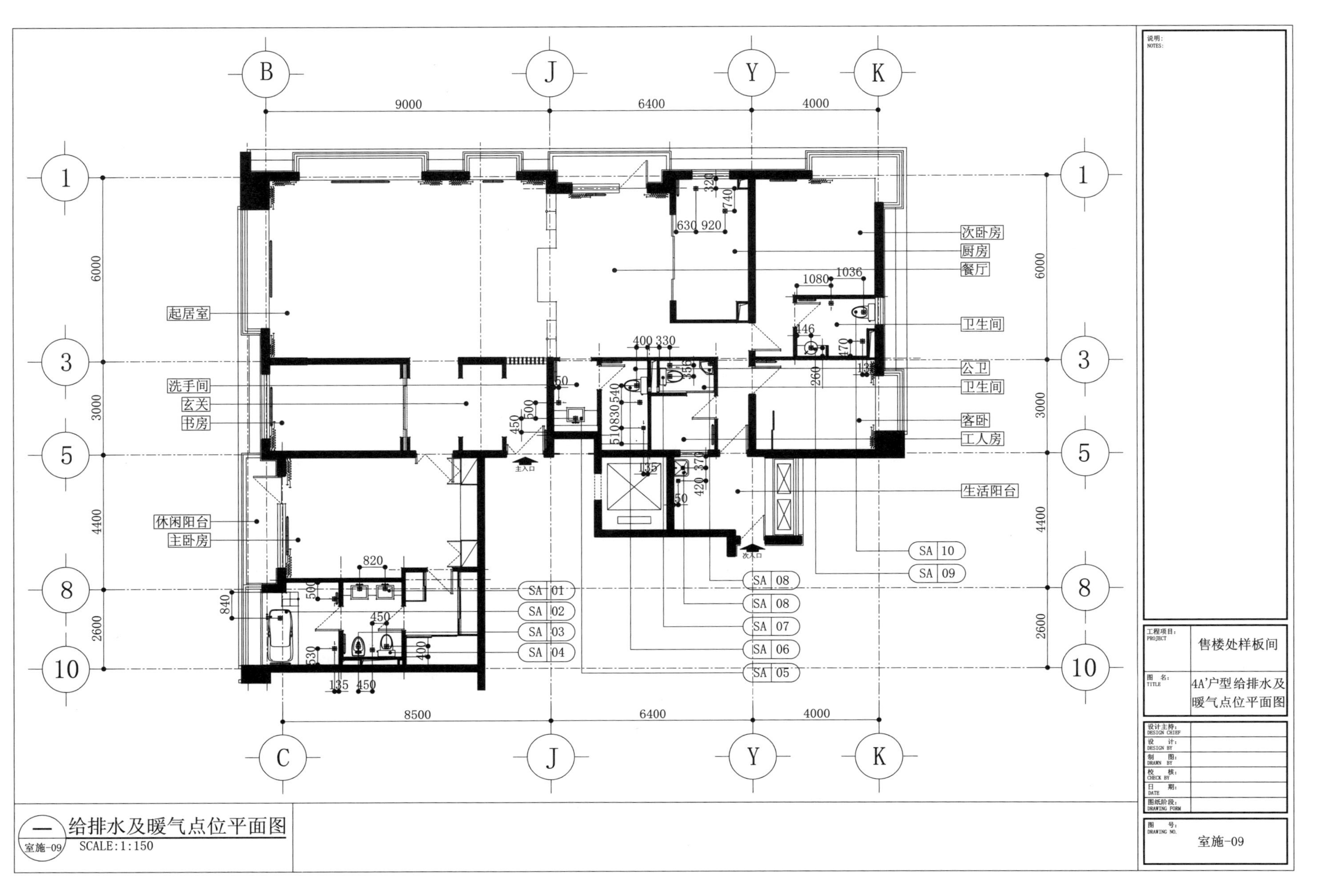

说明:
NOTES:
工程项目:
PROJECT
售楼处样板间
图名:
TITLE
4A'户型给排水及暖气点位平面图
设计主持:
DESIGN CHIEF
设计:
DESIGN BY
制图:
DRAWN BY
校核:
CHECK BY
日期:
DATE
图纸阶段:
DRAWING FORM
图号:
DRAWING NO.
室施-09
起居室
洗手间
玄关
书房
休闲阳台
主卧房
次卧房
厨房
餐厅
卫生间
公卫
卫生间
客卧
工人房
生活阳台
主入口
次入口
SA 01
SA 02
SA 03
SA 04
SA 05
SA 06
SA 07
SA 08
SA 08
SA 09
SA 10
9000
6400
4000
8500
6400
4000
6000
3000
4400
2600
给排水及暖气点位平面图
室施-09
SCALE:1:150

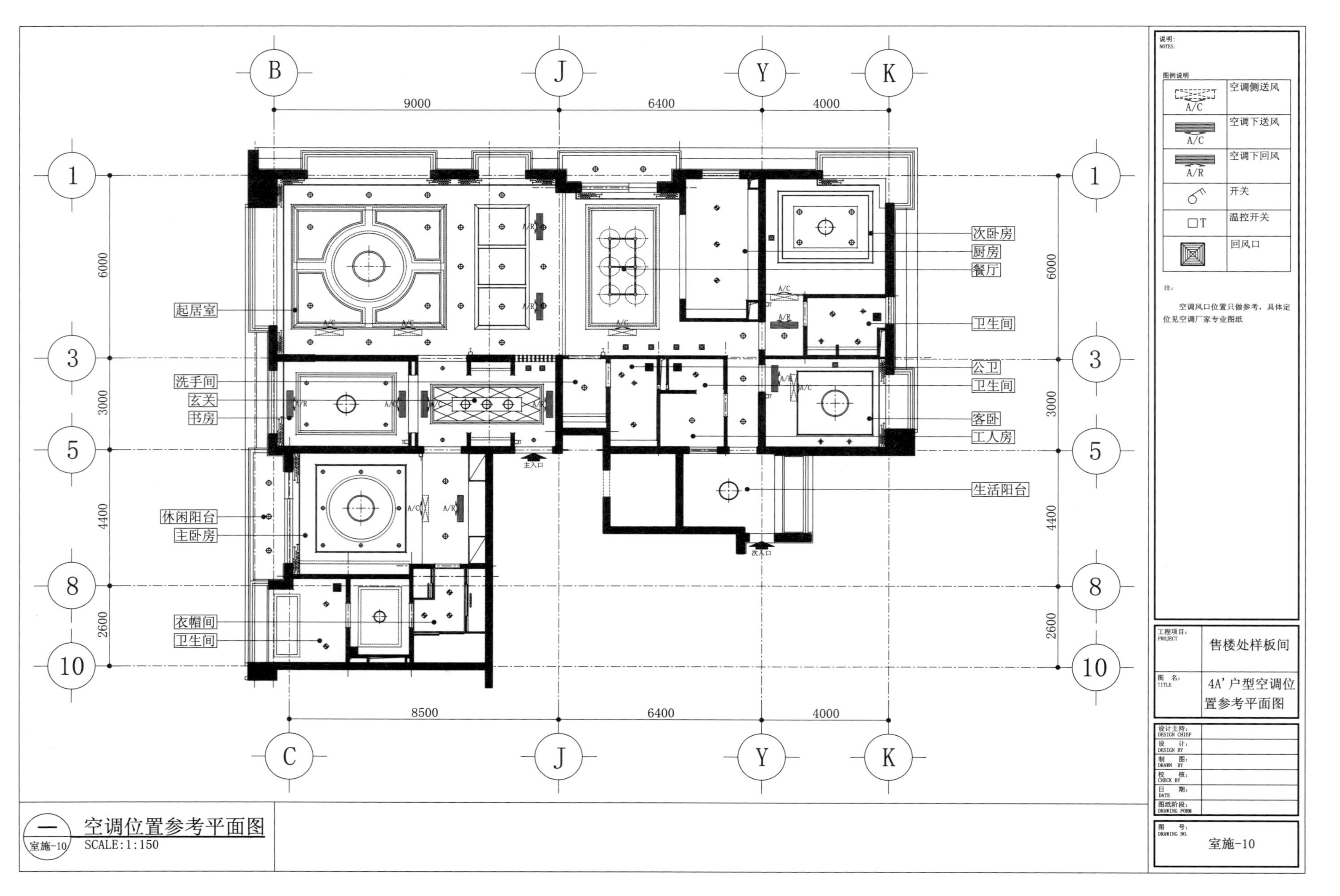
说明:
NOTES:
图例说明
A/C 空调侧送风
A/C 空调下送风
A/R 空调下回风
开关
□T 温控开关
回风口
注:
空调风口位置只做参考，具体定位见空调厂家专业图纸
工程项目: PROJECT
售楼处样板间
图 名: TITLE
4A’户型空调位置参考平面图
设计主持: DESIGN CHIEF
设 计: DESIGN BY
制 图: DRAWN BY
校 核: CHECK BY
日 期: DATE
图纸阶段: DRAWING FORM
图 号: DRAWING NO.
室施-10
B
J
Y
K
C
1
3
5
8
10
9000
6400
4000
8500
6000
3000
4400
2600
起居室
洗手间
玄关
书房
休闲阳台
主卧房
衣帽间
卫生间
次卧房
厨房
餐厅
卫生间
公卫
卫生间
客卧
工人房
生活阳台
主入口
次入口
一
室施-10
空调位置参考平面图
SCALE:1:150

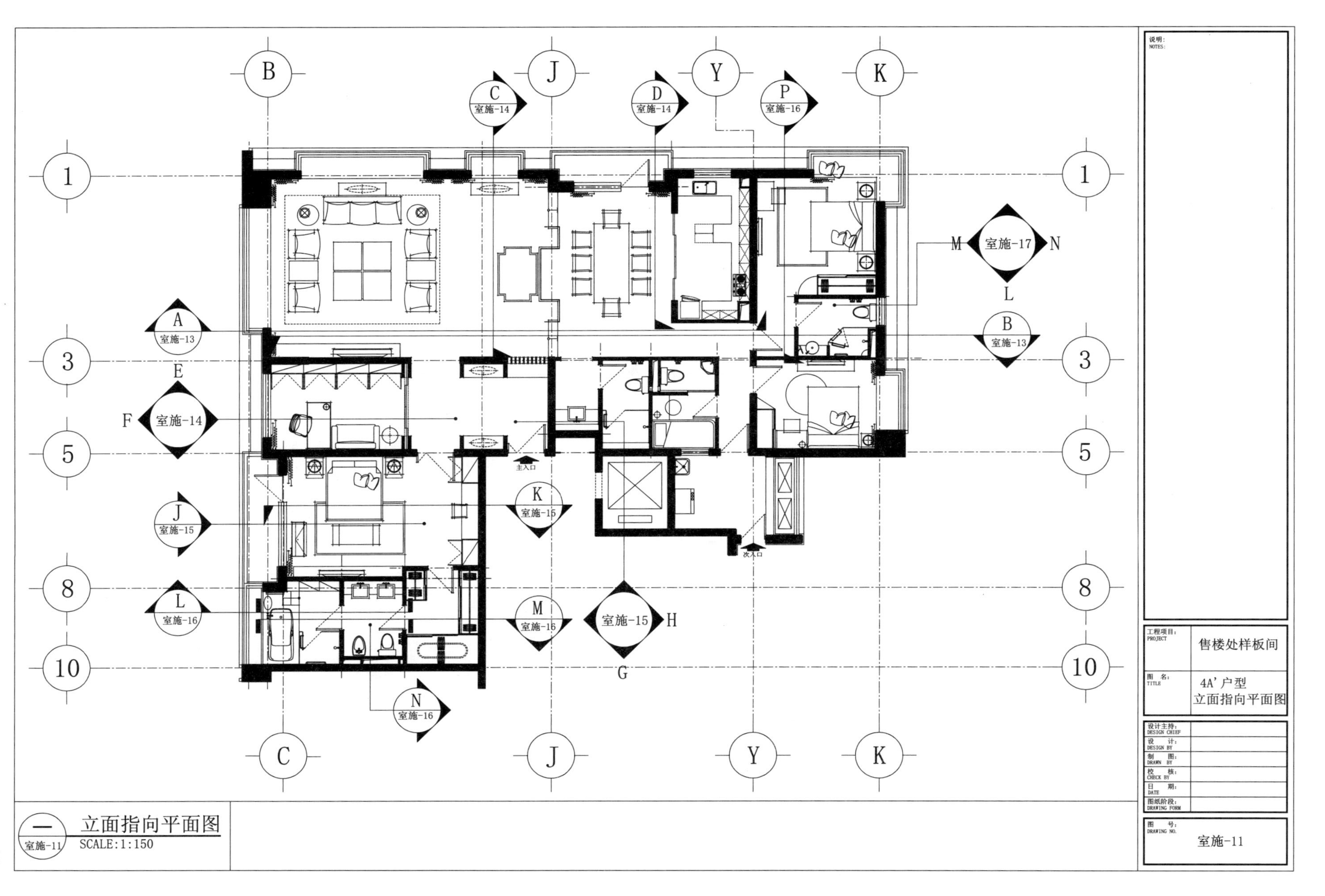
说明:
NOTES:
工程项目:
PROJECT
售楼处样板间
图 名:
TITLE
4A'户型
立面指向平面图
设计主持:
DESIGN CHIEF
设 计:
DESIGN BY
制 图:
DRAWN BY
校 核:
CHECK BY
日 期:
DATE
图纸阶段:
DRAWING FORM
图 号:
DRAWING NO.
室施-11
立面指向平面图
SCALE:1:150
室施-11
室施-13
室施-14
室施-15
室施-16
室施-17
主入口
次入口

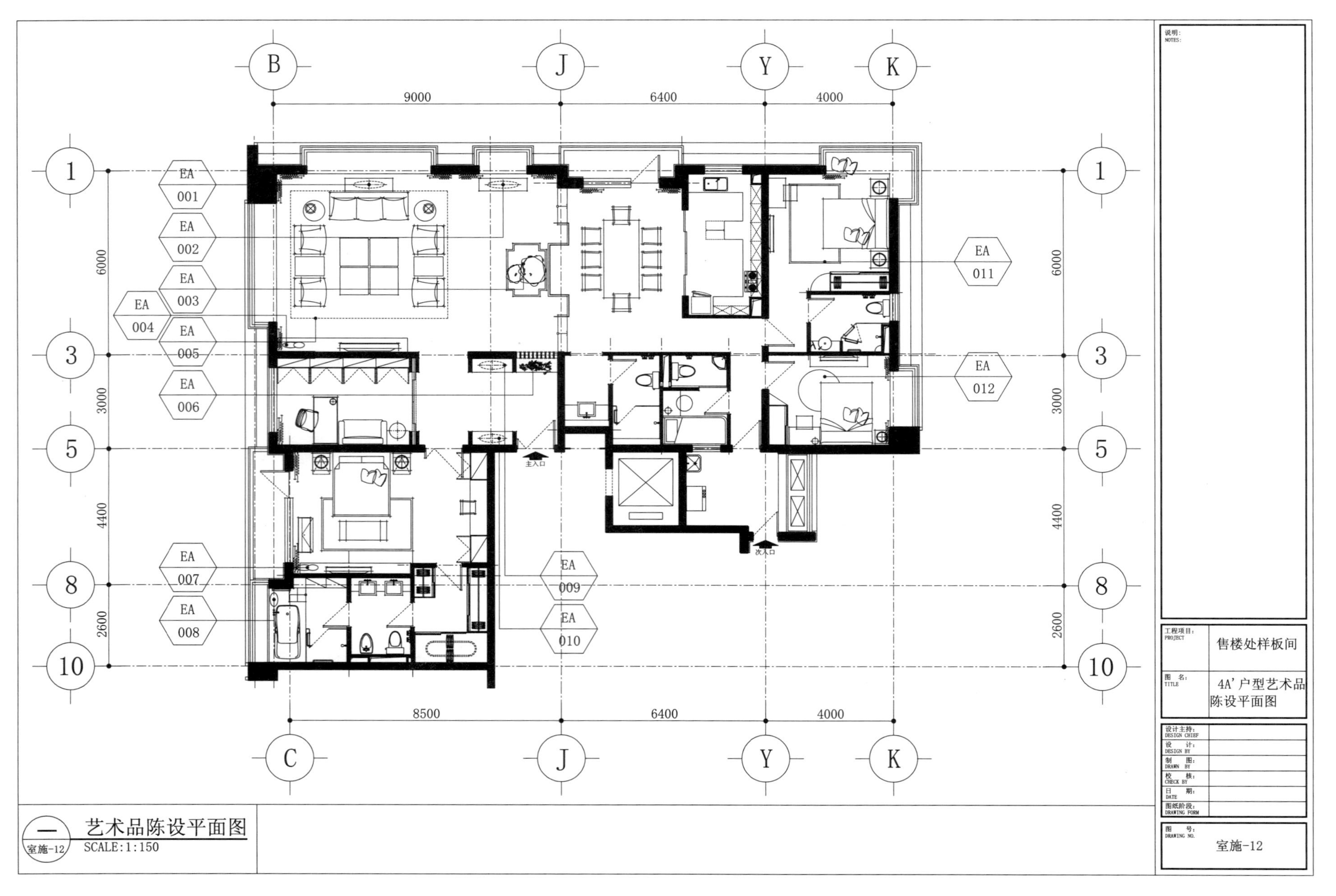

B
J
Y
K
9000
6400
4000
1
3
5
8
10
6000
3000
4400
2600
EA 001
EA 002
EA 003
EA 004
EA 005
EA 006
EA 007
EA 008
EA 009
EA 010
EA 011
EA 012
主入口
次入口
8500
C
说明:
NOTES:
工程项目:
PROJECT
售楼处样板间
图 名:
TITLE
4A'户型艺术品陈设平面图
设计主持:
DESIGN CHIEF
设 计:
DESIGN BY
制 图:
DRAWN BY
校 核:
CHECK BY
日 期:
DATE
图纸阶段:
DRAWING FORM
图 号:
DRAWING NO.
室施-12
一
室施-12
艺术品陈设平面图
SCALE:1:150

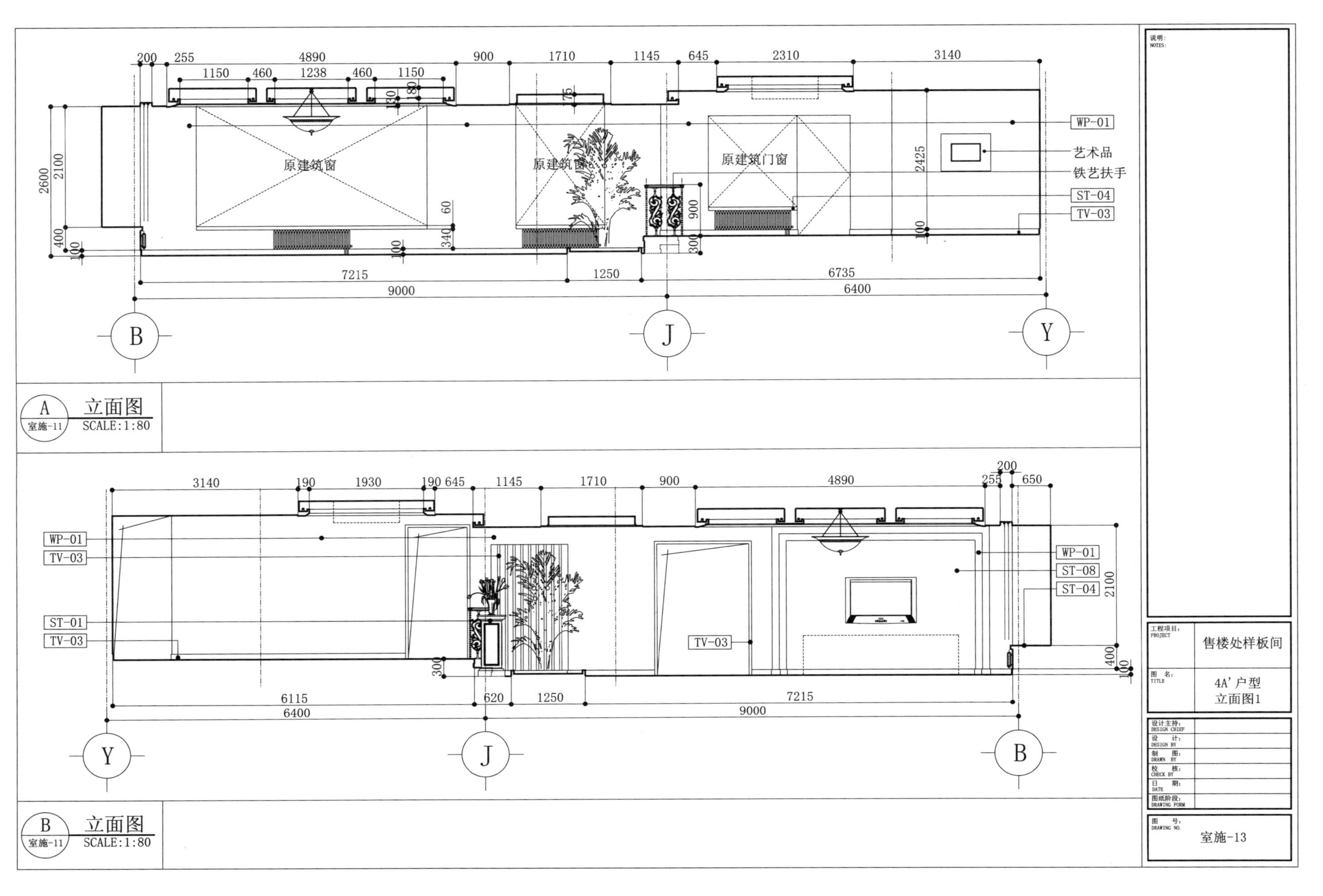

WP-01
艺术品
铁艺扶手
ST-04
TV-03
原建筑窗
原建筑门窗
A 室施-11
立面图
SCALE:1:80
WP-01
TV-03
ST-01
TV-03
WP-01
ST-08
ST-04
B 室施-11
立面图
SCALE:1:80
说明:
NOTES:
工程项目:
PROJECT
售楼处样板间
图 名:
TITLE
4A'户型
立面图1
设计主持:
DESIGN CHIEF
设 计:
DESIGN BY
制 图:
DRAWN BY
校 核:
CHECK BY
日 期:
DATE
图纸阶段:
DRAWING FORM
图 号:
DRAWING NO.
室施-13

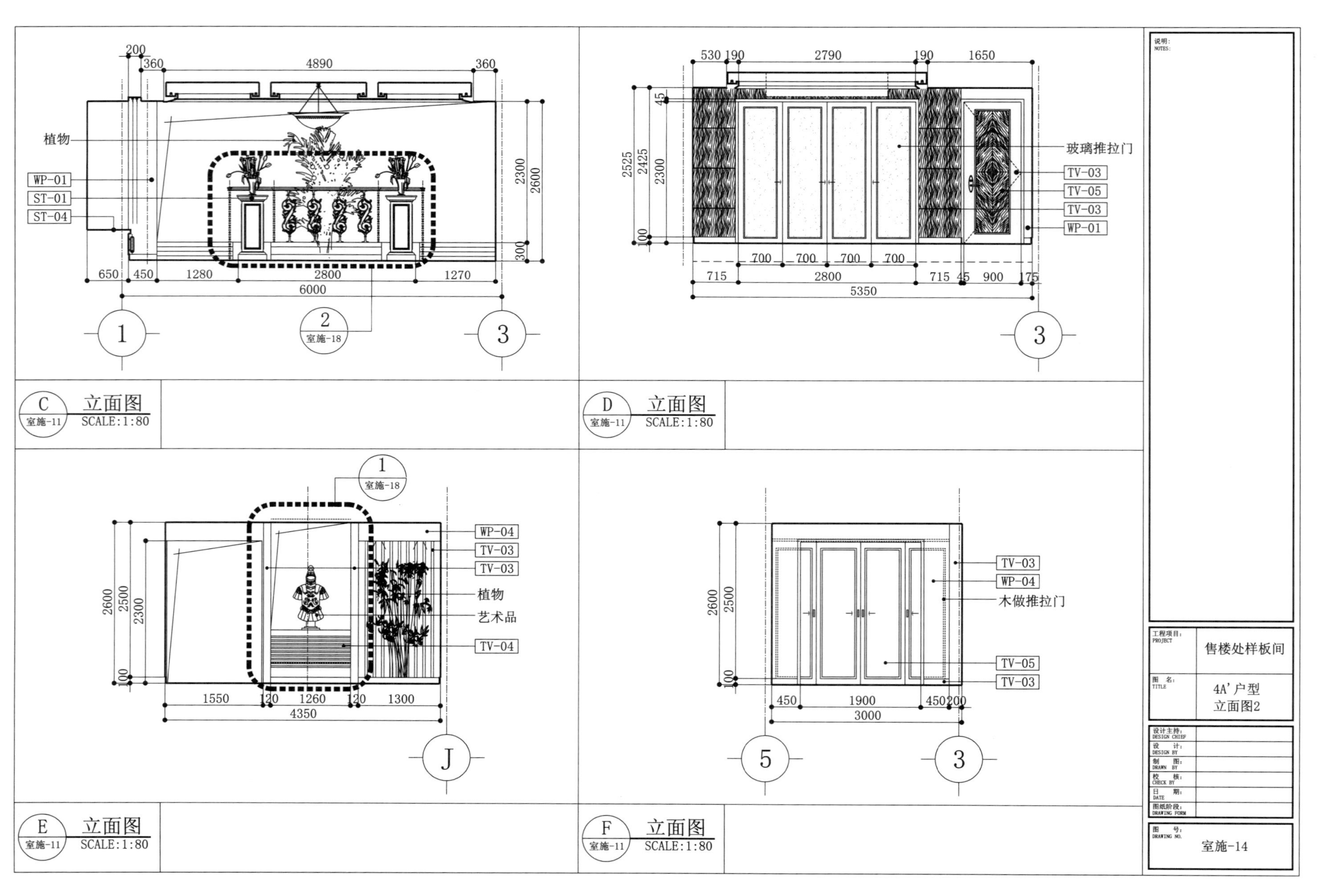
植物
WP-01
ST-01
ST-04
2
室施-18
C
室施-11
立面图
SCALE:1:80
玻璃推拉门
TV-03
TV-05
TV-03
WP-01
D
室施-11
立面图
SCALE:1:80
1
室施-18
WP-04
TV-03
TV-03
植物
艺术品
TV-04
E
室施-11
立面图
SCALE:1:80
TV-03
WP-04
木做推拉门
TV-05
TV-03
F
室施-11
立面图
SCALE:1:80
说明:
NOTES:
工程项目:
PROJECT
售楼处样板间
图名:
TITLE
4A'户型
立面图2
设计主持:
DESIGN CHIEF
设计:
DESIGN BY
制图:
DRAWN BY
校核:
CHECK BY
日期:
DATE
图纸阶段:
DRAWING FORM
图号:
DRAWING NO.
室施-14

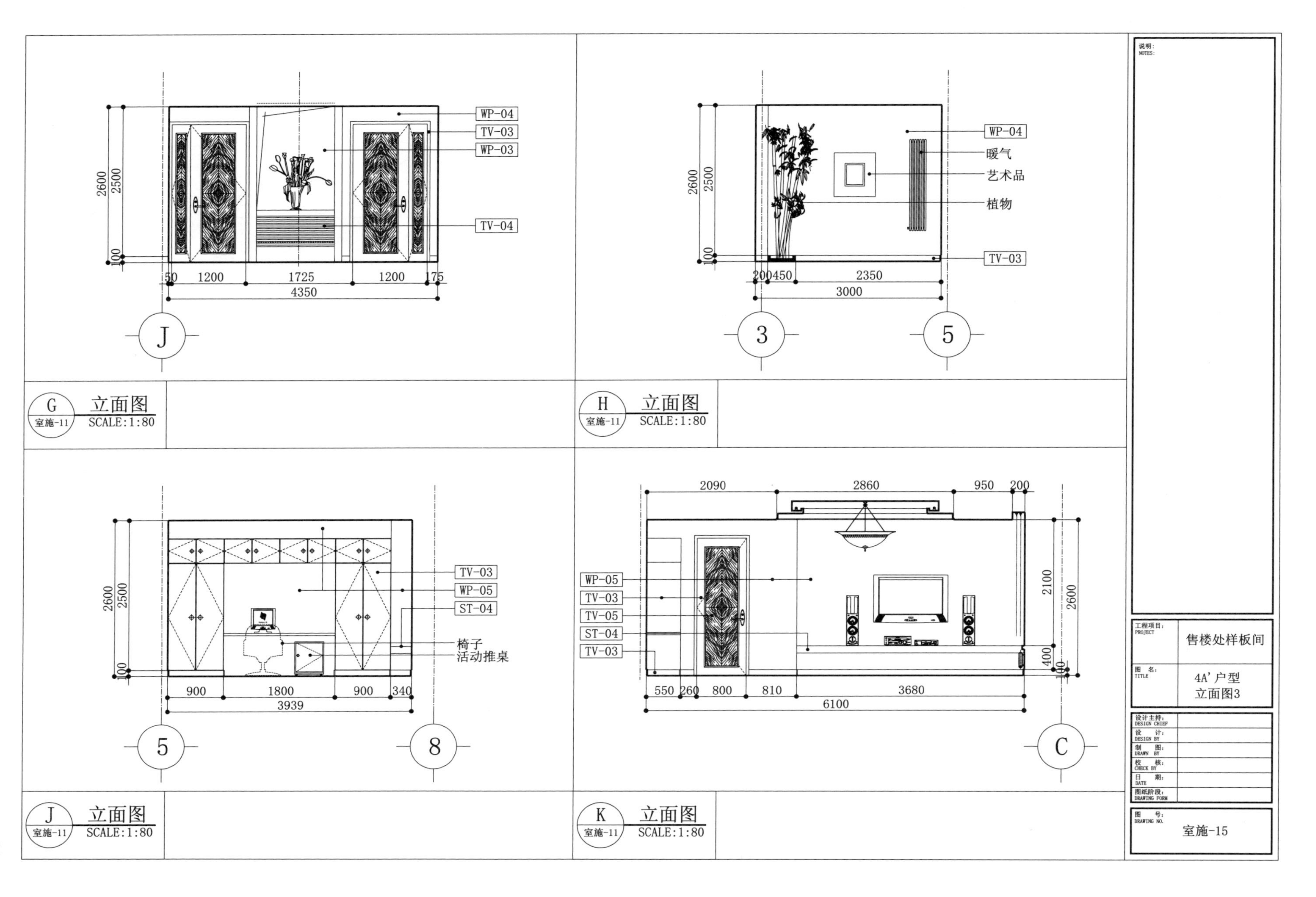

WP-04
TV-03
WP-03
TV-04
J
G 立面图
室施-11 SCALE:1:80
WP-04
暖气
艺术品
植物
TV-03
3
5
H 立面图
室施-11 SCALE:1:80
TV-03
WP-05
ST-04
椅子
活动推桌
5
8
J 立面图
室施-11 SCALE:1:80
WP-05
TV-03
TV-05
ST-04
TV-03
C
K 立面图
室施-11 SCALE:1:80
说明:
NOTES:
工程项目:
PROJECT
售楼处样板间
图名:
TITLE
4A'户型
立面图3
设计主持:
DESIGN CHIEF
设计:
DESIGN BY
制图:
DRAWN BY
校核:
CHECK BY
日期:
DATE
图纸阶段:
DRAWING FORM
图号:
DRAWING NO.
室施-15

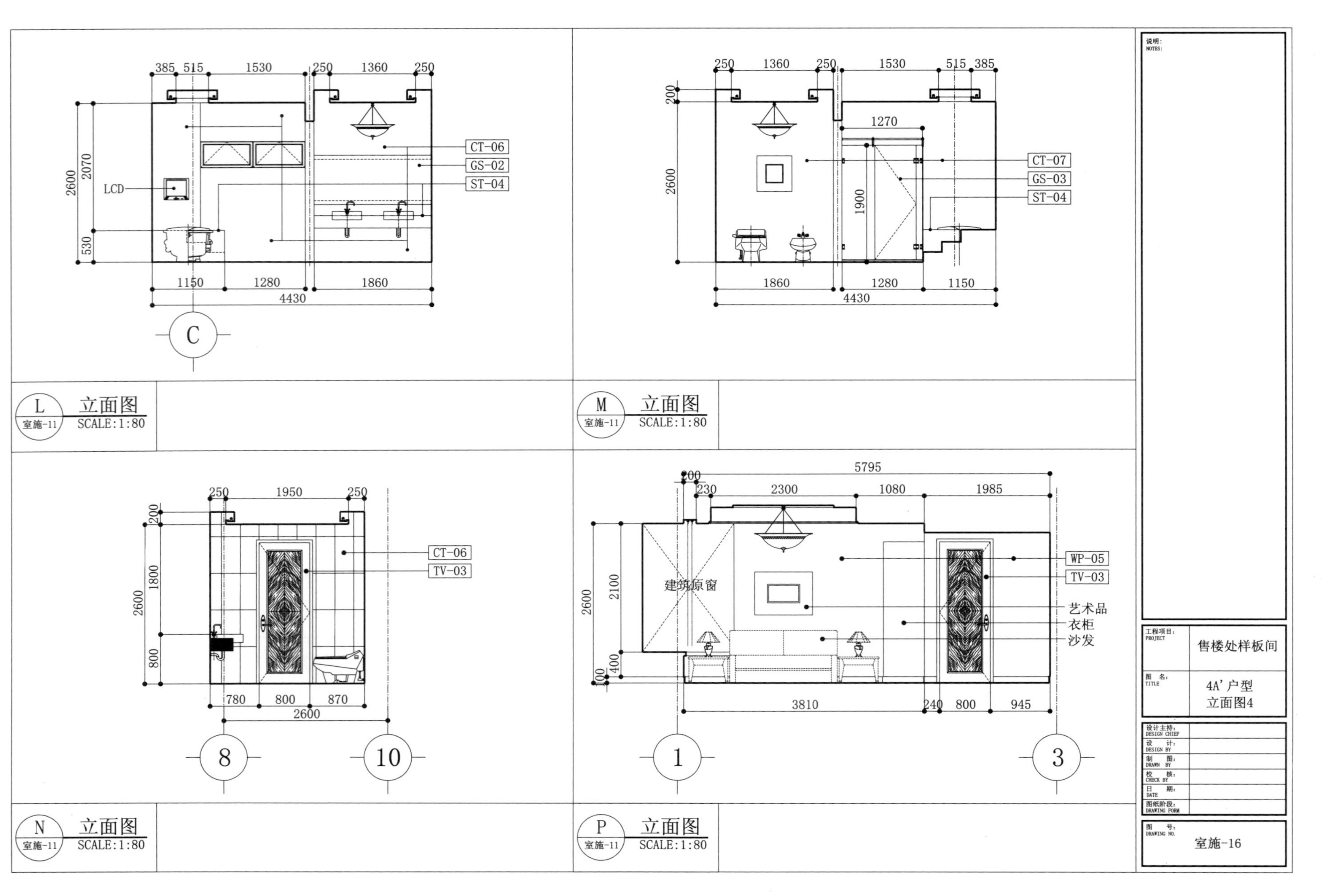

385 515 1530 250 1360 250
2600
2070
530
LCD
CT-06
GS-02
ST-04
1150 1280 1860
4430
C
L
室施-11
立面图
SCALE:1:80
250 1360 250 1530 515 385
200
2600
1270
1900
CT-07
GS-03
ST-04
1860 1280 1150
4430
M
室施-11
立面图
SCALE:1:80
250 1950 250
200
2600
1800
800
CT-06
TV-03
780 800 870
2600
8
10
N
室施-11
立面图
SCALE:1:80
5795
200
230 2300 1080 1985
2600
2100
400
100
建筑原窗
WP-05
TV-03
艺术品
衣柜
沙发
3810 240 800 945
1
3
P
室施-11
立面图
SCALE:1:80
说明:
NOTES:
工程项目:
PROJECT
售楼处样板间
图 名:
TITLE
4A'户型
立面图4
设计主持:
DESIGN CHIEF
设 计:
DESIGN BY
制 图:
DRAWN BY
校 核:
CHECK BY
日 期:
DATE
图纸阶段:
DRAWING FORM
图 号:
DRAWING NO.
室施-16

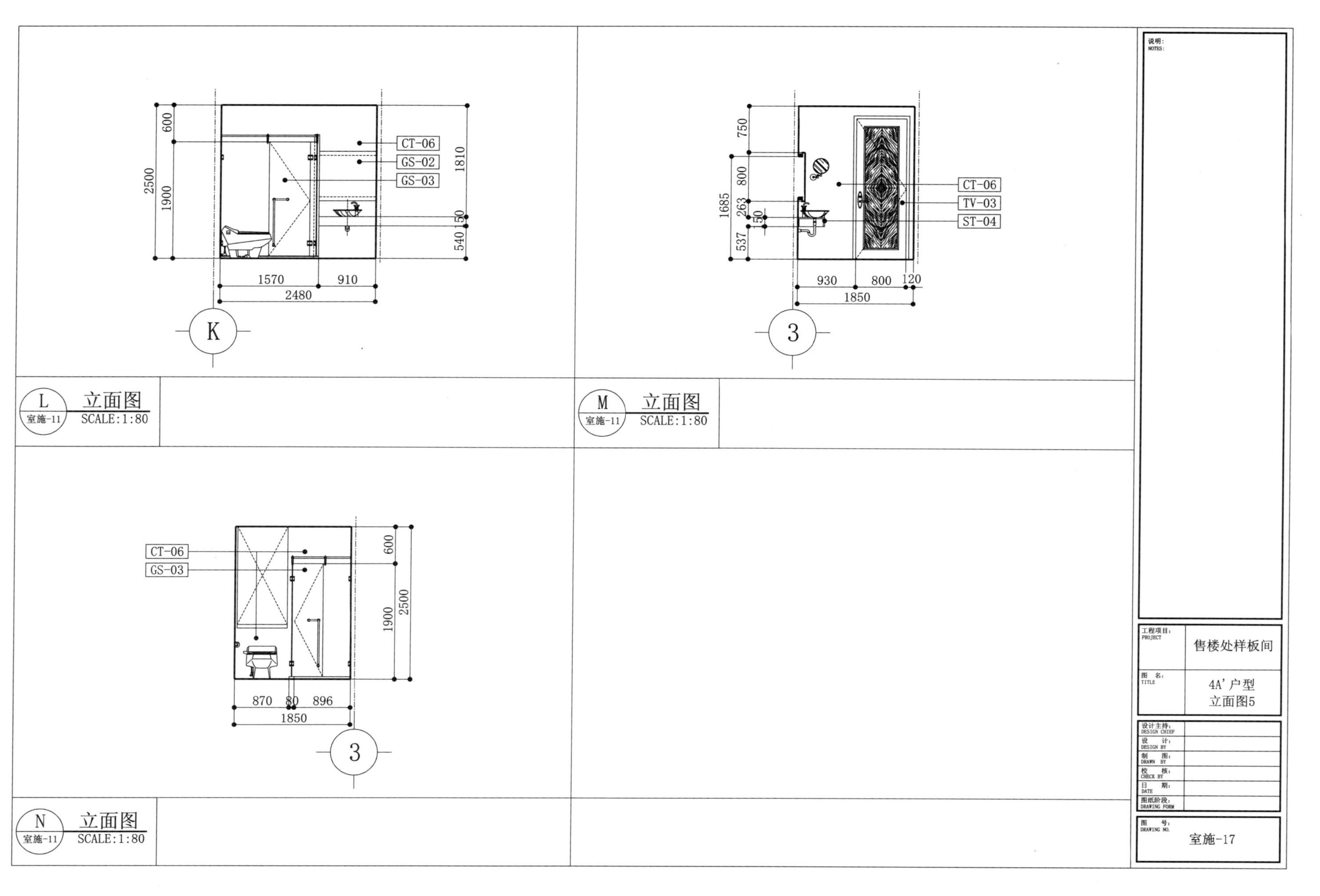

CT-06
GS-02
GS-03
600
1900
2500
1810
150
540
1570
910
2480
K
L
室施-11
立面图
SCALE:1:80
CT-06
TV-03
ST-04
750
800
263
50
537
1685
930
800
120
1850
3
M
室施-11
立面图
SCALE:1:80
CT-06
GS-03
600
1900
2500
870
80
896
1850
3
N
室施-11
立面图
SCALE:1:80
说明:
NOTES:
工程项目:
PROJECT
售楼处样板间
图 名:
TITLE
4A'户型
立面图5
设计主持:
DESIGN CHIEF
设 计:
DESIGN BY
制 图:
DRAWN BY
校 核:
CHECK BY
日 期:
DATE
图纸阶段:
DRAWING FORM
图 号:
DRAWING NO.
室施-17

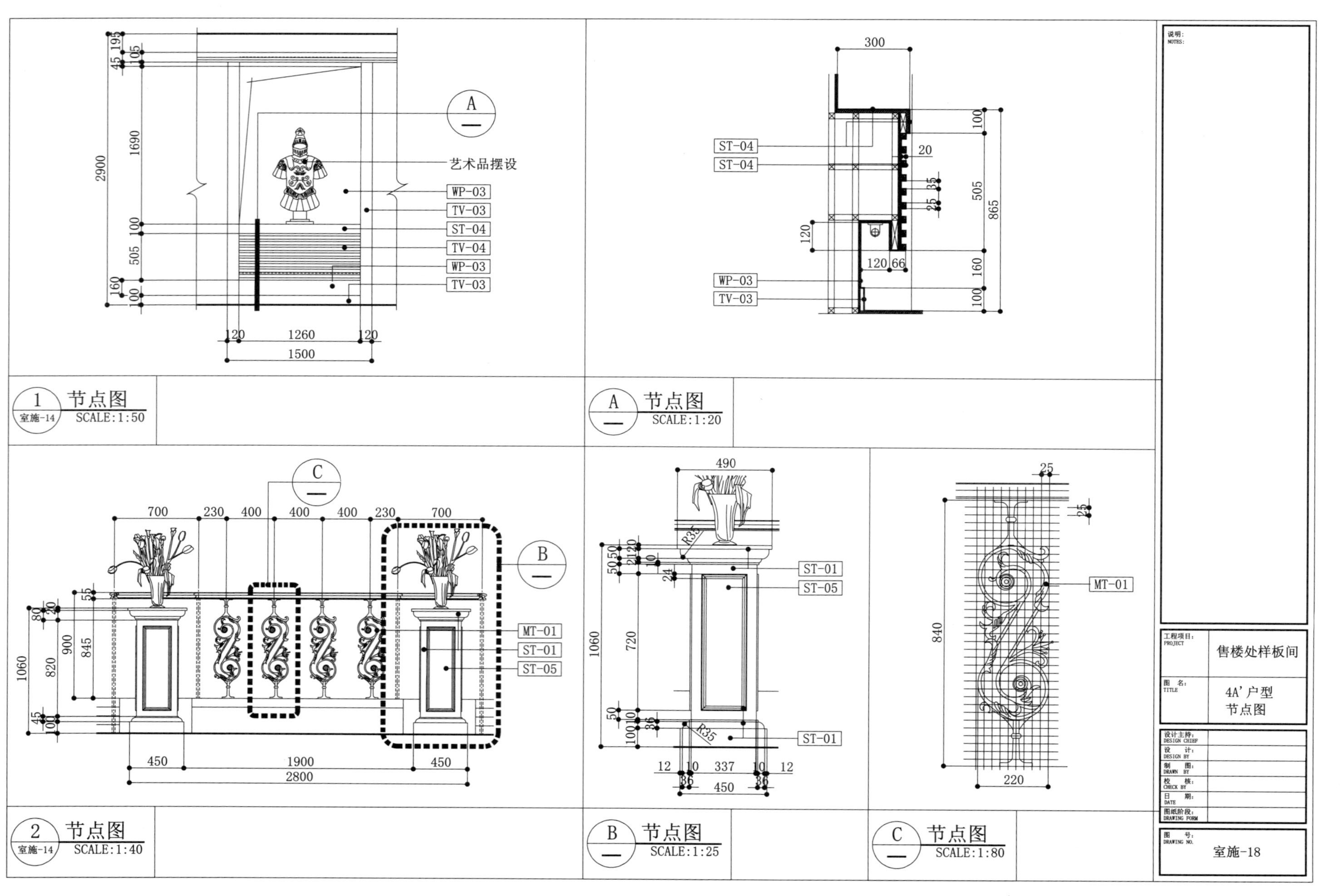

艺术品摆设
WP-03
TV-03
ST-04
TV-04
WP-03
TV-03
1 节点图
室施-14
SCALE:1:50
ST-04
ST-04
WP-03
TV-03
A 节点图
SCALE:1:20
MT-01
ST-01
ST-05
2 节点图
室施-14
SCALE:1:40
ST-01
ST-05
ST-01
B 节点图
SCALE:1:25
MT-01
C 节点图
SCALE:1:80
说明:
NOTES:
工程项目:
PROJECT
售楼处样板间
图 名:
TITLE
4A'户型
节点图
设计主持:
DESIGN CHIEF
设 计:
DESIGN BY
制 图:
DRAWN BY
校 核:
CHECK BY
日 期:
DATE
图纸阶段:
DRAWING FORM
图 号:
DRAWING NO.
室施-18

售楼处样板间 4J′ 户型

图表1-00

4J'户型图纸目录表

序号	图 纸 名 称	图号	图幅	备注	序号	图 纸 名 称	图号	图幅	备注
01	4J'户型图纸封面	图表1-00	A4		19	4J'户型节点图	室施-16	A4	
02	4J'户型图纸目录表	图表1-01	A4						
03	4J'户型材料表	图表1-02	A4						
04	4J'户型原建筑平面图	室施-01	A4						
05	4J'户型隔墙尺寸平面图	室施-02	A4						
06	4J'户型家具布置平面图	室施-03	A4						
07	4J'户型顶棚造型平面图	室施-04	A4						
08	4J'户型顶棚灯具平面图	室施-05	A4						
09	4J'户型地面铺装平面图	室施-06	A4						
10	4J'户型机电开关平面图	室施-07	A4						
11	4J'户型插座点位平面图	室施-08	A4						
12	4J'户型给排水及暖气点位平面图	室施-09	A4						
13	4J'户型空调位置参考平面图	室施-10	A4						
14	4J'户型立面指向平面图	室施-11	A4						
15	4J'户型艺术品陈设平面图	室施-12	A4						
16	4J'户型立面图1	室施-13	A4						
17	4J'户型立面图2	室施-14	A4						
18	4J'户型立面图3	室施-15	A4						

说明:
NOTES:

工程项目: PROJECT	售楼处样板间
图 名: TITLE	4J'户型 图纸目录表
设计主持: DESIGN CHIEF	
设 计: DESIGN BY	
制 图: DRAWN BY	
校 核: CHECK BY	
日 期: DATE	
图纸阶段: DRAWING FORM	
图 号: DRAWING NO.	图表1-01

4J'户型材料表

应用材料	颜色	编号	备注	应用材料	颜色	编号	备注
乳胶漆	白色	PT-01					
防水乳胶漆	白色	PT-02					
石材1	浅米色	ST-01					
石材2	啡网	ST-02					
石材3	深米色	ST-03					
石材4	云石	ST-04					
瓷砖1	米色	CT-01					
瓷砖2	浅米色	CT-02					
瓷砖3	深米色	CT-03					
实木复合地板	沙比利	TV-01					
饰面板	沙比利	TV-02					
实木踢脚	沙比利	TV-03					
壁纸1	米色	WP-01					
壁纸2	米色	WP-02					
壁纸3	米色	WP-03					
壁纸4	米色	WP-04					
壁纸5	米色	WP-05					
壁纸6	仿金属	WP-06					
铝板天花	仿金箔1	MT-01					

说明：
NOTES:

工程项目：PROJECT	售楼处样板间
图名：TITLE	4J'户型材料表
设计主持：DESIGN CHIEF	
设计：DESIGN BY	
制图：DRAWN BY	
校核：CHECK BY	
日期：DATE	
图纸阶段：DRAWING FORM	
图号：DRAWING NO.	图表1-02

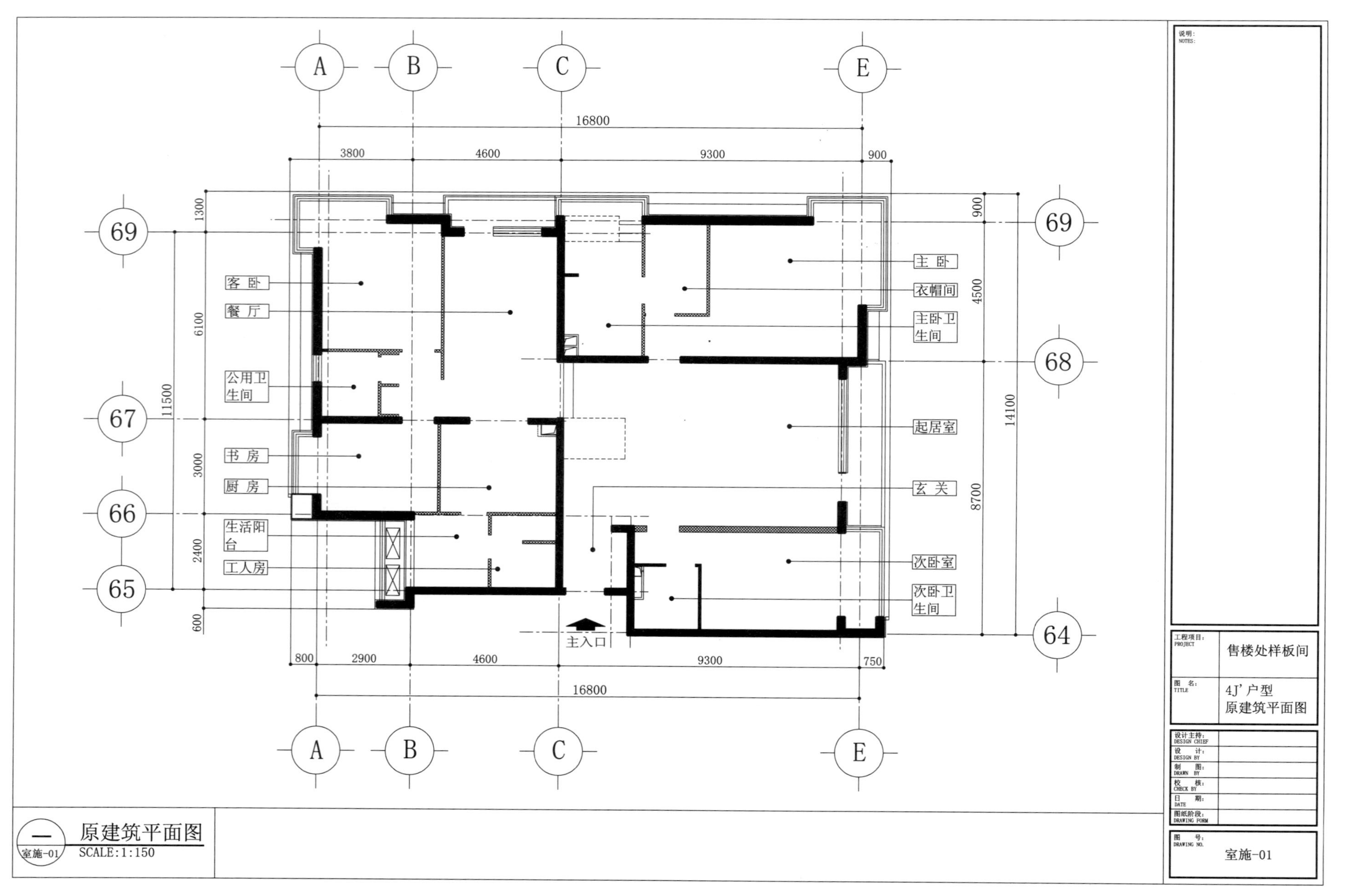

A
B
C
E
16800
3800
4600
9300
900
1300
6100
11500
3000
2400
600
4500
14100
8700
69
68
67
66
65
64
客卧
餐厅
公用卫生间
书房
厨房
生活阳台
工人房
主卧
衣帽间
主卧卫生间
起居室
玄关
次卧室
次卧卫生间
主入口
800
2900
4600
9300
750
16800
说明:
NOTES:
工程项目:
PROJECT
售楼处样板间
图名:
TITLE
4J'户型
原建筑平面图
设计主持:
DESIGN CHIEF
设计:
DESIGN BY
制图:
DRAWN BY
校核:
CHECK BY
日期:
DATE
图纸阶段:
DRAWING FORM
图号:
DRAWING NO.
室施-01
原建筑平面图
SCALE:1:150
室施-01

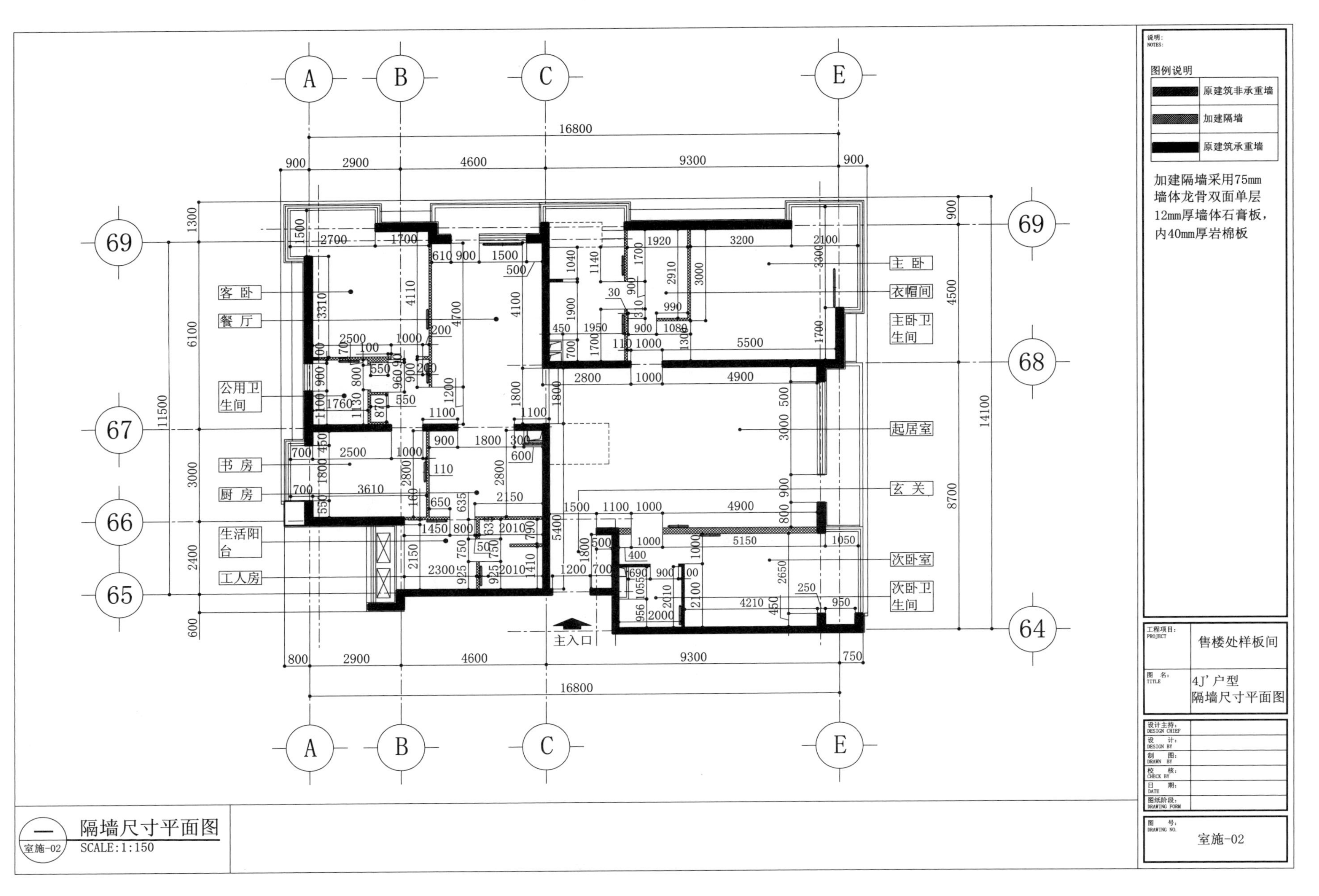

说明：
NOTES:
图例说明
原建筑非承重墙
加建隔墙
原建筑承重墙
加建隔墙采用75mm墙体龙骨双面单层12mm厚墙体石膏板，内40mm厚岩棉板
客卧
餐厅
公用卫生间
书房
厨房
生活阳台
工人房
主卧
衣帽间
主卧卫生间
起居室
玄关
次卧室
次卧卫生间
主入口
工程项目：
PROJECT
售楼处样板间
图名：
TITLE
4J'户型
隔墙尺寸平面图
设计主持：
DESIGN CHIEF
设计：
DESIGN BY
制图：
DRAWN BY
校核：
CHECK BY
日期：
DATE
图纸阶段：
DRAWING FORM
图号：
DRAWING NO.
室施-02
隔墙尺寸平面图
SCALE:1:150
室施-02

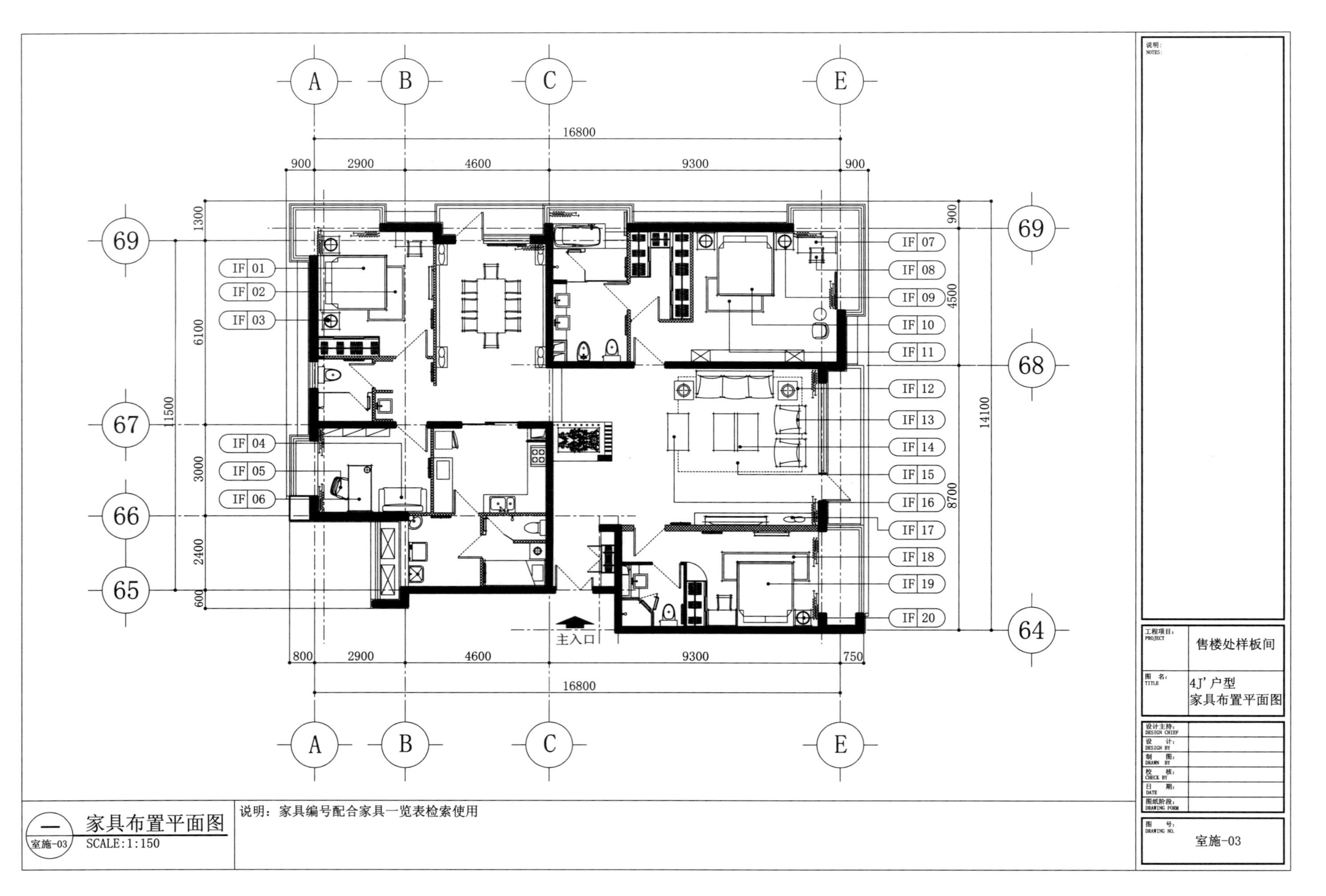

说明:
NOTES:
工程项目:
PROJECT
售楼处样板间
图 名:
TITLE
4J'户型
家具布置平面图
设计主持:
DESIGN CHIEF
设 计:
DESIGN BY
制 图:
DRAWN BY
校 核:
CHECK BY
日 期:
DATE
图纸阶段:
DRAWING FORM
图 号:
DRAWING NO.
室施-03
主入口
IF 01
IF 02
IF 03
IF 04
IF 05
IF 06
IF 07
IF 08
IF 09
IF 10
IF 11
IF 12
IF 13
IF 14
IF 15
IF 16
IF 17
IF 18
IF 19
IF 20
一
室施-03
家具布置平面图
SCALE:1:150
说明：家具编号配合家具一览表检索使用

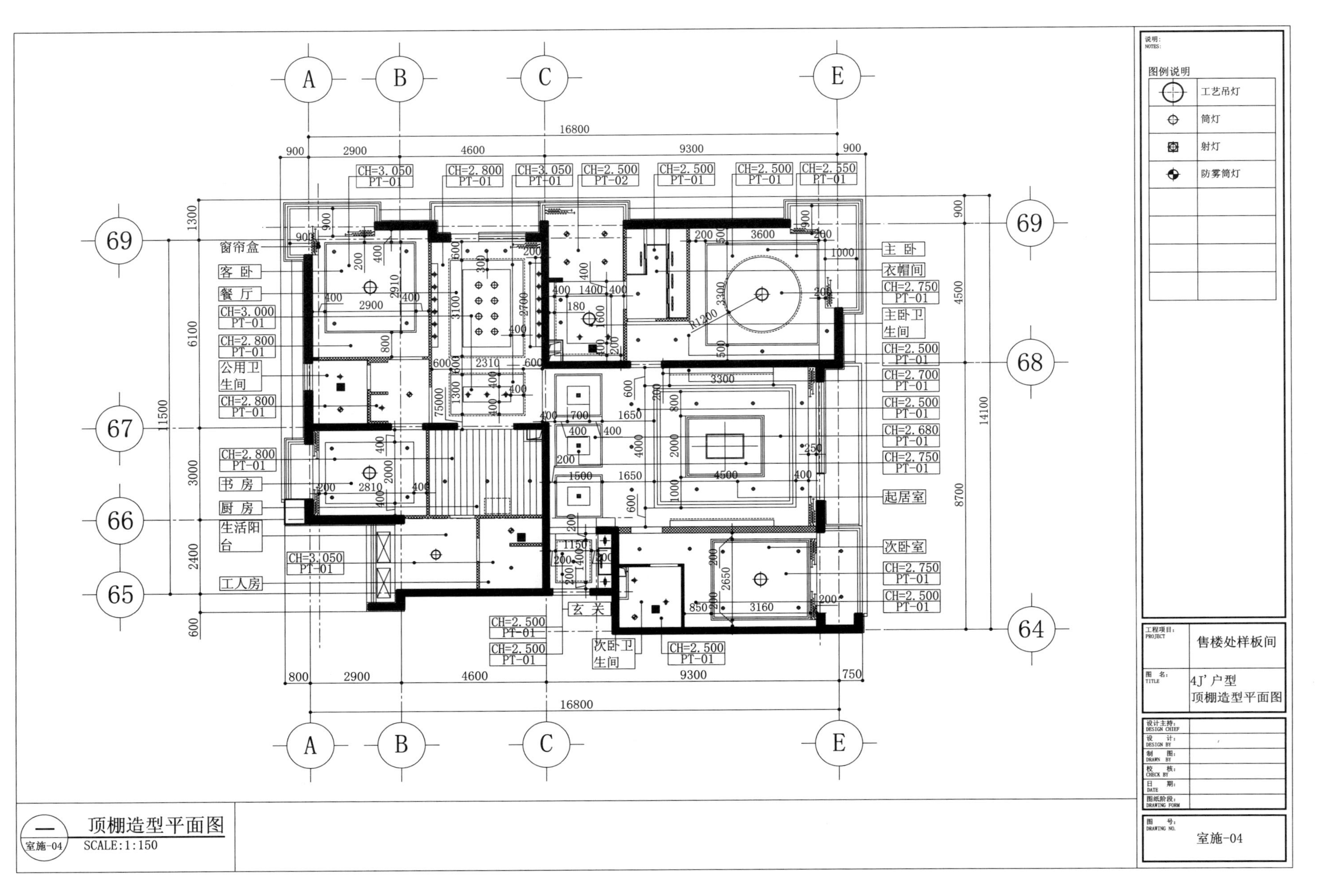

说明:
NOTES:
图例说明
工艺吊灯
筒灯
射灯
防雾筒灯
窗帘盒
客 卧
餐 厅
公用卫生间
书 房
厨 房
生活阳台
工人房
主 卧
衣帽间
主卧卫生间
起居室
次卧室
玄 关
次卧卫生间
工程项目:
PROJECT
售楼处样板间
图 名:
TITLE
4J'户型
顶棚造型平面图
设计主持:
DESIGN CHIEF
设 计:
DESIGN BY
制 图:
DRAWN BY
校 核:
CHECK BY
日 期:
DATE
图纸阶段:
DRAWING FORM
图 号:
DRAWING NO.
室施-04
顶棚造型平面图
SCALE:1:150

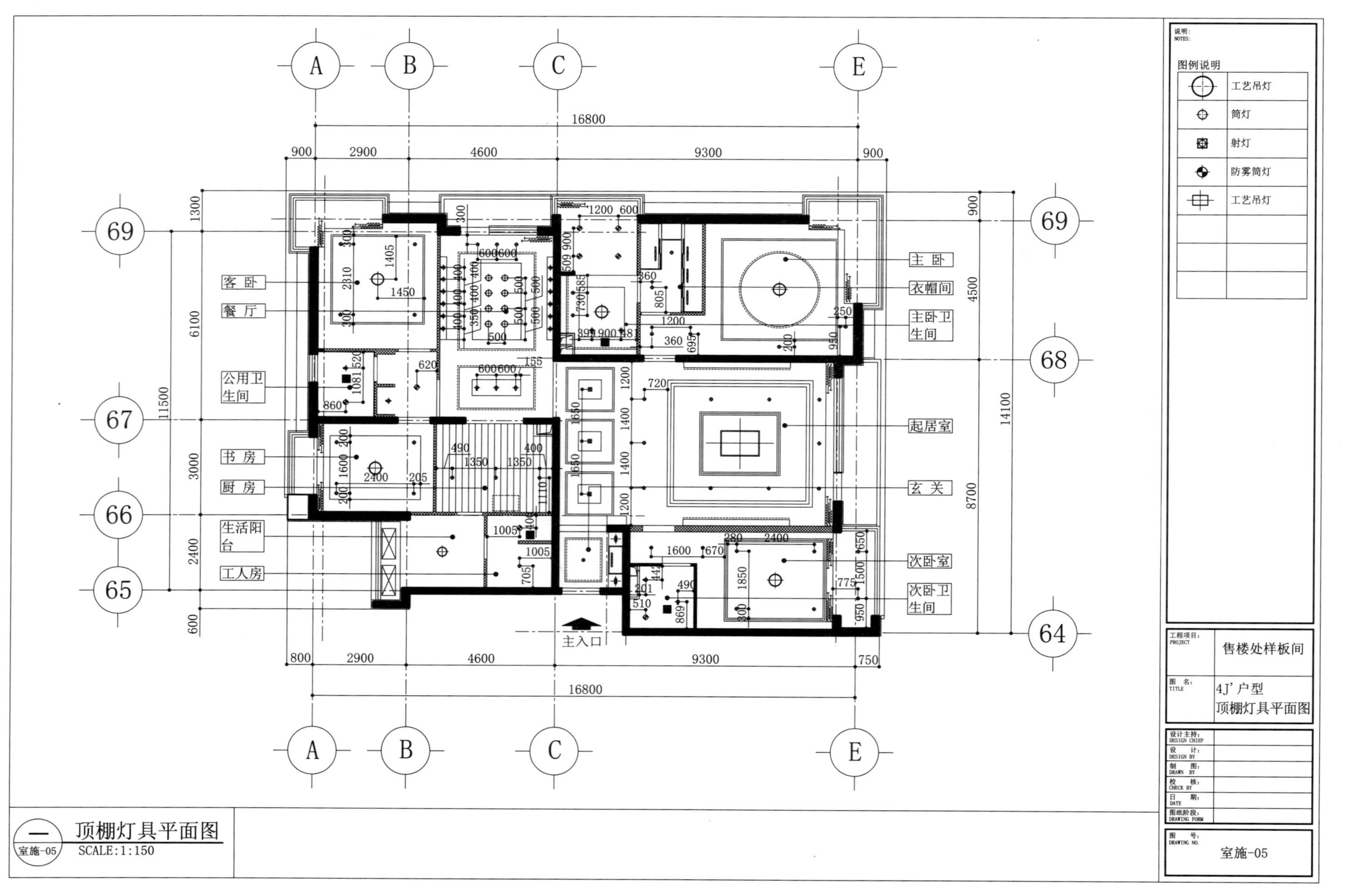
说明:
NOTES:
图例说明
工艺吊灯
筒灯
射灯
防雾筒灯
工艺吊灯
客 卧
餐 厅
公用卫生间
书 房
厨 房
生活阳台
工人房
主 卧
衣帽间
主卧卫生间
起居室
玄 关
次卧室
次卧卫生间
主入口
工程项目:
PROJECT
售楼处样板间
图 名:
TITLE
4J'户型
顶棚灯具平面图
设计主持:
DESIGN CHIEF
设 计:
DESIGN BY
制 图:
DRAWN BY
校 核:
CHECK BY
日 期:
DATE
图纸阶段:
DRAWING FORM
图 号:
DRAWING NO.
室施-05
顶棚灯具平面图
SCALE:1:150
室施-05

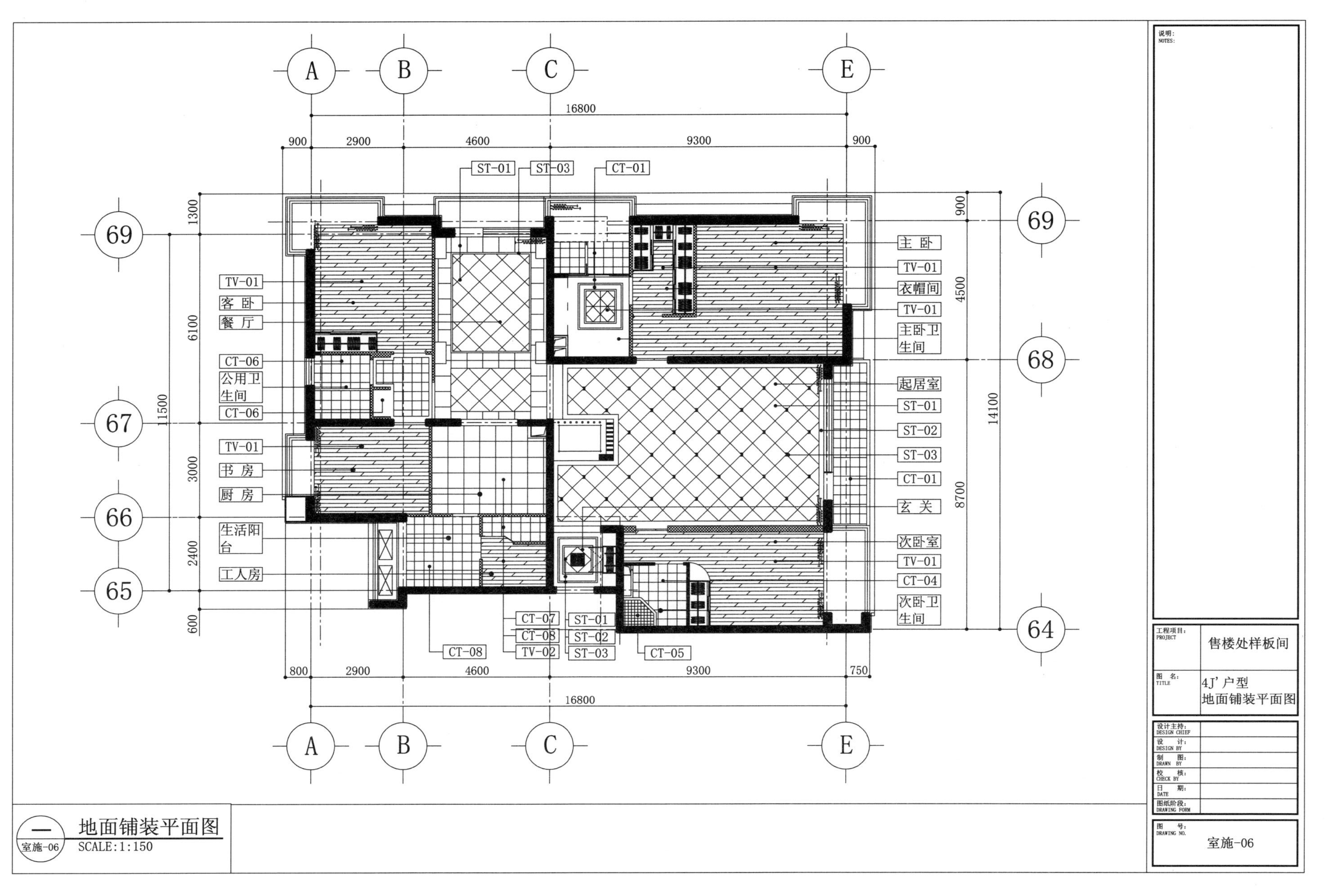
说明:
NOTES:
工程项目:
PROJECT
售楼处样板间
图 名:
TITLE
4J' 户型
地面铺装平面图
设计主持:
DESIGN CHIEF
设 计:
DESIGN BY
制 图:
DRAWN BY
校 核:
CHECK BY
日 期:
DATE
图纸阶段:
DRAWING FORM
图 号:
DRAWING NO.
室施-06
A
B
C
E
16800
900
2900
4600
9300
900
800
750
69
68
64
67
66
65
1300
6100
3000
2400
600
11500
4500
8700
14100
ST-01
ST-03
CT-01
主 卧
TV-01
衣帽间
TV-01
主卧卫生间
起居室
ST-01
ST-02
ST-03
CT-01
玄 关
次卧室
TV-01
CT-04
次卧卫生间
TV-01
客 卧
餐 厅
CT-06
公用卫生间
CT-06
TV-01
书 房
厨 房
生活阳台
工人房
CT-08
CT-07
CT-08
TV-02
ST-01
ST-02
ST-03
CT-05
一
室施-06
地面铺装平面图
SCALE:1:150

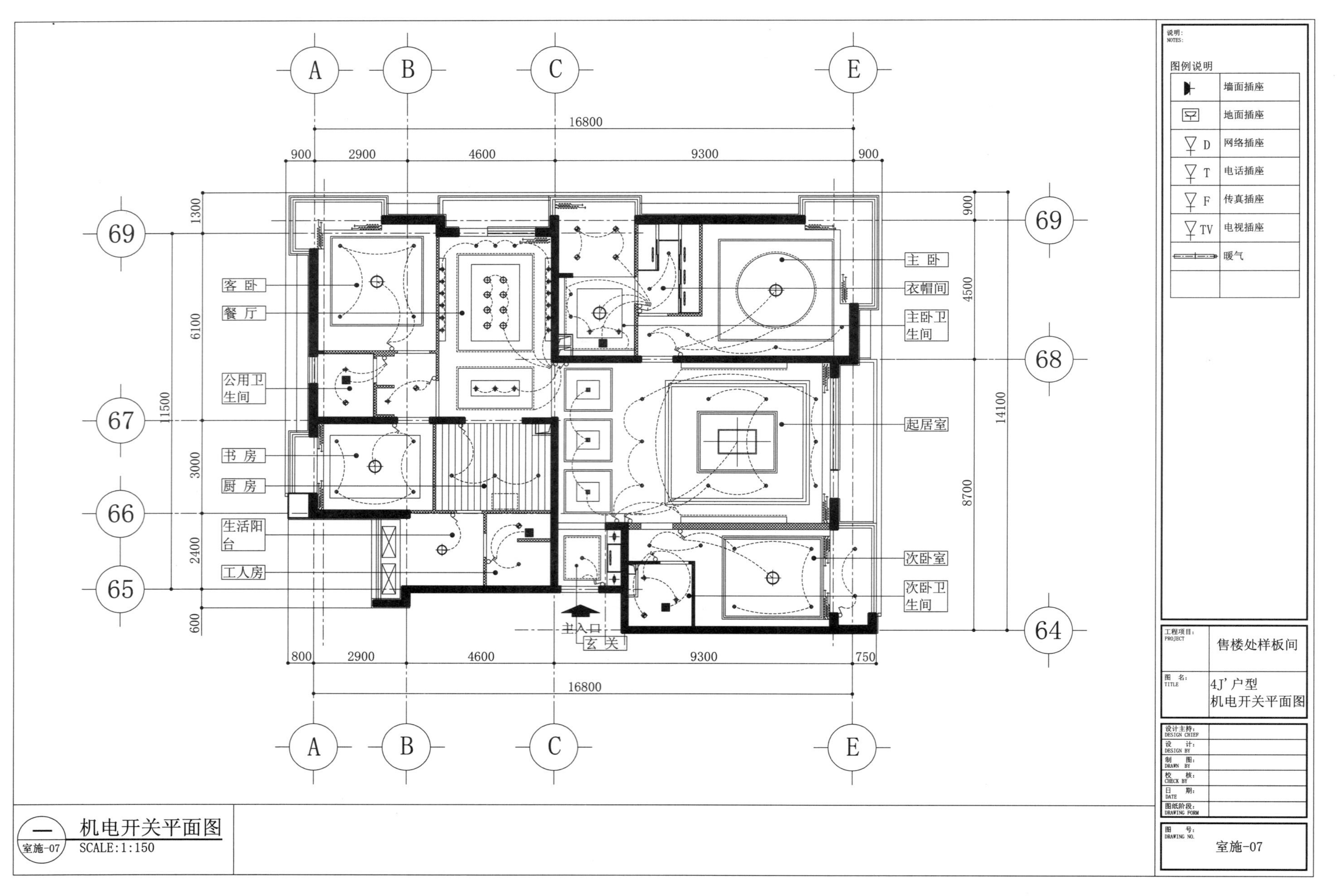

A
B
C
E
16800
900
2900
4600
9300
900
69
68
64
67
66
65
1300
6100
3000
2400
600
11500
900
4500
8700
14100
客卧
餐厅
公用卫生间
书房
厨房
生活阳台
工人房
主卧
衣帽间
主卧卫生间
起居室
次卧室
次卧卫生间
主入口
玄关
800
2900
4600
9300
750
16800
说明:
NOTES:
图例说明
墙面插座
地面插座
D 网络插座
T 电话插座
F 传真插座
TV 电视插座
暖气
工程项目: PROJECT
售楼处样板间
图 名: TITLE
4J'户型
机电开关平面图
设计主持: DESIGN CHIEF
设 计: DESIGN BY
制 图: DRAWN BY
校 核: CHECK BY
日 期: DATE
图纸阶段: DRAWING FORM
图 号: DRAWING NO.
室施-07
一
室施-07
机电开关平面图
SCALE:1:150

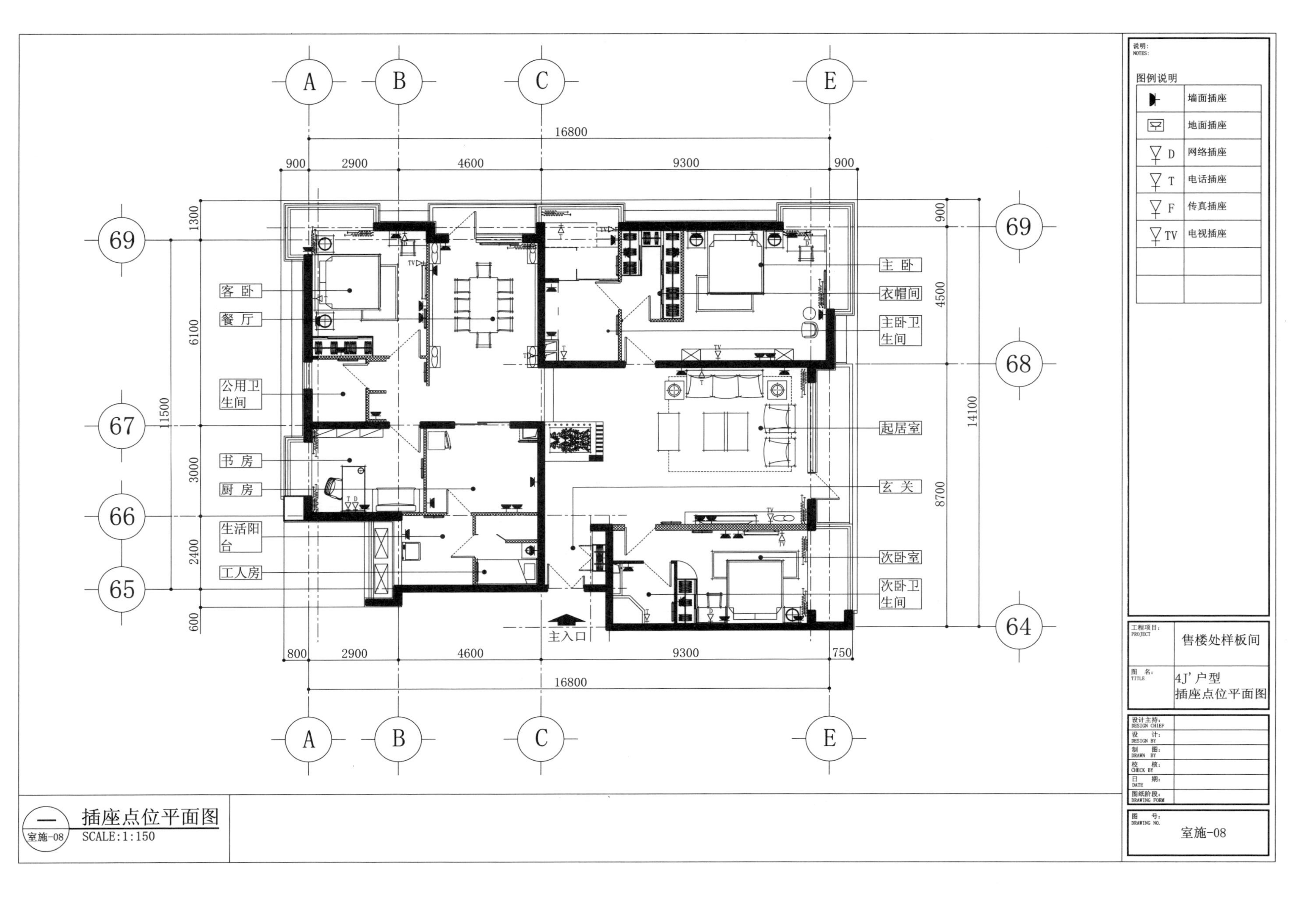

说明: NOTES:
图例说明
墙面插座
地面插座
D 网络插座
T 电话插座
F 传真插座
TV 电视插座
工程项目: PROJECT
售楼处样板间
图名: TITLE
4J'户型
插座点位平面图
设计主持: DESIGN CHIEF
设计: DESIGN BY
制图: DRAWN BY
校核: CHECK BY
日期: DATE
图纸阶段: DRAWING FORM
图号: DRAWING NO.
室施-08
客卧
餐厅
公用卫生间
书房
厨房
生活阳台
工人房
主卧
衣帽间
主卧卫生间
起居室
玄关
次卧室
次卧卫生间
主入口
16800
900
2900
4600
9300
800
750
1300
6100
3000
2400
600
11500
4500
8700
14100
A
B
C
E
69
67
66
65
68
64
一 室施-08
插座点位平面图
SCALE:1:150

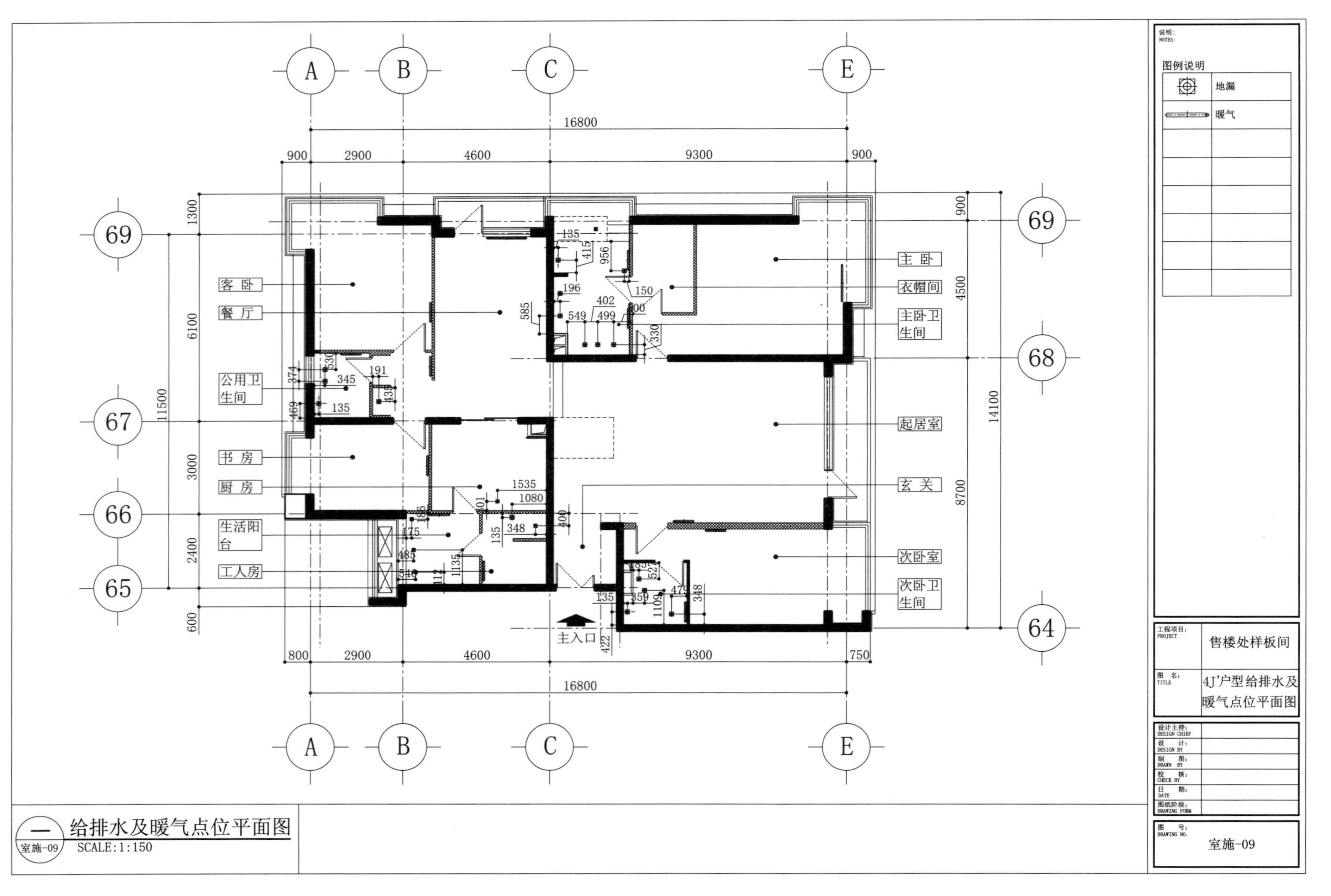

说明：
NOTES:
图例说明
地漏
暖气
客卧
餐厅
公用卫生间
书房
厨房
生活阳台
工人房
主卧
衣帽间
主卧卫生间
起居室
玄关
次卧室
次卧卫生间
主入口
16800
900
2900
4600
9300
800
750
1300
6100
3000
2400
600
11500
4500
8700
14100
A
B
C
E
69
67
66
65
68
64
工程项目：
PROJECT
售楼处样板间
图 名：
TITLE
4门户型给排水及暖气点位平面图
设计主持：
DESIGN CHIEF
设 计：
DESIGN BY
制 图：
DRAWN BY
校 核：
CHECK BY
日 期：
DATE
图纸阶段：
DRAWING FORM
图 号：
DRAWING NO.
室施-09
一 给排水及暖气点位平面图
室施-09
SCALE:1:150

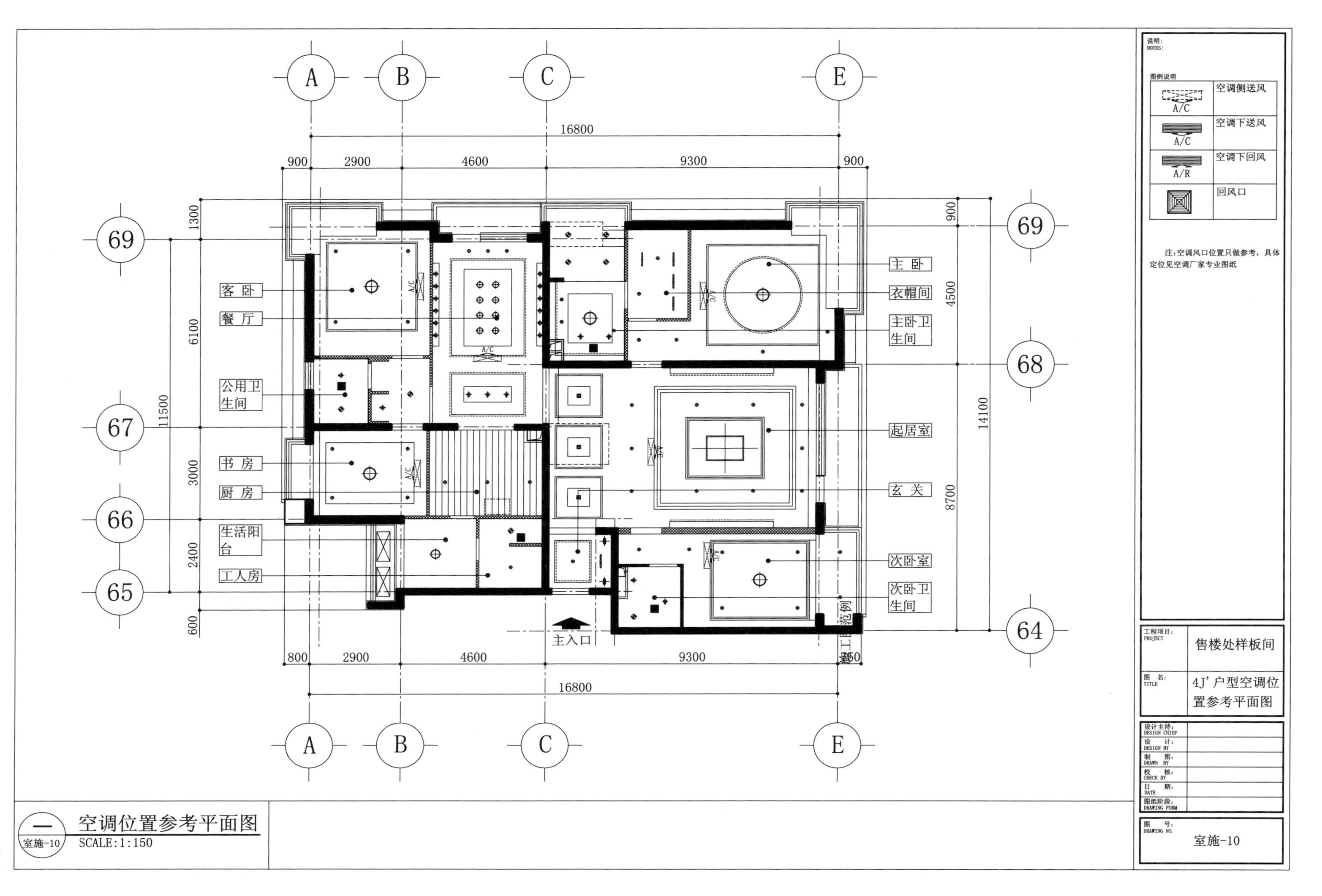
说明:
NOTES:
图例说明
A/C 空调侧送风
A/C 空调下送风
A/R 空调下回风
回风口
注：空调风口位置只做参考，具体定位见空调厂家专业图纸
工程项目:
PROJECT
售楼处样板间
图 名:
TITLE
4J'户型空调位置参考平面图
设计主持: DESIGN CHIEF
设 计: DESIGN BY
制 图: DRAWN BY
校 核: CHECK BY
日 期: DATE
图纸阶段: DRAWING FORM
图 号: DRAWING NO.
室施-10
客卧
餐厅
公用卫生间
书房
厨房
生活阳台
工人房
主卧
衣帽间
主卧卫生间
起居室
玄关
次卧室
次卧卫生间
主入口
A/C
16800
900
2900
4600
9300
800
11500
14100
1300
6100
3000
2400
600
4500
8700
A
B
C
E
69
68
64
67
66
65
一
室施-10
空调位置参考平面图
SCALE:1:150

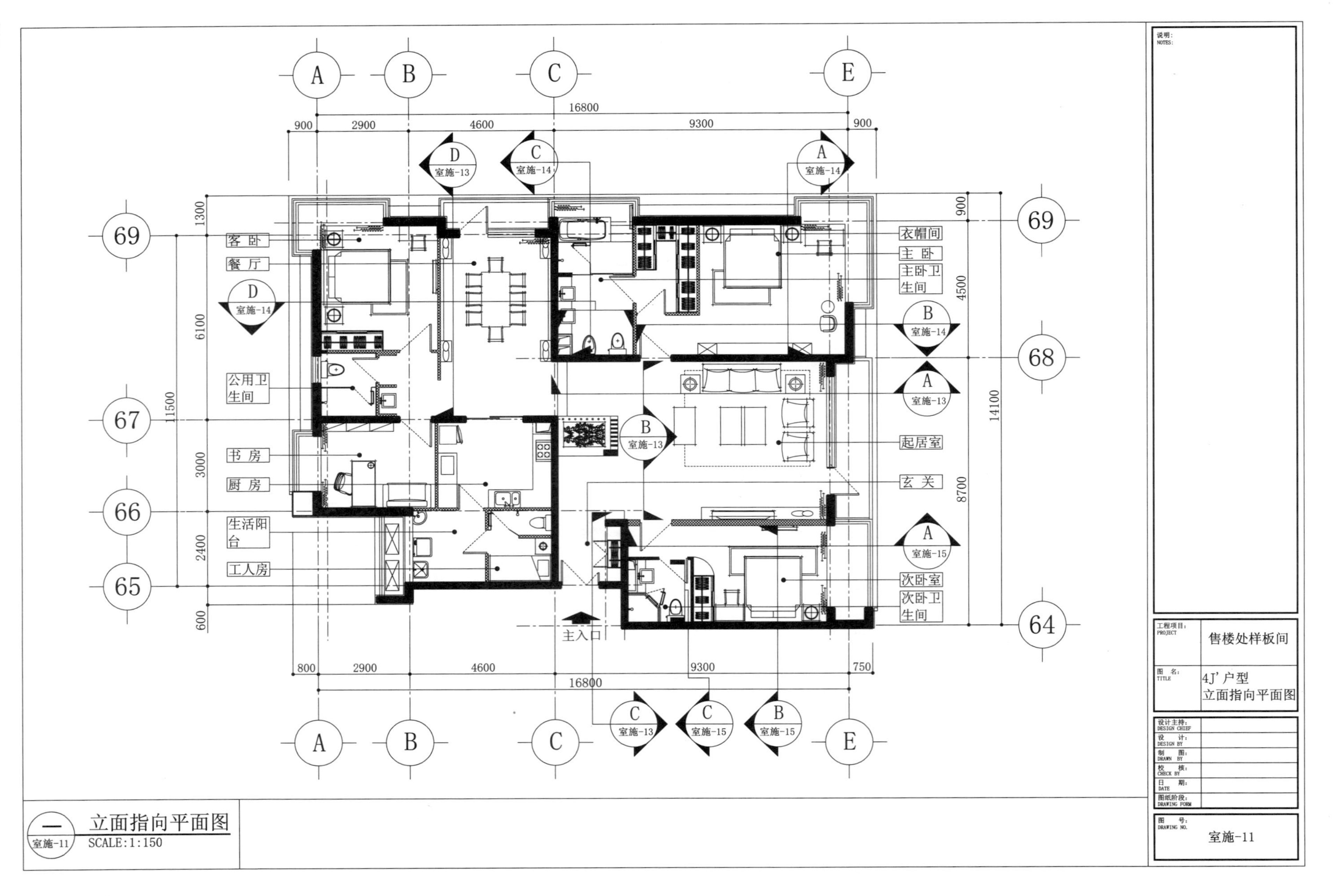
说明:
NOTES:
工程项目: PROJECT
售楼处样板间
图名: TITLE
4J'户型
立面指向平面图
设计主持: DESIGN CHIEF
设计: DESIGN BY
制图: DRAWN BY
校核: CHECK BY
日期: DATE
图纸阶段: DRAWING FORM
图号: DRAWING NO.
室施-11
客卧
餐厅
公用卫生间
书房
厨房
生活阳台
工人房
衣帽间
主卧
主卧卫生间
起居室
玄关
次卧室
次卧卫生间
主入口
16800
900
2900
4600
9300
800
750
1300
6100
3000
2400
600
11500
4500
8700
14100
A
B
C
E
69
68
67
66
65
64
室施-13
室施-14
室施-15
一
室施-11
立面指向平面图
SCALE:1:150

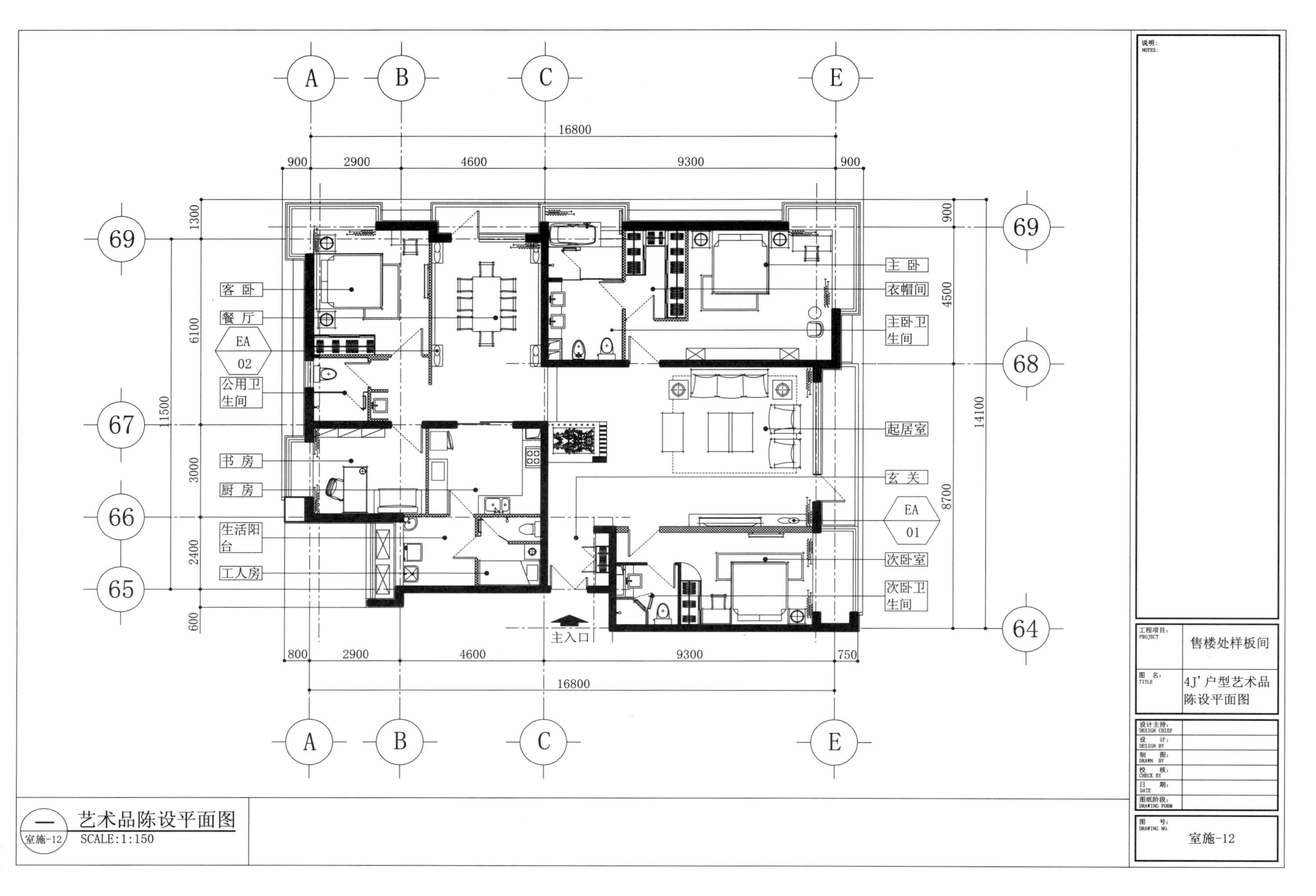
A
B
C
E
16800
900
2900
4600
9300
900
69
67
66
65
69
68
64
1300
6100
3000
2400
600
11500
900
4500
8700
14100
客 卧
餐 厅
EA
02
公用卫生间
书 房
厨 房
生活阳台
工人房
主 卧
衣帽间
主卧卫生间
起居室
玄 关
EA
01
次卧室
次卧卫生间
主入口
800
2900
4600
9300
750
16800
说明:
NOTES:
工程项目:
PROJECT
售楼处样板间
图 名:
TITLE
4J’户型艺术品陈设平面图
设计主持:
DESIGN CHIEF
设 计:
DESIGN BY
制 图:
DRAWN BY
校 核:
CHECK BY
日 期:
DATE
图纸阶段:
DRAWING FORM
图 号:
DRAWING NO.
室施-12
一
室施-12
艺术品陈设平面图
SCALE:1:150

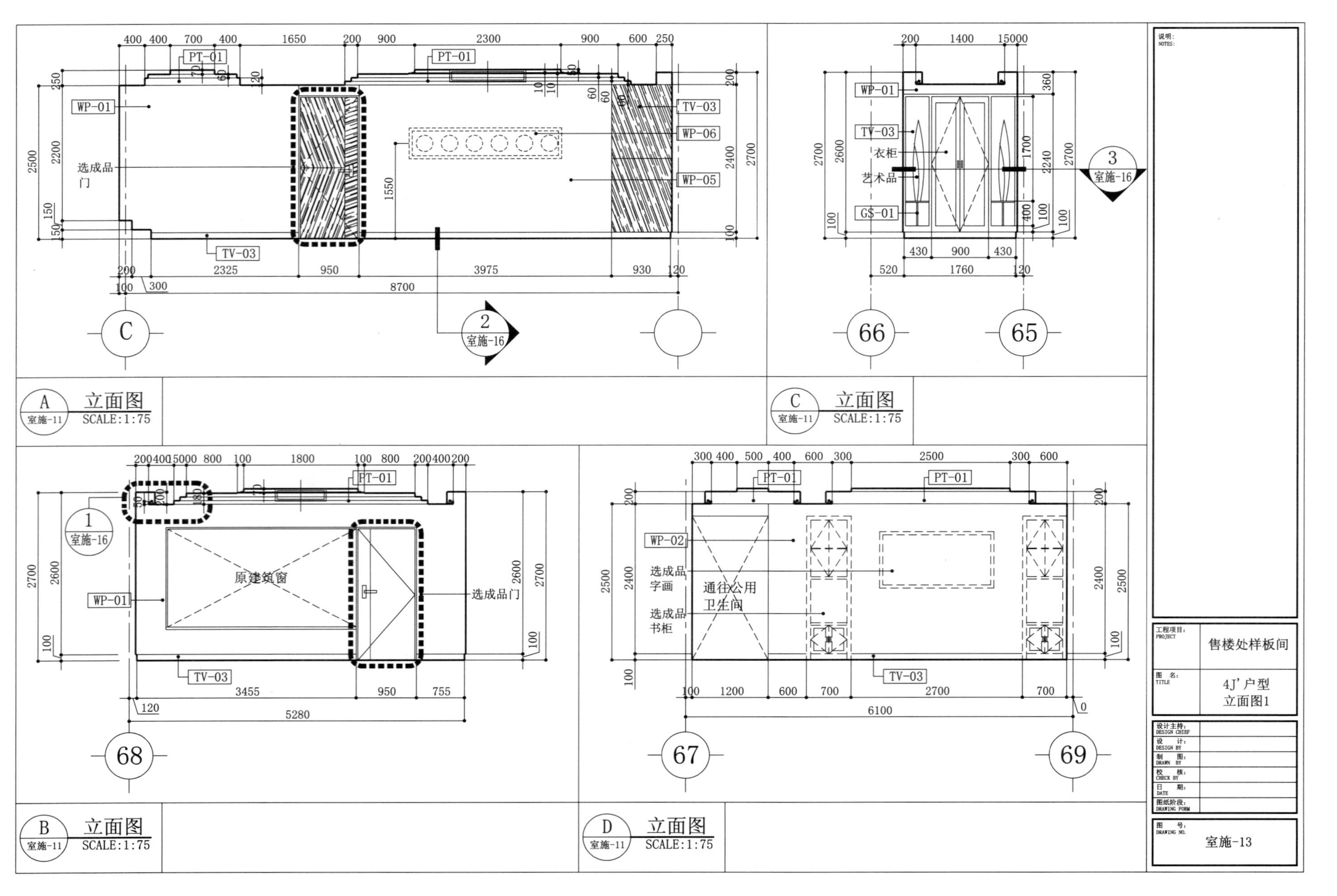

PT-01
WP-01
选成品
门
TV-03
WP-06
WP-05
C
2
室施-16
A
室施-11
立面图
SCALE:1:75
WP-01
TV-03
衣柜
艺术品
GS-01
3
室施-16
66
65
C
室施-11
立面图
SCALE:1:75
1
室施-16
原建筑窗
选成品门
WP-01
TV-03
68
B
室施-11
立面图
SCALE:1:75
PT-01
WP-02
选成品
字画
选成品
书柜
通往公用
卫生间
TV-03
67
69
D
室施-11
立面图
SCALE:1:75
说明:
NOTES:
工程项目:
PROJECT
售楼处样板间
图 名:
TITLE
4J'户型
立面图1
设计主持:
DESIGN CHIEF
设 计:
DESIGN BY
制 图:
DRAWN BY
校 核:
CHECK BY
日 期:
DATE
图纸阶段:
DRAWING FORM
图 号:
DRAWING NO.
室施-13

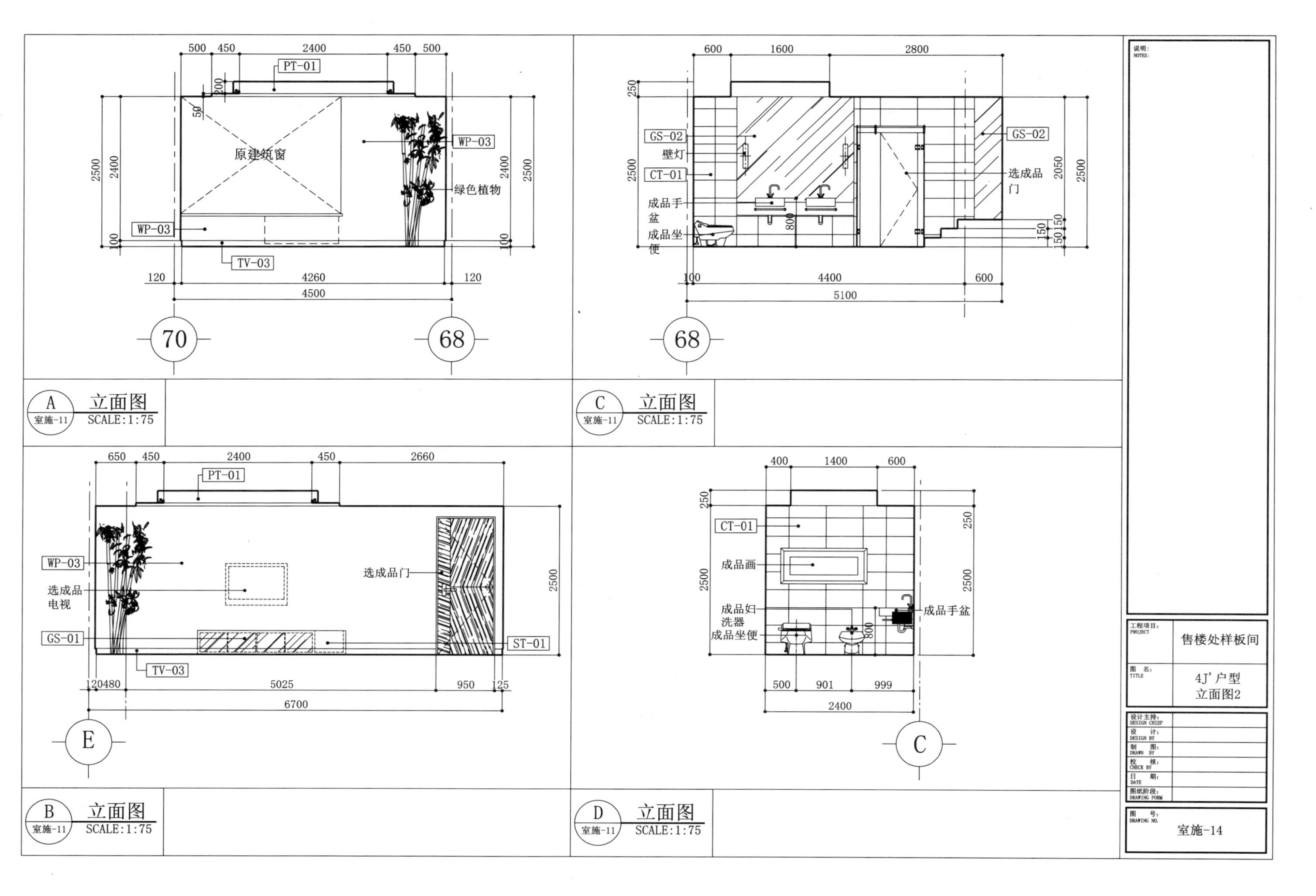

A 立面图
室施-11
SCALE:1:75
原建筑窗
PT-01
WP-03
绿色植物
TV-03
C 立面图
室施-11
SCALE:1:75
GS-02
壁灯
CT-01
成品手盆
成品坐便
选成品门
B 立面图
室施-11
SCALE:1:75
选成品电视
GS-01
ST-01
选成品门
D 立面图
室施-11
SCALE:1:75
成品画
成品妇洗器
成品坐便
成品手盆
说明：
NOTES:
工程项目：
PROJECT
售楼处样板间
图名：
TITLE
4J'户型
立面图2
设计主持：
DESIGN CHIEF
设计：
DESIGN BY
制图：
DRAWN BY
校核：
CHECK BY
日期：
DATE
图纸阶段：
DRAWING FORM
图号：
DRAWING NO.
室施-14

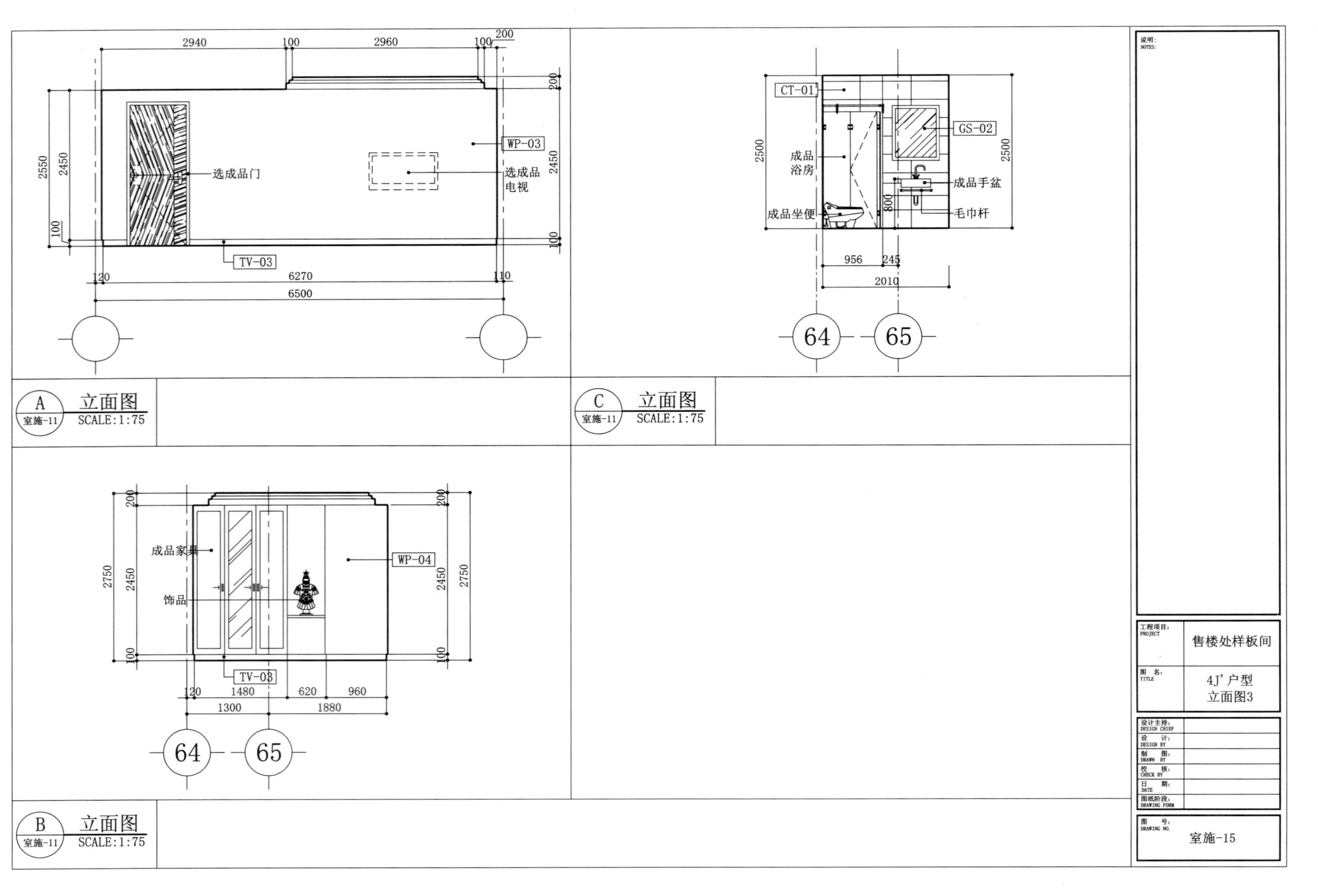

选成品门
选成品
电视
WP-03
TV-03
A 立面图
室施-11
SCALE:1:75
CT-01
GS-02
成品
浴房
成品手盆
成品坐便
毛巾杆
C 立面图
室施-11
SCALE:1:75
成品家具
饰品
WP-04
TV-03
B 立面图
室施-11
SCALE:1:75
说明:
NOTES:
工程项目:
PROJECT
售楼处样板间
图 名:
TITLE
4J'户型
立面图3
设计主持:
DESIGN CHIEF
设 计:
DESIGN BY
制 图:
DRAWN BY
校 核:
CHECK BY
日 期:
DATE
图纸阶段:
DRAWING FORM
图 号:
DRAWING NO.
室施-15

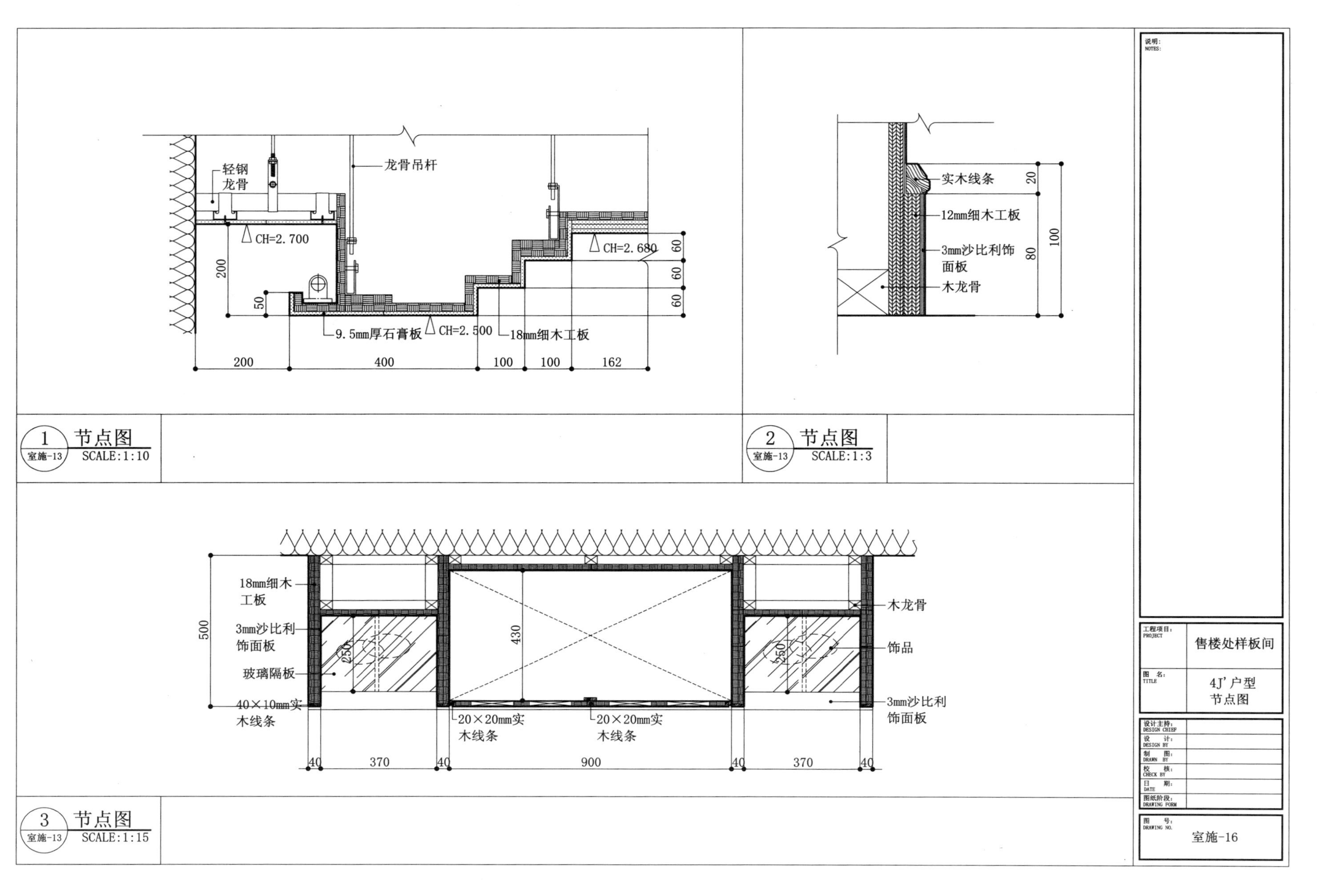

轻钢
龙骨
龙骨吊杆
CH=2.700
CH=2.680
CH=2.500
9.5mm厚石膏板
18mm细木工板
200
50
60
60
60
200
400
100
100
162
1 节点图
室施-13
SCALE:1:10
实木线条
12mm细木工板
3mm沙比利饰
面板
木龙骨
20
80
100
2 节点图
室施-13
SCALE:1:3
18mm细木
工板
3mm沙比利
饰面板
玻璃隔板
40×10mm实
木线条
木龙骨
饰品
3mm沙比利
饰面板
20×20mm实
木线条
20×20mm实
木线条
500
430
250
250
40
370
40
900
40
370
40
3 节点图
室施-13
SCALE:1:15
说明:
NOTES:
工程项目:
PROJECT
售楼处样板间
图　名:
TITLE
4J'户型
节点图
设计主持:
DESIGN CHIEF
设　计:
DESIGN BY
制　图:
DRAWN BY
校　核:
CHECK BY
日　期:
DATE
图纸阶段:
DRAWING FORM
图　号:
DRAWING NO.
室施-16

售楼处样板间 2D 户型

图表1-00

2D' 户型图纸目录表

序号	图 纸 名 称	图号	图幅	备注	序号	图 纸 名 称	图号	图幅	备注
01	2D' 户型图纸封面	图表1-00	A4		19	2D' 户型二层插座点位平面图	室施-16	A4	
02	2D' 户型图纸目录表	图表1-01	A4		20	2D' 户型一层给排水及暖气点位平面图	室施-17	A4	
03	2D' 户型材料表	图表1-02	A4		21	2D' 户型二层给排水及暖气点位平面图	室施-18	A4	
					22	2D' 户型一层空调位置参考平面图	室施-19	A4	
04	2D' 户型一层原建筑平面图	室施-01	A4		23	2D' 户型二层空调位置参考平面图	室施-20	A4	
05	2D' 户型二层原建筑平面图	室施-02	A4		24	2D' 户型一层立面指向平面图	室施-21	A4	
06	2D' 户型一层户型隔墙尺寸平面图	室施-03	A4		25	2D' 户型二层立面指向平面图	室施-22	A4	
07	2D' 户型二层户型隔墙尺寸平面图	室施-04	A4		26	2D' 户型一层艺术品陈设平面图	室施-23	A4	
08	2D' 户型一层家具布置平面图	室施-05	A4		27	2D' 户型二层艺术品陈设平面图	室施-24	A4	
09	2D' 户型二层家具布置平面图	室施-06	A4						
10	2D' 户型一层顶棚造型平面图	室施-07	A4		28	2D' 户型立面图1	室施-25	A4	
11	2D' 户型二层顶棚造型平面图	室施-08	A4		29	2D' 户型立面图2	室施-26	A4	
12	2D' 户型一层顶棚灯具平面图	室施-09	A4		30	2D' 户型立面图3	室施-27	A4	
13	2D' 户型二层顶棚灯具平面图	室施-10	A4						
14	2D' 户型一层地面铺装平面图	室施-11	A4		31	2D' 户型节点图	室施-28	A4	
15	2D' 户型二层地面铺装平面图	室施-12	A4						
16	2D' 户型一层机电开关平面图	室施-13	A4						
17	2D' 户型二层机电开关平面图	室施-14	A4						
18	2D' 户型一层插座点位平面图	室施-15	A4						

说明: NOTES:

工程项目: PROJECT	售楼处样板间
图 名: TITLE	2D' 户型 图纸目录表
设计主持: DESIGN CHIEF	
设 计: DESIGN BY	
制 图: DRAWN BY	
校 核: CHECK BY	
日 期: DATE	
图纸阶段: DRAWING FORM	
图 号: DRAWING NO.	图表1-01

2D'户型材料表

应用材料	颜色	编号	备注	应用材料	颜色	编号	备注
石英石	米黄色	ST-01		墙纸	仿金箔2	WP-03	
石英石	浅咖啡色	ST-02		墙纸	灰白	WP-04	
石英石	深咖啡色	ST-03		墙纸	灰白	WP-05	
人造石	白色	ST-04		墙纸	灰白	WP-06	
砂岩	米色	ST-05		墙纸	灰白	WP-07	
复合木地板	沙比利	TV-01		墙纸	灰白	WP-08	
复合木地板	深色沙比利	TV-02		乳胶漆	白色	PT-01	
木作饰面板	沙比利	TV-03		手扫漆	白色	PT-02	
实木线	沙比利	TV-04		铁艺造型	手扫铜漆	MT-01	
300×300mm玻化砖	米白色	CT-01		金属扣板	白色	MT-02	
100×100mm地砖	灰蓝色	CT-02		装饰玻璃	带肌理	GS-01	
25×25mm陶瓷锦	渐变	CT-03		镜面	防雾	GS-02	
300×300mm地砖	灰白色	CT-04		10mm玻璃	透明	GS-03	
300×300mm墙砖	冷调	CT-05					
300×600mm墙面砖	米色	CT-06					
300×600mm墙面砖	米色	CT-07					
300×300mm玻化砖	浅灰	CT-08					
墙纸	灰白	WP-01					
墙纸	仿金箔1	WP-02					

说明：NOTES:

工程项目：PROJECT	售楼处样板间
图名：TITLE	2D'户型材料表
设计主持：DESIGN CHIEF	
设计：DESIGN BY	
制图：DRAWN BY	
校核：CHECK BY	
日期：DATE	
图纸阶段：DRAWING FORM	
图号：DRAWING NO.	图表1-02

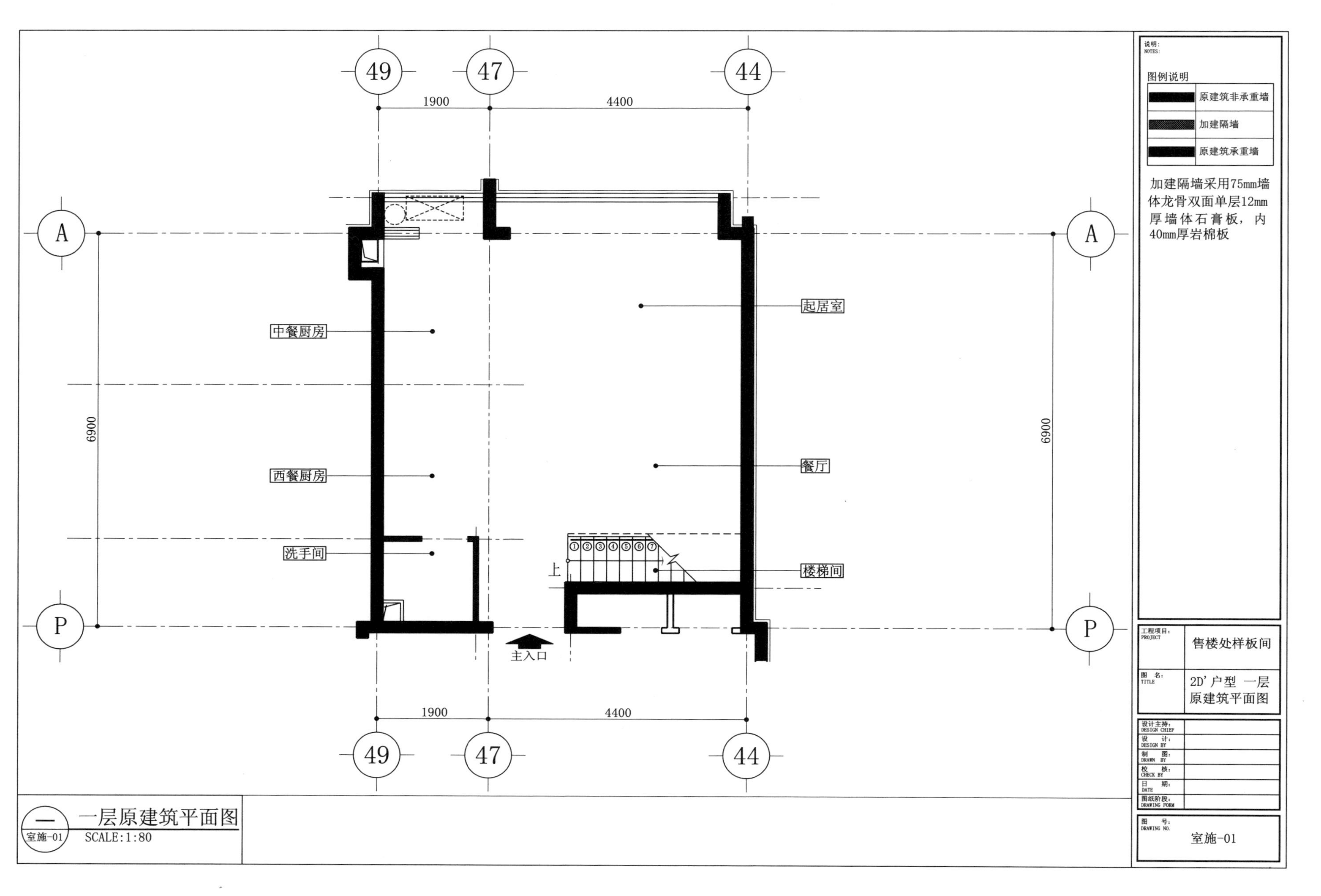
49
47
44
1900
4400
A
P
6900
起居室
中餐厨房
西餐厨房
餐厅
洗手间
楼梯间
上
主入口
说明:
NOTES:
图例说明
原建筑非承重墙
加建隔墙
原建筑承重墙
加建隔墙采用75mm墙体龙骨双面单层12mm厚墙体石膏板，内40mm厚岩棉板
工程项目:
PROJECT
售楼处样板间
图 名:
TITLE
2D'户型 一层原建筑平面图
设计主持:
DESIGN CHIEF
设 计:
DESIGN BY
制 图:
DRAWN BY
校 核:
CHECK BY
日 期:
DATE
图纸阶段:
DRAWING FORM
图 号:
DRAWING NO.
室施-01
一
室施-01
一层原建筑平面图
SCALE:1:80

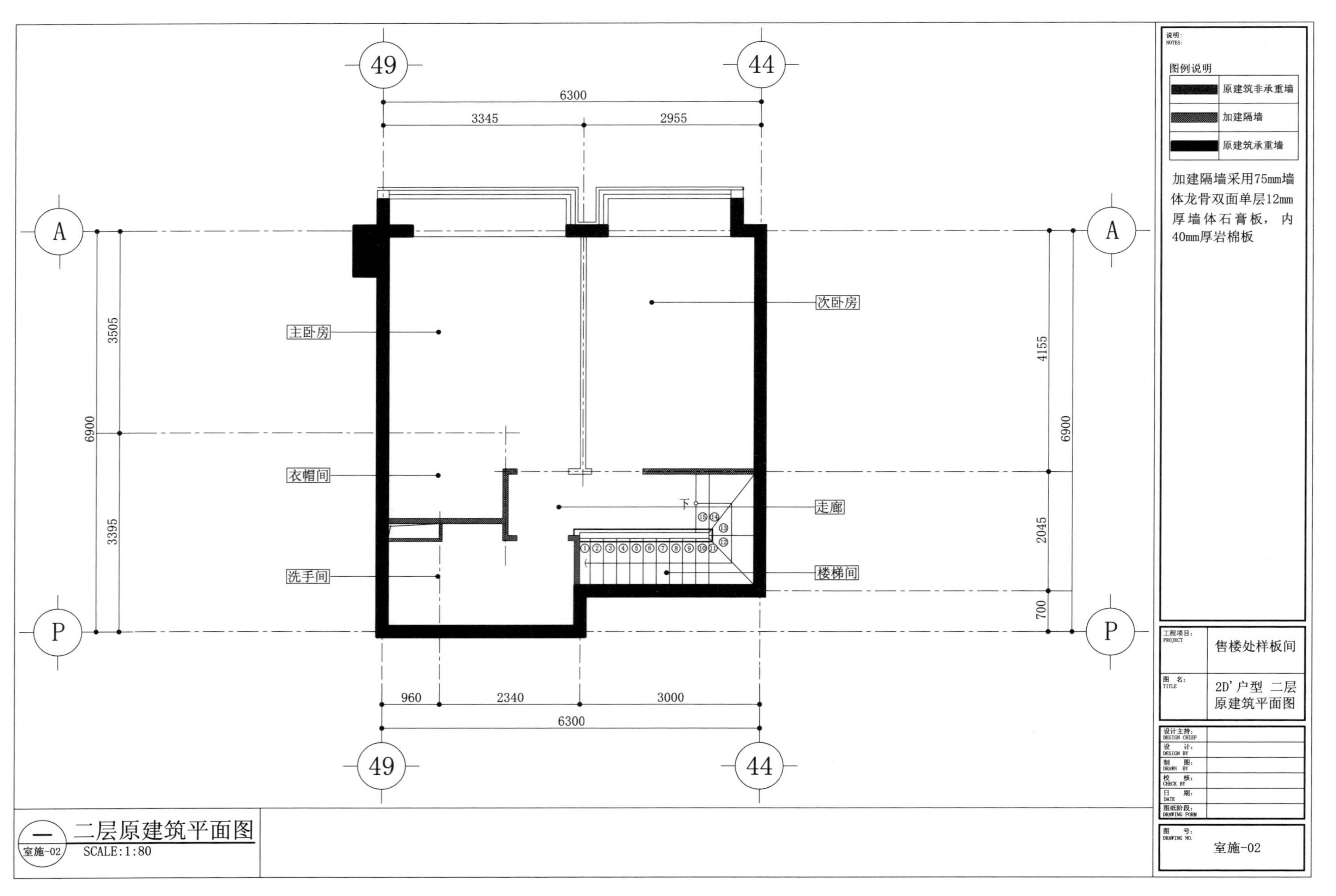
49
44
6300
3345
2955
A
A
主卧房
次卧房
3505
4155
6900
6900
衣帽间
走廊
下
3395
2045
洗手间
楼梯间
700
P
P
960
2340
3000
6300
49
44
二层原建筑平面图
室施-02
SCALE:1:80
说明:
NOTES:
图例说明
原建筑非承重墙
加建隔墙
原建筑承重墙
加建隔墙采用75mm墙体龙骨双面单层12mm厚墙体石膏板，内40mm厚岩棉板
工程项目:
PROJECT
售楼处样板间
图 名:
TITLE
2D'户型 二层原建筑平面图
设计主持:
DESIGN CHIEF
设 计:
DESIGN BY
制 图:
DRAWN BY
校 核:
CHECK BY
日 期:
DATE
图纸阶段:
DRAWING FORM
图 号:
DRAWING NO.
室施-02

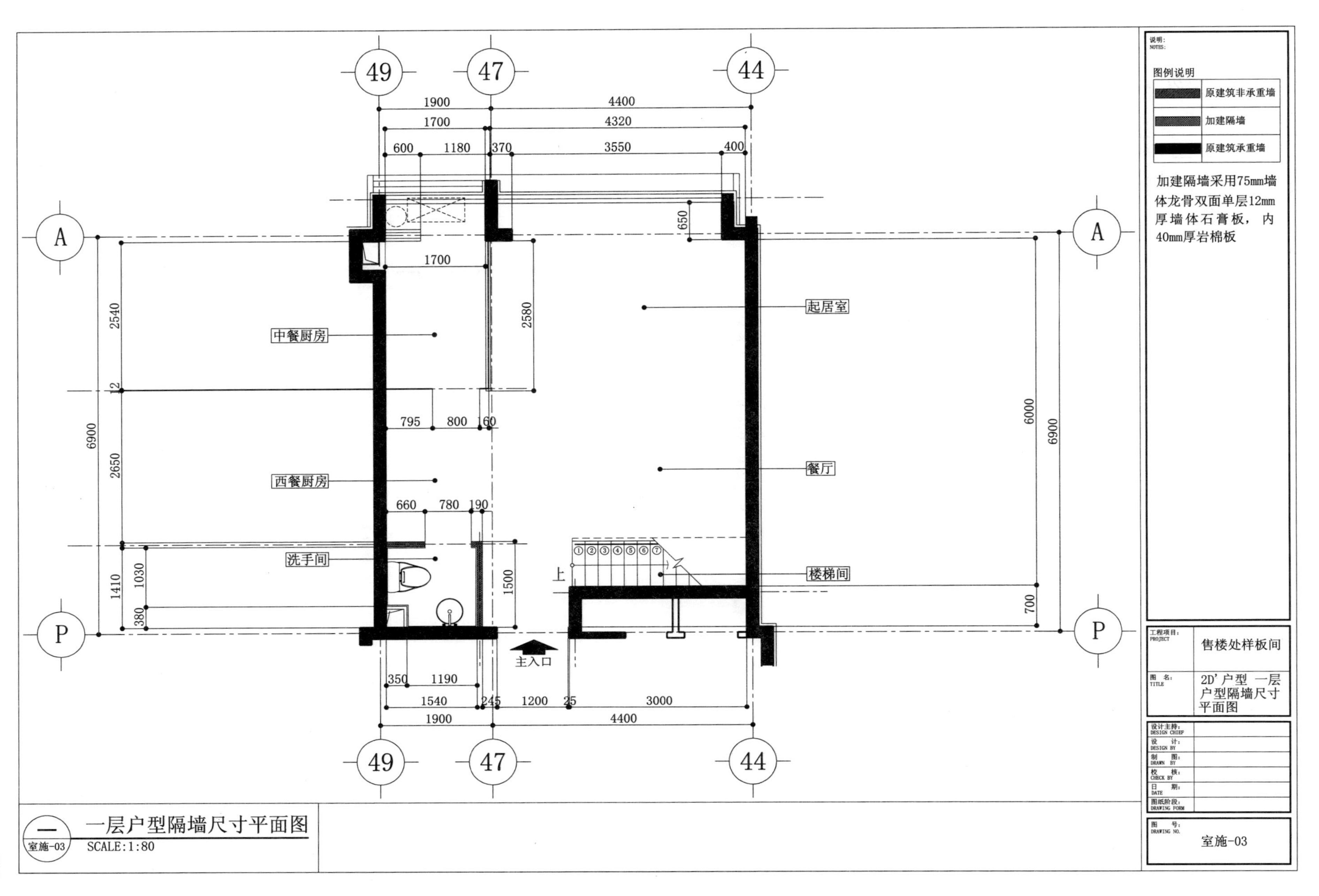
说明：
NOTES:
图例说明
原建筑非承重墙
加建隔墙
原建筑承重墙
加建隔墙采用75mm墙体龙骨双面单层12mm厚墙体石膏板，内40mm厚岩棉板
工程项目：
PROJECT
售楼处样板间
图名：
TITLE
2D'户型 一层户型隔墙尺寸平面图
图号：
DRAWING NO.
室施-03
起居室
餐厅
楼梯间
中餐厨房
西餐厨房
洗手间
主入口
上
一层户型隔墙尺寸平面图
SCALE:1:80

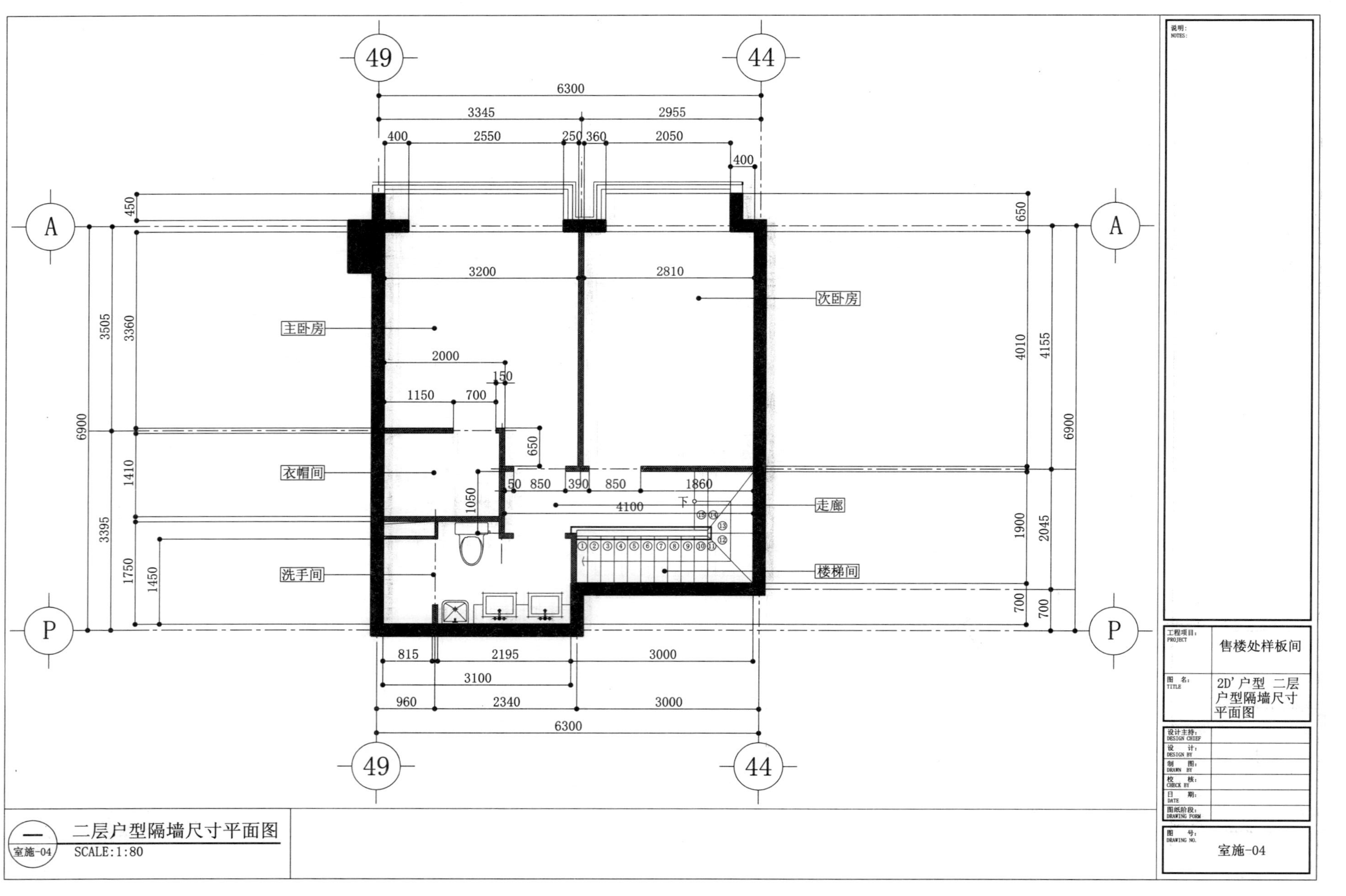

次卧房
主卧房
衣帽间
走廊
洗手间
楼梯间
二层户型隔墙尺寸平面图
SCALE:1:80
室施-04
说明:
NOTES:
工程项目:
PROJECT
售楼处样板间
图名:
TITLE
2D'户型 二层户型隔墙尺寸平面图
设计主持:
DESIGN CHIEF
设计:
DESIGN BY
制图:
DRAWN BY
校核:
CHECK BY
日期:
DATE
图纸阶段:
DRAWING FORM
图号:
DRAWING NO.
室施-04

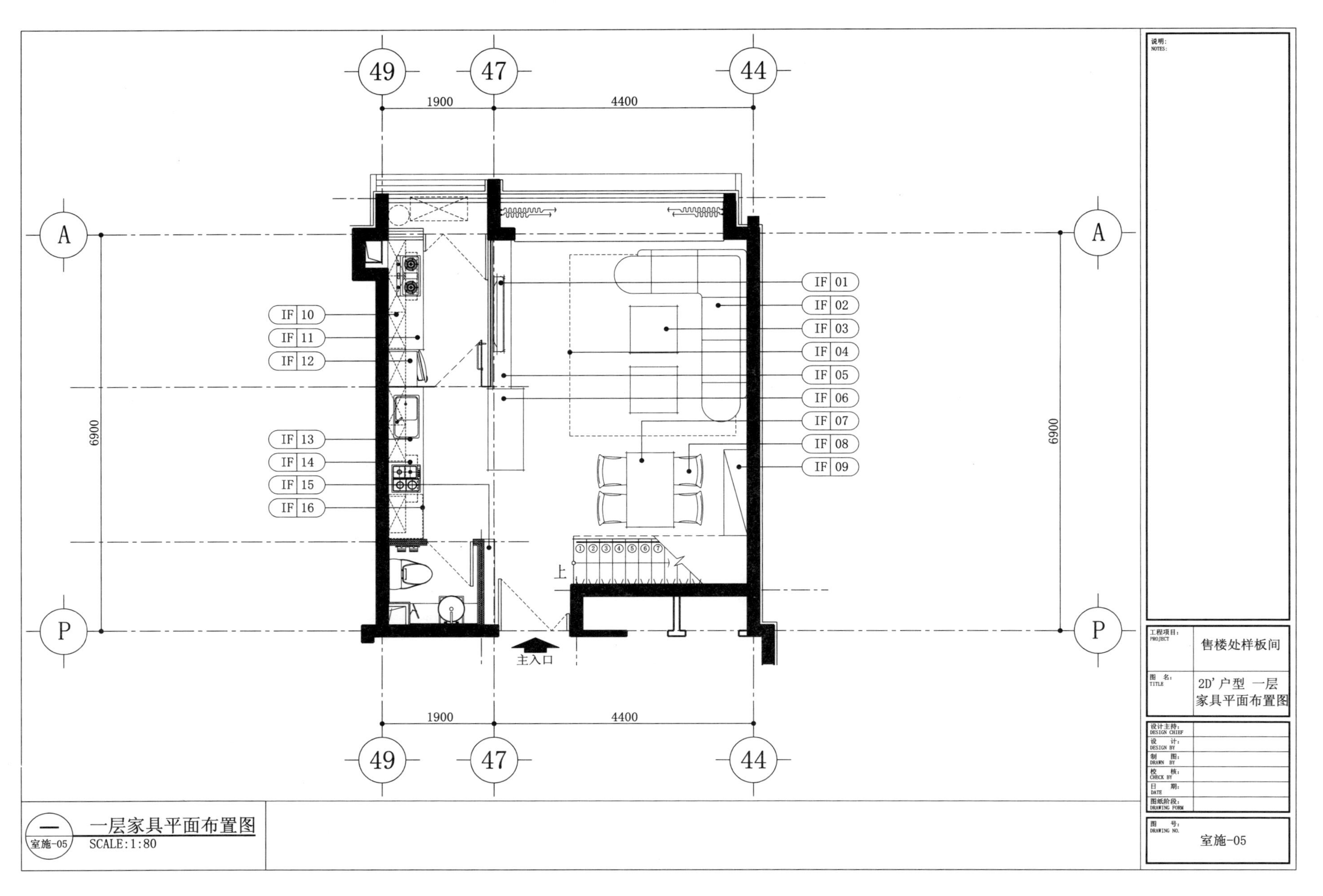
49
47
44
1900
4400
A
P
6900
IF 01
IF 02
IF 03
IF 04
IF 05
IF 06
IF 07
IF 08
IF 09
IF 10
IF 11
IF 12
IF 13
IF 14
IF 15
IF 16
上
主入口
说明:
NOTES:
工程项目:
PROJECT
售楼处样板间
图名:
TITLE
2D'户型 一层
家具平面布置图
设计主持:
DESIGN CHIEF
设计:
DESIGN BY
制图:
DRAWN BY
校核:
CHECK BY
日期:
DATE
图纸阶段:
DRAWING FORM
图号:
DRAWING NO.
室施-05
一
室施-05
一层家具平面布置图
SCALE:1:80

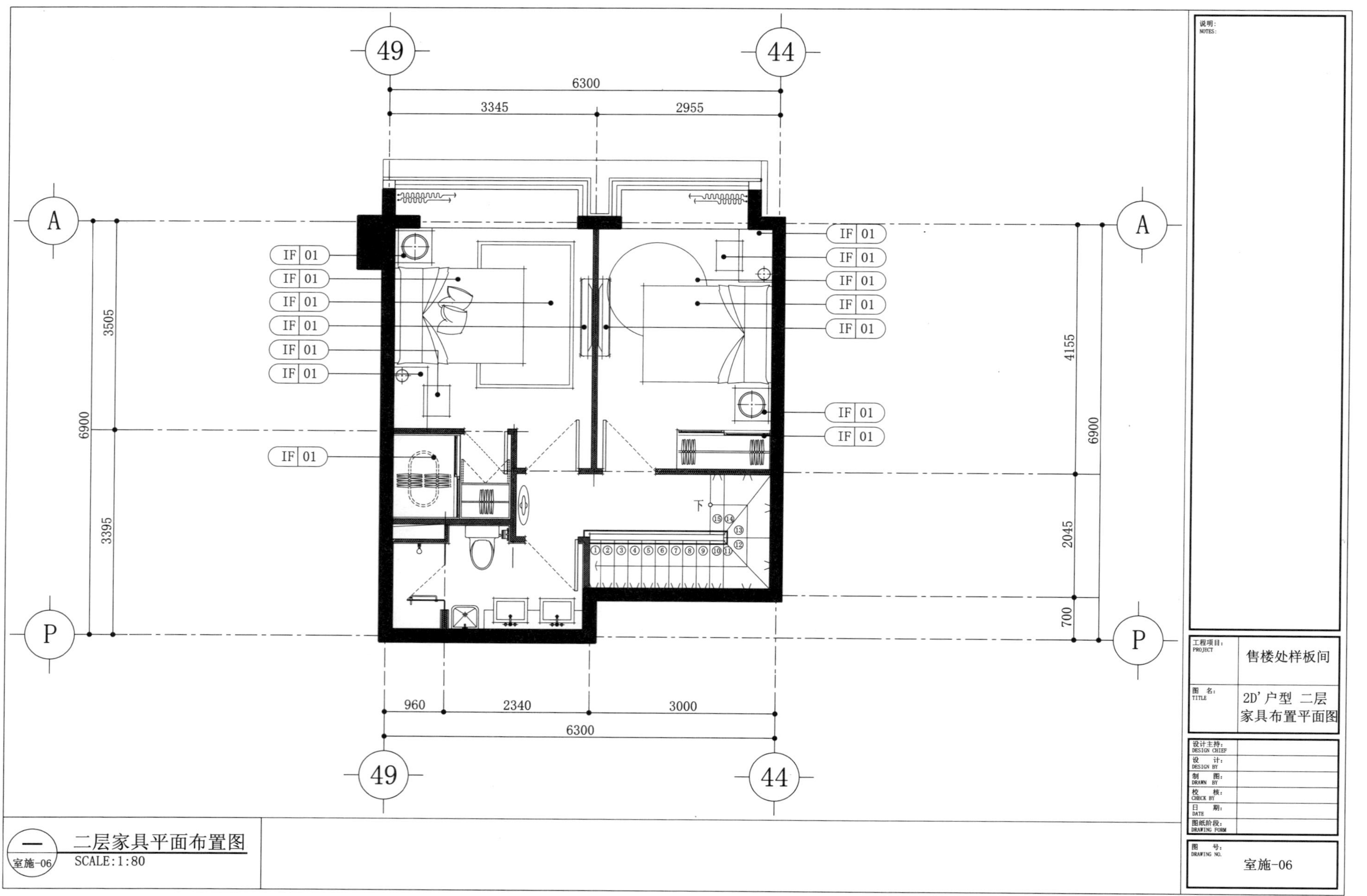

6300
3345
2955
3505
6900
3395
4155
2045
700
960
2340
3000
IF 01
下
说明:
NOTES:
工程项目:
PROJECT
售楼处样板间
图 名:
TITLE
2D'户型 二层
家具布置平面图
设计主持:
DESIGN CHIEF
设 计:
DESIGN BY
制 图:
DRAWN BY
校 核:
CHECK BY
日 期:
DATE
图纸阶段:
DRAWING FORM
图 号:
DRAWING NO.
室施-06
二层家具平面布置图
SCALE:1:80

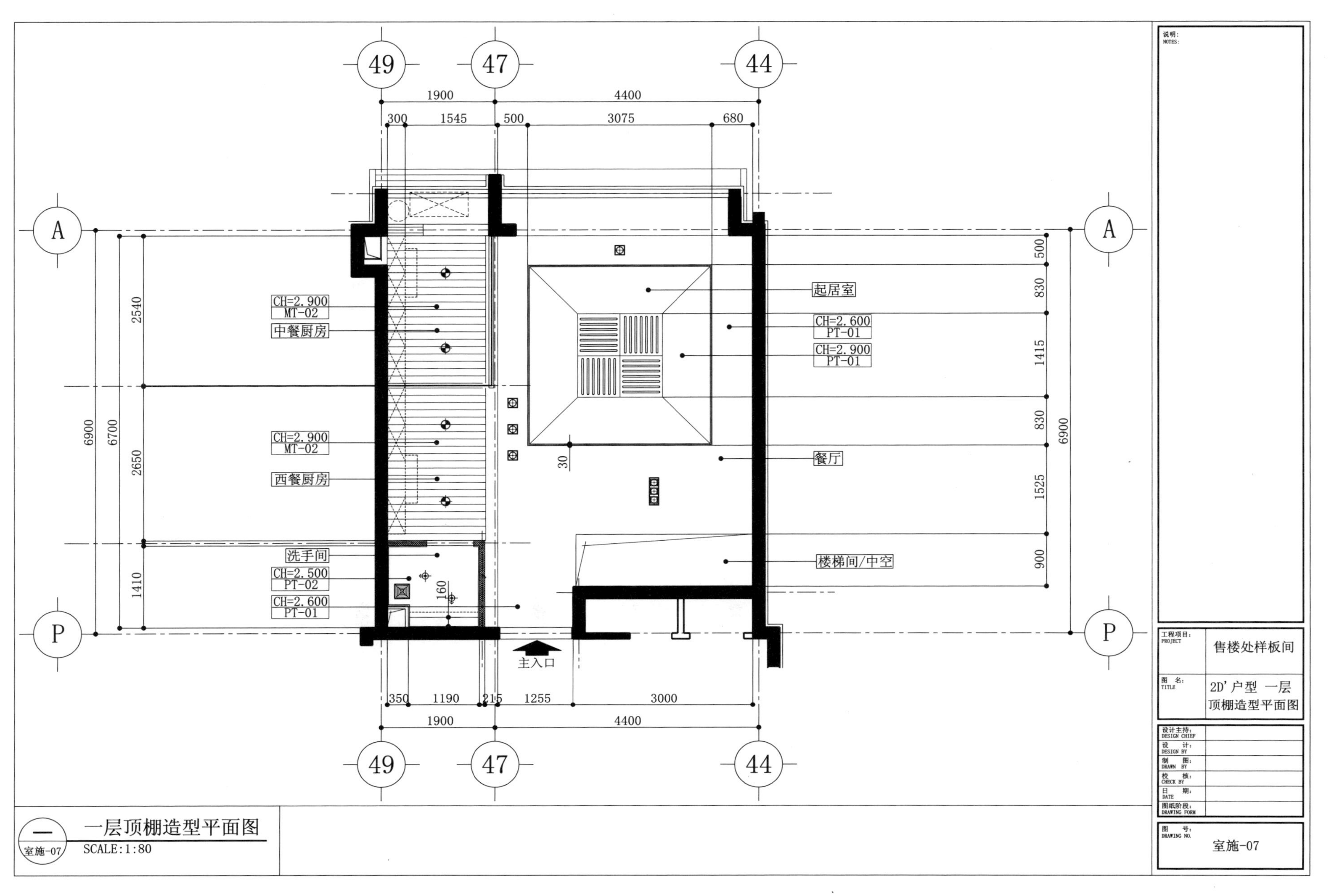
说明:
NOTES:
工程项目:
PROJECT
售楼处样板间
图 名:
TITLE
2D'户型 一层
顶棚造型平面图
设计主持:
DESIGN CHIEF
设 计:
DESIGN BY
制 图:
DRAWN BY
校 核:
CHECK BY
日 期:
DATE
图纸阶段:
DRAWING FORM
图 号:
DRAWING NO.
室施-07
起居室
CH=2.600
PT-01
CH=2.900
PT-01
餐厅
楼梯间/中空
CH=2.900
MT-02
中餐厨房
CH=2.900
MT-02
西餐厨房
洗手间
CH=2.500
PT-02
CH=2.600
PT-01
主入口
一层顶棚造型平面图
室施-07
SCALE:1:80

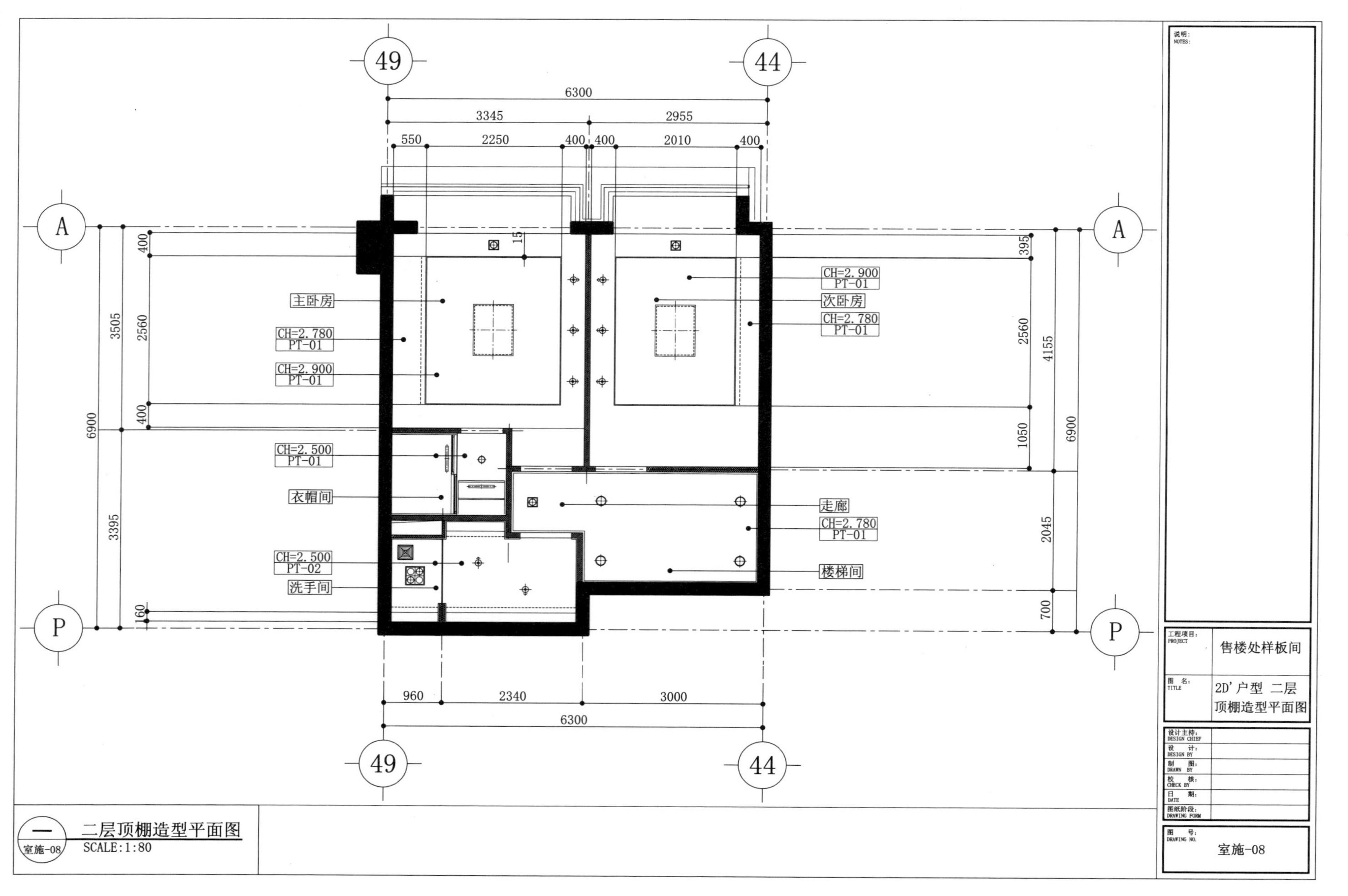
49
44
6300
3345
2955
550
2250
400
400
2010
400
A
A
400
2560
400
3505
6900
15
主卧房
CH=2.780
PT-01
CH=2.900
PT-01
CH=2.900
PT-01
次卧房
CH=2.780
PT-01
395
2560
1050
4155
6900
CH=2.500
PT-01
衣帽间
走廊
CH=2.780
PT-01
CH=2.500
PT-02
洗手间
楼梯间
3395
2045
160
700
P
P
960
2340
3000
6300
49
44
一
室施-08
二层顶棚造型平面图
SCALE:1:80
说明:
NOTES:
工程项目:
PROJECT
售楼处样板间
图 名:
TITLE
2D'户型 二层
顶棚造型平面图
设计主持:
DESIGN CHIEF
设 计:
DESIGN BY
制 图:
DRAWN BY
校 核:
CHECK BY
日 期:
DATE
图纸阶段:
DRAWING FORM
图 号:
DRAWING NO.
室施-08

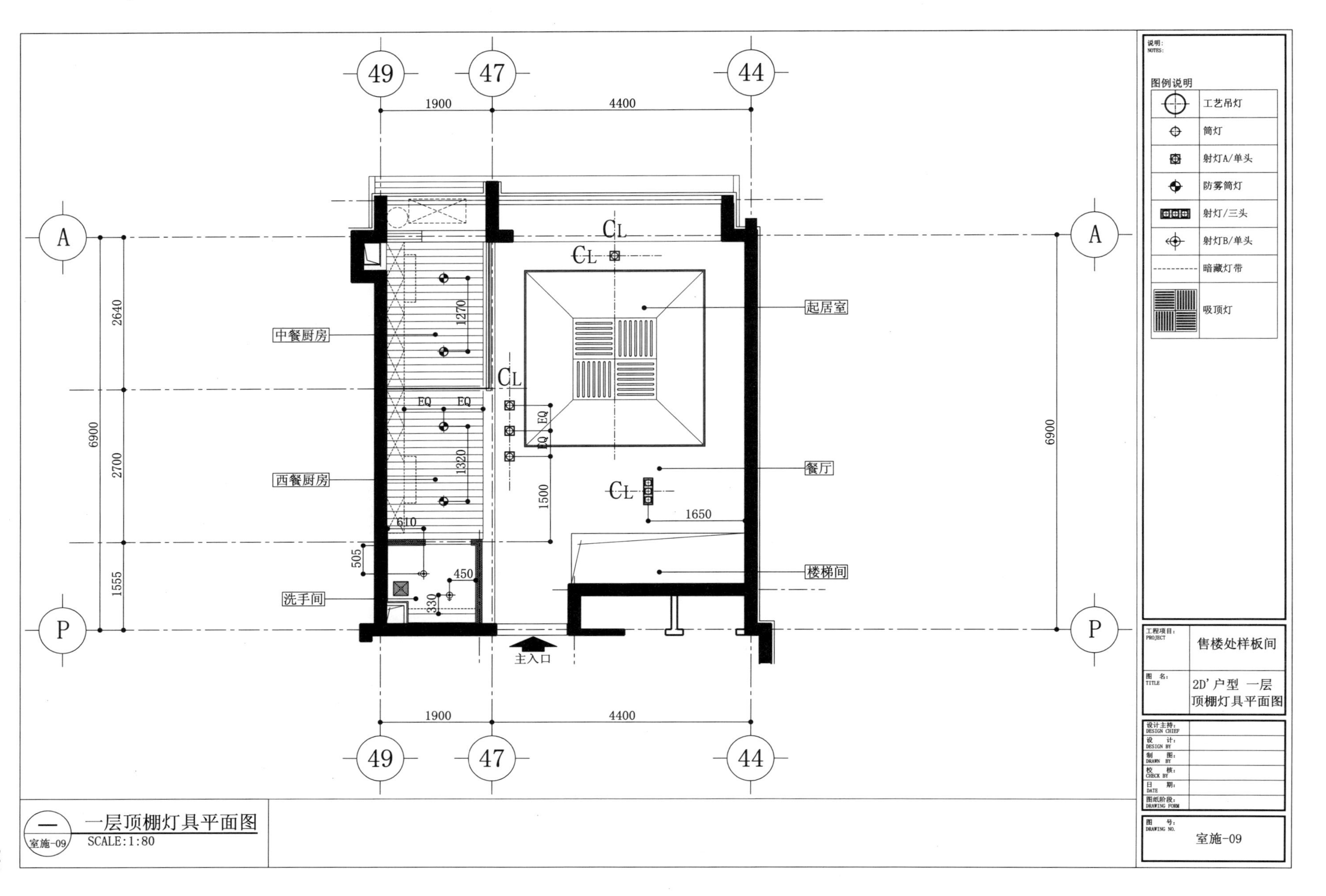
说明:
NOTES:
图例说明
工艺吊灯
筒灯
射灯A/单头
防雾筒灯
射灯/三头
射灯B/单头
暗藏灯带
吸顶灯
工程项目:
PROJECT
售楼处样板间
图名:
TITLE
2D'户型 一层
顶棚灯具平面图
设计主持:
DESIGN CHIEF
设计:
DESIGN BY
制图:
DRAWN BY
校核:
CHECK BY
日期:
DATE
图纸阶段:
DRAWING FORM
图号:
DRAWING NO.
室施-09
起居室
餐厅
楼梯间
中餐厨房
西餐厨房
洗手间
主入口
CL
EQ
A
P
49
47
44
1900
4400
6900
2640
2700
1555
1270
1320
1500
1650
610
505
450
330
一层顶棚灯具平面图
SCALE:1:80
一
室施-09

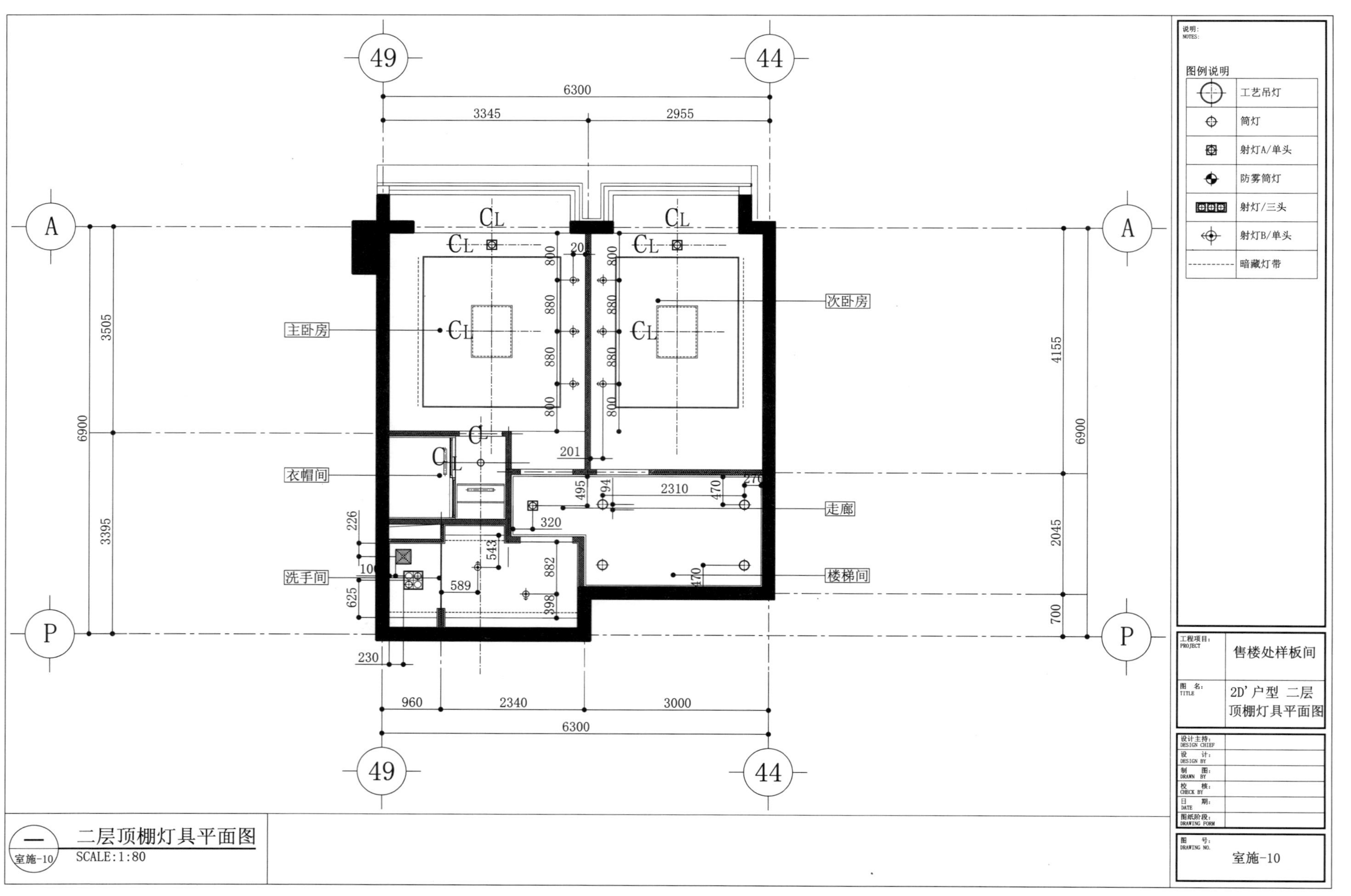
说明:
NOTES:
图例说明
工艺吊灯
筒灯
射灯A/单头
防雾筒灯
射灯/三头
射灯B/单头
暗藏灯带
工程项目:
PROJECT
售楼处样板间
图 名:
TITLE
2D'户型 二层
顶棚灯具平面图
设计主持:
DESIGN CHIEF
设 计:
DESIGN BY
制 图:
DRAWN BY
校 核:
CHECK BY
日 期:
DATE
图纸阶段:
DRAWING FORM
图 号:
DRAWING NO.
室施-10
主卧房
次卧房
衣帽间
走廊
洗手间
楼梯间
6300
3345
2955
6900
3505
3395
4155
2045
700
960
2340
3000
二层顶棚灯具平面图
SCALE:1:80
室施-10

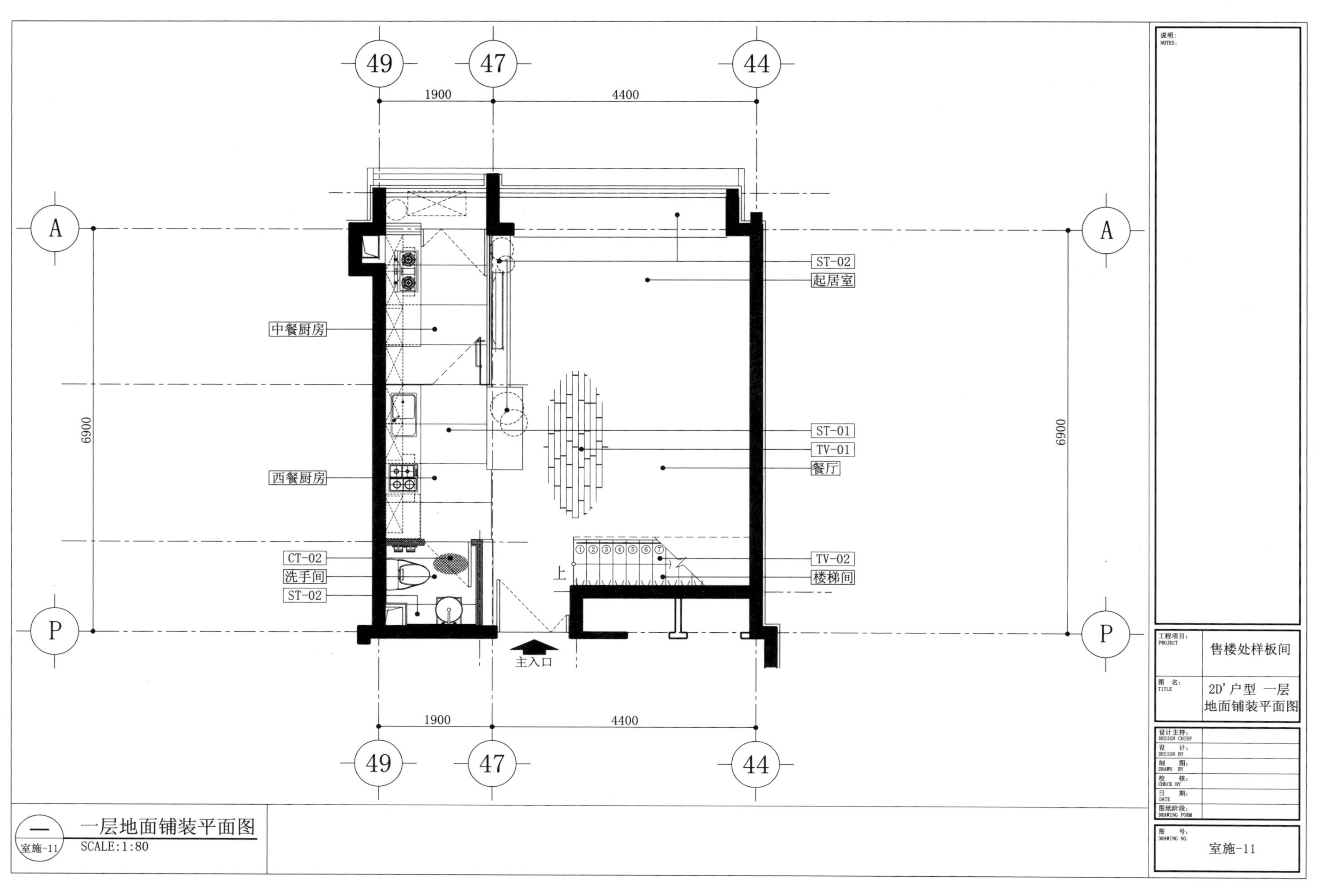
49
47
44
1900
4400
A
P
6900
ST-02
起居室
中餐厨房
ST-01
TV-01
西餐厨房
餐厅
CT-02
洗手间
ST-02
TV-02
楼梯间
上
主入口
一层地面铺装平面图
SCALE:1:80
一
室施-11
说明:
NOTES:
工程项目:
PROJECT
售楼处样板间
图 名:
TITLE
2D'户型 一层
地面铺装平面图
设计主持:
DESIGN CHIEF
设 计:
DESIGN BY
制 图:
DRAWN BY
校 核:
CHECK BY
日 期:
DATE
图纸阶段:
DRAWING FORM
图 号:
DRAWING NO.
室施-11

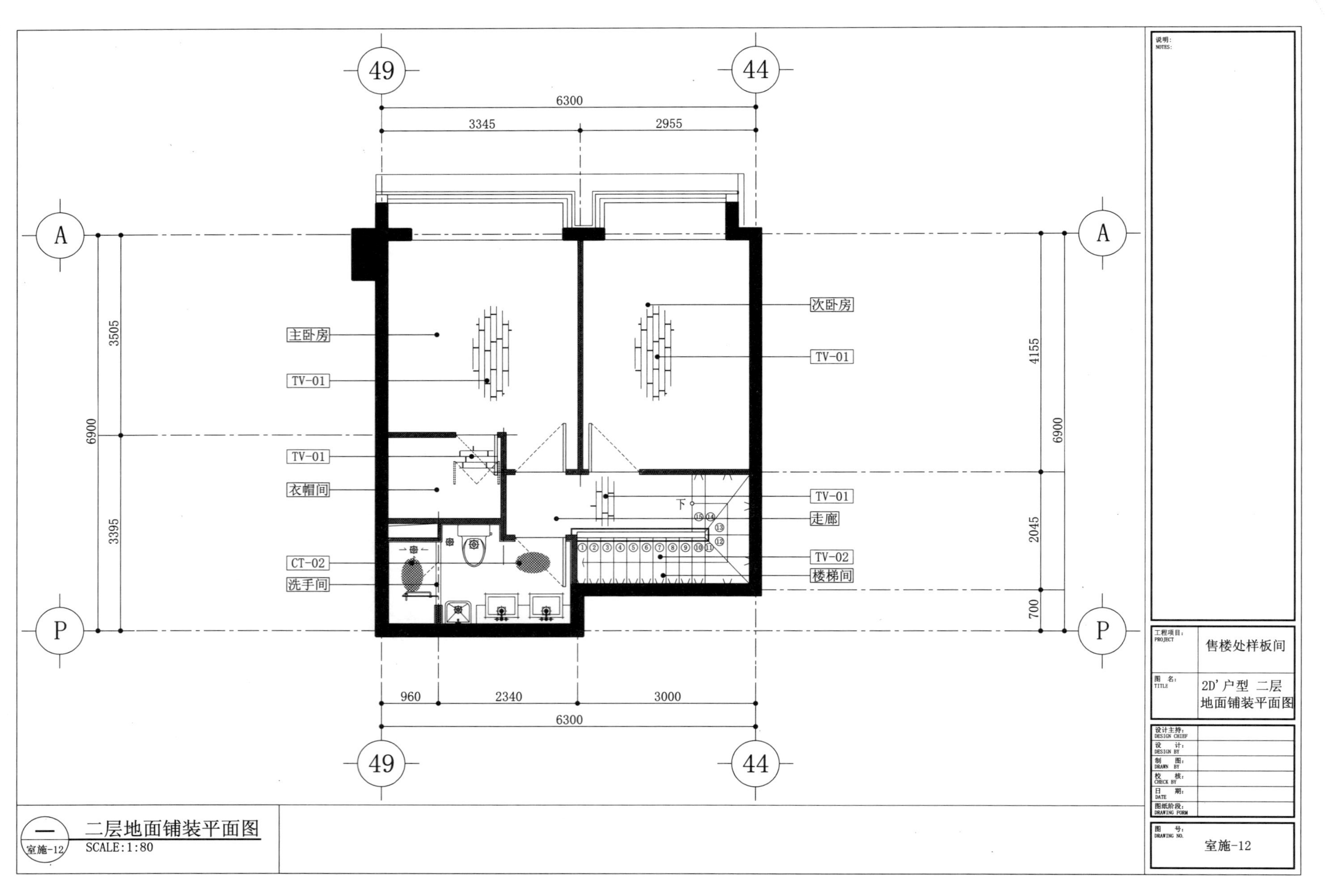

49
44
6300
3345
2955
A
P
3505
6900
3395
4155
2045
700
主卧房
TV-01
TV-01
衣帽间
CT-02
洗手间
次卧房
TV-01
TV-01
走廊
TV-02
楼梯间
下
960
2340
3000
6300
二层地面铺装平面图
SCALE:1:80
室施-12
说明:
NOTES:
工程项目:
PROJECT
售楼处样板间
图名:
TITLE
2D'户型 二层
地面铺装平面图
设计主持:
DESIGN CHIEF
设计:
DESIGN BY
制图:
DRAWN BY
校核:
CHECK BY
日期:
DATE
图纸阶段:
DRAWING FORM
图号:
DRAWING NO.
室施-12

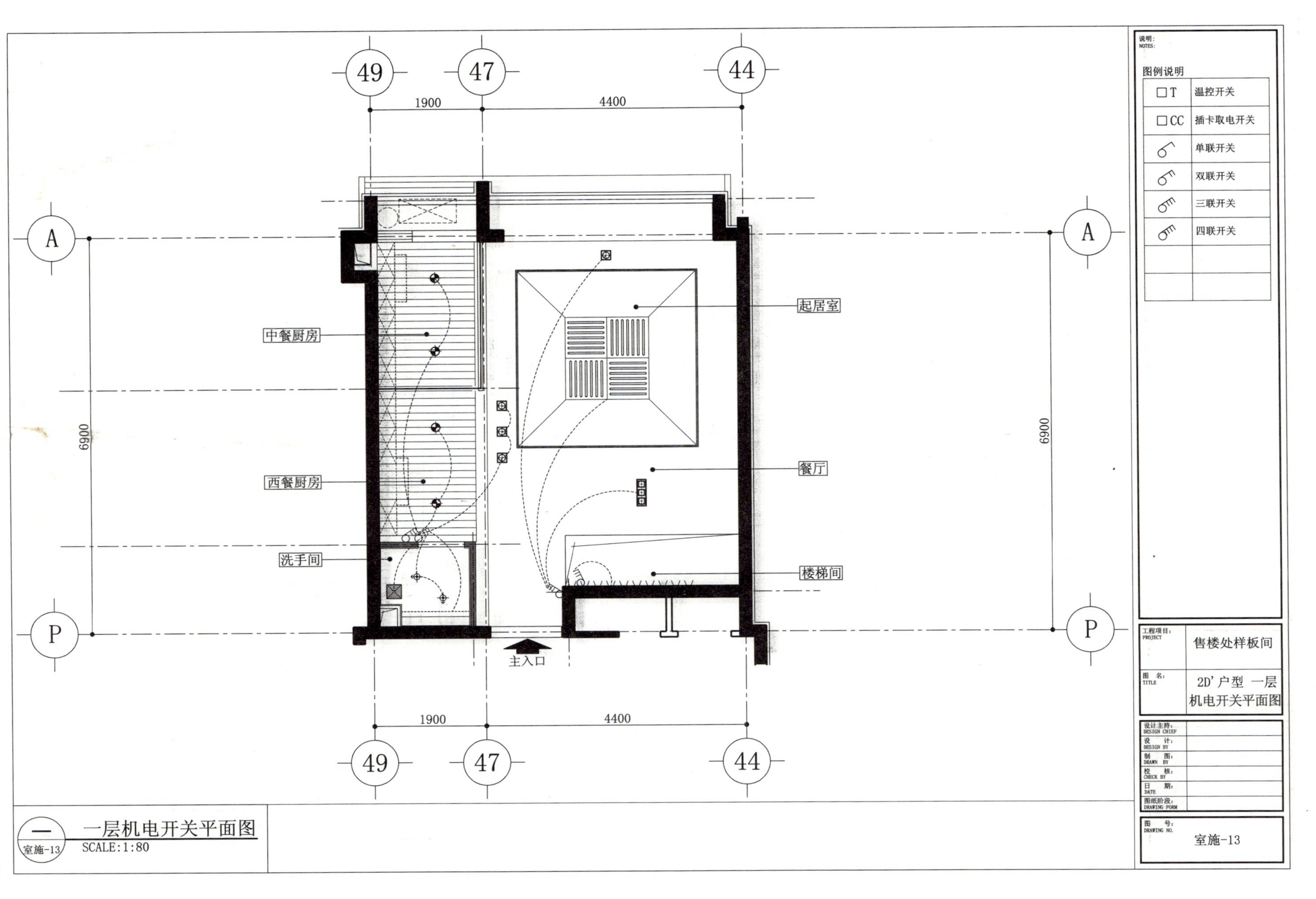
说明：
NOTES:
图例说明
□T 温控开关
□CC 插卡取电开关
单联开关
双联开关
三联开关
四联开关
49
47
44
1900
4400
6900
A
P
中餐厨房
西餐厨房
洗手间
起居室
餐厅
楼梯间
主入口
一 室施-13
一层机电开关平面图
SCALE:1:80
工程项目：PROJECT
售楼处样板间
图 名：TITLE
2D'户型 一层机电开关平面图
设计主持：DESIGN CHIEF
设 计：DESIGN BY
制 图：DRAWN BY
校 核：CHECK BY
日 期：DATE
图纸阶段：DRAWING FORM
图 号：DRAWING NO.
室施-13

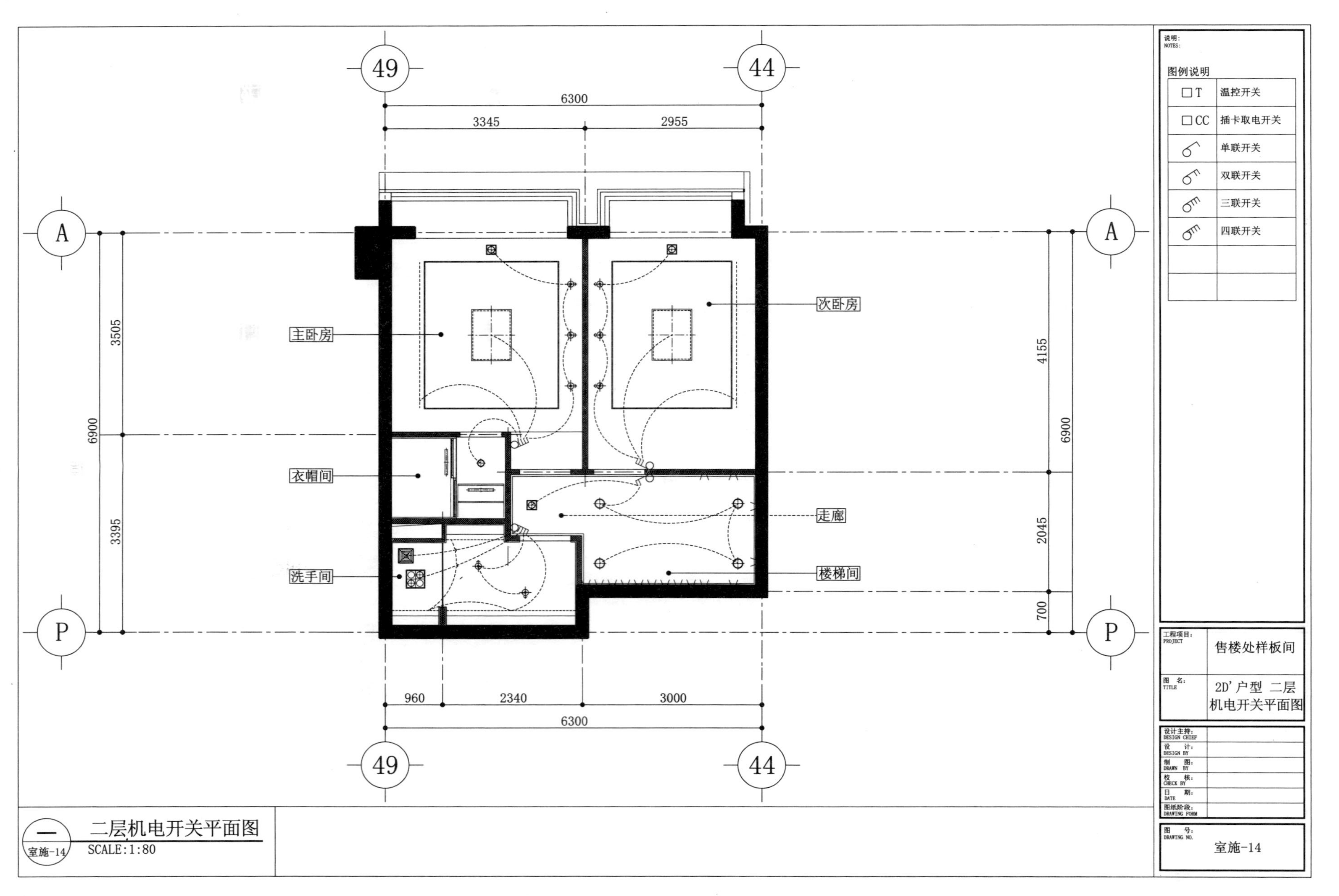

49
44
6300
3345
2955
A
3505
6900
3395
P
主卧房
衣帽间
洗手间
次卧房
走廊
楼梯间
4155
2045
700
960
2340
3000
二层机电开关平面图
SCALE:1:80
室施-14
说明:
NOTES:
图例说明
T 温控开关
CC 插卡取电开关
单联开关
双联开关
三联开关
四联开关
工程项目:
PROJECT
售楼处样板间
图 名:
TITLE
2D'户型 二层
机电开关平面图
设计主持:
DESIGN CHIEF
设 计:
DESIGN BY
制 图:
DRAWN BY
校 核:
CHECK BY
日 期:
DATE
图纸阶段:
DRAWING FORM
图 号:
DRAWING NO.
室施-14

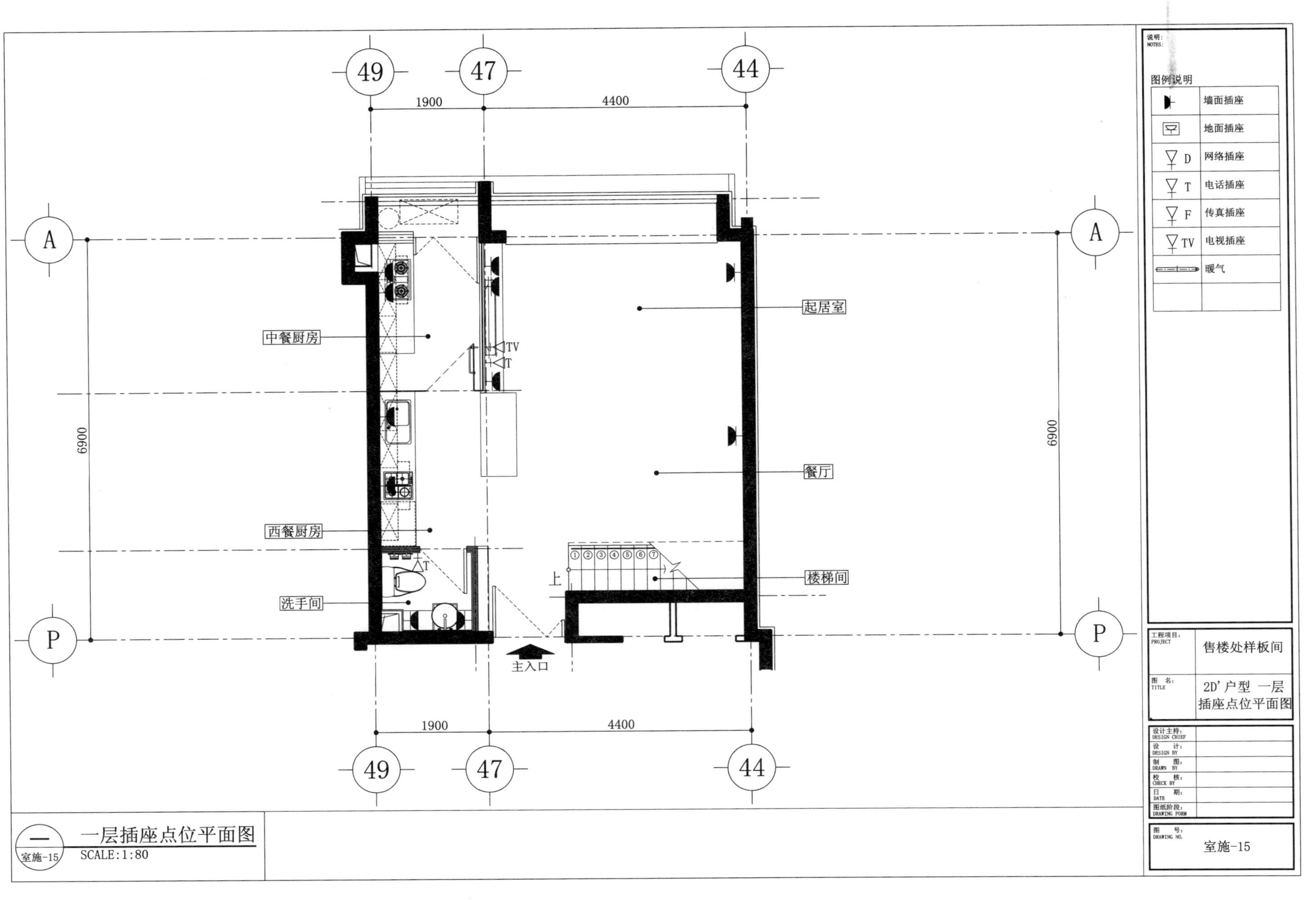

49
47
44
1900
4400
6900
A
P
起居室
餐厅
楼梯间
中餐厨房
西餐厨房
洗手间
主入口
上
TV
T
说明：
NOTES:
图例说明
墙面插座
地面插座
D 网络插座
T 电话插座
F 传真插座
TV 电视插座
暖气
工程项目：
PROJECT
售楼处样板间
图名：
TITLE
2D'户型 一层插座点位平面图
设计主持：
DESIGN CHIEF
设计：
DESIGN BY
制图：
DRAWN BY
校核：
CHECK BY
日期：
DATE
图纸阶段：
DRAWING FORM
图号：
DRAWING NO.
室施-15
一
室施-15
一层插座点位平面图
SCALE:1:80

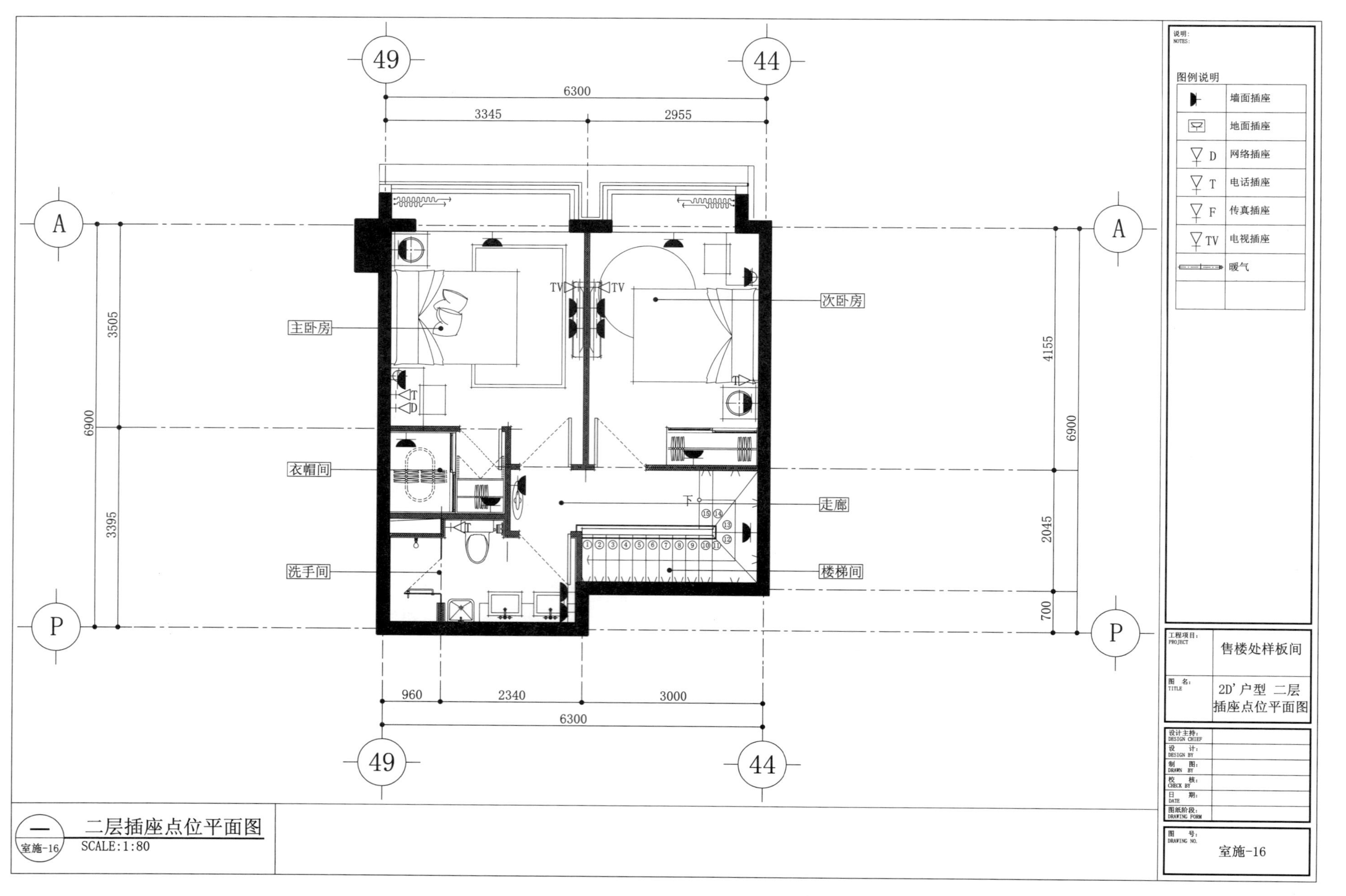

6300
3345
2955
主卧房
次卧房
衣帽间
走廊
洗手间
楼梯间
TV
TV
下
3505
3395
6900
4155
2045
700
6900
960
2340
3000
6300
说明:
NOTES:
图例说明
墙面插座
地面插座
D 网络插座
T 电话插座
F 传真插座
TV 电视插座
暖气
工程项目:
PROJECT
售楼处样板间
图 名:
TITLE
2D'户型 二层
插座点位平面图
设计主持:
DESIGN CHIEF
设 计:
DESIGN BY
制 图:
DRAWN BY
校 核:
CHECK BY
日 期:
DATE
图纸阶段:
DRAWING FORM
图 号:
DRAWING NO.
室施-16
一
室施-16
二层插座点位平面图
SCALE:1:80

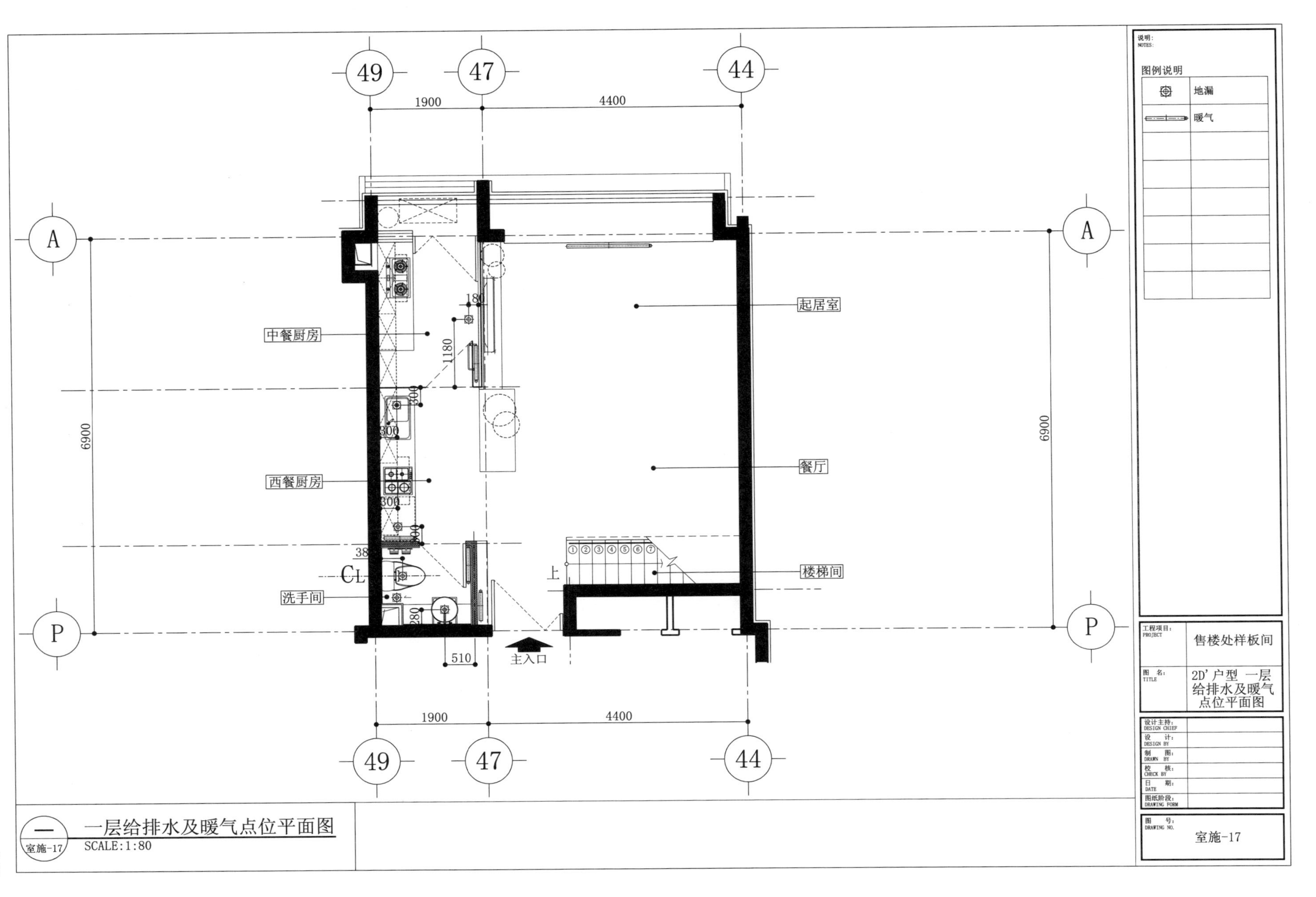

说明:
NOTES:
图例说明
地漏
暖气
工程项目:
PROJECT
售楼处样板间
图名:
TITLE
2D'户型 一层给排水及暖气点位平面图
设计主持:
DESIGN CHIEF
设计:
DESIGN BY
制图:
DRAWN BY
校核:
CHECK BY
日期:
DATE
图纸阶段:
DRAWING FORM
图号:
DRAWING NO.
室施-17
起居室
餐厅
楼梯间
中餐厨房
西餐厨房
洗手间
主入口
上
1900
4400
6900
1180
510
一层给排水及暖气点位平面图
SCALE:1:80

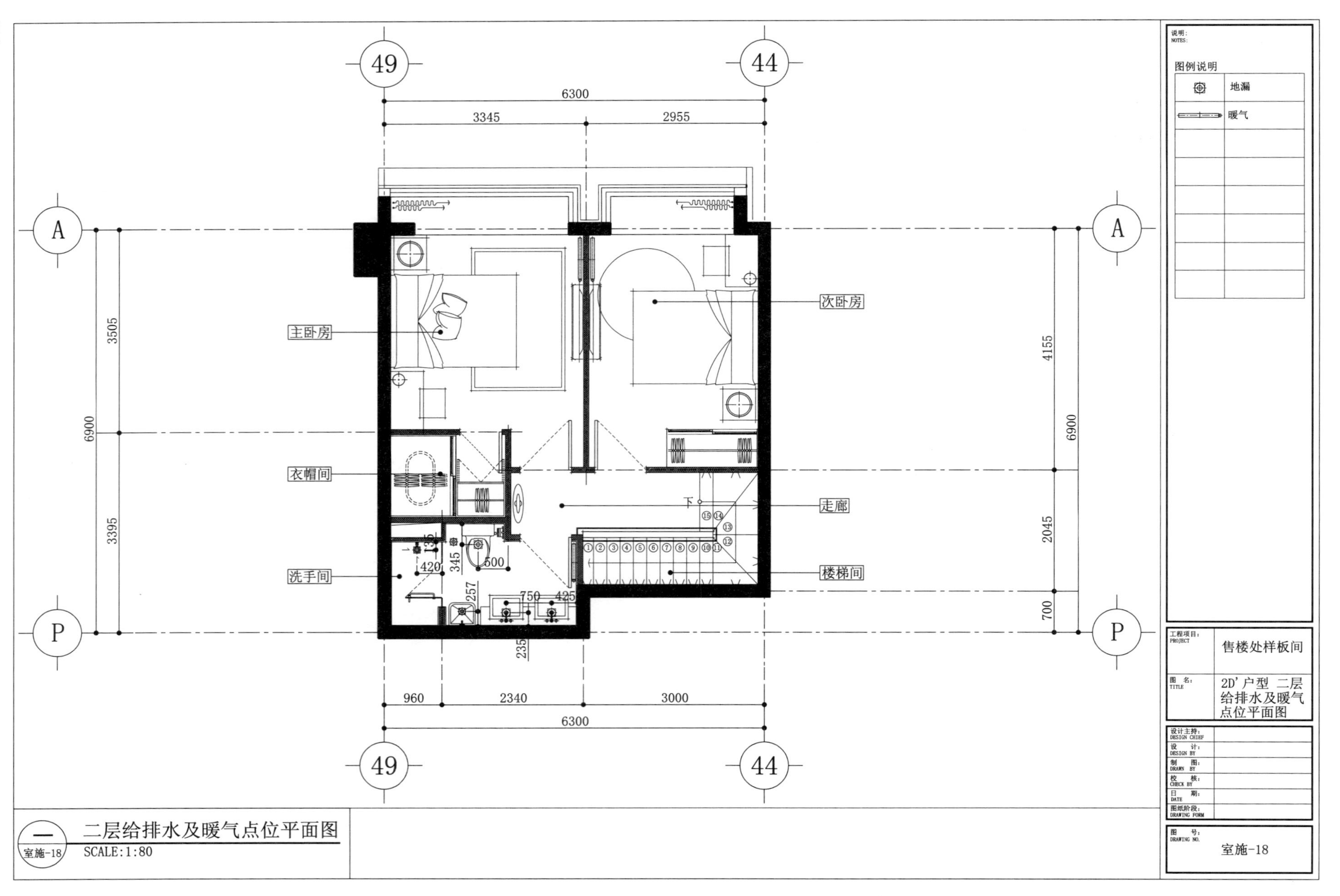

49
44
6300
3345
2955
A
3505
6900
3395
4155
2045
700
P
主卧房
衣帽间
洗手间
次卧房
走廊
楼梯间
下
135
420
345
500
257
750
425
235
960
2340
3000
说明：
NOTES:
图例说明
地漏
暖气
工程项目：
PROJECT
售楼处样板间
图 名：
TITLE
2D'户型 二层给排水及暖气点位平面图
设计主持：
DESIGN CHIEF
设 计：
DESIGN BY
制 图：
DRAWN BY
校 核：
CHECK BY
日 期：
DATE
图纸阶段：
DRAWING FORM
图 号：
DRAWING NO.
室施-18
一
室施-18
二层给排水及暖气点位平面图
SCALE:1:80

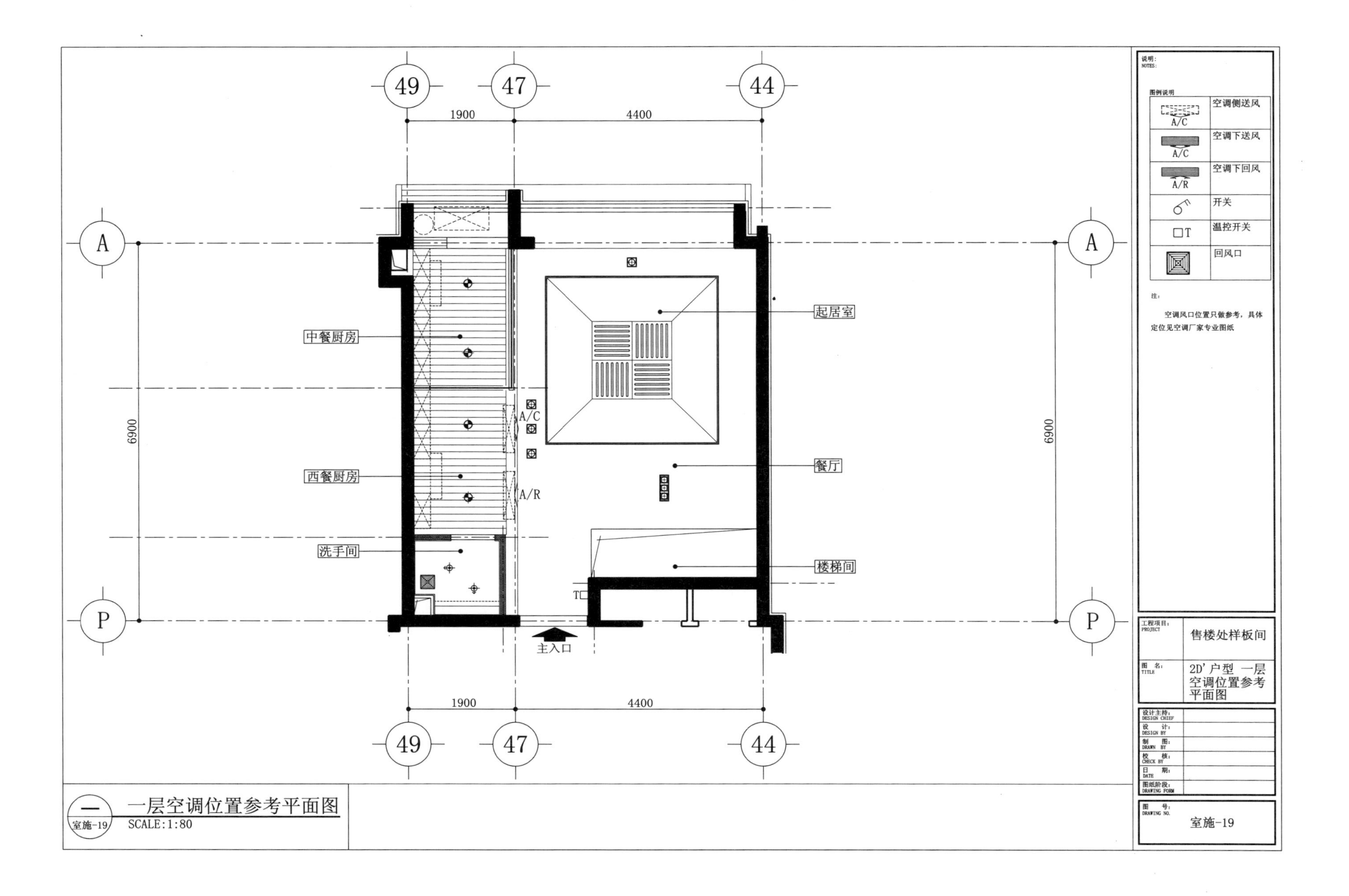

49
47
44
1900
4400
A
P
6900
起居室
餐厅
楼梯间
中餐厨房
西餐厨房
洗手间
A/C
A/R
T
主入口
一层空调位置参考平面图
室施-19
SCALE:1:80
说明:
NOTES:
图例说明
A/C
空调侧送风
空调下送风
A/R
空调下回风
开关
□T
温控开关
回风口
注:
空调风口位置只做参考，具体定位见空调厂家专业图纸
工程项目:
PROJECT
售楼处样板间
图 名:
TITLE
2D'户型 一层空调位置参考平面图
设计主持:
DESIGN CHIEF
设 计:
DESIGN BY
制 图:
DRAWN BY
校 核:
CHECK BY
日 期:
DATE
图纸阶段:
DRAWING FORM
图 号:
DRAWING NO.
室施-19

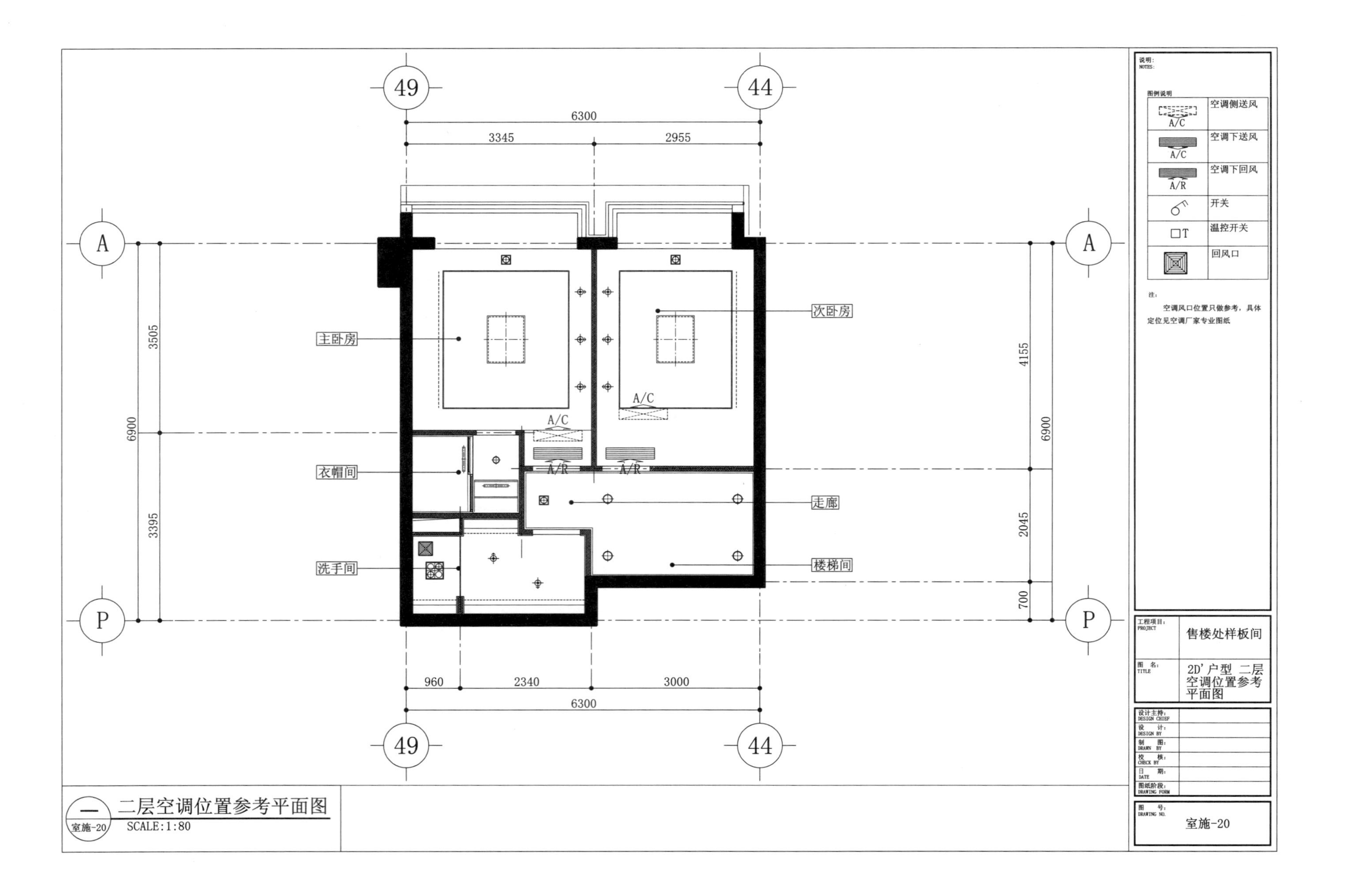

49
44
6300
3345
2955
A
P
3505
3395
6900
4155
2045
700
960
2340
3000
主卧房
次卧房
衣帽间
走廊
洗手间
楼梯间
A/C
A/R
二层空调位置参考平面图
SCALE:1:80
室施-20
说明:
NOTES:
图例说明
A/C 空调侧送风
A/C 空调下送风
A/R 空调下回风
开关
T 温控开关
回风口
注:
空调风口位置只做参考，具体定位见空调厂家专业图纸
工程项目:
PROJECT
售楼处样板间
图名:
TITLE
2D'户型 二层空调位置参考平面图
设计主持:
DESIGN CHIEF
设计:
DESIGN BY
制图:
DRAWN BY
校核:
CHECK BY
日期:
DATE
图纸阶段:
DRAWING FORM
图号:
DRAWING NO.
室施-20

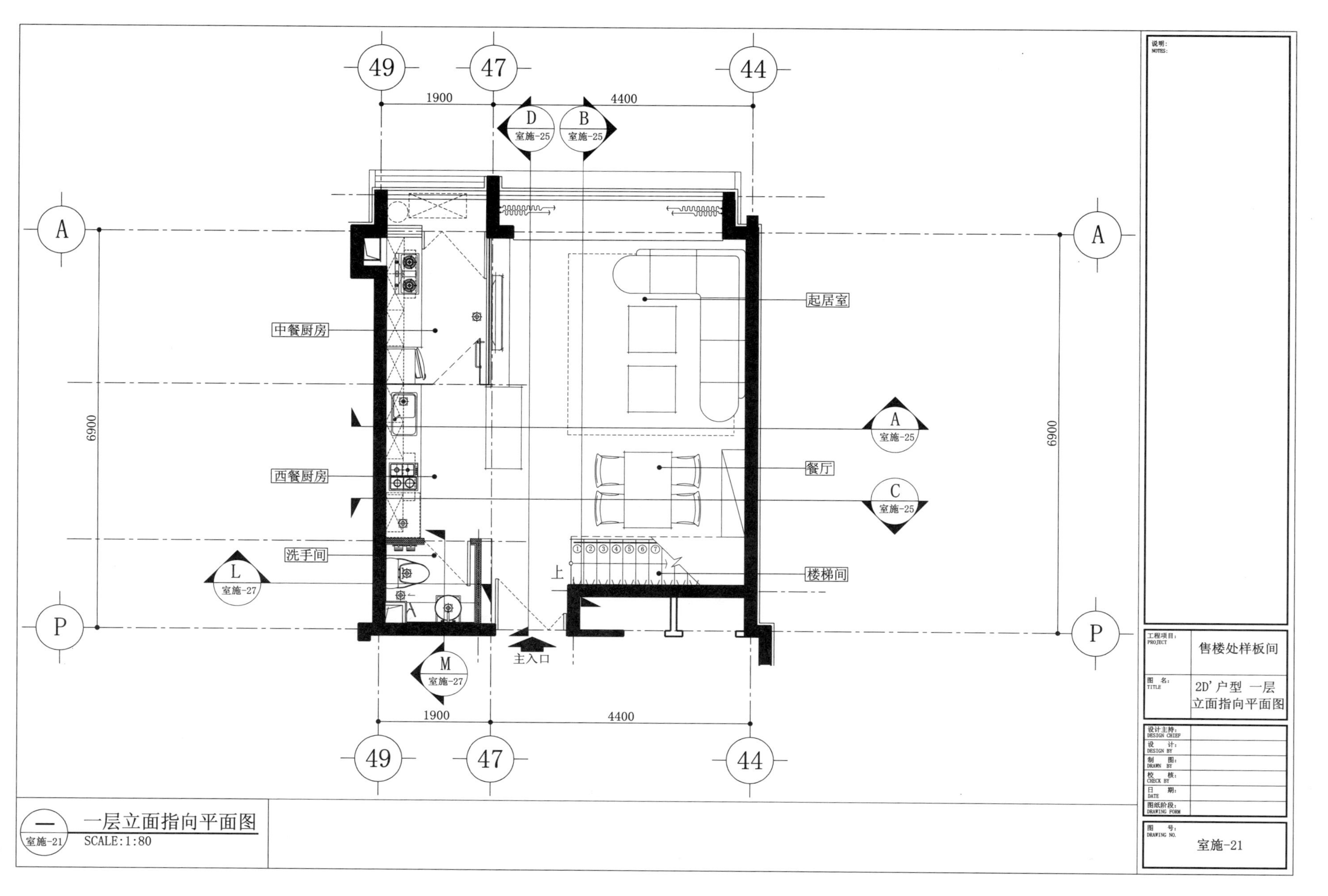
说明:
NOTES:
工程项目:
PROJECT
售楼处样板间
图 名:
TITLE
2D'户型 一层
立面指向平面图
设计主持:
DESIGN CHIEF
设 计:
DESIGN BY
制 图:
DRAWN BY
校 核:
CHECK BY
日 期:
DATE
图纸阶段:
DRAWING FORM
图 号:
DRAWING NO.
室施-21
49
47
44
1900
4400
6900
A
P
D
B
C
L
M
室施-25
室施-27
起居室
餐厅
楼梯间
中餐厨房
西餐厨房
洗手间
上
主入口
一
室施-21
一层立面指向平面图
SCALE:1:80

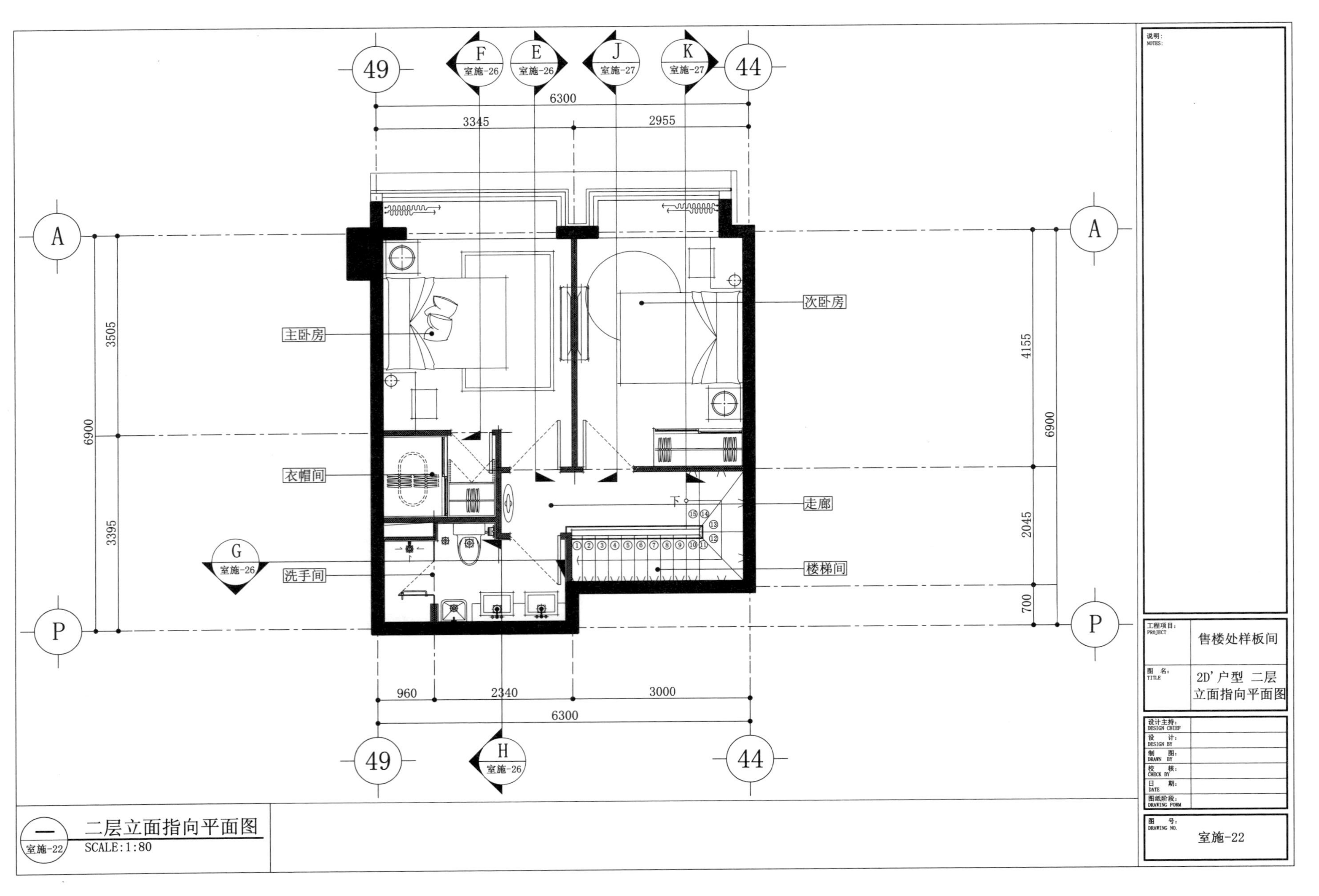
说明:
NOTES:
工程项目:
PROJECT
售楼处样板间
图名:
TITLE
2D'户型 二层
立面指向平面图
设计主持:
DESIGN CHIEF
设计:
DESIGN BY
制图:
DRAWN BY
校核:
CHECK BY
日期:
DATE
图纸阶段:
DRAWING FORM
图号:
DRAWING NO.
室施-22
主卧房
次卧房
衣帽间
走廊
洗手间
楼梯间
下
室施-26
室施-27
6300
3345
2955
3505
3395
6900
4155
2045
700
960
2340
3000
二层立面指向平面图
SCALE:1:80

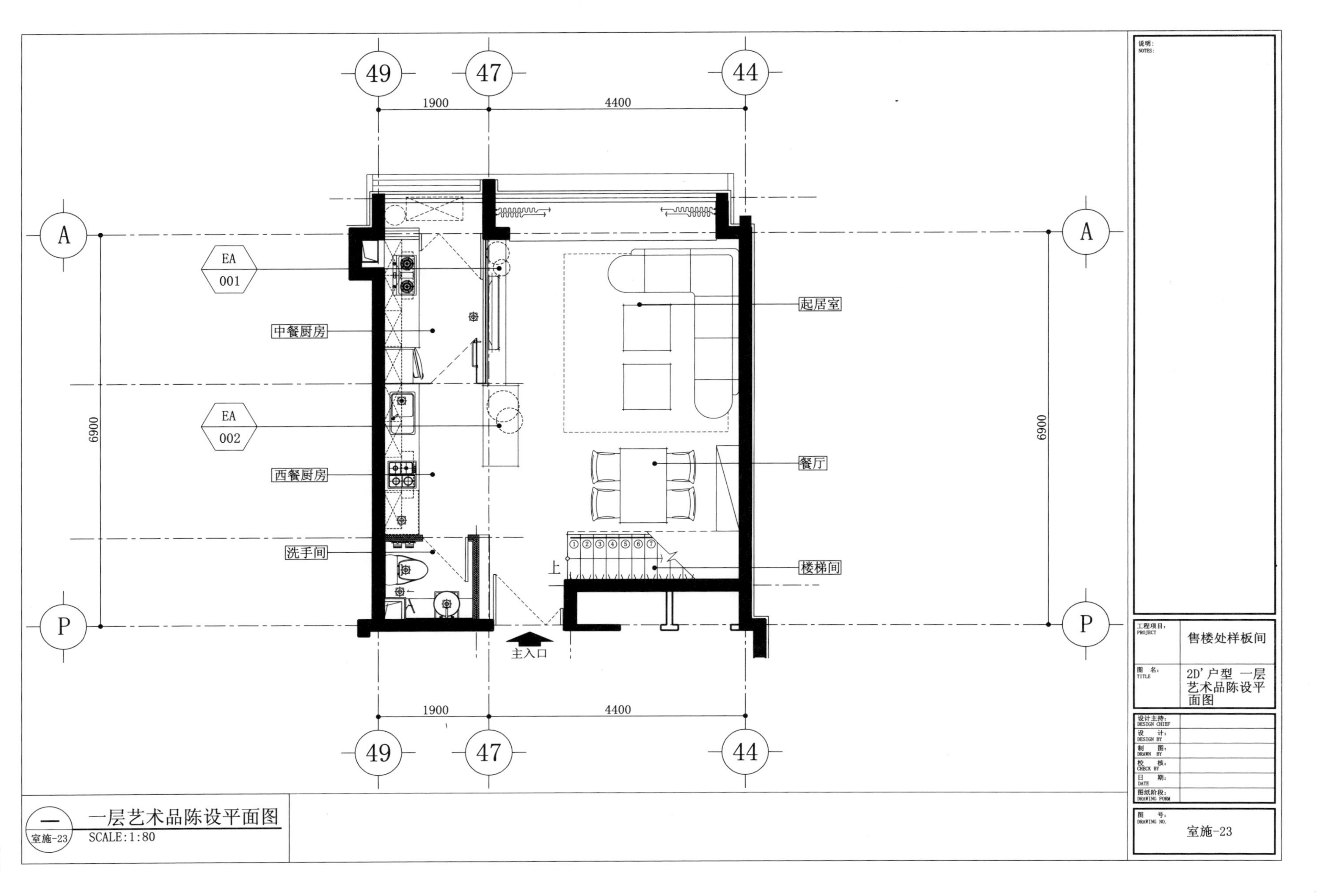

49
47
44
1900
4400
A
P
6900
EA
001
EA
002
中餐厨房
西餐厨房
洗手间
起居室
餐厅
楼梯间
上
主入口
说明:
NOTES:
工程项目:
PROJECT
售楼处样板间
图 名:
TITLE
2D'户型 一层艺术品陈设平面图
设计主持:
DESIGN CHIEF
设 计:
DESIGN BY
制 图:
DRAWN BY
校 核:
CHECK BY
日 期:
DATE
图纸阶段:
DRAWING FORM
图 号:
DRAWING NO.
室施-23
一
室施-23
一层艺术品陈设平面图
SCALE:1:80

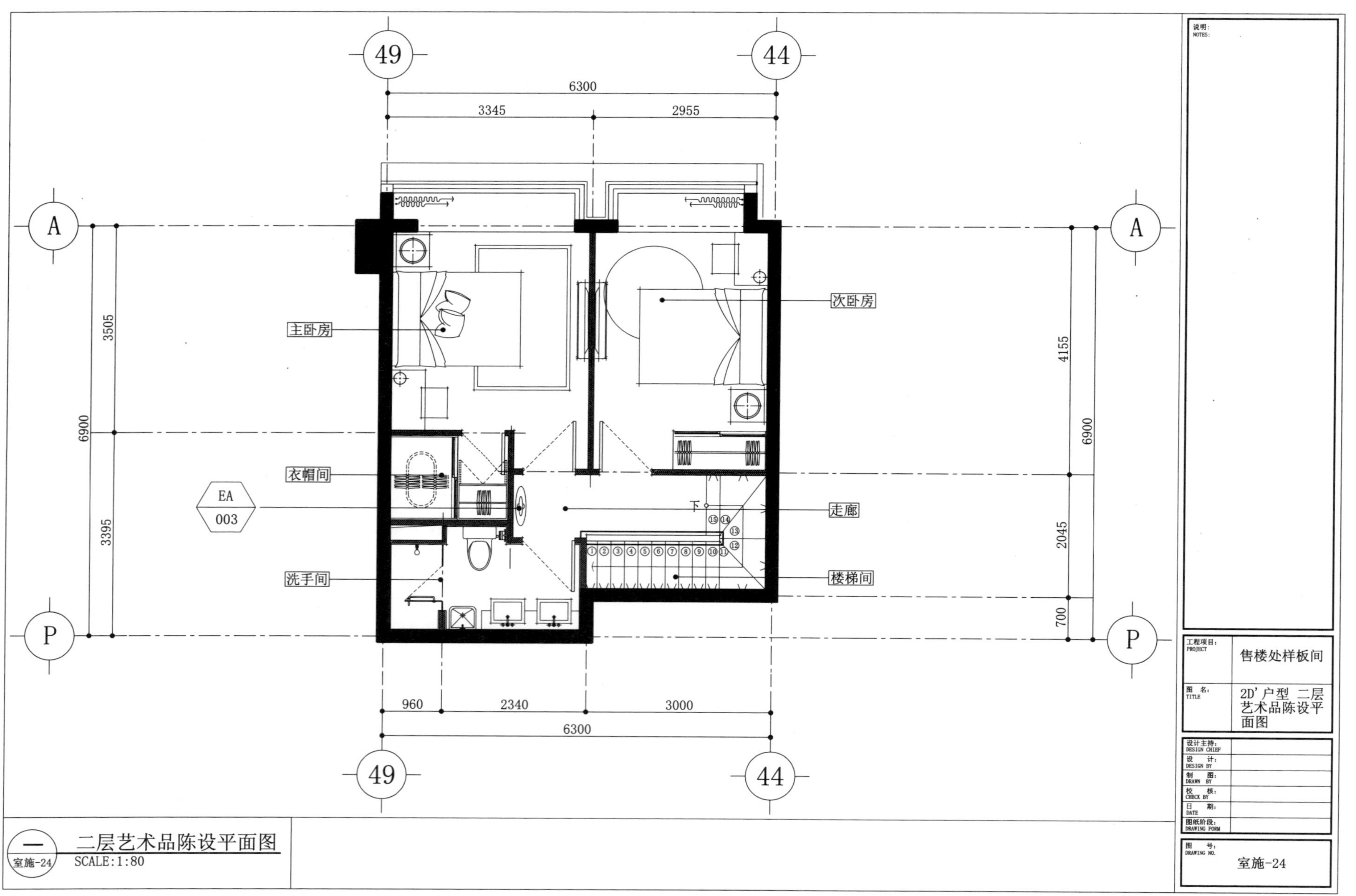
说明：
NOTES:
工程项目：
PROJECT
售楼处样板间
图名：
TITLE
2D'户型 二层艺术品陈设平面图
设计主持：
DESIGN CHIEF
设计：
DESIGN BY
制图：
DRAWN BY
校核：
CHECK BY
日期：
DATE
图纸阶段：
DRAWING FORM
图号：
DRAWING NO.
室施-24
6300
3345
2955
3505
3395
6900
4155
2045
700
960
2340
3000
主卧房
次卧房
衣帽间
走廊
洗手间
楼梯间
下
EA
003
二层艺术品陈设平面图
SCALE:1:80
室施-24

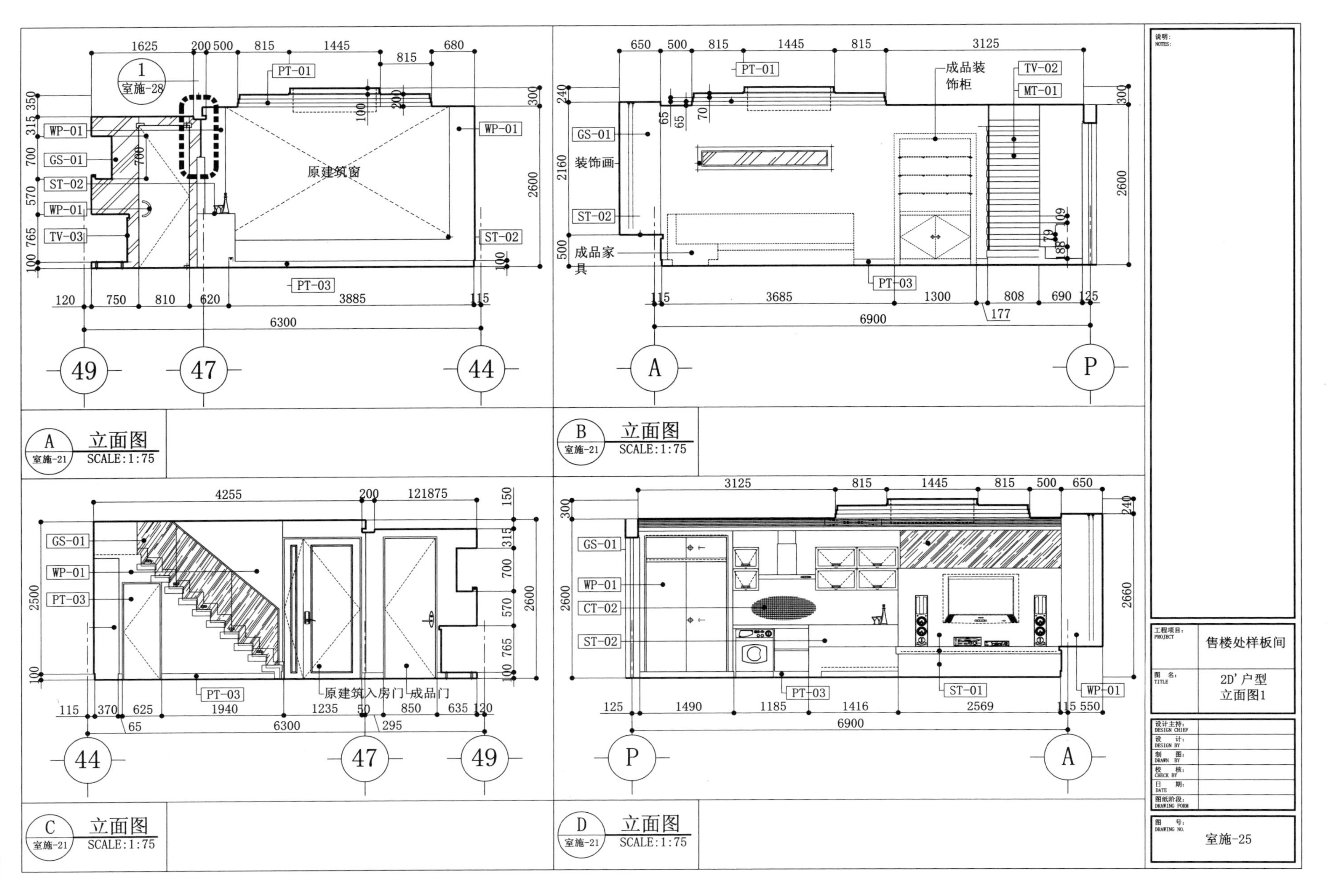

原建筑窗
A 室施-21 立面图 SCALE:1:75
装饰画
成品家具
成品装饰柜
B 室施-21 立面图 SCALE:1:75
原建筑入房门
成品门
C 室施-21 立面图 SCALE:1:75
D 室施-21 立面图 SCALE:1:75
说明:
NOTES:
工程项目:
PROJECT
售楼处样板间
图 名:
TITLE
2D'户型
立面图1
设计主持:
DESIGN CHIEF
设 计:
DESIGN BY
制 图:
DRAWN BY
校 核:
CHECK BY
日 期:
DATE
图纸阶段:
DRAWING FORM
图 号:
DRAWING NO.
室施-25

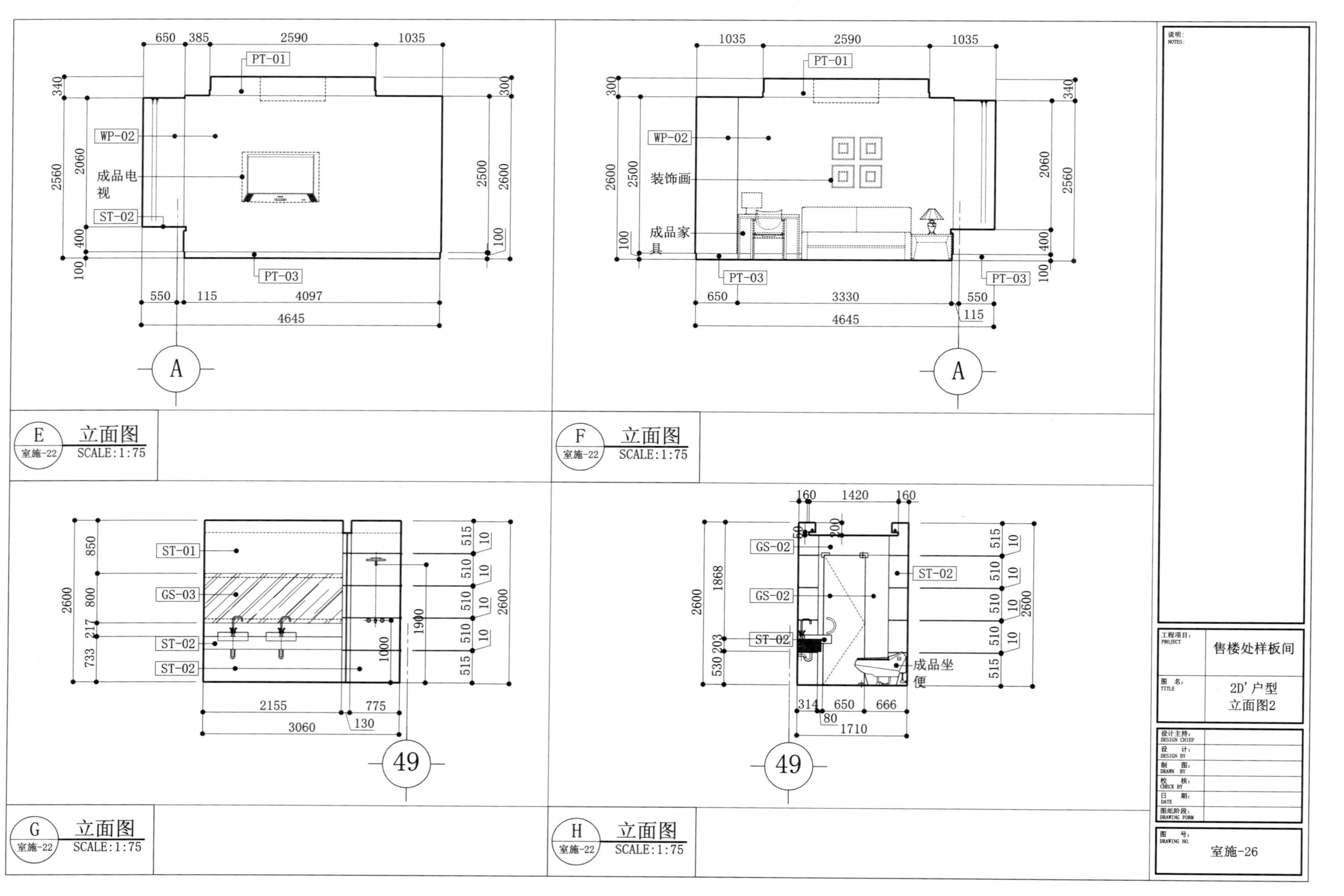

PT-01
WP-02
成品电视
ST-02
PT-03
A
E 室施-22 立面图 SCALE:1:75
PT-01
WP-02
装饰画
成品家具
PT-03
PT-03
A
F 室施-22 立面图 SCALE:1:75
ST-01
GS-03
ST-02
ST-02
49
G 室施-22 立面图 SCALE:1:75
GS-02
GS-02
ST-02
ST-02
成品坐便
49
H 室施-22 立面图 SCALE:1:75
说明: NOTES:
工程项目: PROJECT
售楼处样板间
图 名: TITLE
2D'户型
立面图2
设计主持: DESIGN CHIEF
设 计: DESIGN BY
制 图: DRAWN BY
校 核: CHECK BY
日 期: DATE
图纸阶段: DRAWING FORM
图 号: DRAWING NO.
室施-26

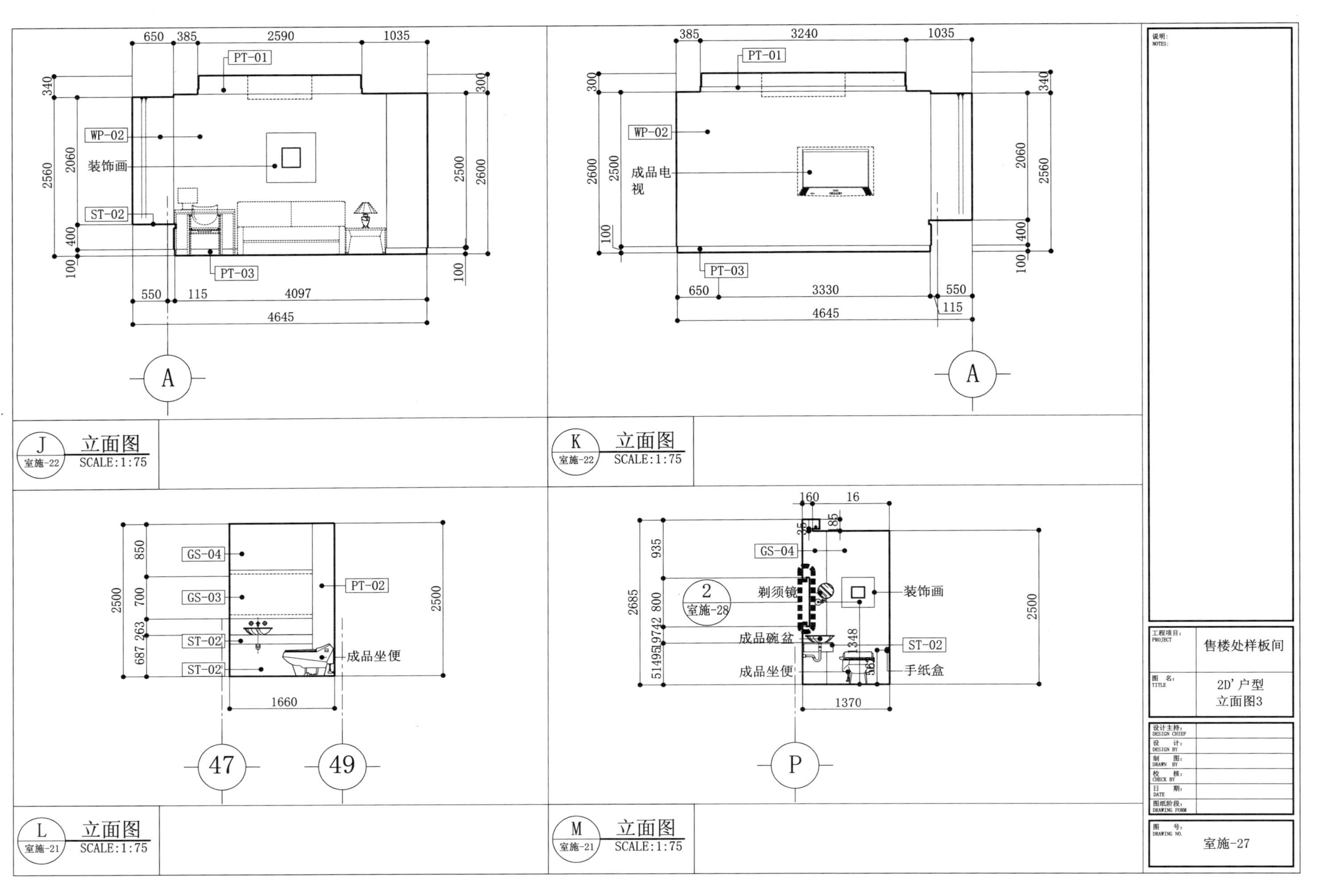

PT-01
WP-02
装饰画
ST-02
PT-03
A
J
室施-22
立面图
SCALE:1:75
PT-01
WP-02
成品电视
PT-03
A
K
室施-22
立面图
SCALE:1:75
GS-04
GS-03
PT-02
ST-02
ST-02
成品坐便
47
49
L
室施-21
立面图
SCALE:1:75
GS-04
2
室施-28
剃须镜
装饰画
成品碗盆
ST-02
成品坐便
手纸盒
P
M
室施-21
立面图
SCALE:1:75
说明：
NOTES:
工程项目：
PROJECT
售楼处样板间
图名：
TITLE
2D'户型
立面图3
设计主持：
DESIGN CHIEF
设计：
DESIGN BY
制图：
DRAWN BY
校核：
CHECK BY
日期：
DATE
图纸阶段：
DRAWING FORM
图号：
DRAWING NO.
室施-27

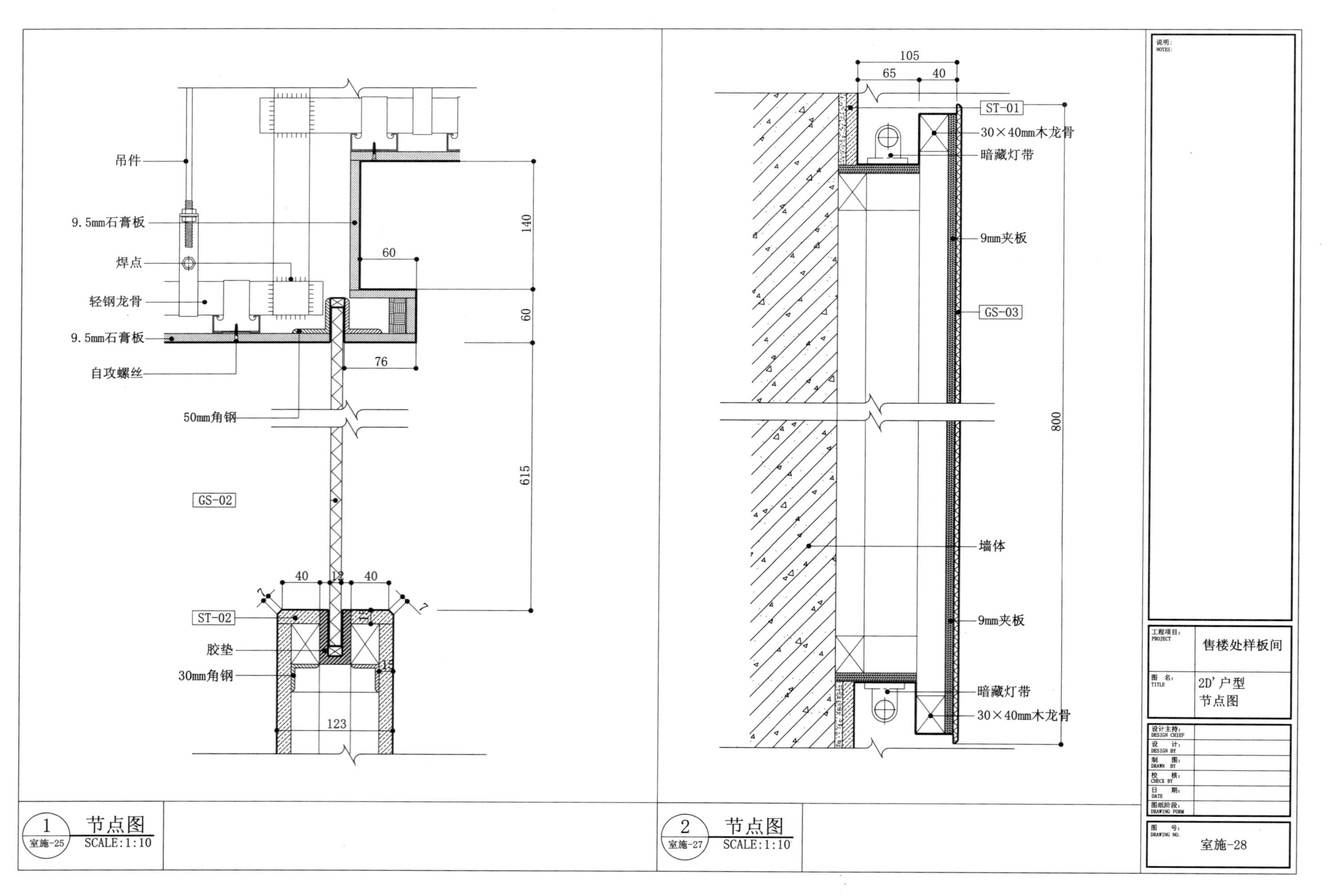
吊件
9.5mm石膏板
焊点
轻钢龙骨
9.5mm石膏板
自攻螺丝
50mm角钢
GS-02
ST-02
胶垫
30mm角钢
140
60
60
76
615
40
12
40
7
7
123
1
室施-25
节点图
SCALE:1:10
105
65
40
ST-01
30×40mm木龙骨
暗藏灯带
9mm夹板
GS-03
800
墙体
9mm夹板
暗藏灯带
30×40mm木龙骨
2
室施-27
节点图
SCALE:1:10
说明：
NOTES:
工程项目：
PROJECT
售楼处样板间
图 名：
TITLE
2D'户型
节点图
设计主持：
DESIGN CHIEF
设 计：
DESIGN BY
制 图：
DRAWN BY
校 核：
CHECK BY
日 期：
DATE
图纸阶段：
DRAWING FORM
图 号：
DRAWING NO.
室施-28

主要参考文献

1 日本室内装饰手法编辑委员会编. 室内装饰手法. 孙逸增，汪丽芬翻译. 北京：辽宁科学技术出版社，2000

2 中国建筑工业出版社编. 现行建筑设计规范大全. 北京：中国建筑工业出版社，1994

3 北京土木建筑学会编. 建筑工程资料表格填写范例. 北京：经济科学出版社，2005